计算机科学与技术丛书

# 工业控制网络

## 从现场总线、工业以太网、无线网到工业互联网

李正军◎编著

清华大学出版社

北京

# 内容简介

本书秉承"新工科"理念，从科研、教学和工程实际应用出发，理论联系实际，全面系统地讲述了现场总线、工业以太网、无线网络（包括工业无线以太网、物联网、无线传感器网络、5G 网络）和工业互联网及其应用系统设计，同时讲述了 Modbus 控制网络。在数字化和智能化日渐成为工业发展主流的今天，工业控制网络技术显得尤为关键。

全书共分 12 章，主要内容包括绪论、CAN 现场总线、Modbus 控制网络、LonWorks 嵌入式智能控制网络、PROFIBUS-DP 现场总线、DeviceNet 现场总线、FF 现场总线、PROFINET 与工业无线以太网、EtherCAT 工业以太网、物联网与无线传感器网络、5G 网络和工业互联网。全书内容丰富，体系先进，结构合理，理论与实践相结合，尤其注重工程应用技术。

无论是从业人员、学者还是学生，都可以通过本书学习到如何在实际工程中应用这些技术，提高生产效率、降低成本、增强系统灵活性和实现远程监控等。通过对 CAN 现场总线、Modbus 控制网络、LonWorks 网络技术、EtherCAT 以太网控制自动化技术、PROFIBUS 现场总线技术、PROFINET 工业以太网等关键技术的深入讲解，读者将能够全面掌握工业控制网络的关键技术和应用实践。

此外，本书还讲述了无线通信技术在工业控制中的应用，包括 Wi-Fi、蓝牙、ZigBee 以及新兴的 LPWAN 技术，为读者揭示了物联网技术的前沿发展和应用趋势。通过丰富的技术细节和应用案例，本书展示了如何在实践中有效地实现和管理工业控制网络，为读者在工业 4.0 时代的探索和实践提供了宝贵的知识和经验。

本书可作为高等院校各类自动化、机器人、自动检测、机电一体化、人工智能、智能制造工程、电子与电气工程、计算机应用、信息工程等专业的专科生、本科生教材，也可作为相关专业的研究生教材，还适用于从事工业控制网络系统设计的工程技术人员参考。

**图书在版编目（CIP）数据**

工业控制网络：从现场总线、工业以太网、无线网到工业互联网/李正军编著. -- 北京：清华大学出版社，2025.3. --（计算机科学与技术丛书）. -- ISBN 978-7-302-68239-4

Ⅰ. TP273

中国国家版本馆 CIP 数据核字第 20259MP548 号

策划编辑：盛东亮
责任编辑：李　晔
封面设计：李召霞
责任校对：王勤勤
责任印制：刘　菲

出版发行：清华大学出版社
　　　　　网　　　址：https://www.tup.com.cn，https://www.wqxuetang.com
　　　　　地　　　址：北京清华大学学研大厦 A 座　　　邮　　编：100084
　　　　　社 总 机：010-83470000　　　　　　　　　邮　　购：010-62786544
　　　　　投稿与读者服务：010-62776969，c-service@tup.tsinghua.edu.cn
　　　　　质量反馈：010-62772015，zhiliang@tup.tsinghua.edu.cn
　　　　　课件下载：https://www.tup.com.cn，010-83470236
印 装 者：三河市科茂嘉荣印务有限公司
经　　销：全国新华书店
开　　本：186mm×240mm　　　印　张：26.25　　　字　数：590 千字
版　　次：2025 年 3 月第 1 版　　　　　　　　印　次：2025 年 3 月第 1 次印刷
印　　数：1～1500
定　　价：79.00 元

产品编号：107257-01

# 前言
## PREFACE

在数字化和智能化日渐成为工业发展主流的时代背景下,工业通信网络技术显得尤为关键。本书旨在为读者提供一个全面而系统的指南,覆盖了从基础理论、关键技术到实际应用案例的各个方面。内容囊括了现场总线、工业以太网、无线通信技术等众多关键领域,目的是帮助读者深入理解工业控制网络的核心技术及其广泛的应用。

现场总线、工业以太网、Modbus 控制网络、无线网络(包括工业无线以太网、物联网、无线传感器网络、5G 网络)以及工业互联网,这些技术构成了现代工业自动化和智能制造的核心。它们在提高生产效率、降低成本、增强系统灵活性和实现远程监控等方面发挥着至关重要的作用。

本书共分为 12 章,涵盖了从基础概念到高级应用的广泛内容,旨在为读者提供一个关于工业控制网络的全景视角。本书以全面、系统的视角讲述了工业控制网络的理论基础、关键技术、应用实践及未来发展趋势,旨在为从业人员、学者和学生提供一本深入浅出的参考书。

第 1 章　绪论:介绍了工业控制网络、现场总线和工业以太网的基本概念和技术。

第 2 章　CAN 现场总线:讲述了 CAN 总线的技术规范、通信控制器、总线收发器和节点设计。

第 3 章　Modbus 控制网络:讲述了 Modbus 网络的物理层、链路层标准和 Modbus TCP。

第 4 章　LonWorks 嵌入式智能控制网络:讲述了 LonWorks 技术平台、智能收发器和处理器以及相关开发工具。

第 5 章　PROFIBUS-DP 现场总线:详细讲述 PROFIBUS 总线的协议结构、通信模型、设备类型和通信控制器。

第 6 章　DeviceNet 现场总线:讲述了 DeviceNet 的通信模型、连接方式、报文协议和节点开发。

第 7 章　FF 现场总线:讲述了 FF 现场总线的功能块参数、功能库和串级控制设计中的应用。

第 8 章　PROFINET 与工业无线以太网:讲述了 PROFINET 的基础、运行模式、系统结构和工业无线以太网技术。

第 9 章　EtherCAT 工业以太网:讲述了 EtherCAT 的物理结构、数据链路层、应用层和系统组成。

第 10 章 物联网与无线传感器网络：讲述了物联网和无线传感器网络的基本概念、技术和应用。

第 11 章 5G 网络：对 5G 网络进行了概述，讲述了 5G 网络的关键技术和工业互联网行业应用。

第 12 章 工业互联网：讲述了工业互联网的诞生、特征、核心技术和与智能制造的关系。

通过本书的学习，读者将能够全面掌握工业控制网络的关键技术和应用实践，为未来在工业自动化和智能制造领域的研究和工作奠定坚实的基础。

本书是作者基于近 30 年的科研实践和教学经验而精心策划和编写的。例如，在讨论 CAN 现场总线时，不仅介绍了其技术规范和通信控制器，还通过实际案例帮助读者理解其设计原理和应用方法。在讲述 EtherCAT 工业以太网时，详细讲述了其物理拓扑结构、数据链路层和应用层的设计，以及在 KUKA 机器人上的应用案例，帮助读者全面理解这一技术的实用性和高效性。

本书是作者科研实践和教学的总结，书中实例取自作者近 30 年的现场总线、工业以太网等工业控制网络的科研攻关课题。对本书中所引用的参考文献的作者，在此一并表示真诚的感谢。

由于编者水平有限，加上时间仓促，书中错误和不妥之处在所难免，敬请广大读者不吝指正。

编 者

2024 年 12 月

# 目 录
CONTENTS

# 第 1 章

# 绪　　论

工业控制网络是自动控制领域的一种网络技术,是计算机网络与自动控制技术相结合的产物。随着自动控制、网络、微电子等技术的发展,大量智能控制芯片和智能传感器不断涌现,网络控制系统已经成为自动控制系统发展的主流方向,工业控制网络技术在自动控制领域的作用与日俱增。

本章将深入探讨工业控制网络的各个方面,从基本概念到技术的具体实现,再到应用和未来的发展趋势。工业控制网络是实现自动化和智能化生产的关键技术之一,它通过高效可靠的数据通信,支持各种工业设备和系统的互联互通。

首先,对工业控制网络进行概述,包括现场总线、工业以太网和工业无线网络等核心技术。这些技术不仅是实现设备间通信的基础,也是提高生产效率、降低成本、增强系统可靠性的重要手段。随后探讨工业控制网络在各行各业中的应用,以及它们未来发展的方向和趋势。

在现场总线的部分,将详细介绍其产生的背景、本质特征、优点以及标准的制定过程。现场总线技术是连接传感器、执行器到控制器的关键技术,它通过简化布线、提高数据传输效率等方式,优化了整个工业控制系统的设计和运行。

接下来,将对工业以太网进行概述,包括其技术原理、通信模型,以及相比传统以太网在实时性、可靠性上的优势。特别是实时以太网技术,它通过改进通信机制来满足工业自动化对实时性的高要求。

此外,还介绍了现场总线和工业以太网的具体技术标准和实现方式,包括 FF、CAN/CAN FD、LonWorks、PROFIBUS、CC-Link 等现场总线技术,以及 EtherCAT、Ethernet POWERLINK、PROFInet、EPA 等工业以太网技术。对这些技术标准和实现方式的介绍,将帮助读者更加深入地理解各种技术的特点、应用场景和优势。

本章旨在为读者提供一个全面的工业控制网络概览,涵盖了从基本概念、关键技术到应用实践和未来趋势的各个方面。通过本章的学习,读者将能够对工业控制网络有一个清晰的认识,为后续深入学习打下坚实的基础。

## 1.1　工业控制网络

工业控制网络(Industrial Control Networks,ICN)是指用于监控和控制工业环境中的物理设备和过程的网络系统。这些网络系统在自动化技术、制造业、电力供应、水处理设施、石油和天然气行业等领域起着至关重要的作用。工业控制网络的主要目的是确保生产过程的高效、安全和可靠运行。

随着工业 4.0 时代概念的提出,以智能制造为主导的第四次工业革命悄然开始。"智能工厂""智能生产""智能物流"成为未来工业的三大主题,旨在通过信息通信技术和网络空间虚拟系统将制造业推向智能化。智能工厂已经被确定为全球制造业未来的发展目标,同时也是我国制造业转型升级的重要突破口,而智能工厂的精髓就是在工业领域的各个层面建立通信网络,使生产智能化和管理信息化深度融合。

智能工厂不仅能够实现生产过程的自动控制、远程监控,还能够将各生产厂家的生产管理、物流管理及仓库管理信息进行整合,实现用户需求与生产计划的实时匹配,避免资源浪费,提高生产效益,满足客户个性化定制产品的实时服务需求。工业 4.0 具有的三大技术特征:高度自动化、高度信息化、高度网络化,能够实现工厂内部的纵向集成、产业链的端到端集成以及生态的横向集成。工业控制网络作为一种应用于工业生产环境的信息网络技术,从诞生之初,就担负着现场设备之间、现场设备与控制装置之间的数据传输功能,是现代工业自动化生产体系的重要组成部分和工厂信息化的基础。它的构建必将成为智能工厂建设的核心。

工业控制网络技术是实现工业现场级控制设备数字化通信的一种技术,它可以使用一条通信电缆将带有智能模块和数字通信接口的现场设备连接起来,实现全分布式数字通信,完成现场设备的控制、监测、远程参数化等功能。它打破了自动控制系统作为工厂中信息孤岛的局面,实现了整个生产过程中设备之间及系统与外界之间的互联互通、实时控制,为安全、节能、高效生产创造了条件。

近年来,随着工业控制网络的发展,其实用性、灵活性不断提高,应用范围不断扩展,应用需求逐年增加。然而,应用的快速增长也必然伴随着各厂商在这一领域的激烈竞争。时至今日,不同厂商纷纷基于各种工业控制网络搭建了自己的平台,许多不同的通信协议已成为工业控制网络市场中的标准协议,因此,希望支持市场所需的不同协议,或者希望在同一台设备中支持多种协议的工业控制系统设计人员就要面临开发时间增加的问题。不同种类的工业控制网络之间是可以互联和互通的,但设备间不能互操作。在工业 4.0 大背景下,要想构建高速、高效、大数据安全的工业控制网络,必须了解目前通用的主流工业控制网络协议的应用特点以及如何实现互联互通,争取在未来的某一天最终解决工业控制网络的多标准问题。

### 1.1.1　工业控制网络概述

随着计算机网络技术的发展以及人们对自动控制水平要求的不断提高,计算机网络技术日益向自动控制领域渗透,工业控制网络应运而生。工业控制网络简称控制网络,是应用于自动控制领域的计算机网络技术。

在工业生产过程中,除了计算机及其外围设备,还存在大量检测工艺参数数值与状态的变送器和控制生产过程的控制设备。这些设备的各功能单元之间、设备与设备之间以及这些设备与计算机之间遵照某种通信协议,利用数据传输技术进行数据交换。

工业控制网络就是指将具有数字通信能力的测量控制仪表作为网络节点,采用公开、规范的通信协议,将控制设备连接成可以相互沟通信息,共同完成自控任务的网络系统。

与普通的计算机网络系统相比,工业控制网络具有以下特点:

(1) 具有实时性和时间确定性。

(2) 信息多为短帧结构,且交换频繁。

(3) 可靠性和安全性高。

(4) 网络协议简单实用。

(5) 网络结构具有分散性。

(6) 易于实现与信息网络的集成。

目前,工业控制网络技术主要包括现场总线技术、工业以太网技术以及工业无线网络技术。

## 1.1.2　现场总线

按照国际电工委员会(International Electrotechnical Commission,IEC)对现场总线一词的定义,现场总线是一种应用于生产现场,在现场设备之间、现场设备与控制装置之间实行双向、串行、多节点数字通信的技术。

现场总线技术产生于 20 世纪 80 年代。随着微处理器与计算机功能的不断增强及价格的急剧下降,计算机网络系统得到了迅速发展,信息通信的范围不断扩大。而处于企业生产结构底层的自动控制系统,仍在通过开关、阀门、传感测量仪表间的一对一连线,用电压、电流的模拟信号进行测量控制,或者采用某种自封闭式的集散系统,这使得设备之间以及系统与外界之间的信息交换难以实现,严重制约了自动控制系统的发展。要实现企业的信息集成,实施综合自动化,就必须设计一种能在工业现场环境中运行的、可靠性高、实时性强、价格低廉的通信系统,形成工厂底层网络,完成现场设备之间的多节点数字通信,实现底层设备之间,以及自动化设备与外界的信息交换。现场总线就是在这种形势下发展形成的。

## 1.1.3　工业以太网

工业以太网是一种适用于工业环境的通信标准,它基于传统以太网技术,但进行了改进和扩展,以满足工业自动化对于数据传输的可靠性、实时性和安全性的特殊要求。工业以太网允许工业设备和控制系统通过共享的网络基础设施进行通信,支持从简单的传感器到复杂的控制系统之间的数据交换。

所谓工业以太网,是指采用与商用以太网(IEEE 802.3 标准)兼容的技术,选择适应工业现场环境的产品构建的控制网络。

随着工业自动化技术和信息技术的不断发展,建立统一开放的通信协议和网络,在企业内部,从底层设备到高层,实现全方位的信息系统无缝集成成为网络控制系统亟待解决的问题。现场总线显然难当此任,而工业以太网则是解决这一问题的有效办法。

20 世纪 90 年代中期,以往用于办公自动化的以太网开始逐渐进入工业控制领域。由于以太网具有应用广泛、价格低廉、数据传输速率高、软硬件产品丰富、应用技术成熟等优点,它开始被广泛应用于工业企业综合自动化系统中的资源管理层、制造执行层,并呈现向下延伸直接应用于工业控制现场的趋势。为了促进以太网在工业领域中的应用,国际上成立了工业以太网协会(Industrial Ethernet Association,IEA)、工业自动化开放网络联盟(Industrial Automation Network Alliance,IAONA)等组织,在世界范围内推进工业以太网技术的发展、教育和标准化管理,在工业应用领域的各个层次运用以太网。美国电气与电子工程师协会(Institute of Electrical and Electronics Engineers,IEEE)也着手制定现场装置与以太网通信的标准。据美国权威调查机构 ARC(Automation Research Company)的报告,今后以太网不仅会继续垄断商业计算机网络和工业控制系统的上层网络通信市场,也必将领导未来现场控制设备的发展,以太网和 TCP/IP 将成为器件总线和现场设备总线的基础协议。

## 1.1.4　工业无线网络

所谓无线网络,是指无须布线就能实现各种通信设备互联的网络。在工业环境中使用的无线网络,称为工业无线网络。工业无线网络技术是一种新兴的,面向现场应用的信息交互技术。

工业无线网络技术是一种测控成本低、应用范围广的革命性技术,具有结构简单、组网灵活等优点,不仅适用于普通的工业环境,还适用于高温、高噪声、偏远地区等不适宜人工操作的环境。据艾默生的测算,无线网络技术可以降低 60% 的设备成本,减少 65% 的设备管理时间并且能够节省 95% 的布线空间。工业无线网络技术是对各类工业有线网络技术的重要补充,已经成为工业控制网络的一个重要发展方向。

现设备、系统和人员之间的通信的网络。与传统的有线网络相比,无线网络提供了更高的灵活性和可扩展性,能够在物理布线困难或成本较高的环境中提供可靠的通信解决方案。工业无线网络在自动化、远程监控、数据采集和移动通信等应用中发挥着重要作用。

工业无线网络技术通常分为两类:短距离通信技术和广域网通信技术。短距离通信技术是目前工业领域应用最广泛的无线通信技术,主要包括 WLAN、蓝牙以及 RFID 等传统短距离通信技术和以 WirelessHART、ZigBee、ISA100.11a、WIA-PA 等为代表的面向工业应用的专用短距离通信技术。它具有覆盖频率宽、使用范围广、连接设备数量大等特点。随着工业领域各类无线通信需求的不断增加,蜂窝移动通信技术以及基于蜂窝技术的低功耗广域网技术也开始应用在工业领域中。目前已经在工业领域应用的广域网通信技术包括 2G/3G/4G 蜂窝移动通信技术,以及以 NB-IoT、eMTC、MulteFire、LoRa 等为代表的低功耗广域网技术。此外,5G技术正在不断推进与发展。广域网通信技术具有传输距离远、带宽低、功耗低等特点。

## 1.1.5 工业控制网络的应用

工业控制网络技术被广泛应用于汽车制造、市政、交通、化工、公共设施、制造业等领域,新增节点数逐年增加。瑞典工业网络专家HMS发布的最新年度报告显示,工业网络市场一直呈现增长态势,2022年增长约8%。工业以太网仍然增长最快,现占据新安装节点的66%,现场总线占比为27%,无线网络占比为7%。不同的工业控制网络市场占有份额如图1-1所示。

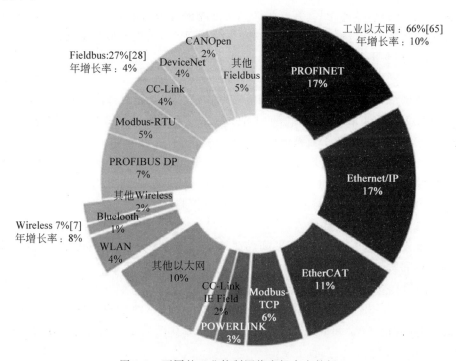

图1-1 不同的工业控制网络市场占有份额

目前,工业网络市场呈现出恢复稳定的状态。工业以太网以10%的增长速度持续占据市场份额,现在占全球工厂自动化新安装节点市场的65%。其中,PROFINET和EtherNet/IP的市场份额均为17%,位居榜首,EtherCAT以11%的份额和领先的现场总线PROFIBUS-DP并驾齐驱。接下来是Modbus TCP,市场份额为5%,与其同份额的是现场总线Modbus RTU,这样Modbus技术现在的市场份额为10%,确定了它们在全球工厂安装中的持续重要性。2022年,现场总线增长4%,在新安装节点总数中占27%。PROFIBUS-DP仍然是现场总线的领导者,占7%,其次是Modbus-RTU,占5%,随后是CC-Link,占4%。无线技术继续以8%的速度快速增长,现在拥有7%的市场份额。考虑到全球无线蜂窝技术对智能制造的影响,HMS预计未来无线连接设备和机器的市场需求将会继续增加。

工业控制网络应用呈现地域性。在欧洲和中东地区，EtherNet/IP 和 PROFINET 是领先的网络技术，PROFIBUS-DP 和 EtherCAT 紧随其后，其他流行的网络是 Modbus(RTU/TCP) 和 Ethernet POWERLINK。在美国市场，EtherNet/IP 占据主导地位，同时 EtherCAT 也获得了一些市场份额。而在亚洲市场比较分散，PROFINET 和 EtherNet/IP 占据主导地位，紧随其后的是 CC-Link/CCLink-IE Field、PROFIBUS-DP、EtherCAT 和 Modbus(RTU/TCP)。

### 1.1.6　工业控制网络的发展趋势

在工业 4.0 时代，智能工厂、智能生产和智能物流是未来工业发展的主题，将智能设备、人和数据连接起来组成"虚拟网络-实体物理系统"(CPS)，实现智能数据交换。

未来，工业控制网络主要向以下几个方面发展：

(1) 工业控制网络和信息网络融合。

随着工业网络技术的发展，现场总线正在逐步被工业以太网替代。未来工业，基于通用标准的工业以太网逐步取代各种私有的工业以太网，实现信息网络和工业控制的 IP 贯通、"E"网到底。IPv6 技术将在工业领域广泛应用。

(2) 无线网络技术进一步发展。

无线网络通信技术逐步向工业领域渗透，呈现从信息采集到生产控制，从局部方案到全网方案的发展趋势，无线技术将成为现有工业有线控制网络有力的补充或替代。

(3) 实现工业设备网络互联。

未来工业设备能够实现互联互通，可将生产单元进行灵活重构，智能设备可在不同的生产单元间迁移和转换，并在生产单元内实现即插即用。

(4) 提高信息安全性。

随着更多工厂关键设备的联网，安全问题成为工业控制网络和总线产品应用的关键问题。因此，构建高速、安全和节能的工业控制网络和总线产品是未来研究的方向之一。

## 1.2　现场总线概述

现场总线(fieldbus)自产生以来，一直是自动化领域技术发展的热点之一，被誉为自动化领域的计算机局域网，各自动化厂商纷纷推出自己的现场总线产品，并在不同的领域和行业得到了越来越广泛的应用，现在已处于稳定发展期。近几年，无线传感器网络与物联网(IoT)技术也融入到工业测控系统中。

按照 IEC 对现场总线一词的定义，现场总线是一种应用于生产现场，在现场设备之间、现场设备与控制装置之间实行双向、串行、多节点数字通信的技术。这是由 IEC/TC65 负责测量和控制系统数据通信部分国际标准化工作的 SC65/WG6 定义的。它作为工业数据通信网络的基础，沟通了生产过程现场级控制设备之间及其与更高控制管理层之间的联系。

它不仅是一个基层网络,而且是一种开放式、新型全分布式控制系统。这项以智能传感、控制、计算机、数据通信为主要内容的综合技术,已受到世界范围的关注而成为自动化技术发展的热点,并将导致自动化系统结构与设备的深刻变革。

## 1.2.1　现场总线的产生

随着微处理器的发展和广泛应用,产生了以 IC 代替常规电子线路,以微处理器为核心,实现信息采集、显示、处理、传输及优化控制等功能的智能设备。一些具有专家辅助推断分析与决策能力的数字式智能化仪表产品,其本身不仅具备诸如自动量程转换、自动调零、自校正、自诊断等功能,还能提供故障诊断、历史信息报告、状态报告、趋势图等功能。通信技术的发展,促使传送数字化信息的网络技术开始广泛应用。与此同时,基于质量分析的维护管理、与安全相关系统的测试的记录、环境监视需求的增加,都要求仪表能在当地处理信息,并在必要时允许被管理和访问,这些也使现场仪表与上级控制系统的通信量大增。另外,从实际应用的角度,控制界也在控制精度、可操作性、可维护性、可移植性等方面不断提出新的需求。由此,导致了现场总线的产生。

现场总线就是用于现场智能化装置与控制室自动化系统之间的一个标准化的数字式通信链路,可进行全数字化、双向、多站总线式的信息数字通信,实现相互操作以及数据共享。现场总线的主要目的是完成控制、报警和事件报告等工作。现场总线通信协议的基本要求是响应速度和操作的可预测性的最优化。现场总线是一个低层次的网络协议,在其之上还允许有上级的监控和管理网络,负责文件传送等工作。现场总线为引入智能现场仪表提供了一个开放平台,基于现场总线的分布式控制系统(FCS),将是继 DCS 后的又一代控制系统。

## 1.2.2　现场总线的本质

由于标准实质上并未统一,所以对现场总线也有不同的定义。可以从如下 6 个方面理解现场总线的本质。

### 1. 现场通信网络

用于过程以及制造自动化的现场设备或现场仪表互连的通信网络。

### 2. 现场设备互连

现场设备或现场仪表是指传感器、变送器和执行器等,这些设备通过一对传输线互连,传输线可以使用双绞线、同轴电缆、光纤和电源线等,并可根据需要因地制宜地选择不同类型的传输介质。

### 3. 互操作性

现场设备或现场仪表种类繁多,没有任何一家制造商可以提供一个工厂所需的全部现场设备,所以,不同制造商的产品互相连接是不可避免的。用户不希望为选用不同的产品而在硬件或软件上花很大气力,而希望选用各制造商性能价格比最优的产品,并将其集成在一起,实现"即接即用";用户希望对不同品牌的现场设备统一组态,构成自己需要的控制回路。这些就是现场总线设备互操作性的含义。现场设备互连是基本的要求,只有实现互操作性,用户才能自由地集成 FCS。

**4. 分散功能块**

FCS 废弃了 DCS 的输入/输出单元和控制站,将 DCS 控制站的功能块分散地分配给现场仪表,从而构成虚拟控制站。例如,流量变送器不仅具有流量信号变换、补偿和累加输入模块,而且有 PID 控制和运算功能块。调节阀的基本功能是信号驱动和执行,还内含输出特性补偿模块,也可以有 PID 控制和运算模块,甚至有阀门特性自检验和自诊断功能。由于功能块分散在多台现场仪表中,并可统一组态,供用户灵活选用各种功能块,构成所需的控制系统,实现彻底的分散控制。

**5. 通信线供电**

通信线供电方式允许现场仪表直接从通信线上获取能量,对于要求本征安全的低功耗现场仪表,可采用这种供电方式。众所周知,化工、炼油等企业的生产现场有可燃性物质,所有现场设备都必须严格遵循安全防爆标准。现场总线设备也不例外。

**6. 开放式互联网络**

现场总线为开放式互联网络,它既可与同层网络互联,也可与不同层网络互联,还可以实现网络数据库的共享。不同制造商的网络互联十分简便,用户不必在硬件或软件上花太多气力。通过网络对现场设备和功能块统一组态,把不同厂商的网络及设备融为一体,构成统一的 FCS。

## 1.2.3　现场总线的特点和优点

现场总线是一种工业网络系统,用于实现工业设备和控制系统之间的通信。它是自动化技术中的关键组成部分,用于替代传统的点对点连接方式。

现场总线技术以其独特的特点和显著的优点,在现代工业自动化和智能制造中扮演着重要角色,为提高生产效率、降低成本和实现高度集成的控制系统提供了有效的解决方案。

**1. 现场总线的结构特点**

现场总线打破了传统控制系统的结构形式。

传统模拟控制系统采用一对一的设备连线,按控制回路分别进行连接。位于现场的测量变送器与位于控制室的控制器之间,控制器与位于现场的执行器、开关、电动机之间均为一对一的物理连接。

现场总线控制系统由于采用了智能现场设备,能够把原先 DCS 系统中处于控制室的控制模块、各输入/输出模块置入现场设备,加上现场设备具有通信能力,现场的测量变送仪表可以与阀门等执行机构直接传送信号,因而控制系统能够不依赖控制室的计算机或控制仪表,直接在现场完成彻底的分散控制。现场总线控制系统(FCS)与传统控制系统(如 DCS)结构对比如图 1-2 所示。

由于采用数字信号替代模拟信号,因而可实现在一对电线上传输多个信号,如运行参数值、多个设备状态、故障信息等,同时又为多个设备提供电源,现场设备以外不再需要模拟/

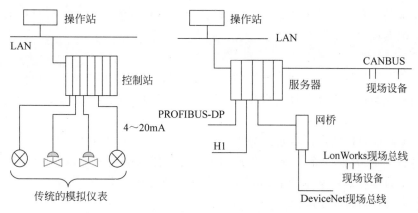

图 1-2 FCS 与 DCS 结构比较

数字、数字/模拟转换器件。这样就为简化系统结构、节约硬件设备、节约连接电缆与各种安装和维护费用创造了条件。表 1-1 为 FCS 与 DCS 的详细对比。

表 1-1 FCS 和 DCS 的详细对比

| 项　目 | FCS | DCS |
|---|---|---|
| 结构 | 一对多：一对传输线接多台仪表，双向传输多个信号 | 一对一：一对传输线接一台仪表，单向传输一个信号 |
| 可靠性 | 可靠性好：数字信号传输抗干扰能力强，精度高 | 可靠性差：模拟信号传输不仅精度低，而且容易受干扰 |
| 失控状态 | 操作员在控制室既可以了解现场设备或现场仪表的工作状况，也能对设备进行参数调整，还可以预测或寻找故障，始终处于操作员的远程监视与可控状态之中 | 操作员在控制室既不了解模拟仪表的工作状况，也不能对其进行参数调整，更不能预测故障，导致操作员对仪表处于"失控"状态 |
| 互换性 | 用户可以自由选择不同制造商提供的性能价格比最优的现场设备和仪表，并将不同品牌的仪表互连。即使某台仪表故障，换上其他品牌的同类仪表照样工作，实现"即接即用" | 尽管模拟仪表统一了信号标准 4～20mA DC，可是大部分技术参数仍由制造厂自定，致使不同品牌的仪表无法互换 |
| 仪表 | 智能仪表除了具有模拟仪表的检测、变换、补偿等功能外，还具有数字通信能力，并且具有控制和运算的能力 | 模拟仪表只具有检测、变换、补偿等功能 |
| 控制 | 控制功能分散在各个智能仪表中 | 所有的控制功能集中在控制站中 |

**2. 现场总线的技术特点**

（1）系统的开放性。

开放系统是指通信协议公开，各不同厂家的设备之间可进行互连并实现信息交换，现场总线开发者就是要致力于建立统一的工厂底层网络的开放系统。这里的开放是指对相关标准的一致性、公开性，强调对标准的共识与遵从。一个开放系统应当可以与任何遵守相同标准的其他设备或系统相连。一个具有总线功能的现场总线网络系统必须是开放的，开放系统将系统集成的权利交给了用户,用户可按自己的需要和对象将来自不同供应商的产品组成大小随意的系统。

（2）可互操作性与互用性。

这里的可互操作性是指实现互连设备间、系统间的信息传送与沟通,可实行点对点、一点对多点的数字通信。而互用性则意味着不同生产厂家的性能类似的设备可进行互换而实现互用。

（3）现场设备的智能化与功能自制性。

它将传感测量、补偿计算、工程量处理与控制等功能分散到现场设备中完成,仅靠现场设备即可完成自动控制的基本功能,并可随时诊断设备的运行状态。

（4）系统结构的高度分散性。

由于现场设备本身已可完成自动控制的基本功能,使得现场总线已构成一种新的全分布式控制系统的体系结构。从根本上改变了现有 DCS 集中与分散相结合的集散控制系统体系,简化了系统结构,提高了可靠性。

（5）对现场环境的适应性。

工作在现场设备前端,作为工厂网络底层的现场总线,是专为在现场环境工作而设计的,它可支持双绞线、同轴电缆、光缆、射频、红外线、电力线等,具有较强的抗干扰能力,能采用两线制实现送电与通信,并可从根本上满足安全防爆要求等。

**3. 现场总线的优点**

由于现场总线的以上特点,特别是现场总线系统结构的简化,使控制系统从设计、安装、投运到正常生产运行及检修维护,都体现出较强的优越性。

（1）节省硬件数量与投资。

由于现场总线系统中分散在设备前端的智能设备能直接完成多种传感、控制、报警和计算功能,因而可减少变送器的数量,不再需要单独的控制器、计算单元等,也不再需要 DCS 系统的信号调理、转换、隔离等功能单元及其复杂接线,还可以用工控 PC 作为操作站,从而节省了一大笔硬件投资。由于控制设备的减少,因此还可减少控制室的占地面积。

（2）节省安装费用。

现场总线系统的接线十分简单,由于一对双绞线或一条电缆上通常可挂接多个设备,因而电缆、端子、槽盒、桥架的用量大大减少,连线设计与接头校对的工作量也大大减少。当需要增加现场控制设备时,无须增设新的电缆,可就近连接在原有的电缆上,既节省了投资,又减少了设计、安装的工作量。据有关典型试验工程的测算资料,可节约安装费用60％以上。

（3）节约维护开销。

由于现场控制设备具有自诊断与简单故障处理的能力,并通过数字通信将相关的诊断维护信息送往控制室,用户可以查询所有设备的运行,诊断维护信息,以便在早期分析故障原因并快速排除,缩短了维护停工时间,同时由于系统结构简化、连线简单而减少了维护工作量。

（4）用户具有高度的系统集成主动权。

用户可以自由选择不同厂商所提供的设备来集成系统。避免因选择了某一品牌的产品被"框死"了设备的选择范围,不会为系统集成中不兼容的协议、接口而一筹莫展,使系统集成过程中的主动权完全掌握在用户手中。

（5）提高了系统的准确性与可靠性。

由于现场总线设备具有智能化、数字化的特点,因此与模拟信号设备相比,它从根本上提高了测量与控制的准确度,减少了传送误差。同时,由于系统的结构简化,设备与连线减少,现场仪表内部功能加强;减少了信号的往返传输,提高了系统工作的可靠性。

此外,由于它的设备标准化和功能模块化,因此还具有设计简单、易于重构等优点。

## 1.2.4　现场总线标准的制定

数字技术的发展完全不同于模拟技术,数字技术标准的制定往往早于产品的开发,标准决定着新兴产业的健康发展。国际电工委员会/国际标准协会(IEC/ISA)自1984年起着手现场总线标准制定工作,但统一的标准至今仍未完成。

IEC TC65(负责工业测量和控制的第65标准化技术委员会)于1999年底通过的8种类型的现场总线作为IEC 61158最早的国际标准。

最新的IEC 61158 Ed.4标准于2007年7月出版。

IEC 61158第4版由多个部分组成,主要包括以下内容:

IEC 61158-1 总论与导则

IEC 61158-2 物理层服务定义与协议规范

IEC 61158-300 数据链路层服务定义

IEC 61158-400 数据链路层协议规范

IEC 61158-500 应用层服务定义

IEC 61158-600 应用层协议规范

IEC 61158 Ed.4标准包括的现场总线类型如下:

Type 1　　IEC 61158(FF 的 H1)

Type 2　　CIP 现场总线

Type 3　　PROFIBUS 现场总线

Type 4　　P-Net 现场总线

Type 5　　FF HSE 现场总线

Type 6　　SwiftNet 被撤销

Type 7　　WorldFIP 现场总线

Type 8　　INTERBUS 现场总线

Type 9　　FF H1 以太网

Type 10　　PROFINET 实时以太网

Type 11　　TCnet 实时以太网

Type 12　EtherCAT 实时以太网

Type 13　Ethernet POWERLINK 实时以太网

Type 14　EPA 实时以太网

Type 15　Modbus-RTPS 实时以太网

Type 16　SERCOS Ⅰ、SERCOS Ⅱ 现场总线

Type 17　VNET/IP 实时以太网

Type 18　CC-Link 现场总线

Type 19　SERCOS Ⅲ 现场总线

Type 20　HART 现场总线

每种总线都有其产生的背景和应用领域。

## 1.2.5　现场总线的现状

国际电工委员会/国际标准协会(IEC/ISA)自 1984 年起着手现场总线标准制定工作，但统一的标准至今仍未完成。同时，世界上许多公司也推出了自己的现场总线技术。但太多存在差异的标准和协议，会给实践带来复杂性和不便，影响开放性和互操作性。因而在最近几年开始进行标准统一工作，减少现场总线协议的数量，以达到形成单一标准协议的目标。各种协议标准合并的目的是达到国际上统一的总线标准，以实现各家产品的互操作性。

**1. 多种总线共存**

现场总线国际标准 IEC 61158 中采用了 8 种协议类型，以及其他一些现场总线。总线是为了满足自动化发展的需求而产生的，由于不同领域的自动化需求各有其特点，因此在某个领域中产生的总线技术一般对这一特定领域的满意度高一些，应用多一些，适用性好一些。随着时间的推移，占有市场 80% 左右的总线将只有六七种，而且其应用领域比较明确，如 FF、PROFIBUS-PA 适用于冶金、石油、化工、医药等流程行业的过程控制，PROFIBUS-DP、DeviceNet 适用于加工制造业，LonWorks、PROFIBUS-FMS、DeviceNet 适用于楼宇自动化、交通运输、农业。但这种划分又不是绝对的，相互之间又互有渗透。

**2. 每种总线各有其应用领域**

每种总线都在力图拓展其应用领域，以扩张其势力范围。在一定应用领域已取得良好业绩的总线产品，往往会进一步根据需要向其他领域发展。如 PROFIBUS 在 DP 的基础上又开发出 PA，以适用于流程工业。

**3. 每种总线各有其国际组织**

大多数总线都有相应的国际组织，并力图在制造商和用户中扩大影响，以取得更多方面的支持，同时也想显示出其技术是开放的。如 WorldFIP 国际用户组织、FF 基金会、PROFIBUS 国际用户组织、P-Net 国际用户组织及 ControlNet 国际用户组织等。

**4. 每种总线均有其支持背景**

每种总线都以一个或几个大型跨国公司为背景，公司的利益与总线的发展息息相关，如 PROFIBUS 以 SIEMENS 公司为主要支持，ControlNet 以 Rockwell 公司为主要背景，

WorldFIP 以 Alstom 公司为主要后台。

**5．设备制造商参加多个总线组织**

大多数设备制造商都会参加不止一个总线组织，有些公司甚至会参加 2～4 个总线组织。

**6．多种总线均作为国家和地区标准**

每种总线大多将自己作为国家或地区标准，以加强自己的竞争地位。现在的情况是：P-Net 已成为丹麦标准，PROFIBUS 已成为德国标准，WorldFIP 已成为法国标准。上述 3 种总线于 1994 年成为并列的欧洲标准 EN50170，其他总线也都形成了各组织的技术规范。

**7．协调共存**

在激烈的竞争中出现了协调共存的前景。这种现象在欧洲标准制定时就出现过，欧洲标准 EN50170 在制定时，将德、法、丹麦的 3 个标准并列于一卷之中，形成了欧洲的多总线的标准体系，后又将 ControlNet 和 FF 加入欧洲标准的体系。各重要企业，除了力推自己的总线产品之外，也都力图开发接口技术，将自己的总线产品与其他总线相连接，如施耐德公司开发的设备能与多种总线相连接。在国际标准中，也出现了协调共存的局面。

**8．工业以太网引入工业领域**

工业以太网的引入成为新的热点。工业以太网正在工业自动化和过程控制市场上迅速增长，几乎所有远程 I/O 接口技术的供应商均提供一个支持 TCP/IP 的以太网接口，如 Siemens、Rockwell、GE Fanuc 等，他们销售各自的 PLC 产品，但同时会提供与远程 I/O 和基于 PC 的控制系统相连接的接口。

## 1.2.6 现场总线网络的实现

现场总线的基础是数字通信。要通信就必须有协议，从这个意义上讲，现场总线就是一个定义了硬件接口和通信协议的标准。国际标准化组织(ISO)的开放系统互联(OSI)协议，是为计算机互联网而制定的七层参考模型，它对任何网络都是适用的，只要网络中所要处理的要素是通过共同的路径进行通信。目前，各个公司生产的现场总线产品没有一个统一的协议标准，但是各公司在制定自己的通信协议时，都会参考 OSI 七层协议标准，且大多采用了其中的第 1 层、第 2 层和第 7 层，即物理层、数据链路层和应用层，并增设了第 8 层，即用户层。

**1．物理层**

物理层定义了信号的编码与传送方式、传送介质、接口的电气及机械特性、信号传输速率等。现场总线有两种编码方式：Manchester 和 NRZ，前者同步性好，但频带利用率低，后者刚好相反。Manchester 编码采用基带传输，而 NRZ 编码采用频带传输。调制方式主要有 CPFSK 和 COFSK。现场总线传输介质主要有有线电缆、光纤和无线介质。

**2．数据链路层**

数据链路层又分为两个子层，即介质访问控制(MAC)层和逻辑链路控制(LLC)层。MAC 层的功能是对传输介质传送的信号进行发送和接收控制，而 LLC 层则是对数据链路进行控制,以保证数据传送到指定的设备上。现场总线网络中的设备可以是主站,也可以是从站,主站有控制收发数据的权力,而从站则只有响应主站访问的权力。

关于 MAC 层,目前有 3 种协议。

(1) 集中式轮询协议:其基本原理是网络中有主站,主站周期性地轮询各个节点,被轮询的节点允许与其他节点通信。

(2) 令牌总线协议:这是一种多主站协议,主站之间以令牌传送协议进行工作,持有令牌的站可以轮询其他站。

(3) 总线仲裁协议:采用与多机系统中并行总线管理类似的机制。

**3. 应用层**

应用层可以分为两个子层:上面子层是应用服务层(FMS 层),它为用户提供服务;下面子层是现场总线存取层(FAS 层),它实现数据链路层的连接。

应用层的功能是进行现场设备数据的传送及现场总线变量的访问。它为用户应用提供接口,定义了如何应用读、写、中断和操作信息及命令,同时定义了信息、句法(包括请求、执行及响应信息)的格式和内容。应用层的管理功能是在初始化期间初始化网络,指定标记和地址;同时按计划配置应用层,也对网络进行控制,统计失败和检测新加入或退出网络的装置。

**4. 用户层**

用户层是现场总线标准在 OSI 模型之外新增加的一层,是使现场总线控制系统具有开放性与互操作性的关键。

用户层定义了从现场装置中读、写信息和向网络中其他装置分发信息的方法,即规定了供用户组态的标准"功能模块"。事实上,各厂家生产的产品实现功能块的程序可能完全不同,但对功能块特性的描述、参数设定及相互连接的方法是公开统一的。信息在功能块内经过处理后输出,用户对功能块的工作就是选择"设定特征"及"设定参数",并将其连接起来。功能块除了输入/输出信号外,还输出表征该信号状态的信号。

# 1.3 工业以太网概述

工业以太网是一种基于以太网技术的工业通信标准,它将传统以太网的技术优势引入工业自动化领域。与传统以太网主要用于办公自动化和数据通信不同,工业以太网特别针对工业环境中的高可靠性、实时性和环境适应性等要求进行了优化。工业以太网成为连接传感器、执行器、控制器等工业设备,以及实现设备与系统之间通信的重要手段。

工业以太网广泛应用于各种工业自动化领域,包括制造业、过程控制、电力自动化、交通运输、水处理、石油化工等。它不仅用于设备间的通信,还能够实现设备与上层管理系统(如MES、ERP 系统)之间的数据交换,促进信息化和智能化水平的提升。

随着"工业 4.0"和智能制造战略的推进,对于高速、实时、可靠的工业通信需求日益增长,工业以太网技术的重要性日益凸显。未来,工业以太网将继续向高速率、低延迟、高安全

性方向发展,同时,与物联网、大数据、云计算等新技术的融合将进一步拓展其应用范围和能力,成为工业互联网的重要基础设施。

## 1.3.1 工业以太网技术

人们习惯将用于工业控制系统的以太网统称为工业以太网。如果仔细划分,按照国际电工委员会 SC65C 的定义,工业以太网是用于工业自动化环境、符合 IEEE 802.3 标准、按照 IEEE 802.1D"介质访问控制(MAC)网桥"规范和 IEEE 802.1Q"局域网虚拟网桥"规范、对其没有进行任何实时扩展(extension)而实现的以太网。通过采用减轻以太网负荷、提高网络速度、采用交换式以太网和全双工通信、采用信息优先级和流量控制以及虚拟局域网等技术,目前可以将工业以太网的实时响应时间做到 5～10ms,相当于现有的现场总线。采用工业以太网,由于具有相同的通信协议,能实现办公自动化网络和工业控制网络的无缝连接。

以太网与工业以太网的比较如表 1-2 所示。

表 1-2 以太网和工业以太网的比较

| 项 目 | 工业以太网设备 | 商用以太网设备 |
| --- | --- | --- |
| 元器件 | 工业级 | 商用级 |
| 接插件 | 耐腐蚀、防尘、防水,如加固型 RJ45、DB-9、航空插头等 | 一般 RJ45 |
| 工作电压 | 24V DC | 220V AC |
| 电源冗余 | 双电源 | 一般没有 |
| 安装方式 | DIN 导轨和其他固定安装 | 桌面、机架等 |
| 工作温度 | −40～85℃ 或 −20～70℃ | 5～40℃ |
| 电磁兼容性标准 | EN 50081-2(工业级 EMC)<br>EN 50082-2(工业级 EMC) | 办公室用 EMC |
| MTBF 值 | 至少 10 年 | 3～5 年 |

工业以太网即应用于工业控制领域的以太网技术,它在技术上与商用以太网兼容,但又必须满足工业控制网络通信的需求。在进行产品设计时,在材质的选用、产品的强度、可靠性、抗干扰能力、实时性等方面应考虑满足工业现场环境的应用需求。一般而言,工业控制网络应满足以下要求:

(1) 具有较好的响应实时性。工业控制网络不仅要求传输速度快,而且在工业自动化控制中还要求响应快,即响应实时性好。

(2) 可靠性和容错性要求。既能安装在工业控制现场,又能够长时间连续稳定运行,且在网络局部链路出现故障的情况下,能在很短的时间内重新建立新的网络链路。

(3) 力求简洁。减少软硬件开销,从而降低设备成本,同时也可以提高系统的健壮性。

(4) 环境适应性要求,包括机械环境适应性(如耐振动、耐冲击)、气候环境适应性(工作温度要求为 −40～85℃,至少为 −20～70℃,并要耐腐蚀、防尘、防水)、电磁环境适应性或电磁兼容性(EMC)应符合 EN 50081-2/EN 50082-2 标准。

（5）开放性好。由于以太网技术被大多数的设备制造商所支持,并且具有标准的接口,因此系统集成和扩展更加容易。

（6）安全性要求。在易爆可燃的场合,工业以太网产品还需要具有防爆要求,包括隔爆、本质安全。

（7）总线供电要求,即要求现场设备网络不仅能传输通信信息,而且要能够为现场设备提供工作电源。这主要是从线缆铺设和维护方便考虑,同时总线供电还能减少线缆,降低成本。IEEE 802.3af 标准对总线供电进行了规范。

（8）安装方便。适应工业环境的安装要求,如采用 DIN 导轨安装。

## 1.3.2 工业以太网通信模型

工业以太网协议在本质上仍基于以太网技术,在物理层和数据链路层均采用了 IEEE 802.3 标准,在网络层和传输层则采用被称为以太网"事实上的标准"的 TCP/IP 协议簇(包括 UDP、TCP、IP、ICMP、IGMP 等协议),它们构成了工业以太网的低 4 层。在高层协议上,工业以太网协议通常都省略了会话层、表示层,而定义了应用层,有的工业以太网协议还定义了用户层(如 HSE)。工业以太网的通信模型如图 1-3 所示。

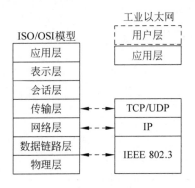

图 1-3 工业以太网的通信模型

工业以太网与商用以太网相比,具有以下特征:

（1）通信实时性。

在工业以太网中,提高通信实时性的措施主要包括采用交换式集线器、使用全双工(full-duplex)通信模式、采用虚拟局域网(VLAN)技术、提高质量服务(QoS)、有效的应用任务的调度等。

（2）环境适应性和安全性。

针对工业现场的振动、粉尘、高温和低温、高湿度等恶劣环境,对设备的可靠性提出了更高的要求。工业以太网产品针对机械环境、气候环境、电磁环境等需求,对线缆、接口、屏蔽等方面做出专门的设计,符合工业环境的要求。

在易燃易爆的场合,工业以太网产品通过包括隔爆和本质安全两种方式来提高设备的生产安全性。

在信息安全方面,利用网关构建系统的有效屏障,对经过它的数据包进行过滤。同时随着加密解密技术与工业以太网的进一步融合,工业以太网的信息安全性也得到了进一步的保障。

（3）产品可靠性设计。

工业控制的高可靠性通常包含 3 个方面的内容:

① 可使用性好,网络自身不易发生故障。

② 容错能力强,网络系统局部单元出现故障,不影响整个系统的正常工作。

③ 可维护性强,故障发生后能及时发现和及时处理,通过维修使网络及时恢复。

（4）网络可用性。

在工业以太网系统中，通常采用冗余技术以提高网络的可用性，主要有端口冗余、链路冗余、设备冗余和环网冗余。

### 1.3.3　工业以太网的优势

从技术方面来看，与现场总线相比，工业以太网具有以下优势：

（1）应用广泛。以太网是目前应用最为广泛的计算机网络技术，受到广泛的技术支持。几乎所有的编程语言都支持以太网的应用开发，如 Java、Visual C++、Visual Basic 等。这些编程语言使用广泛，并受到软件开发商的高度重视，具有很好的发展前景。因此，如果采用以太网作为现场总线，可以保证有多种开发工具、开发环境供选择。

（2）成本低廉。由于以太网的应用广泛，受到硬件开发与生产厂商的高度重视与广泛支持，有多种硬件产品供用户选择，硬件价格也相对低廉。

（3）数据传输速率高。目前以太网的数据传输速率为 10Mb/s、100Mb/s、1000Mb/s、10Gb/s，其速率比目前的现场总线快得多，以太网可以满足对带宽有更高要求的需要。

（4）开放性和兼容性好，易于信息集成。工业以太网采用由 IEEE 802.3 所定义的数据传输协议，是一个开放的标准，从而为 PLC 和 DCS 厂家广泛接受。

（5）控制算法简单。以太网没有优先权控制意味着访问控制算法可以很简单。它不需要管理网络上当前的优先权访问级。还有一个好处是：没有优先权的网络访问是公平的，任何站点访问网络的可能性都与其他站点相同，没有哪个站点可以阻碍其他站点的工作。

（6）软硬件资源丰富。大量的软件资源和设计经验显著降低系统的开发和培训费用，从而显著降低系统的整体成本，并大大加快系统的开发和推广速度。

（7）不需要中央控制站。令牌环网采用了"动态监控"的思想，需要有一个站点负责管理网络的各种事务。传统令牌环网如果没有动态监测是无法运行的。以太网不需要中央控制站，它不需要动态监测。

（8）可持续发展潜力大。由于以太网的广泛使用，因此它的发展一直得到广泛的重视和大量的技术投入，由此保证了以太网技术不断地持续向前发展。

（9）易于与 Internet 连接。能实现办公自动化网络与工业控制网络的信息无缝集成。

### 1.3.4　实时以太网

工业以太网一般应用于通信实时性要求不高的场合。对于响应时间小于 5ms 的应用，工业以太网已不能胜任。为了满足高实时性能应用的需要，各大公司和标准组织纷纷提出各种提升工业以太网实时性的技术解决方案。这些方案建立在 IEEE 802.3 标准的基础上，通过对与其相关标准的实时扩展提高实时性，并且做到与标准以太网的无缝连接，这就是实时以太网（Real-Time Ethernet，RTE）。

根据 IEC 61784-2-2010 标准定义，所谓实时以太网，就是根据工业数据通信的要求和特点，在 ISO/IEC 8802-3 协议基础上，通过增加一些必要的措施，使之具有实时通信能力。

（1）网络通信在时间上的确定性，即在时间上，任务的行为可以预测。

（2）实时响应适应外部环境的变化，包括任务的变化、网络节点的增/减、网络失效诊断等。

（3）减少通信处理延迟，使现场设备间的信息交互在极小的通信延迟时间内完成。

2007 年出版的 IEC 61158 现场总线国际标准和 IEC 61784-2 实时以太网应用国际标准收录了以下 10 种实时以太网技术和协议，如表 1-3 所示。

表 1-3　IEC 国际标准收录的工业以太网

| 技 术 名 称 | 技 术 来 源 | 应 用 领 域 |
|---|---|---|
| Ethernet/IP | 美国 Rockwell 公司 | 过程控制 |
| PROFINET | 德国 SIEMENS 公司 | 过程控制、运动控制 |
| P-NET | 丹麦 Process-Data A/S 公司 | 过程控制 |
| Vnet/IP | 日本 Yokogawa 公司 | 过程控制 |
| TC-net | 东芝公司 | 过程控制 |
| EtherCAT | 德国 BECKHOFF 公司 | 运动控制 |
| Ethernet POWERLINK | 奥地利 B&R 公司 | 运动控制 |
| EPA | 浙江大学、浙江中控公司等 | 过程控制、运动控制 |
| Modbus/TCP | 法国 Schneider-electric 公司 | 过程控制 |
| SERCOS Ⅲ | 德国 Hilscher 公司 | 运动控制 |

## 1.3.5　实时工业以太网模型分析

实时工业以太网采用不同的实时策略来提高实时性能，根据其提高实时性策略的不同，实现模型可分为 3 种。实时工业以太网实现模型如图 1-4 所示。

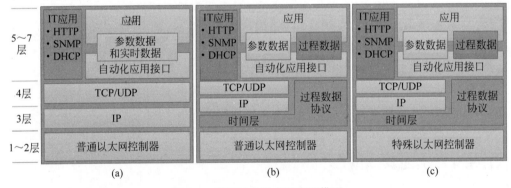

图 1-4　实时工业以太网实现模型

如图 1-4(a)所示情况基于 TCP/IP 实现，在应用层上进行修改。此类模型通常采用调度法、数据帧优先级机制或使用交换式以太网来滤除商用以太网中的不确定因素。这一类工业以太网的代表有 Modbus/TCP 和 Ethernet/IP。此类模型适用于实时性要求不高的应用中。

如图 1-4(b)所示情况基于标准以太网实现，在网络层和传输层上进行修改。此类模型将采用不同机制进行数据交换，对于过程数据采用专门的协议进行传输，TCP/IP 用于访问商用网络时的数据交换。常用的方法有时间片机制。采用此模型典型协议包含 Ethernet

POWERLINK、EPA 和 PROFINET RT。

如图 1-4(c)所示情况基于修改的以太网,基于标准的以太网物理层对数据链路层进行了修改。此类模型一般采用专门硬件来处理数据,实现高实时性。通过不同的帧类型来提高确定性。基于此结构实现的以太网协议有 EtherCAT、SERCOS Ⅲ 和 PROFINET IRT。

对于实时以太网的选取应考虑应用场合的实时性要求。

工业以太网的 3 种实现如表 1-4 所示。

**表 1-4　工业以太网的 3 种实现**

| 序号 | 技术特点 | 说　明 | 应用实例 |
|---|---|---|---|
| 1 | 基于 TCP/IP 实现 | 特殊部分在应用层 | Modbus/TCP Ethernet/IP |
| 2 | 基于以太网实现 | 不仅实现了应用层,而且在网络层和传输层做了修改 | Ethernet POWERLINK PROFINET RT |
| 3 | 修改以太网实现 | 不仅在网络层和传输层做了修改,而且改进了底下两层,需要特殊的网络控制器 | EtherCAT SERCOS Ⅲ PROFINET IRT |

## 1.3.6　几种实时工业以太网的比较

几种实时工业以太网的对比如表 1-5 所示。

**表 1-5　几种实时工业以太网的对比**

| 实时工业以太网 | EtherCAT | SERCOS Ⅲ | PROFINET IRT | POWERLINK | EPA | Ethernet/IP |
|---|---|---|---|---|---|---|
| 管理组织 | ETG | IGS | PNO | EPG | EPA 俱乐部 | ODVA |
| 通信机制 | 主-从 | 主-从 | 主-从 | 主-从 | C/S | C/S |
| 传输模式 | 全双工 | 全双工 | 半双工 | 半双工 | 全双工 | 全双工 |
| 实时特性 | 100 轴,响应时间 100$\mu$s | 8 个轴,响应时间 32.5$\mu$s | 100 轴,响应时间 1ms | 100 轴,响应时间 1ms | | 1～5ms |
| 拓扑结构 | 星形、环形、树形、总线型 | 总线型、环形 | 星形、总线型 | 星形、树形、总线型 | 树形、星形 | 星形、树形 |
| 同步方法 | 时间片 + IEEE 1588 | 主节点 + 循环周期 | 时间槽调度 + IEEE 1588 | 时间片 + IEEE 1588 | IEEE 1588 | IEEE 1588 |
| 同步精度 | 100ns | <1$\mu$s | 1$\mu$s | 1$\mu$s | 500ns | 1$\mu$s |

几个实时工业以太网数据传输速率对比如图 1-5 所示。实验中有 40 个轴(每个轴 20B 输入和输出数据),50 个 I/O 站(总计 560 个 EtherCAT 总线端子模块),2000 个数字量,200 个模拟量,总线长度 500m。结果测试得到 EtherCAT 网络循环时间是 276$\mu$s,总线负载 44%,报文长度 122$\mu$s,性能远远高于 SERCOS Ⅲ、PROFINET IRT 和 POWERLINK。

根据对比分析可以得出,EtherCAT 实施工业以太网各方面性能都很突出。EtherCAT 极小的循环时间、高速、高同步性、易用性和低成本使其在机器人控制、机床应用、CNC 功能、包装机械、测量应用、超高速金属切割、汽车工业自动化、机器内部通信、焊接机器、嵌入

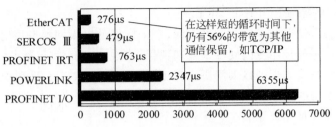

图 1-5　几个实时工业以太网数据传输速率对比

式系统、变频器、编码器等领域获得广泛的应用。

同时因其拓扑的灵活性、无需交换机或集线器、网络结构没有限制、自动连接检测等特点，故其在大桥减震系统、印刷机械、液压/电动冲压机、木材加工设备等领域具有很高的应用价值。

# 1.4　现场总线简介

由于技术和利益的原因，目前国际上存在着几十种现场总线标准，比较流行的主要有FF、CAN、DeviceNet、LonWorks、PROFIBUS、HART、INTERBUS、CC-Link、ControlNet、WorldFIP、P-Net、SwiftNet 等现场总线。

## 1.4.1　FF

基金会现场总线即 Foundation Fieldbus，简称 FF，这是在过程自动化领域得到广泛支持和具有良好发展前景的技术。其前身是以美国 Fisher-Rousemount 公司为首、联合Foxboro、横河、ABB、SIEMENS 等 80 家公司制定的 ISP 协议和以 Honeywell 公司为首、联合欧洲等地的 150 家公司制定的 WorldFIP 协议。迫于用户的压力，这两大集团于 1994 年9 月合并，成立了现场总线基金会，致力于开发出国际上统一的现场总线协议。它以 ISO/OSI 开放系统互联模型为基础，取其物理层、数据链路层、应用层为 FF 通信模型的相应层次，并在应用层上增加了用户层。

基金会现场总线分低速 H1 和高速 H2 两种数据传输速率。H1 的传输速率为31.25kb/s，通信距离可达 1900m（可加中继器延长），可支持总线供电，支持本质安全防爆环境。H2 的传输速率为 1Mb/s 和 2.5Mb/s 两种，其通信距离为 750m 和 500m。物理传输介质可支持双绞线、光缆和无线发射，协议符合 IEC 1158-2 标准。

## 1.4.2　CAN 和 CAN FD

CAN 是控制器局域网（Controller Area Network）的简称，最早由德国 BOSCH 公司提出，用于汽车内部测量与执行部件之间的数据通信。其总线规范现已被 ISO 国际标准化组织制定为国际标准，得到了 Motorola、Intel、PHILIPS、SIEMENS、NEC 等公司的支持，已广泛应用在离散控制领域。

CAN 协议也是建立在国际标准化组织的开放系统互联模型基础上的,不过,其模型结构只有 3 层,只取 OSI 的物理层、数据链路层和应用层。其信号传输介质为双绞线,数据传输速率最高可达 1Mb/s(40m),直接传输距离最远可达 5kb/s(10km),可挂接设备最多可达 110 个。

CAN 的信号传输采用短帧结构,每一帧的有效字节数为 8 个,因而传输时间短,受干扰的概率低。当节点出现严重错误时,具有自动关闭的功能以切断该节点与总线的联系,使总线上的其他节点及其通信不受影响,具有较强的抗干扰能力。

CAN 支持多主站工作方式,网络上任何节点均可在任意时刻主动向其他节点发送信息,支持点对点、一点对多点和全局广播方式接收/发送数据。它采用总线仲裁技术,当出现几个节点同时在网络上传输信息时,优先级高的节点可继续传输数据,而优先级低的节点则主动停止发送,从而避免了总线冲突。

已有多家公司开发生产了符合 CAN 协议的通信控制器,如 NXP 公司的 SJA1000、Microchip 公司的 MCP2515、内嵌 CAN 通信控制器的 ARM 和 DSP 等。还有插在 PC 上的 CAN 总线适配器,具有接口简单、编程方便、开发系统价格便宜等优点。

在汽车领域,随着人们对数据传输带宽要求的增加,传统的 CAN 总线由于带宽的限制难以满足这种增加的需求。

当今社会,汽车已经成为生活中不可缺少的一部分,人们希望汽车不仅仅是一种代步工具,更希望汽车是生活及工作范围的一种延伸。在汽车上就像待在自己的办公室和家里一样,可以打电话、上网、娱乐和工作。

因此,汽车制造商为了提高产品竞争力,将越来越多的功能集成到了汽车上。ECU(电子控制单元)大量地增加使总线负载率急剧增大,传统的 CAN 总线越来越显得力不从心。

此外,为了缩小 CAN 网络(最大 1Mb/s)与 FlexRay(最大 10Mb/s)网络的带宽差距,BOSCH 公司在 2011 年推出了 CAN FD(CAN with Flexible Data-Rate)方案。

### 1.4.3　LonWorks

美国的埃施朗(Echelon)公司是全分布智能控制网络技术 LonWorks 平台的创立者,LonWorks 控制网络技术可用于各主要工业领域,如工厂厂房自动化、生产过程控制、楼宇及家庭自动化、农业、医疗和运输业等,为实现智能控制网络提供完整的解决方案。如中央电视塔美丽夜景的灯光秀就是由 LonWorks 控制的,T21/T22 次京沪豪华列车采用基于 LonWorks 的列车监控系统控制着整个列车的空调暖通、照明、车门及消防报警等系统。Echelon 公司有 4 个主要市场——商用楼宇(包括暖通空调、照明、安防、门禁和电梯等子系统)、工业、交通运输系统和家庭领域。

美国 Echelon 公司于 1992 年成功推出了 LonWorks 智能控制网络。LON(Local Operating Networks)总线是该公司推出的局部操作网络,Echelon 公司开发了 LonWorks 技术,为 LON 总线设计和成品化提供了一套完整的开发平台。其通信协议 LonTalk 支持 OSI/RM 的所有七层模型,这是 LON 总线最突出的特点。LonTalk 协议通过神经元芯片

(Neuron Chip)上的硬件和固件(firmware)实现,提供介质存取、事务确认和点对点通信服务;还有一些如认证、优先级传输、单播/广播/组播消息发送等高级服务。网络拓扑结构可以是总线型、星形、环形和混合型,可实现自由组合。另外,通信介质支持双绞线、同轴电缆、光纤、射频、红外线和电力线等。应用程序采用面向对象的设计方法,通过网络变量把网络通信的设计简化为参数设置,大大缩短了产品开发周期。

高可靠性、安全性、易于实现和互操作性,使得 LonWorks 产品应用非常广泛。它广泛应用于过程控制、电梯控制、能源管理、环境监视、污水处理、火灾报警、采暖通风和空调控制、交通管理、家庭网络自动化等。LON 总线已成为当前最流行的现场总线之一。

LonWorks 使用的开放式通信协议 LonTalk 为设备之间交换控制状态信息建立了一种通用的标准。在 LonTalk 协议的协调下,以往那些相应的系统和产品融为一体,形成了一个网络控制系统。LonTalk 协议最大的特点是对 OSI 七层协议的支持,是直接面向对象的网络协议,这是其他的现场总线所不支持的。具体实现就是网络变量这一形式。网络变量使节点之间的数据传递只需要通过各个网络变量的绑定便可完成。

2005 年之前,LonWorks 技术的核心是神经元芯片。神经元芯片主要有 3120 和 3150 两大系列,生产厂家最早的有 Motorola 公司和 TOSHIBA 公司,后来生产神经元芯片的厂家是 TOSHIBA 公司和美国的 Cypress 公司。TOSHIBA 公司生产的神经元芯片包括 TMPN3120 和 TMPN3150 两个系列。TMPN3120 不支持外部存储器,它本身带有 EEPROM;TMPN3150 支持外部存储器,适合功能较为复杂的应用场合。Cypress 公司生产的神经元芯片包括 CY7C53120 和 CY7C53150 两个系列。

目前,国内教科书上介绍的 LonWorks 技术仍然采用 TMPN3120 和 TMPN3150 神经元芯片。

2005 年之后,上述神经元芯片不再给用户供货,Echelon 公司主推 FT 智能收发器和 Neuron 处理器。

2018 年 9 月,总部位于美国加州的 Adesto 公司收购了 Echelon 公司。

Dialog 半导体公司于 2020 年收购了 Adesto 公司。瑞萨电子公司(Renesas Electronics Corporation)为了增强其在电源管理、物联网和汽车市场的竞争力,于 2021 年收购了 Dialog 公司。

## 1.4.4 PROFIBUS

PROFIBUS 是作为德国国家标准 DIN19245 和欧洲标准 EN50170 的现场总线,ISO/OSI 模型也是它的参考模型。PROFIBUS-DP、PROFIBUS-FMS、PROFIBUS-PA 组成了 PROFIBUS 系列。

DP 型用于分散外设间的高速传输,适合于加工自动化领域的应用;FMS 意为现场信息规范,适用于纺织、楼宇自动化、可编程控制器、低压开关等一般自动化场景;而 PA 型则是用于过程自动化的总线类型,它遵从 IEC1158-2 标准。该项技术是由 SIEMENS 公司为主的十几家德国公司、研究所共同推出的。它采用了 OSI 模型的物理层、数据链路层,由这两部分形成了其标准第一部分的子集,DP 型隐去了第 3～7 层,而增加了直接数据连接拟合作为用户接口；FMS型只隐去第3～6层，采用了应用层，作为标准的第二部分；PA型的标准目前还处于制定过程之中，其传输技术遵从IEC 1158-2（H1）标准，可实现总线供电与本质安全防爆。

PROFIBUS支持主-从系统、纯主站系统、多主多从混合系统等几种传输方式。主站具有对总线的控制权，可主动发送信息。对多主站系统来说，主站之间采用令牌方式传递信息，得到令牌的站点可在一个事先规定的时间内拥有总线控制权，并事先规定好令牌在各主站中循环一周的最长时间。按PROFIBUS的通信规范，令牌在主站之间按地址编号顺序，沿上行方向进行传递。主站在得到控制权时，可以按主-从方式，向从站发送或索取信息，实现点对点通信。主站可采取对所有站点广播（不要求应答），或有选择地向一组站点广播。

### 1.4.5　DeviceNet

在现代的控制系统中，不仅要求现场设备完成本地的控制、监视、诊断等任务，还要能通过网络与其他控制设备及PLC进行对等通信，因此现场设备多设计成内置智能式。基于这样的现状，美国Rockwell Automation公司于1994年推出了DeviceNet网络，实现了低成本、高性能的工业设备的网络互联。

DeviceNet是一种低成本的通信连接，它将工业设备连接到网络，从而免去了昂贵的硬接线。DeviceNet又是一种简单的网络解决方案，在提供多供货商同类部件间的可互换性的同时，减少了配线和安装工业自动化设备的成本和时间。DeviceNet的直接互连性不仅改善了设备间的通信，而且提供了相当重要的设备级诊断功能，这是通过硬接线I/O接口很难实现的。

DeviceNet是一个开放式网络标准。规范和协议都是开放的，厂商将设备连接到系统时，无须购买硬件、软件或许可权。任何人都能以少量的复制成本从开放式DeviceNet供货商协会（ODVA）获得DeviceNet规范。任何制造DeviceNet产品的公司都可以加入ODVA，并参加对DeviceNet规范进行增补的技术工作组。

DeviceNet规范的购买者将得到一份不受限制的，真正免费的开发DeviceNet产品的许可。寻求开发帮助的公司可以通过任何渠道购买使其工作简易化的样本源代码、开发工具包和各种开发服务。关键的硬件可以从世界上最大的半导体供货商那里获得。

DeviceNet具有如下特点：

（1）DeviceNet基于CAN总线技术，它可连接开关、光电传感器、阀组、电动机启动器、过程传感器、变频调速设备、固态过载保护装置、条形码阅读器、I/O和人机接口等，传输速率为125～500kb/s，每个网络的最大节点数是64个，干线长度100～500m。

（2）DeviceNet使用的通信模式是：生产者-消费者（Producer-Consumer）。该模式允许网络上的所有节点同时存取同一源数据，网络通信效率更高；采用多信道广播信息发送方式，各个消费者可在同一时间接收到生产者所发送的数据，网络利用率更高。生产者-消费者模式与传统的"源/目的"通信模式相比，前者采用多信道广播式，网络节点同步化，网络效率高；后者采用应答式，如果要向多个设备传送信息，则需要对这些设备分别进行"呼""应"

通信，即使是同一信息，也需要制造多个信息包，这增加了网络的通信量，网络响应速度受到限制，难以满足高速的、对时间苛求的实时控制。

（3）设备可互换性。各个销售商所生产的符合 DeviceNet 网络和行规标准的简单装置（如按钮、电动机启动器、光电传感器、限位开关等）都可以互换，为用户提供灵活性和可选择性。

（4）DeviceNet 网络上的设备可以随时连接或断开，而不会影响网上其他设备的运行，且便于维护和降低维修费用，也便于系统的扩充和改造。

（5）DeviceNet 网络上的设备安装比传统的 I/O 布线更加节省费用，尤其是当设备分布在几百米范围内时，更有利于降低布线安装成本。

（6）利用 RS Network for DeviceNet 软件可方便地对网络上的设备进行配置、测试和管理。网络上的设备以图形方式显示工作状态，一目了然。

现场总线技术具有网络化、系统化、开放性的特点，需要多个企业相互支持、相互补充来构成整个网络系统。为便于技术发展和企业之间的协调，统一宣传推广技术和产品，通常每一种现场总线都有一个组织来统一协调。DeviceNet 总线的组织机构是"开放式设备网络供货商协会"，简称 ODVA，其英文全称为 Open DeviceNet Vendor Association。它是一个独立组织，负责管理 DeviceNet 技术规范，促进 DeviceNet 在全球的推广与应用。

ODVA 实行会员制，会员分供货商会员（Vendor Member）和分销商会员（Distributor Member）。ODVA 现有供货商会员 310 个，其中包括 ABB、Rockwell、Phoenix Contact、Omron、Hitachi、Cutler-Hammer 等几乎所有世界著名的电气和自动化元件生产商。

ODVA 的作用是帮助供货商会员向 DeviceNet 产品开发者提供技术培训、产品一致性试验工具和试验，支持成员单位对 DeviceNet 协议规范进行改进；出版符合 DeviceNet 协议规范的产品目录，组织研讨会和其他推广活动，帮助用户了解和掌握 DeviceNet 技术；帮助分销商开展 DeviceNet 用户培训和 DeviceNet 专家认证培训，提供设计工具，解决 DeviceNet 系统问题。

DeviceNet 是一种比较年轻的，也是较晚进入中国的现场总线。但 DeviceNet 价格低、效率高，特别适用于制造业、工业控制、电力系统等行业的自动化，适合于制造系统的信息化。

2000 年 2 月上海电器科学研究所与 ODVA 签署合作协议，共同筹建 ODVA China，目的是把 DeviceNet 这一先进技术引入中国，促进我国自动化和现场总线技术的发展。

2002 年 10 月 8 日，DeviceNet 现场总线被批准为国家标准。DeviceNet 中国国家标准编号为 GB/T 18858.3—2002，名称为《低压开关设备和控制设备 控制器——设备接口（CDI）第 3 部分：DeviceNet》。该标准于 2003 年 4 月 1 日开始实施。

# 1.5　工业以太网简介

工业以太网是一种应用于工业自动化领域的通信技术，它基于传统以太网技术，但针对工业环境的特殊要求进行了优化和改进。工业以太网继承了以太网技术的高速度、低成本和标准化等优点,同时增加了对实时性、可靠性和环境适应性的支持,使其成为工业控制系统中重要的通信标准。

在工业以太网领域,存在多种专为满足工业自动化的需求而设计的通信协议。这些协议旨在提供高速、可靠、实时的数据交换,支持复杂的控制系统和设备网络。下面列出了一些广泛使用的工业以太网通信协议,包括 EtherCAT 以及其他几种主要协议。

(1) EtherCAT(Ethernet for Control Automation Technology)。

EtherCAT 是一种高性能的工业以太网协议,以其极高的数据传输速率和优秀的实时性能而著名。它使用一种特殊的"在通过"(on-the-fly)处理技术,可以实现非常低的通信延迟和高精度的时间同步。

(2) PROFINET。

PROFINET 是基于以太网的工业自动化协议,支持实时数据交换、设备配置和诊断功能。它由 PROFIBUS & PROFINET International(PI)组织开发,支持广泛的网络结构和应用场景。

(3) Ethernet/IP。

Ethernet/IP(Industrial Protocol)是一种基于 CIP(Common Industrial Protocol)的工业以太网协议。它提供了一种灵活地通信机制,支持实时 I/O 控制、设备配置和数据采集,由 ODVA(Open DeviceNet Vendor Association)支持。

(4) Modbus/TCP。

Modbus/TCP 是 Modbus 协议的以太网版本,它保持了 Modbus 协议简单和易于部署的特点,同时提供了基于 TCP/IP 的网络通信能力。Modbus/TCP 广泛用于连接工业设备和控制器。

(5) Ethernet POWERLINK。

Ethernet POWERLINK 是一个开放的工业以太网协议,支持高精度的时间同步和实时数据传输。它能够确保数据在微秒级别的确定性传输,适合用于高性能的运动控制和机器自动化应用。

(6) SERCOS Ⅲ。

SERCOS Ⅲ 是 Sercos 接口系列中的第三代版本,是一种基于以太网的服务导向的实时通信协议,主要用于伺服驱动器和控制器的互连。SERCOS Ⅲ 支持硬实时通信。

(7) CC-Link IE。

CC-Link IE(Industrial Ethernet)是一种高速的工业以太网通信协议,支持大容量数据传输和实时控制。它是由 CC-Link Partner Association(CLPA)开发和推广的。

(8) EPA 是 Ethernet for Plant Automation 的缩写,它是将以太网、TCP/IP 等商用计算机通信领域的主流技术直接应用于工业控制现场设备间的通信,并在此基础上,建立的应用于工业现场设备间通信的开放网络通信平台。

EPA 是一种全新的适用于工业现场设备的开放性实时以太网标准,将大量成熟的 IT 技术应用于工业控制系统,利用高效、稳定、标准的以太网和 UDP/IP 的确定性通信调度策略,为适用于现场设备的实时工作建立了一种全新的标准。

这些工业以太网协议各具特色,适用于不同的工业应用场景。选择合适的工业以太网协议时,需要考虑实时性要求、网络规模、设备兼容性和特定行业的需求等因素。

### 1.5.1 EtherCAT

EtherCAT 是由德国 BECKHOFF 公司开发的,并且在 2003 年底成立了 ETG 工作组(Ethernet Technology Group)。EtherCAT 是一个现场级的超高速 I/O 网络,它使用标准的以太网物理层和常规的以太网卡,介质可为双绞线或光纤。

**1. 以太网的实时能力**

目前,有许多方案力求实现以太网的实时能力。

例如,CSMA/CD 介质存取过程方案,即禁止高层协议访问过程,而由时间片或轮循方式所取代的一种解决方案。

另一种解决方案则是通过专用交换机精确控制时间的方式来分配以太网包。

这些方案虽然可以在某种程度上快速准确地将数据包传送给所连接的以太网节点,但是,输出或驱动控制器重定向所需要的时间以及读取输入数据所需要的时间都受制于具体的实现方式。

如果将单个以太网帧用于每个设备,从理论上讲,其可用数据率非常低。例如,最短的以太网帧为 84B(包括内部的包间隔 IPG)。如果一个驱动器周期性地发送 4B 的实际值和状态信息,并相应地同时接收 4B 的命令值和控制字信息,那么,即便是总线负荷为 100% 时,其可用数据率也只能达到 $4/84=4.8\%$。如果按照 $10\mu s$ 的平均响应时间估计,则速率将下降到 1.9%。对所有发送以太网帧到每个设备(或期望帧来自每个设备)的实时以太网方式而言,都存在这些限制,但以太网帧内部所使用的协议则是例外。

**2. EtherCAT 的运行原理**

EtherCAT 技术突破了其他以太网解决方案的系统限制:通过该项技术,无须接收以太网数据包,将其解码,之后再将过程数据复制到各个设备。EtherCAT 从站设备在报文经过其节点时读取相应的编址数据,同样,输入数据也是在报文经过时插入至报文中。在整个过程中,报文只有几纳秒的时间延迟。

EtherCAT 的通信协议模型如图 1-6 所示。EtherCAT 通过协议可区别传输数据的优先权,组态数据或参数的传输是在一个确定的时间中通过一个专用的服务通道进行,EtherCAT 系统的以太网功能与传输的 IP 协议兼容。

**3. EtherCAT 的技术特征**

EtherCAT 是用于过程数据的优化协议,凭借特殊的以太网类型,它可以在以太网帧内直接传送。EtherCAT 帧可包括几个 EtherCAT 报文,每个报文都服务于一块逻辑过程映射区的特定内存区域,该区域最大可达 4GB。数据顺序不依赖于网络中以太网端子的物理顺序,可任意编址。从站之间的广播、多播和通信均得以实现。当需要实现最佳性能,且要求 EtherCAT 组件和控制器在同一子网操作时,则直接采用以太网帧传输。

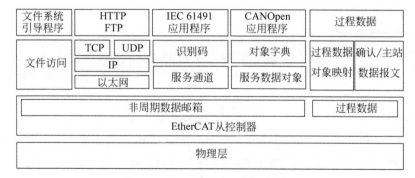

图 1-6 EtherCAT 的通信协议模型

#### 4. EtherCAT 的实施

由于 EtherCAT 无需集线器和交换机,因此,在环境条件允许的情况下,可以节省电源、安装费用等设备方面的投资,只需使用标准的以太网电缆和价格低廉的标准连接器即可。如果环境条件有特殊要求,则可以依照 IEC 标准,使用增强密封保护等级的连接器。

EtherCAT 技术是面向经济型设备而开发的,如 I/O 端子、传感器和嵌入式控制器等。EtherCAT 使用遵循 IEEE 802.3 标准的以太网帧。这些帧由主站设备发送,从站设备只是在以太网帧经过其所在位置时才提取和/或插入数据。因此,EtherCAT 使用标准的以太网MAC,这正是其在主站设备方面智能化的表现。同样,EtherCAT 从站控制器采用 ASIC 芯片,在硬件中处理过程数据协议,确保提供最佳实时性能。

#### 5. EtherCAT 的应用

EtherCAT 主要应用于以下领域:

(1) 机器人。

(2) 机床。

(3) 包装机械。

(4) 冲压机。

(5) 半导体制造机器。

(6) 电厂和变电站。

(7) 自动化装配系统。

(8) 纸浆和造纸机。

(9) 隧道控制系统。

(10) 钢铁厂。

## 1.5.2 Ethernet POWERLINK

Ethernet POWERLINK 是由奥地利 B&R 公司开发的,2002 年 4 月公布了 EthernetPOWERLINK 标准,其主攻方面是同步驱动和特殊设备的驱动要求。POWERLINK 通信协议模型如图 1-7 所示。

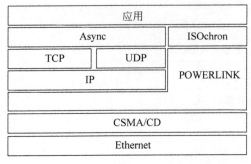

图 1-7　POWERLINK 通信协议模型

POWERLINK 协议对第 3 层和第 4 层的 TCP(UDP)/IP 栈进行了实时扩展,增加的基于 TCP/IP 的 Async 中间件用于异步数据传输,ISOchron 等时中间件用于快速、周期性的数据传输。POWERLINK 栈控制着网络上的数据流量。Ethernet POWERLINK 避免网络上数据冲突的方法是采用时间片网络通信管理机制(Slot Communication Network Management,SCNM)。SCNM 能够做到无冲突的数据传输,专用的时间片用于调度等时同步传输的实时数据;共享的时间片用于异步的数据传输。

### 1. POWERLINK 通信模型

POWERLINK 是 IEC 国际标准,同时也是中国的国家标准(GB/T 27960—2011)。

如图 1-8 所示,POWERLINK 是一个 3 层的通信网络,它规定了物理层、数据链路层和应用层,这 3 层包含了 OSI 模型中规定的 7 层协议。

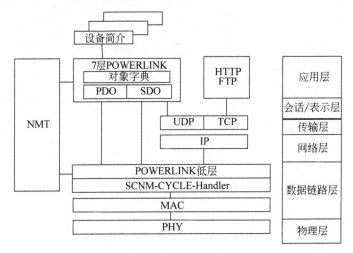

图 1-8　POWERLINK 的 OSI 模型

如图 1-9 所示,具有 3 层协议的 POWERLINK 在应用层上可以连接各种设备,例如,I/O、阀门、驱动器等。在物理层之下连接了以太网控制器,用来收发数据。由于以太网控制器的种类很多,不同的以太网控制器需要不同的驱动程序,因此在"以太网控制器"和"POWERLINK 传输"之间有一层"以太网驱动器"。

### 2. POWERLINK 网络拓扑结构

由于 POWERLINK 的物理层采用标准的以太网,因此以太网支持的所有拓扑结构它都支持。而且可以使用 HUB 和 Switch 等标准的网络设备,这使得用户可以非常灵活地组

图 1-9 POWERLINK 通信模型的层次

网,如菊花链、树形、星形、环形和其他拓扑结构组合。

因为逻辑与物理无关,所以用户在编写程序的时候无须考虑拓扑结构。网络中的每个节点都有一个节点号,POWERLINK 通过节点号来寻址节点,而不是通过节点的物理位置来寻址,因此逻辑与物理无关。

### 3. POWERLINK 的功能和特点

(1) 一"网"到底。

POWERLINK 物理层采用普通以太网的物理层,因此可以使用工厂中现有的以太网布线,从机器设备的基本单元到整台设备、生产线,再到办公室,都可以使用以太网,从而实现一"网"到底。

① 多路复用。

网络中不同的节点具有不同的通信周期,兼顾快速设备和慢速设备,使网络设备达到最优性能。

一个 POWERLINK 周期中既包含同步通信阶段,也包括异步通信阶段。同步通信阶段即周期性通信,用于周期性传输通信数据;异步通信阶段即非周期性通信,用于传输非周期性的数据。

因此 POWERLINK 网络可以适用于各种设备,如图 1-10 所示。

② 大数据量通信。

POWERLINK 每个节点的发送和接收分别采用独立的数据帧,每个数据帧最大为1490B,与一些采用集束帧的协议相比,通信量提高了数百倍。在集束帧协议中,网络中所有节点的发送和接收共用一个数据帧,这种机制无法满足大数据量传输的需求。

③ 故障诊断。

组建一个网络,网络启动后,可能会由于网络中的某些节点配置错误或者节点号冲突等,导致网络异常。需要有一些手段来诊断网络的通信状况,找出故障的原因和故障点,从而修复网络异常。

POWERLINK 的诊断有两种工具:Wireshark 和 Omnipeak。

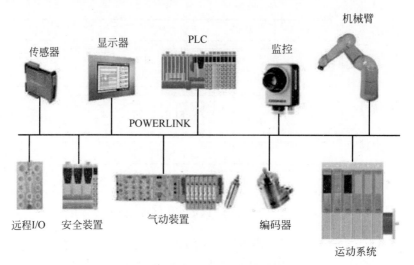

图 1-10　POWERLINK 网络系统

　　诊断的方法是将待诊断的计算机接入 POWERLINK 网络中,由 Wireshark 或 Omnipeak 自动抓取通信数据包,分析并诊断网络的通信状况及时序。这种诊断不占用任何宽带,并且是标准的以太网诊断工具,只需要一台带有以太网接口的计算机即可。

　　④ 网络配置。

　　POWERLINK 使用开源的网络配置工具 openCONFIGURATOR,用户可以单独使用该工具,也可以将该工具的代码集成到自己的软件中,成为软件的一部分。使用该软件可以方便地组建、配置 POWERLINK 网络。

　　(2) 节点的寻址。

　　POWERLINKMAC 的寻址遵循 IEEE 802.3,每个设备的地址都是唯一的,称为节点 ID。因此新增一个设备就意味着引入一个新地址。节点 ID 可以通过设备上的拨码开关手动设置,也可以通过软件设置,拨码 FF 默认为软件配置地址。此外,还有 3 个可选方法,POWERLINK 也可以支持标准 IP 地址。因此,POWERLINK 设备可以通过万维网随时随地被寻址。

　　(3) 热插拔。

　　POWERLINK 支持热插拔,而且不会影响整个网络的实时性。根据这个属性,可以实现网络的动态配置,即可以动态地增加或减少网络中的节点。

　　在实时总线上,热插拔能力带给用户两个重要的好处:当模块增加或替换时,无须重新配置;在运行的网络中替换或激活一个新模块不会导致网络瘫痪,系统会继续工作,不管是不断地扩展还是进行本地替换,其实时能力均不受影响。在某些场合中系统不能断电,如果不支持热插拔,那么即使小机器一部分被替换,都不可避免地导致系统停机。

　　配置管理是 POWERLINK 系统中最重要的一部分。它能本地保存自己和系统中所有其他设备的配置数据,并在系统启动时加载。这个特性可以实现即插即用,这使得初始安装和设备替换非常简单。

POWERLINK 允许无限制地即插即用,因为该系统集成了 CANOpen 机制。新设备只需插入就可立即工作。

（4）冗余。

POWERLINK 的冗余包括 3 种：双网冗余、环网冗余和多主冗余。

## 1.5.3　PROFINET

PROFINET 是由 PROFIBUS 国际组织（PROFIBUS International,PI）提出的基于实时以太网技术的自动化总线标准,将工厂自动化和企业信息管理层 IT 技术有机地融为一体,同时又完全保留了 PROFIBUS 现有的开放性。

PROFINET 支持除星形、总线型和环形之外的拓扑结构。为了减少布线费用,并保证高度的可用性和灵活性,PROFINET 提供了大量的工具帮助用户方便地实现 PROFINET 的安装。特别设计的工业电缆和耐用连接器满足 EMC 和温度要求,并且在 PROFINET 框架内形成标准化,保证了不同制造商设备之间的兼容性。

PROFINET 提供标准化的独立于制造商的工程接口。它能够方便地把各个制造商的设备和组件集成到单一系统中。设备之间的通信连接以图形形式组态,无须编程。最早建立自动化工程系统与微软操作系统及其软件的接口标准,使得自动化行业的工程应用能够运行于 Windows NT/2000 平台,将工程系统、实时系统以及 Windows 操作系统结合为一个整体。PROFINET 的系统结构如图 1-11 所示。

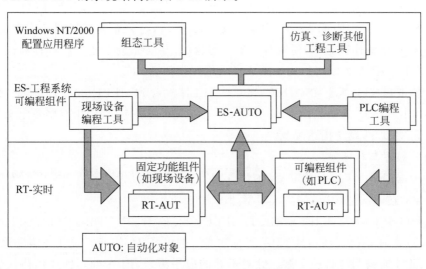

图 1-11　PROFINET 的系统结构

PROFINET 为自动化通信领域提供了一个完整的网络解决方案,包括诸如实时以太网、运动控制、分布式自动化、故障安全以及网络安全等当前自动化领域的热点问题。PROFINET 包括八大主要模块,分别为实时通信、分布式现场设备、运动控制、分布式自动化、网络安装、IT 标准集成与信息安全、故障安全和过程自动化。

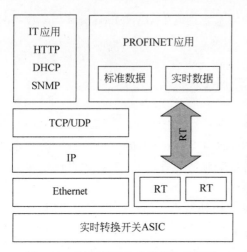

图 1-12　PROFINET 的通信协议模型

PROFINET 是一个整体的解决方案，PROFINET 的通信模型如图 1-12 所示。

RT 实时通道能够实现高性能传输循环数据和时间控制信号，IRT 同步实时通道能够实现等时同步方式下的数据高性能传输。PROFINET 使用了 TCP/IP 和 IT 标准，并符合基于工业以太网的实时自动化体系，覆盖了自动化技术的所有要求，能够实现与现场总线的无缝集成。更重要的是，PROFINET 所有的事情都在一条总线电缆中完成，IT 服务和 TCP/IP 开放性没有任何限制，它可以满足所有客户从高性能到等时同步的可伸缩实时通信需要。

## 1.5.4　EPA

2004 年 5 月，由浙江大学牵头，重庆邮电大学作为第 4 核心成员制定的新一代现场总线标准——《用于工业测量与控制系统的 EPA 通信标准》（简称 EPA 标准）成为我国第一个拥有自主知识产权并被 IEC 认可的工业自动化领域国际标准（IEC/PAS 62409）。

EPA（Ethernet for Plant Automation）系统是一种分布式系统，它是利用 ISO/IEC 8802-3、IEEE 802.11、IEEE 802.15 等协议定义的网络，将分布在现场的若干设备、小系统以及控制、监视设备连接起来，使所有设备一起运作，共同完成工业生产过程和操作过程中的测量和控制。EPA 系统可以用于工业自动化控制环境。

EPA 标准定义了基于 ISO/IEC 8802-3、IEEE 802.11、IEEE 802.15 以及 RFC 791、RFC 768 和 RFC 793 等协议的 EPA 系统结构、数据链路层协议、应用层服务定义与协议规范以及基于 XML 的设备描述规范。

### 1. EPA 技术与标准

EPA 根据 IEC 61784-2 的定义，在 ISO/IEC 8802-3 协议基础上，进行了针对通信确定性和实时性的技术改造，其通信协议模型如图 1-13 所示。

除了 ISO/IEC 8802-3/IEEE 802.11/IEEE 802.15、TCP（UDP）/IP 以及 IT 应用协议等组件外，EPA 通信协议还包括 EPA 实时性通信进程、EPA 快速实时性通信进程、EPA 应用实体和 EPA 通信调度管理实体。针对不同的应用需求，EPA 确定性通信协议簇中包含了以下几个部分：

（1）非实时性（N-Real-Time，NRT）通信协议。

非实时通信是指基于 HTTP、FTP 以及其他 IT 应用协议的通信方式，如 HTTP 服务应用进程、电子邮件应用进程、FTP 应用进程等进程运行时进行的通信。在实际的 EPA 应用中，非实时通信部分应与实时性通信部分利用网桥进行隔离。

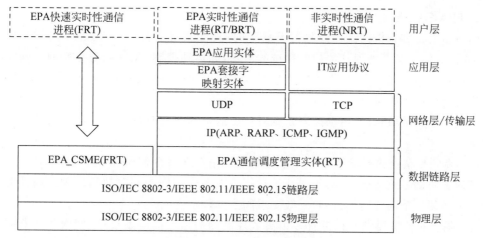

图 1-13 EPA 通信协议模型

（2）实时性（Real-Time，RT）通信协议。

实时性通信是指满足普通工业领域实时性需求的通信方式，一般针对流程控制领域。利用 EPA_CSME 通信调度管理实体，对各设备进行周期数据的分时调度，以及非周期数据按优先级进行调度。

（3）快速实时性（Fast Real-Time，FRT）通信协议。

快速实时性通信是指满足强实时控制领域实时性需求的通信方式，一般针对运动控制领域。FRT 快速实时性通信协议部分在 RT 实时性通信协议上进行了修改，包括协议栈的精简和数据复合传输，以此满足如运动控制领域等强实时性控制领域的通信需求。

（4）块状数据实时性（Block Real-Time，BRT）通信协议。

块状数据实时性通信是指对于部分大数据量类型的成块数据进行传输，以满足其实时性需求的通信方式，一般指流媒体（如音频流、视频流等）数据。在 EPA 协议栈中，针对此类数据的通信需求定义了 BRT 通信协议及块状数据的传输服务。

**2. EPA 确定性通信机制**

为提高工业以太网通信的实时性，一般采用以下措施：

（1）提高数据传输速率。

（2）减少系统规模，控制网络负荷。

（3）采用以太网的全双工交换技术。

（4）采用基于 IEEE 802.3p 的优先级技术。

采用上述措施可以使 EPA 的不确定性问题得到相当程度的缓解，但不能从根本上解决。

EPA 采用分布式网络结构，并在原有以太网协议栈中的数据链路层增加了通信调度子层——EPA 通信调度管理实体（EPA_CSME），定义了宏周期，并将工业数据划分为周期数据和非周期数据，对各设备的通信时段（包括发送数据的起始时刻、发送数据所占用的时间片）和通信顺序进行了严格的划分，以此实现分时调度。通过 EPA_CSME 实现的分时调度确保了在各网段内各设备的发送时间内无发生碰撞的可能，以此达到确定性通信的要求。

### 3. EPA-FRT 强实时通信技术

EPA-RT 标准是根据流程控制需求制定的,其性能完全满足流程控制对实时、确定性通信的需求,但没有考虑到其他控制领域的需求,如运动控制、飞行器姿态控制等强实时性领域。针对这些领域方面,提出了比流程控制领域更为精确的时钟同步要求和实时性要求,且其报文特征更为明显。

与流程控制领域相比,运动控制系统对数据通信的强实时性和高同步精度提出了更高的要求:

(1)高同步精度的要求。由于一个控制系统中存在多个伺服和多个时钟基准,为了保证所有伺服协调一致地运动,必须保证运动指令在各个伺服中同时执行。因此高性能运动控制系统必须有精确的同步机制,一般要求同步偏差小于 $1\mu s$。

(2)强实时性的要求。在带有多个离散控制器的运动控制系统中,伺服驱动器的控制频率取决于通信周期。在高性能运动控制系统中,一般要求通信周期小于 1ms,周期抖动小于 $1\mu s$。

EPA-RT 系统的同步精度为微秒级,通信周期为毫秒,虽然可以满足大多数工业环境的应用需求,但对高性能运动控制领域的应用却有所不足,而 EPA-FRT 系统的技术指标必须满足高性能运动控制领域的需求。

针对这些领域的需求,对其报文特点进行分析,EPA 给出了对通信实时性性能的提高方法,其中最重要的两个方面为协议栈的精简和对数据的符合传输,以此满足特殊应用领域的实时性要求。如在运动控制领域中,EPA 就针对其报文周期短、数据量小但交互频繁的特点提出了 EPA-FRT 扩展协议。

"符合传输"在通信技术中是指对数据进行合适的格式化和编码,以确保数据在网络中的有效、可靠传输。这通常涉及数据的封装、序列化或其他预处理步骤,使得数据在发送前符合特定的通信协议或标准的要求。这样的处理可以提高数据传输的效率,减少错误率,同时也能够优化网络的带宽使用。

在工业通信协议中,符合传输往往还包括对数据进行压缩和优化,以减少传输延迟和提高实时性。这对于实时控制系统尤为重要,因为这些系统通过快速和精确的数据交换来保证操作的准确性和系统的稳定性。

例如,在 EPA-FRT 扩展协议中,符合传输可能涉及特定的数据打包技术,使得数据包更小、传输更快,从而满足运动控制等高实时性应用的需求。这种技术的应用可以显著提升通信的效率和系统的响应速度,是实现高性能通信系统的关键技术之一。

### 4. EPA 的技术特点

EPA 具有以下技术特点:

(1)确定性通信。

以太网由于采用 CSMA/CD(载波侦听多路访问/冲突检测)介质访问控制机制,因此具有通信"不确定性"的特点,这成为其应用于工业数据通信网络的主要障碍。虽然采用以太网交换技术、全双工通信技术以及 IEEE 802.1P&Q 规定的优先级技术在一定程度上避免了碰撞,但存在着一定的局限性。

(2)"E"网到底。

EPA 是应用于工业现场设备间通信的开放网络技术,采用分段化系统结构和确定性通信调度控制策略,解决了以太网通信的不确定性问题,使以太网、无线局域网、蓝牙等广泛应用于工业/企业管理层、过程监控层网络的 COTS(Commercial Off-The-Shelf)技术直接应用于变送器、执行机构、远程 I/O、现场控制器等现场设备间的通信。采用 EPA 网络,可以实现工业/企业综合自动化智能工厂系统中从底层的现场设备层到上层的控制层、管理层的通信网络平台基于以太网技术的统一,即所谓的"'E(ethernet)'网到底"。

(3)互操作性。

《EPA 标准》除了解决实时通信问题外,还为用户层应用程序定义了应用层服务与协议规范,包括系统管理服务、域上载/下载服务、变量访问服务、事件管理服务等。至于 ISO/OSI 通信模型中的会话层、表示层等中间层次,为降低设备的通信处理负荷,可以省略,而在应用层直接定义与 TCP/IP 的接口。

为支持来自不同厂商的 EPA 设备之间的互操作,《EPA 标准》采用可扩展标记语言(Extensible Markup Language,XML)作为 EPA 设备描述语言,规定了设备资源、功能块及其参数接口的描述方法。用户可采用 Microsoft 提供的通用 DOM 技术对 EPA 设备描述文件进行解释,而无需专用的设备描述文件编译和解释工具。

(4)开放性。

《EPA 标准》完全兼容 IEEE 802.3、IEEE 802.1P&Q、IEEE 802.1D、IEEE 802.11、IEEE 802.15 以及 UDP(TCP)/IP 等协议,采用 UDP 传输 EPA 协议报文,以减少协议处理时间,提高报文传输的实时性。

(5)分层的安全策略。

对于采用以太网等技术所带来的网络安全问题,《EPA 标准》规定了企业信息管理层、过程监控层和现场设备层 3 个层次,采用分层化的网络安全管理措施。

(6)冗余。

EPA 支持网络冗余、链路冗余和设备冗余,并规定了相应的故障检测和故障恢复措施,例如,设备冗余信息的发布、冗余状态的管理、备份的自动切换等。

# 习题

1. 什么是现场总线?
2. 什么是工业以太网? 它有哪些优势?
3. 现场总线有什么优点?
4. 简述 CAN 现场总线的特点。
5. 工业以太网的主要标准有哪些?
6. 画出工业以太网的通信模型。工业以太网与商用以太网相比,具有哪些特征?
7. 画出实时工业以太网实现模型,并对实现模型做说明。

# 第 2 章

# CAN 现场总线

20 世纪 80 年代初,德国的 BOSCH 公司提出了用控制器局域网络(Controller Area Network,CAN)来解决汽车内部的复杂硬信号接线问题。目前,其应用范围已不再局限于汽车工业,而向过程控制、纺织机械、农用机械、机器人、数控机床、医疗器械及传感器等领域发展。CAN 总线以其独特的设计以及低成本、高可靠性、实时性、抗干扰能力强等特点得到了广泛的应用。

1993 年 11 月,ISO 正式颁布了道路交通运输工具、数据信息交换、高速通信控制器局域网国际标准 ISO 11898 CAN 高速应用标准和 ISO 11519 CAN 低速应用标准,这为控制器局域网的标准化、规范化铺平了道路。

本章讲述了如下内容:

(1) 首先介绍了 CAN 的基本概念,阐述了其作为一种高可靠性、低成本的网络通信协议的特点。接下来,详细讲解了 CAN 的分层结构,包括物理层、数据链路层等,以及它们在CAN 通信中的作用。在报文传送和帧结构部分,讨论了 CAN 网络中数据传输的基本单位和结构,强调了标准帧和扩展帧的区别。位定时与同步部分解释了 CAN 总线在数据传输过程中如何保持同步,以及如何通过调整位时间来优化通信质量。

(2) 讲述了 CAN 独立通信控制器 SJA1000,它是实现 CAN 通信的关键硬件之一。本节从 SJA1000 的内部结构、引脚功能、工作模式,到其支持的 BasicCAN 和 PeliCAN 功能进行了全面介绍,并比较了 BasicCAN 和 PeliCAN 模式下的公用寄存器。

(3) 讲述了 CAN 总线收发器,包括 PCA82C250/251 和 TJA1051 系列收发器。这些收发器是连接 CAN 总线和控制器的关键元件,本节详细介绍了它们的特性、功能和应用。

(4) 通过具体的设计实例来展示如何在实际项目中应用 CAN 总线技术。这包括了CAN 总线硬件设计的基本原则和步骤,以及 CAN 软件设计中的关键考虑点和技巧。

本章通过深入浅出的方式,全面介绍了 CAN 现场总线的技术规范、关键组件和应用实例,为读者提供了理解和应用 CAN 总线技术的坚实基础。

## 2.1 CAN 的技术规范

CAN 是一种串行通信协议,能有效地支持具有很高安全等级的分布实时控制。CAN 的应用范围很广,从高速的网络到低价位的多路接线都可以使用 CAN。在汽车电子行业,使用 CAN 连接发动机控制单元、传感器、防刹车系统等,其传输速度可达 1Mb/s。同时,可以将 CAN 安装在卡车本体的电子控制系统里,诸如车灯组、电气车窗等,用于代替接线配线装置。

制定技术规范的目的是在任何两个 CAN 仪器之间建立兼容性。可是,兼容性有不同的方面,比如电气特性和数据转换的解释。为了达到设计透明度以及实现柔韧性,CAN 被细分为以下不同的层次:

(1) CAN 对象层(The Object Layer)。

(2) CAN 传输层(The Transfer Layer)。

(3) 物理层(The Physical Layer)。

对象层和传输层包括所有由 ISO/OSI 模型定义的数据链路层的服务和功能。对象层的作用范围包括:

(1) 查找被发送的报文。

(2) 确定由实际要使用的传输层接收哪一个报文。

(3) 为应用层相关硬件提供接口。

在这里,定义对象处理较为灵活,传输层的作用主要是传送规则,也就是控制帧结构、执行仲裁、错误检测、出错标定、故障界定。总线上什么时候开始发送新报文及什么时候开始接收报文,均在传输层确定。位定时的一些普通功能也可以看作是传输层的一部分。理所当然,传输层的修改是受到限制的。

物理层的作用是在不同节点之间根据所有的电气特性进行位信息的实际传输。当然,在同一网络内,物理层对于所有的节点必须是相同的。尽管如此,在选择物理层方面还是很自由的。

## 2.1.1　CAN 的基本概念

CAN 是一种使用广泛的高可靠性网络协议,主要用于汽车和工业自动化领域中设备之间的通信。它允许多个微控制器和设备在没有主计算机的情况下通过单一的通信总线相互通信。

CAN 协议通过其独特的报文传输机制、基于内容的寻址、非破坏性仲裁和强大的差错处理能力,在需要高可靠性和简化网络管理的应用场合提供了有效的通信解决方案。

### 1. 报文

总线上的信息以不同格式的报文发送,但长度有限制。当总线开放时,任何连接的单元均可开始发送一个新报文。

### 2. 信息路由

在 CAN 系统中,一个 CAN 节点不使用有关系统结构的任何信息(如站地址)。这时包含如下重要概念:

系统灵活性——节点可在不要求所有节点及其应用层改变任何软件或硬件的情况下,接入 CAN 网络。

报文通信——一个报文的内容由其标识符 ID 命名。ID 并不指出报文的目的,但描述数据的含义,以便网络中的所有节点可借助报文滤波决定该数据是否使它们激活。

成组——由于采用了报文滤波,所有节点均可接收报文,并同时被相同的报文激活。

数据相容性——在 CAN 网络中,可以确保报文同时被所有节点接收或者没有节点接收,因此,系统的数据相容性是借助成组和出错处理实现的。

### 3. 位速率

CAN 的数据传输率在不同的系统中是不同的,而在一个给定的系统中,此速度是唯一的,并且是固定的。

### 4. 优先权

在总线访问期间,标识符定义了一个报文静态的优先权。

### 5. 远程数据请求

通过发送一个远程帧,需要数据的节点可以请求另一个节点发送一个相应的数据帧,该数据帧与对应的远程帧以相同的标识符(ID)命名。

### 6. 多主站

当总线开放时,任何单元均可开始发送报文,具有最高优先权报文的单元可以赢得总线访问权。

### 7. 仲裁

当总线开放时,任何单元均可开始发送报文,若同时有两个或更多的单元开始发送,总线访问冲突运用逐位仲裁规则,借助标识符(ID)解决。这种仲裁规则可以使信息和时间均无损失。若具有相同标识符的一个数据帧和一个远程帧同时发送,则数据帧优先于远程帧。在仲裁期间,每一个发送器都对发送位电平与总线上检测到的电平进行比较,若相同则该单元可继续发送。当发送一个"隐性"电平(Recessive Level),而在总线上检测为"显性"电平(Dominant Level)时,该单元退出仲裁,并不再传送后续位。

### 8. 故障界定

CAN 节点有能力识别永久性故障和短暂扰动,可自动关闭故障节点。

### 9. 连接

CAN 串行通信链路是一条可连接众多单元的总线。理论上,单元数目是无限的,实际上,单元总数受限于延迟时间和(或)总线的电气负载。

### 10. 单通道

由单一进行双向位传送的通道组成的总线,借助数据重同步实现信息传输。在 CAN 技术规范中,实现这种通道的方法不是固定的,例如,可以是单线(加接地线)、两条差分连线、光纤等。

### 11. 总线数值表示

总线上具有两种互补逻辑数值:显性电平和隐性电平。在显性位与隐性位同时发送期间,总线上数值将是显性位。例如,在总线的"线与"操作情况下,显性位由逻辑 0 表示,隐性位由逻辑 1 表示。在 CAN 技术规范中,未给出表示这种逻辑电平的物理状态(如电压、光、电磁波等)。

**12. 应答**

所有接收器均对接收报文的相容性进行检查,应答一个相容报文,并标注一个不相容报文。

## 2.1.2 CAN 的分层结构

CAN 遵从 OSI 模型。按照 OSI 标准模型,CAN 结构划分为两层:数据链路层和物理层。而数据链路层又包括逻辑链路控制(LLC)子层和介质访问控制(MAC)子层,而在CAN 技术规范 2.0A 中,数据链路层的 LLC 和 MAC 子层的服务和功能被描述为"目标层"和"传送层"。CAN 的分层结构和功能如图 2-1 所示。

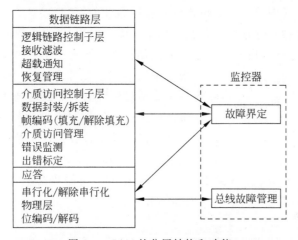

图 2-1 CAN 的分层结构和功能

LLC 子层的主要功能是:为数据传送和远程数据请求提供服务,确认由 LLC 子层接收的报文实际已被接收,并为恢复管理和通知超载提供信息。在定义目标处理时,存在许多灵活性。MAC 子层的功能主要是传送规则,亦即控制帧结构、执行仲裁、错误检测、出错标定和故障界定。MAC 子层也要确定,为开始一次新的发送,总线是否开放或者是否马上开始接收。位定时特性也是 MAC 子层的一部分。MAC 子层不存在修改的灵活性。物理层的功能是完成有关全部电气特性在不同节点间的实际传送。在一个网络内,物理层的所有节点必须是相同的,但在选择物理层时存在很大的灵活性。

CAN 技术规范 2.0B 定义了数据链路中的 MAC 子层和 LLC 子层的一部分,并描述了与 CAN 有关的外层。物理层定义信号怎样进行发送,因而,涉及位定时、位编码和同步的描述。在这部分技术规范中,未定义物理层中的驱动器/接收器特性,以便允许根据具体应用,对发送媒体和信号电平进行优化。MAC 子层是 CAN 协议的核心。它描述由 LLC 子层接收到的报文和对 LLC 子层发送的认可报文。MAC 子层可响应报文帧、仲裁、应答、错误检测和标定。MAC 子层由称为故障界定的一个管理实体监控,它具有识别永久故障或短暂扰动的自检机制。LLC 子层的主要功能是报文滤波、超载通知和恢复管理。

### 2.1.3 报文传送和帧结构

在进行数据传送时,发出报文的单元称为该报文的发送器。该单元在总线空闲或丢失仲裁前恒为发送器。如果一个单元不是报文发送器,并且总线不处于空闲状态,则该单元为接收器。

对于报文发送器和接收器,报文的实际有效时刻是不同的。对发送器来说,如果直到帧结束末尾一直未出错,则对于发送器报文有效。如果报文受损,则允许按照优先权顺序自动重发。为了能同其他报文进行总线访问竞争,总线一旦空闲,重发立即开始。对接收器来说,如果直到帧结束的最后一位一直未出错,则对于接收器报文有效。

构成一帧的帧起始、仲裁场、控制场、数据场和 CRC 序列均借助位填充规则进行编码。当发送器在发送的位流中检测到 5 位连续的相同数值时,将自动地在实际发送的位流中插入一个补码位。数据帧和远程帧的其余位场采用固定格式,不进行填充,出错帧和超载帧同样是固定格式,也不进行位填充。位填充方法如图 2-2 所示。

未填充位流　100000xyz　011111xyz
填充位流　　100001xyz　011110xyz
其中:xyz∈{0,1}

图 2-2　位填充方法

报文中的位流按照非归零(NRZ)码方法编码,这意味着一个完整位的位电平要么是显性,要么是隐性。

报文传送由 4 种不同类型的帧表示和控制:数据帧携带数据由发送器至接收器;远程帧通过总线单元发送,以请求发送具有相同标识符的数据帧;出错帧由检测出总线错误的任何单元发送;超载帧用于提供当前的和后续的数据帧的附加延迟。

数据帧和远程帧借助帧间空间与当前帧分开。

**1. 数据帧**

数据帧由 7 个不同的位场组成,即帧起始、仲裁场、控制场、数据场、CRC 场、应答场和帧结束。数据场长度可为 0。CAN 2.0A 数据帧的组成如图 2-3 所示。

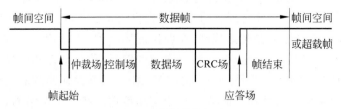

图 2-3　数据帧的组成

在 CAN 2.0B 中存在两种不同的帧格式,其主要区别在于标识符的长度,具有 11 位标识符的帧称为标准帧,而包括 29 位标识符的帧称为扩展帧。标准格式和扩展格式的数据帧结构如图 2-4 所示。

为使控制器设计相对简单,并不要求执行完全的扩展格式(例如,以扩展格式发送报文或由报文接收数据),但必须不加限制地执行标准格式。如新型控制器至少具有下列特性,则可被认为同 CAN 技术规范兼容:每个控制器均支持标准格式;每个控制器均接收扩展格式报文,即不至于因为它们的格式而破坏扩展帧。

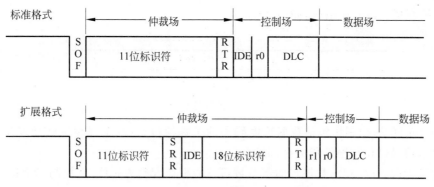

图 2-4 标准格式和扩展格式的数据帧格式

CAN 2.0B 对报文滤波特别加以描述,报文滤波以整个标识符为基准。屏蔽寄存器可用于选择一组标识符,以便映射至接收缓存器中,屏蔽寄存器的每一位都应是可编程的。它的长度可以是整个标识符,也可以仅是其中一部分。

(1)帧起始(SOF)。标志数据帧和远程帧的起始,它仅由一个显性位构成。只有在总线处于空闲状态时,才允许站点开始发送。所有站点都必须同步于首先开始发送的那个站点的帧起始前沿。

(2)仲裁场。由标识符和远程发送请求(RTR)组成。仲裁场组成如图 2-5 所示。

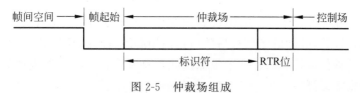

图 2-5 仲裁场组成

对于 CAN 2.0B 标准,标识符的长度为 11 位,这些位以从高位到低位的顺序发送,最低位为 ID.0,其中最高 7 位(ID.10~ID.4)不能全为隐性位。

RTR 位在数据帧中必须是显性位,而在远程帧中必须为隐性位。

对于 CAN 2.0B 标准格式和扩展格式的仲裁场格式不同。在标准格式中,仲裁场由 11 位标识符和 RTR(远程发送请求)位组成,标识符位为 ID.28~ID.18,而在扩展格式中,仲裁场由 29 位标识符和替代远程请求 SRR 位、标识位和远程发送请求位组成,标识符位为 ID.28~ID.0。

为区别标准格式和扩展格式,将 CAN 2.0B 标准中的 r1 改记为 IDE 位。在扩展格式中,先发送基本 ID,其后是 IDE 位和 SRR 位。扩展 ID 在 SRR 位后发送。

SRR 位为隐性位,在扩展格式中,它在标准格式的 RTR 位上被发送,并替代标准格式中的 RTR 位。这样,标准格式和扩展格式的冲突由于扩展格式的基本 ID 与标准格式的 ID 相同而告解决。

IDE 位对于扩展格式属于仲裁场,对于标准格式属于控制场。IDE 在标准格式中以显性电平发送,而在扩展格式中为隐性电平。

（3）控制场。由 6 位组成，如图 2-6 所示。

图 2-6　控制场组成

由图 2-6 可见，控制场包括数据长度码和两个保留位，这两个保留位必须发送显性位，但接收器认可显性位与隐性位的全部组合。

数据长度码 DLC 指出数据场的字节数目。数据长度码为 4 位，在控制场中被发送。数据字节的允许使用数目为 0～8，不能使用其他数值。

（4）数据场。由数据帧中被发送的数据组成，它可包括 0～8 字节，每个字节 8 位。首先发送的是最高有效位。

（5）CRC 场。包括 CRC 序列，后随 CRC 界定符。CRC 场结构如图 2-7 所示。

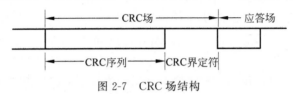

图 2-7　CRC 场结构

CRC 序列由循环冗余码求得的帧检查序列组成，最适用于位数小于 127（BCH 码）的帧。为实现 CRC 计算，被除的多项式系数由包括帧起始、仲裁场、控制场、数据场（若存在的话）在内的无填充的位流给出，其 15 个最低位的系数为 0，此多项式被发生器产生的下列多项式除（系数为模 2 运算）：

$$X^{15} + X^{14} + X^{10} + X^8 + X^7 + X^4 + X^3 + 1$$

发送/接收数据场的最后一位后，CRC-RG 包含有 CRC 序列。CRC 序列后面是 CRC 界定符，它只包括一个隐性位。

（6）应答场（ACR）。为两位，包括应答间隙和应答界定符，如图 2-8 所示。

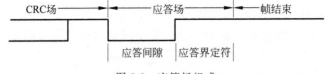

图 2-8　应答场组成

在应答场中，发送器送出两个隐性位。一个正确地接收到有效报文的接收器，在应答间隙，将此信息通过发送一个显性位报告给发送器。所有接收到匹配 CRC 序列的站点，通过在应答间隙内把显性位写入发送器的隐性位来报告。

应答界定符是应答场的第二位，并且必须是隐性位。因此，应答间隙被两个隐性位（CRC 界定符和应答界定符）包围。

（7）帧结束。每个数据帧和远程帧均由 7 个隐性位组成的标志序列界定。

**2．远程帧**

激活为数据接收器的站点可以借助于传送一个远程帧初始化各自源节点数据的发送。远程帧由 6 个不同分位场组成：帧起始、仲裁场、控制场、CRC 场、应答场和帧结束。

同数据帧相反，远程帧的 RTR 位是隐性位。远程帧不存在数据场。DLC 的数据值是没有意义的，它可以是 0～8 中的任何数值。远程帧的组成如图 2-9 所示。

图 2-9　远程帧的组成

**3．出错帧**

出错帧由两个不同场组成：第一个场由来自各帧的错误标志叠加得到，第二个场是错误界定符。出错帧的组成如图 2-10 所示。

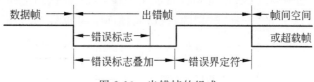

图 2-10　出错帧的组成

为了正确地终止出错帧，一种"错误认可"节点可以使总线处于空闲状态了（如果错误认可接收器存在本地错误），因而总线不允许被加载至 100%。

错误标志具有两种形式：一种是主动错误标志（Active Error Flag），一种是被动错误标志（Passive Error Flag）。主动错误标志由 6 个连续的显性位组成，而被动错误标志由 6 个连续的隐性位组成，除非被来自其他节点的显性位冲掉重写。

**4．超载帧**

超载帧包括两个位场：超载标志和超载界定符，如图 2-11 所示。

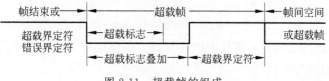

图 2-11　超载帧的组成

存在两种导致发送超载标志的超载条件：一个是要求延迟下一个数据帧或远程帧的接收器的内部条件；另一个是在间歇场检测到显性位。由前一个超载条件引起的超载帧起点，仅允许在期望间歇场的第一位时间开始，而由后一个超载条件引起的超载帧在检测到显性位的后一位开始。在大多数情况下，为延迟下一个数据帧或远程帧，两种超载帧均有可能产生。

超载标志由 6 个显性位组成。全部形式对应于主动错误标志形式。超载标志形式破坏了间歇场的固定格式,因而,所有其他站都将检测到一个超载条件,并且由它们开始发送超载标志(在间歇场第三位期间检测到显性位的情况下,节点将不能正确理解超载标志,而将 6 个显性位的第一位理解为帧起始)。第 6 个显性位违背了引起出错条件的位填充规则。

超载界定符由 8 个隐性位组成。超载界定符与错误界定符具有相同的形式。发送超载标志后,站点监视总线直到检测到由显性位到隐性位的发送。此时,总线上的每一个站点均送出其超载标志,并且所有站点一致地开始发送剩余的 7 个隐性位。

### 5. 帧间空间

数据帧和远程帧与前面的帧相同,不管是何种帧(数据帧、远程帧、出错帧或超载帧)均以称为帧间空间的位场分开。相反,在超载帧和出错帧前面没有帧间空间,并且多个超载帧前面也不被帧间空间分隔。

帧间空间包括间歇场和总线空闲场,对于前面已经发送报文的"被动错误"站还有暂停发送场。对于非"被动错误"或已经完成前面报文的接收器,其帧间空间如图 2-12 所示;对于已经完成前面报文发送的"被动错误"的站点,其帧间空间如图 2-13 所示。

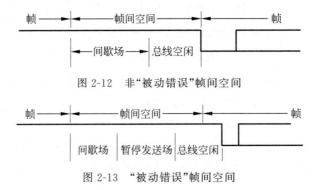

图 2-12　非"被动错误"帧间空间

图 2-13　"被动错误"帧间空间

间歇场由 3 个隐性位组成。在间歇期间,不允许启动发送数据帧或远程帧,它仅起标注超载条件的作用。

总线空闲周期可为任意长度。此时,总线是开放的,因此任何需要发送的站均可访问总线。在其他报文发送期间,暂时被挂起的待发报文紧随间歇场从第一位开始发送。此时总线上的显性位被理解为帧起始。

暂停发送场是指:错误认可站点发完一个报文后,在开始下一次报文发送或认可总线空闲之前,它紧随间歇场后送出 8 个隐性位。如果其间开始一次发送(由其他站点引起),那么本站点将变为报文接收器。

## 2.1.4　位定时与同步的基本概念

CAN 位定时与同步是确保网络上所有节点正确接收和发送数据的关键技术。这些概念涉及如何在 CAN 网络中精确地控制和同步数据位的传输时序。

**1. 正常位速率**

为在非重同步情况下,借助理想发送器每秒发出的位数。

**2. 正常位时间**

正常位时间即正常位速率的倒数。

正常位时间可分为几个互不重叠的时间段。这些时间段包括同步段(SYNC-SEG)、传播段(PROP-SEG)、相位缓冲段 1(PHASE-SEG1)和相位缓冲段 2(PHASE-SEG2),如图 2-14 所示。

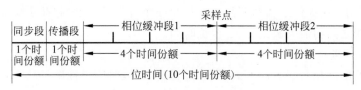

图 2-14　位时间的各组成部分

**3. 同步段**

同步段用于同步总线上的各个节点。为了处于此段内,需要有一个跳变沿。

**4. 传播段**

传播段用于补偿网络内的传输延迟时间,它是信号在总线上传播时间、输入比较器延迟和驱动器延迟之和的 2 倍。

**5. 相位缓冲段 1 和相位缓冲段 2**

相位缓冲段 1 和相位缓冲段 2 用于补偿沿的相位误差,通过重同步,这两个时间段可被延长或缩短。

**6. 采样点**

它是这样一个时点,在此点上,仲裁电平被读,并被理解为各位的数值,位于相位缓冲段 1 的终点。

**7. 信息处理时间**

信息处理时间是指由采样点开始,保留用于计算子序列位电平的时间。

**8. 时间份额**

时间份额是由振荡器周期派生出的一个固定时间单元。存在一个可编程的分度值,其整体数值范围为 1～32,以最小时间份额为起点,时间份额可为

$$时间份额 = m \times 最小时间份额$$

其中,$m$ 为分度值。

正常位时间中各时间段长度数值为:SYNC-SEG 为一个时间份额;PROP-SEG 长度可编程为 1～8 个时间份额;PHASE-SEG1 可编程为 1～8 个时间份额;PHASE-SEG2 长度为 PHASE-SEG1 和信息处理时间的最大值;信息处理时间长度小于或等于 2 个时间份额。在位时间中,时间份额的总数必须被编程为 8～25。

### 9. 硬同步

硬同步后，内部位时间从 SYNC-SEG 重新开始，因而，硬同步强迫由于硬同步引起的沿处于重新开始的位时间同步段之内。

### 10. 重同步跳转宽度

由于重同步的结果，PHASE-SEG1 可被延长或 PHASE-SEG2 可被缩短。这两个相位缓冲段的延长或缩短的总和上限由重同步跳转宽度给定。重同步跳转宽度可编程为 1～4 PHASE-SEG1。

时钟信息可由一位数值到另一位数值的跳转获得。由于总线上出现连续相同位的位数的最大值是确定的，这提供了在帧期间重新将总线单元同步于位流的可能性。可被用于重同步的两次跳变之间的最大长度为 29 个位时间。

### 11. 沿相位误差

沿相位误差由沿相对于 SYNC-SEG 的位置给定，以时间份额度量。

### 12. 重同步

当引起重同步沿的相位误差小于或等于重同步跳转宽度编程值时，重同步的作用与硬同步相同。当相位误差大于重同步跳转宽度且相位误差为正时，PHASE-SEG1 延长总数为重同步跳转宽度。当相位误差大于重同步跳转宽度且相位误差为负时，PHASE-SEG2 缩短总数为重同步跳转宽度。

## 2.1.5 CAN 总线的位数值表示与通信距离

CAN 总线上用"显性"（Dominant）和"隐性"（Recessive）两个互补的逻辑值表示 0 和 1。当在总线上同时发送显性位和隐性位时，其结果是总线数值为显性（即 0 与 1 同时出现的结果为 0）。如图 2-15 所示，$V_{CAN-H}$ 和 $V_{CAN-L}$ 为 CAN 总线收发器与总线之间的两接口引脚，信号是以两线之间的"差分"电压形式出现。在隐性状态，$V_{CAN-H}$ 和 $V_{CAN-L}$ 被固定在平均电压电平附近，$V_{diff}$ 近似于 0。在总线空闲或隐性位期间，发送隐性位。显性位以大于最小阈值的差分电压表示。

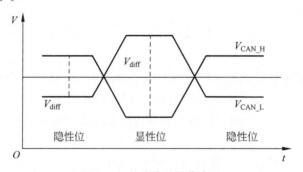

图 2-15 总线位的数值表示

CAN 总线上任意两个节点之间的最大传输距离与其位速率有关，表 2-1 列举了相关的数据。

表 2-1　CAN 总线系统任意两节点之间的最大距离

| 位速率/kb·s$^{-1}$ | 1000 | 500 | 250 | 125 | 100 | 50 | 20 | 10 | 5 |
|---|---|---|---|---|---|---|---|---|---|
| 最大传输距离/m | 40 | 130 | 270 | 530 | 620 | 1300 | 3300 | 6700 | 10 000 |

这里的最大传输距离是指在同一条总线上两个节点之间的距离。

# 2.2　CAN 独立通信控制器 SJA1000

SJA1000 是一种独立控制器,用于一般工业环境中的局域网络控制。它是 PHILIPS 公司的 PCA82C200 CAN 控制器(BasicCAN)的替代产品。而且,它增加了一种新的工作模式(PeliCAN),这种模式支持具有很多新特点的 CAN 2.0B 协议。SJA1000 具有如下特点。

(1) 与 PCA82C200 独立 CAN 控制器引脚和电气兼容。

(2) PCA82C200 模式(即默认的 BasicCAN 模式)。

(3) 扩展的接收缓冲器(64 字节、先进先出 FIFO)。

(4) 与 CAN 2.0B 协议兼容(PCA82C200 兼容模式中的无源扩展结构)。

(5) 同时支持 11 位和 29 位标识符。

(6) 位速率可达 1Mb/s。

(7) PeliCAN 模式扩展功能。

## 2.2.1　SJA1000 内部结构

SJA1000 CAN 控制器主要由以下几部分构成。

**1. 接口管理逻辑(IML)**

接口管理逻辑解释来自 CPU 的命令,控制 CAN 寄存器的寻址,向主控制器提供中断信息和状态信息。

**2. 发送缓冲器(TXB)**

发送缓冲器是 CPU 和 BSP(位流处理器)之间的接口,能够存储发送到 CAN 网络上的完整报文。缓冲器长 13 字节,由 CPU 写入,BSP 读出。

**3. 接收缓冲器(RXB,RXFIFO)**

接收缓冲器是接收过滤器和 CPU 之间的接口,用来接收 CAN 总线上的报文,并存储接收到的报文。接收缓冲器(RXB,13B)作为接收 FIFO(RXFIFO,64B)的一个窗口,可被 CPU 访问。

CPU 在此 FIFO 的支持下,可以在处理报文的时候接收其他报文。

**4. 接收过滤器(ACF)**

接收过滤器把自己的数据和接收的标识符相比较,以决定是否接收报文。在纯粹的接收测试中,所有的报文都保存在 RXFIFO 中。

**5. 位流处理器(BSP)**

位流处理器是一个在发送缓冲器、RXFIFO 和 CAN 总线之间控制数据流的序列发生器。它还执行错误检测、仲裁、总线填充和错误处理。

**6. 位时序逻辑（BTL）**

位时序逻辑监视串行 CAN 总线，并处理与总线有关的位定时。在报文开始，由隐性到显性的变换同步 CAN 总线上的位流（硬同步），接收报文时再次同步下一次传送（软同步）。BTL 还提供了可编程的时间段来补偿传播延迟时间、相位转换（例如，由于振荡漂移），并定义了采样点和每一位的采样次数。

**7. 错误管理逻辑（EML）**

EML 负责传送层中调制器的错误界定。它接收 BSP 的出错报告，并将错误统计数字通知 BSP 和 IML。

## 2.2.2 SJA1000 引脚功能

SJA1000 为 28 引脚 DIP 和 SO 封装，引脚如图 2-16 所示。

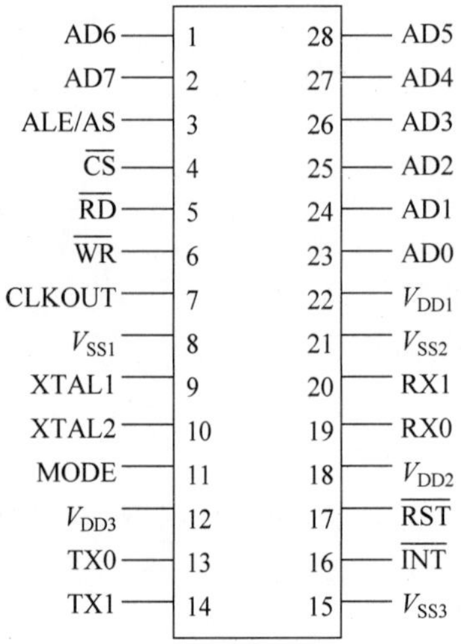

| | | | |
|---|---|---|---|
| AD6 | 1 | 28 | AD5 |
| AD7 | 2 | 27 | AD4 |
| ALE/AS | 3 | 26 | AD3 |
| $\overline{CS}$ | 4 | 25 | AD2 |
| $\overline{RD}$ | 5 | 24 | AD1 |
| $\overline{WR}$ | 6 | 23 | AD0 |
| CLKOUT | 7 | 22 | $V_{DD1}$ |
| $V_{SS1}$ | 8 | 21 | $V_{SS2}$ |
| XTAL1 | 9 | 20 | RX1 |
| XTAL2 | 10 | 19 | RX0 |
| MODE | 11 | 18 | $V_{DD2}$ |
| $V_{DD3}$ | 12 | 17 | $\overline{RST}$ |
| TX0 | 13 | 16 | $\overline{INT}$ |
| TX1 | 14 | 15 | $V_{SS3}$ |

图 2-16 SJA1000 引脚图

引脚功能介绍如下。

AD7～AD0：地址/数据复用总线。

ALE/AS：ALE 输入信号（Intel 模式），AS 输入信号（Motorola 模式）。

$\overline{CS}$：片选输入，低电平允许访问 SJA1000。

$\overline{RD}$：微控制器的 $\overline{RD}$ 信号（Intel 模式）或 E 使能信号（Motorola 模式）。

$\overline{WR}$：微控制器的 $\overline{WR}$ 信号（Intel 模式）或 $R/\overline{W}$ 信号（Motorola 模式）。

CLKOUT：SJA1000 产生的提供给微控制器的时钟输出信号；此时钟信号通过可编程分频器由内部晶振产生；时钟分频寄存器的时钟关闭位可禁止该引脚。

$V_{SS1}$：接地端。

XTAL1：振荡器放大电路输入，外部振荡信号由此输入。

XTAL2：振荡器放大电路输出，使用外部振荡信号时，此引脚必须保持开路。

MODE：模式选择输入。1＝Intel 模式，0＝Motorola 模式。

$V_{DD3}$：输出驱动的 5V 电压源。

TX0：由输出驱动器 0 到物理线路的输出端。

TX1：由输出驱动器 1 到物理线路的输出端。

$V_{SS3}$：输出驱动器接地端。

$\overline{INT}$：中断输出，用于中断微控制器；$\overline{INT}$ 在内部中断寄存器各位都被置位时被激活；$\overline{INT}$ 是开漏输出，且与系统中的其他 $\overline{INT}$ 是线或的；此引脚上的低电平可以把 IC 从睡眠模式中激活。

$\overline{\text{RST}}$：复位输入，用于复位 CAN 接口(低电平有效)；把 $\overline{\text{RST}}$ 引脚通过电容连到 $V_{\text{SS}}$，通过电阻连到 $V_{\text{DD}}$ 可自动上电复位(例如，$C=1\mu\text{F}$；$R=50\text{k}\Omega$)。

$V_{\text{DD2}}$：输入比较器的 5V 电压源。

RX0，RX1：由物理总线到 SJA1000 输入比较器的输入端；显性电平将会唤醒 SJA1000 的睡眠模式；如果 RX1 比 RX0 的电平高，读出为显性电平，反之读出为隐性电平；如果时钟分频寄存器的 CBP 位被置位，则忽略 CAN 输入比较器以减少内部延时(此时连有外部收发电路)；这种情况下只有 RX0 是激活的；隐性电平被认为是高，而显性电平被认为是低。

$V_{\text{SS2}}$：输入比较器的接地端。

$V_{\text{DD1}}$：逻辑电路的 5V 电压源。

## 2.2.3 SJA1000 的工作模式

SJA1000 在软件和引脚上都与它的前一款——PCA82C200 独立控制器兼容。在此基础上，SJA1000 增加了很多新的功能。为了实现软件兼容，SJA1000 增加了两种模式。

(1) BasicCAN 模式：PCA82C200 兼容模式。

(2) PeliCAN 模式：扩展特性。

工作模式通过时钟分频寄存器中的 CAN 模式位来选择。复位默认模式是 BasicCAN 模式。

在 PeliCAN 模式下，SJA1000 包含一个具有很多新功能的重组寄存器。SJA1000 包含了设计在 PCA82C200 中的所有位及一些新功能位，PeliCAN 模式支持 CAN 2.0B 协议规定的所有功能(29 位标识符)。

## 2.2.4 BasicCAN 功能介绍

BasicCAN 的主要功能体现在提供一种简单而有效的方式以在多个设备之间进行通信，主要包括以下几个方面：

(1) 多主通信。在 CAN 网络中，任何节点都可以成为信息的发送者，没有固定的主节点或从节点。这种多主通信机制允许任何节点在任何时候发起通信，从而增加了网络的灵活性。

(2) 非地址化消息传输。BasicCAN 使用基于消息的通信协议，而不是基于节点地址的通信。这意味着消息的接收是通过识别消息内容(即消息的标识符)，而不是通过寻找特定的节点地址来实现的。

(3) 优先级控制。在 CAN 网络中，每个消息都有一个唯一的标识符，这个标识符不仅标识了消息的类型，还决定了消息的优先级。标识符的数值越小，消息的优先级越高。这种机制确保了重要的消息可以更快地被传输。

(4) 非破坏性仲裁。当两个或多个节点同时尝试发送消息时，CAN 协议通过非破坏性仲裁机制决定哪个节点可以继续传输其消息。这个过程是基于消息的优先级进行的，保证了高优先级的消息不会被低优先级的消息阻塞。

(5) 差错检测与重传。BasicCAN 具备强大的差错检测能力，包括帧校验、循环冗余校验(CRC)、数据帧格式校验等。如果在传输过程中检测到错误，那么 CAN 协议会自动重传该消息，直到成功传输为止，这确保了数据传输的可靠性。

（6）实时性。由于其优先级控制、非破坏性仲裁和有效的差错处理机制，BasicCAN 能够提供高度的实时性，适用于对时间敏感的应用。

（7）简单的网络结构。BasicCAN 不需要复杂的网络管理或配置，使得网络的搭建和维护变得简单。这对于资源受限的系统或需要简化网络管理的应用尤其有利。

总之，BasicCAN 的主要功能在于提供一种高效、可靠且实时的多主通信机制，适用于各种工业自动化、车辆通信和嵌入式系统应用。

下面讲述 SJA1000 的 BasicCAN。

### 1. BasicCAN 地址分配

SJA1000 对微控制器而言是内存管理的 I/O 器件。器件的独立操作是通过像 RAM 一样的片内寄存器修正来实现的。

SJA1000 的地址区包括控制段和报文缓冲器。控制段在初始化加载时，是可被编程来配置通信参数的（如位定时等）。微控制器也是通过这个段来控制 CAN 总线上的通信的。在初始化时，CLKOUT 信号可以被微控制器编程指定一个值。

应发送的报文被写入发送缓冲器。成功接收报文后，微控制器从接收缓冲器中读出接收的报文，然后释放空间以便下一次使用。

微控制器和 SJA1000 之间状态、控制和命令信号的交换都是在控制段中完成的。初始化后，寄存器的接收代码、接收屏蔽、总线定时寄存器 0 和 1 以及输出控制信号就不能改变了。只有控制寄存器的复位位被置高时，才可以访问这些寄存器。

在以下两种不同的模式下访问寄存器是不同的。

（1）复位模式。

（2）工作模式。

当硬件复位或控制器掉电时会自动进入复位模式。工作模式是通过置位控制寄存器的复位请求位激活的。

BasicCAN 地址分配如表 2-2 所示。

表 2-2　BasicCAN 地址分配表

| 段 | CAN 地址 | 工 作 模 式 | | 复 位 模 式 | |
|---|---|---|---|---|---|
| | | 读 | 写 | 读 | 写 |
| 控制 | 0 | 控制 | 控制 | 控制 | 控制 |
| | 1 | （FFH） | 命令 | （FFH） | 命令 |
| | 2 | 状态 | — | 状态 | — |
| | 3 | 中断 | — | 中断 | — |
| | 4 | （FFH） | — | 接收代码 | 接收代码 |
| | 5 | （FFH） | — | 接收屏蔽 | 接收屏蔽 |
| | 6 | （FFH） | — | 总线定时 0 | 总线定时 0 |
| | 7 | （FFH） | — | 总线定时 1 | 总线定时 1 |
| | 8 | （FFH） | — | 输出控制 | 输出控制 |
| | 9 | 测试 | 测试 | 测试 | 测试 |

续表

| 段 | CAN 地址 | 工 作 模 式 | | 复 位 模 式 | |
|---|---|---|---|---|---|
| | | 读 | 写 | 读 | 写 |
| 发送缓冲器 | 10 | 标识符(10～3) | 标识符(10～3) | (FFH) | — |
| | 11 | 标识符(2～0)<br>RTR 和 DLC | 标识符(2～0)<br>RTR 和 DLC | (FFH) | — |
| | 12 | 数据字节 1 | 数据字节 1 | (FFH) | — |
| | 13 | 数据字节 2 | 数据字节 2 | (FFH) | — |
| | 14 | 数据字节 3 | 数据字节 3 | (FFH) | — |
| | 15 | 数据字节 4 | 数据字节 4 | (FFH) | — |
| | 16 | 数据字节 5 | 数据字节 5 | (FFH) | — |
| | 17 | 数据字节 6 | 数据字节 6 | (FFH) | — |
| | 18 | 数据字节 7 | 数据字节 7 | (FFH) | — |
| | 19 | 数据字节 8 | 数据字节 8 | (FFH) | — |
| 接收缓冲器 | 20 | 标识符(10～3) | 标识符(10～3) | 标识符(10～3) | 标识符(10～3) |
| | 21 | 标识符(2～0)<br>RTR 和 DLC | 标识符(2～0)<br>RTR 和 DLC | 标识符(2～0)<br>RTR 和 DLC | 标识符(2～0)<br>RTR 和 DLC |
| | 22 | 数据字节 1 | 数据字节 1 | 数据字节 1 | 数据字节 1 |
| | 23 | 数据字节 2 | 数据字节 2 | 数据字节 2 | 数据字节 2 |
| | 24 | 数据字节 3 | 数据字节 3 | 数据字节 3 | 数据字节 3 |
| | 25 | 数据字节 4 | 数据字节 4 | 数据字节 4 | 数据字节 4 |
| | 26 | 数据字节 5 | 数据字节 5 | 数据字节 5 | 数据字节 5 |
| | 27 | 数据字节 6 | 数据字节 6 | 数据字节 6 | 数据字节 6 |
| | 28 | 数据字节 7 | 数据字节 7 | 数据字节 7 | 数据字节 7 |
| | 29 | 数据字节 8 | 数据字节 8 | 数据字节 8 | 数据字节 8 |
| | 30 | (FFH) | — | (FFH) | — |
| | 31 | 时钟分频器 | 时钟分频器 | 时钟分频器 | 时钟分频器 |

**2. 控制段**

(1) 控制寄存器(CR)。

控制寄存器的内容用于改变 CAN 控制器的状态。这些位可以被微控制器置位或复位,微控制器可以对控制寄存器进行读/写操作。控制寄存器各位的功能如表 2-3 所示。

表 2-3　控制寄存器(地址 0)

| 位 | 符号 | 名　称 | 值 | 功　能 |
|---|---|---|---|---|
| CR.7 | — | — | — | 保留 |
| CR.6 | — | — | — | 保留 |
| CR.5 | — | — | — | 保留 |
| CR.4 | OIE | 超载中断使能 | 1 | 使能:如果数据超载位置位,微控制器接收一个超载中断信号(见状态寄存器) |
| | | | 0 | 禁止:微控制器不从 SJA1000 接收超载中断信号 |

| 位 | 符号 | 名 称 | 值 | 功 能 |
|---|---|---|---|---|
| CR.3 | EIE | 错误中断使能 | 1 | 使能：如果出错或总线状态改变，微控制器接收一个错误中断信号（见状态寄存器） |
| | | | 0 | 禁止：微控制器不从 SJA1000 接收错误中断信号 |
| CR.2 | TIE | 发送中断使能 | 1 | 使能：当报文被成功发送或发送缓冲器可再次被访问时（例如，一个夭折发送命令后），SJA1000 向微控制器发出一次发送中断信号 |
| | | | 0 | 禁止：SJA1000 不向微控制器发送中断信号 |
| CR.1 | RIE | 接收中断使能 | 1 | 使能：报文被无错误接收时，SJA1000 向微控制器发出一次中断信号 |
| | | | 0 | 禁止：SJA1000 不向微控制器发送中断信号 |
| CR.0 | RR | 复位请求 | 1 | 常态：SJA1000 检测到复位请求后，忽略当前发送/接收的报文，进入复位模式 |
| | | | 0 | 非常态：复位请求位接收到一个下降沿后，SJA1000 回到工作模式 |

（2）命令寄存器（CMR）。

命令位初始化 SJA1000 传输层上的动作。命令寄存器对微控制器来说是只写存储器。如果去读这个地址，则返回值是"1111 1111"。两条命令之间至少有一个内部时钟周期，内部时钟的频率是外部振荡频率的 1/2。命令寄存器各位的功能如表 2-4 所示。

表 2-4　命令寄存器（地址 1）

| 位 | 符号 | 名 称 | 值 | 功 能 |
|---|---|---|---|---|
| CMR.7 | — | — | — | 保留 |
| CMR.6 | — | — | — | 保留 |
| CMR.5 | — | — | — | 保留 |
| CMR.4 | GTS | 睡眠 | 1 | 睡眠：如果没有 CAN 中断等待和总线活动，SJA1000 进入睡眠模式 |
| | | | 0 | 唤醒：SJA1000 正常工作模式 |
| CMR.3 | CDO | 清除超载状态 | 1 | 清除：清除数据超载状态位 |
| | | | 0 | 无作用 |
| CMR.2 | RRB | 释放接收缓冲器 | 1 | 释放：接收缓冲器中存放报文的内存空间将被释放 |
| | | | 0 | 无作用 |
| CMR.1 | AT | 夭折发送 | 1 | 常态：如果不是在处理过程中，等待处理的发送请求将忽略 |
| | | | 0 | 非常态：无作用 |
| CMR.0 | TR | 发送请求 | 1 | 常态：报文被发送 |
| | | | 0 | 非常态：无作用 |

（3）状态寄存器（SR）。

状态寄存器的内容反映了 SJA1000 的状态。状态寄存器对微控制器来说是只读存储器。状态寄存器各位的功能如表 2-5 所示。

表 2-5　状态寄存器（地址 2）

| 位 | 符号 | 名　　称 | 值 | 功　　能 |
|---|---|---|---|---|
| SR.7 | BS | 总线状态 | 1 | 总线关闭：SJA1000 退出总线活动 |
| | | | 0 | 总线开启：SJA1000 进入总线活动 |
| SR.6 | ES | 出错状态 | 1 | 出错：至少出现一个错误计数器满或超过 CPU 报警限制 |
| | | | 0 | 正常：两个错误计数器都在报警限制以下 |
| SR.5 | TS | 发送状态 | 1 | 发送：SJA1000 正在传送报文 |
| | | | 0 | 空闲：没有要发送的报文 |
| SR.4 | RS | 接收状态 | 1 | 接收：SJA1000 正在接收报文 |
| | | | 0 | 空闲：没有正在接收的报文 |
| SR.3 | TCS | 发送完毕状态 | 1 | 完成：最近一次发送请求被成功处理 |
| | | | 0 | 未完成：当前发送请求未处理完毕 |
| SR.2 | TBS | 发送缓冲器状态 | 1 | 释放：CPU 可以向发送缓冲器写报文 |
| | | | 0 | 锁定：CPU 不能访问发送缓冲器；有报文正在等待发送或正在发送 |
| SR.1 | DOS | 数据超载状态 | 1 | 超载：报文丢失，因为 RXFIFO 中没有足够的空间来存储它 |
| | | | 0 | 未超载：自从最后一次清除数据超载命令执行，无数据超载发生 |
| SR.0 | RBS | 接收缓冲状态 | 1 | 满：RXFIFO 中有可用报文 |
| | | | 0 | 空：无可用报文 |

（4）中断寄存器（IR）。

中断寄存器允许识别中断源。当寄存器的一位或多位被置位时，$\overline{\text{INT}}$（低电位有效）引脚被激活。该寄存器被微控制器读过之后，所有位被复位，这将导致 $\overline{\text{INT}}$ 引脚上的电平漂移。中断寄存器对微控制器来说是只读存储器。中断寄存器各位的功能如表 2-6 所示。

表 2-6　中断寄存器（地址 3）

| 位 | 符号 | 名　　称 | 值 | 功　　能 |
|---|---|---|---|---|
| IR.7 | — | — | — | 保留 |
| IR.6 | — | — | — | 保留 |
| IR.5 | — | — | — | 保留 |
| IR.4 | WUI | 唤醒中断 | 1 | 置位：退出睡眠模式时此位被置位 |
| | | | 0 | 复位：微控制器的任何读访问将清除此位 |
| IR.3 | DOI | 数据超载中断 | 1 | 置位：当数据超载中断使能位被置为 1 时，数据超载状态位由低到高的跳变，将其置位 |
| | | | 0 | 复位：微控制器的任何读访问将清除此位 |

续表

| 位 | 符号 | 名　称 | 值 | 功　能 |
|---|---|---|---|---|
| IR.2 | EI | 错误中断 | 1 | 置位：错误中断使能时，错误状态位或总线状态位的变化会置位此位 |
| | | | 0 | 复位：微控制器的任何读访问将清除此位 |
| IR.1 | TI | 发送中断 | 1 | 置位：发送缓冲器状态从低到高的跳变（释放）和发送中断使能时，此位被置位 |
| | | | 0 | 复位：微控制器的任何读访问将清除此位 |
| IR.0 | RI | 接收中断 | 1 | 置位：当接收FIFO不空和接收中断使能时置位此位 |
| | | | 0 | 复位：微控制器的任何读访问将清除此位 |

（5）验收代码寄存器（ACR）。

复位请求位被置高（当前）时，这个寄存器是可以访问（读/写）的。如果一条报文通过了接收过滤器的测试而且接收缓冲器有空间，那么描述符和数据将被分别顺次写入RXFIFO。当报文被正确地接收完毕，则有：

① 接收状态位置高（满）。

② 接收中断使能位置高（使能），接收中断置高（产生中断）。

验收代码位（AC.7～AC.0）和报文标识符的高8位（ID.10～ID.3）必须相等，或者验收屏蔽位（AM.7～AM.0）的所有位为1。即如果满足以下方程的描述，则予以接收。

$$[(ID.10～ID.3)\equiv(AC.7～AC.0)]\vee(AM.7～AM.0)\equiv11111111$$

验收代码寄存器各位的功能如表2-7所示。

表 2-7　验收代码寄存器（地址4）

| BIT 7 | BIT 6 | BIT 5 | BIT 4 | BIT 3 | BIT 2 | BIT1 | BIT0 |
|---|---|---|---|---|---|---|---|
| AC.7 | AC.6 | AC.5 | AC.4 | AC.3 | AC.2 | AC.1 | AC.0 |

（6）验收屏蔽寄存器（AMR）。

如果复位请求位置高（当前），那么这个寄存器可以被访问（读/写）。验收屏蔽寄存器定义验收代码寄存器的哪些位对接收过滤器是"相关的"或"无关的"（即可为任意值）。

当AM.i=0时，是"相关的"；

当AM.i=1时，是"无关的"（i=0，1，…，7）。

验收屏蔽寄存器各位的功能如表2-8所示。

表 2-8　验收屏蔽寄存器（地址5）

| BIT 7 | BIT 6 | BIT 5 | BIT 4 | BIT 3 | BIT 2 | BIT1 | BIT0 |
|---|---|---|---|---|---|---|---|
| AM.7 | AM.6 | AM.5 | AM.4 | AM.3 | AM.2 | AM.1 | AM.0 |

### 3. 发送缓冲区

发送缓冲区的全部内容如表2-9所示。缓冲器是用来存储微控制器要SJA1000发送的报文的。它被分为描述符区和数据区。发送缓冲器的读/写只能由微控制器在工作模式下完成。在复位模式下读出的值总是FFH。

表 2-9 发送缓冲区

| 区 | CAN 地址 | 名 称 | 位 | | | | | | | |
|---|---|---|---|---|---|---|---|---|---|---|
| | | | 7 | 6 | 5 | 4 | 3 | 2 | 1 | 0 |
| 描述符 | 10 | 标识符字节 1 | ID. 10 | ID. 9 | ID. 8 | ID. 7 | ID. 6 | ID. 5 | ID. 4 | ID. 3 |
| | 11 | 标识符字节 2 | ID. 2 | ID. 1 | ID. 0 | RTR | DLC. 3 | DLC. 2 | DLC. 1 | DLC. 0 |
| 数据 | 12 | TX 数据 1 | 发送数据字节 1 | | | | | | | |
| | 13 | TX 数据 2 | 发送数据字节 2 | | | | | | | |
| | 14 | TX 数据 3 | 发送数据字节 3 | | | | | | | |
| | 15 | TX 数据 4 | 发送数据字节 4 | | | | | | | |
| | 16 | TX 数据 5 | 发送数据字节 5 | | | | | | | |
| | 17 | TX 数据 6 | 发送数据字节 6 | | | | | | | |
| | 18 | TX 数据 7 | 发送数据字节 7 | | | | | | | |
| | 19 | TX 数据 8 | 发送数据字节 8 | | | | | | | |

（1）标识符（ID）。

标识符有 11 位（ID0～ID10）。ID10 是最高位，在仲裁过程中是最先被发送到总线上的。标识符就像报文的名字。它在接收器的接收过滤器中被用到，也在仲裁过程中决定总线访问的优先级。标识符的值越低，其优先级越高。这是因为在仲裁时有许多前导显性位所致。

（2）远程发送请求（RTR）。

如果此位置 1，那么总线将以远程帧发送数据。这意味着此帧中没有数据字节。然而，必须给出正确的数据长度码，数据长度码由具有相同标识符的数据帧报文决定。

如果 RTR 位没有被置位，那么数据将以数据长度码规定的长度来传送数据帧。

（3）数据长度码（DLC）。

报文数据区的字节数根据数据长度码编制。在远程帧传送中，因为 RTR 被置位，数据长度码是不被考虑的。这就迫使发送/接收数据字节数为 0。然而，数据长度码必须正确设置以避免两个 CAN 控制器用同样的识别机制启动远程帧传送而发生总线错误。数据字节数是 0～8，是以如下方法计算的：

$$数据字节数 = 8 \times DLC. 3 + 4 \times DLC. 2 + 2 \times DLC. 1 + DLC. 0$$

为了保持兼容性，数据长度码不超过 8。如果选择的值超过 8，则按照 DLC 规定认为是 8。

（4）数据区。

传送的数据字节数由数据长度码决定。发送的第一位是地址为 12 的单元中数据字节 1 的最高位。

**4. 接收缓冲区**

接收缓冲区的全部列表和发送缓冲区类似。接收缓冲区是 RXFIFO 中可访问的部分，位于 CAN 的 20～29 地址区。

标识符、远程发送请求位和数据长度码同发送缓冲器的相同，只不过是在 20～29 地址区。RXFIFO 共有 64B 的报文空间。在任何情况下,FIFO 中可以存储的报文数取决于各条报文的长度。如果 RXFIFO 中没有足够的空间来存储新的报文,那么 CAN 控制器会产生数据溢出。数据溢出发生时,已部分写入 RXFIFO 的当前报文将被删除。这种情况将通过状态位或数据溢出中断(中断允许时,即使除了最后一位整个数据块被无误接收也使接收报文无效)反映到微控制器。

#### 5. 寄存器的复位值

检测到有复位请求后将中止当前接收/发送的报文而进入复位模式。当复位请求位出现了 1 到 0 的变化时,CAN 控制器将返回操作模式。

### 2.2.5 PeliCAN 功能介绍

CAN 控制器的内部寄存器对 CPU 来说是内部在片存储器。因为 CAN 控制器可以工作于不同模式(操作/复位),所以必须要区分两种不同内部地址的定义。从 CAN 地址 32 起所有的内部 RAM(80 字节)被映射为 CPU 的接口。

必须特别指出的是,在 CAN 的高端地址区的寄存器是重复的,CPU 8 位地址的最高位不参与解码。CAN 地址 128 和地址 0 是连续的。PeliCAN 的详细功能说明请参考 SJA1000 数据手册。

### 2.2.6 BasicCAN 和 PeliCAN 的公用寄存器

SJA1000 是一款广泛使用的独立 CAN 控制器芯片,它支持两种模式:BasicCAN 模式和 PeliCAN 模式。BasicCAN 模式提供了基础的 CAN 功能,而 PeliCAN 模式扩展了这些功能,包括错误计数器、监听模式等。尽管两种模式的功能不同,但它们有一些公用寄存器,这些寄存器在两种模式下都存在并发挥作用。SJA1000 的 BasicCAN 和 PeliCAN 模式下的公用寄存器及其功能介绍如下:

(1) 模式控制寄存器(Mode Control Register)。这个寄存器用于控制 CAN 控制器的工作模式。通过设置不同的位,可以将控制器置于正常工作模式、停止模式、睡眠模式或复位模式。

(2) 命令寄存器(Command Register)。通过写入不同的命令,如发送命令、释放接收缓冲区、清除数据溢出等,来控制 CAN 控制器的操作。

(3) 状态寄存器(Status Register)。该寄存器提供了有关 CAN 控制器状态的信息,包括接收缓冲区状态、发送缓冲区状态、错误状态等。

(4) 中断使能寄存器(Interrupt Enable Register)。通过这个寄存器可以启用或禁用不同的中断源,如接收中断、发送中断、错误中断等。

(5) 中断寄存器(Interrupt Register)。该寄存器显示了当前激活的中断类型。通过读取这个寄存器,可以确定引起中断的原因。

(6) 总线定时寄存器(Bus Timing Registers)。这些寄存器用于配置 CAN 总线的数据传输速率。通过设置位定时和采样点,可以调整 CAN 控制器的通信参数以适应不同的网络条件。

（7）输出控制寄存器（Output Control Register）。该寄存器控制 CAN 传输器的输出特性，如输出电平、传输延迟等。

这些公用寄存器在 SJA1000 的 BasicCAN 和 PeliCAN 模式下都是必要的，它们提供了对 CAN 控制器的基本配置、状态监控、中断管理和通信参数设置等功能。通过正确地设置和管理这些寄存器，可以确保 CAN 通信的有效性和可靠性。

下面介绍其中几个寄存器。

### 1. 总线时序寄存器 0

总线时序寄存器 0（BTR0）（如表 2-10 所示）定义了波特率预置器（Baud Rate Prescaler，BRP）和同步跳转宽度（SJW）的值。当复位模式有效时，这个寄存器是可以被访问（读/写）的。

表 2-10　总线时序寄存器 0（地址 6）

| BIT 7 | BIT 6 | BIT 5 | BIT 4 | BIT 3 | BIT 2 | BIT 1 | BIT 0 |
|-------|-------|-------|-------|-------|-------|-------|-------|
| SJW.1 | SJW.0 | BRP.5 | BRP.4 | BRP.3 | BRP.2 | BRP.1 | BRP.0 |

如果选择的是 PeliCAN 模式，此寄存器在操作模式中是只读的。在 BasicCAN 模式下总是 FFH。

（1）波特率预置器位域。

位域 BRP 使得 CAN 系统时钟的周期 $t_{\text{SCL}}$ 是可编程的，而 $t_{\text{SCL}}$ 决定了各自的位定时。CAN 系统时钟由如下公式计算：

$$t_{\text{SCL}} = 2t_{\text{CLK}} \times (32 \times \text{BRP}.5 + 16 \times \text{BRP}.4 + 8 \times \text{BRP}.3 +$$
$$4 \times \text{BRP}.2 + 2 \times \text{BRP}.1 + \text{BRP}.0 + 1)$$

式中，$t_{\text{CLK}} = \text{XTAL}$ 的振荡周期 $= 1/f_{\text{XTAL}}$

（2）同步跳转宽度位域。

为了补偿在不同总线控制器的时钟振荡器之间的相位漂移，任何总线控制器必须在当前传送的任一相关信号边沿重新同步。同步跳转宽度 $t_{\text{SJW}}$ 定义了一个位周期可以被一次重新同步缩短或延长的时钟周期的最大数目，它与位域 SJW 的关系是

$$t_{\text{SJW}} = t_{\text{SCL}} \times (2 \times \text{SJW}.1 + \text{SJW}.0 + 1)$$

### 2. 总线时序寄存器 1

总线时序寄存器 1（BTR1）（如表 2-11 所示）定义了一个位周期的长度、采样点的位置和在每个采样点的采样数目。在复位模式下，这个寄存器可以被读/写访问。在 PeliCAN 模式的操作模式下，这个寄存器是只读的。在 BasicCAN 模式下总是 FFH。

表 2-11　总线时序寄存器 1（地址 7）

| BIT 7 | BIT 6 | BIT 5 | BIT 4 | BIT 3 | BIT 2 | BIT 1 | BIT 0 |
|-------|-------|-------|-------|-------|-------|-------|-------|
| SAM | TSEG2.2 | TSEG2.1 | TSEG2.0 | TSEG1.3 | TSEG1.2 | TSEG1.1 | TSEG1.0 |

（1）采样位。

采样位（SAM）的功能说明如表 2-12 所示。

**表 2-12 采样位的功能说明**

| 位 | 值 | 功　　能 |
|---|---|---|
| SAM | 1 | 3 次：总线采样 3 次；建议在低/中速总线（A 和 B 级）上使用，这对过滤总线上的毛刺波是有效的 |
| | 0 | 单次：总线采样 1 次；建议使用在高速总线上（SAE C 级） |

（2）时间段 1 和时间段 2 位域。

时间段 1（TSEG1）和时间段 2（TSEG2）决定了每一位的时钟周期数目和采样点的位置，如图 2-17 所示，其中，

$$t_{SYNCSEG} = 1 \times t_{SCL}$$

$$t_{TSEG1} = t_{SCL} \times (8 \times TSEG1.3 + 4 \times TSEG1.2 + 2 \times TSEG1.0 + 1)$$

$$t_{TSEG2} = t_{SCL} \times (4 \times TSEG2.2 + 2 \times TSEG2.1 + TSEG2.1 + 1)$$

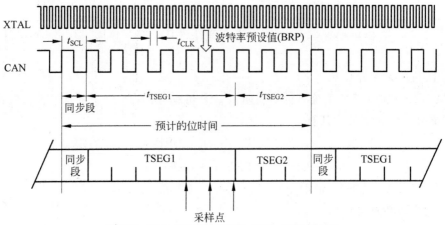

图 2-17　位周期的总体结构

### 3．输出控制寄存器

输出控制寄存器（OCR）允许由软件控制建立不同输出驱动的配置。在复位模式下，此寄存器可被读/写访问。在 PeliCAN 模式的操作模式下，这个寄存器是只读的。在 BasicCAN 模式下总是 FFH。

### 4．时钟分频寄存器

时钟分频寄存器（CDR）控制输出给微控制器的 CLKOUT 频率，它可以使 CLKOUT 引脚失效。另外，它还控制着 TX1 上的专用接收中断脉冲、接收比较器旁路和 BasicCAN 模式与 PeliCAN 模式的选择。硬件复位后寄存器的默认状态是 Motorola 模式（0000 0101，12 分频）和 Intel 模式（0000 0000，2 分频）。

软件复位（复位请求/复位模式）或总线关闭时，此寄存器不受影响。

保留位(CDR.4)总是 0。应用软件应向此位写 0，目的是与将来可能使用此位的特性兼容。

## 2.3　CAN 总线收发器

CAN 作为一种技术先进、可靠性高、功能完善、成本低的远程网络通信控制方式，已广泛应用于汽车电子、自动控制、电力系统、楼宇自控、安防监控、机电一体化、医疗仪器等自动化领域。目前，世界众多著名半导体生产商推出了独立的 CAN 通信控制器，而有些半导体生产商(例如，Intel、NXP、Microchip、Samsung、NEC、ST、TI 等公司)，还推出了内嵌 CAN通信控制器的 MCU、DSP 和 ARM 微控制器。为了组成 CAN 总线通信网络，NXP 和安森美(ON 半导体)等公司推出了 CAN 总线驱动器。

### 2.3.1　PCA82C250/251CAN 总线收发器

PCA82C250/251 收发器是协议控制器和物理传输线路之间的接口。此器件对总线提供差动发送能力，对 CAN 控制器提供差动接收能力，可以在汽车和一般的工业应用中使用。

#### 1. 功能说明

PCA82C250/251 驱动电路内部具有限流电路，可防止发送输出级对电源、地或负载短路。虽然出现短路时功耗增加，但不至于使输出级损坏。若结温超过 160℃，则两个发送器输出端极限电流将减小。由于发送器是功耗的主要部分，因而限制了芯片的温升。器件的所有其他部分将继续工作。PCA82C250 采用双线差分驱动，有助于抑制汽车等恶劣电气环境下的瞬变干扰。

引脚 $R_S$ 用于选定 PCA82C250/251 的工作模式。有 3 种不同的工作模式可供选择：高速、斜率控制和待机。

#### 2. 引脚介绍

PCA82C250/251 为 8 引脚 DIP 和 SO 两种封装，引脚如图 2-18 所示。

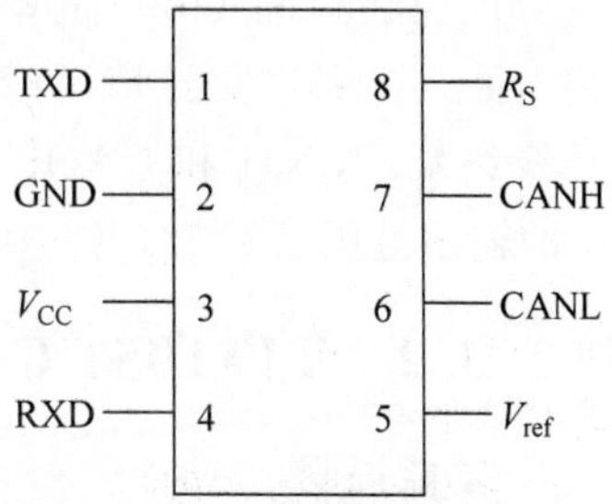

引脚介绍如下：

TXD——发送数据输入。

GND——地。

$V_{CC}$——电源电压 4.5～5.5V。

RXD——接收数据输出。

$V_{ref}$——参考电压输出。

CANL——低电平 CAN 电压输入/输出。

CANH——高电平 CAN 电压输入/输出。

$R_S$——斜率电阻输入。

图 2-18　PCA82C250/251 引脚图

PCA82C250/251 收发器是协议控制器和物理传输线路之间的接口。正如在 ISO11898标准中描述的，它们可以用高达 1Mb/s 的位速率在两条有差动电压的总线电缆上传输数据。

这两个器件都可以在额定电源电压分别是 12V(PCA82C250)和 24V(PCA82C251)的 CAN 总线系统中使用。

### 3．应用电路

PCA82C250/251 收发器的典型应用如图 2-19 所示。

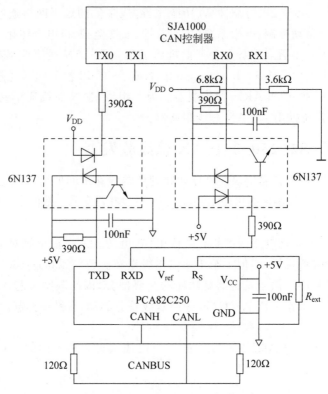

图 2-19　PCA82C250/251 应用电路

协议控制器 SJA1000 的串行数据输出线(TX)和串行数据输入线(RX)分别通过光电隔离电路连接到收发器 PCA82C250。收发器 PCA82C250 通过有差动发送和接收功能的两个总线终端 CANH 和 CANL 连接到总线电缆。输入 $R_S$ 用于模式控制。参考电压输出 $V_{ref}$ 的输出电压是 $0.5 \times$ 额定 $V_{CC}$。其中，收发器 PCA82C250 的额定电源电压是 5V。

## 2.3.2　TJA1051 CAN 总线收发器

### 1．功能说明

TJA1051 是一款高速 CAN 收发器，是 CAN 控制器和物理总线之间的接口，为 CAN 控制器提供差动发送和接收功能。该收发器专为汽车行业的高速 CAN 应用设计，传输速率高达 1Mb/s。

TJA1051 是高速 CAN 收发器 TJA1050 的升级版本，改进了电磁兼容性(EMC)和静电放电(ESD)性能。

### 2. 引脚介绍

TJA1051 有 SO8 和 HVSON8 两种封装，TJA1051 引脚如图 2-20 所示。

TJA1051 的引脚介绍如下：

TXD——发送数据输入。

GND——接地。

$V_{CC}$——电源电压。

RXD——接收数据输出，从总线读出数据。

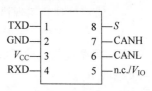

图 2-20　TJA1051 引脚图

n.c.——空引脚（仅 TJA1051T）。

$V_{IO}$——I/O 电平适配（仅 TJA1051T/3 和 TJA1051TK/3）。

CANL——低电平 CAN 总线。

CANH——高电平 CAN 总线。

S——待机模式控制输入。

# 2.4　CAN 总线节点设计实例

采用 AT89S52 微控制器设计 CAN 总线节点涉及硬件设计和软件编程两个方面。AT89S52 是一款基于 8051 核的 8 位微控制器，广泛用于嵌入式系统设计。设计 CAN 总线节点时，需要将 AT89S52 与 CAN 控制器（如 SJA1000 或其他兼容的 CAN 控制器）相连，并通过软件来控制 CAN 通信。下面介绍设计 CAN 总线节点时的一些关键点。

### 1. CAN 总线节点硬件设计要点

CAN 总线节点设计要点如下：

（1）选择合适的 CAN 控制器。根据项目需求选择一个合适的 CAN 控制器。SJA1000 是一个常见的选择，因为它支持 PeliCAN 模式，提供了丰富的功能。

（2）连接微控制器与 CAN 控制器。将 AT89S52 的 SPI 接口或其他通信接口（如并行接口）连接到 CAN 控制器的相应接口上。确保数据线、控制线和时钟线正确连接。

（3）CAN 收发器。CAN 控制器与 CAN 总线之间需要通过 CAN 收发器（如 TJA1050）进行连接。收发器负责将数字信号转换为 CAN 总线上的物理信号。

（4）电源和地线。确保所有组件的电源和地线连接正确，以避免电气干扰和信号噪声。

（5）外围电路。根据需要设计外围电路，如晶振、复位电路、指示灯等，以确保系统稳定运行。

### 2. CAN 总线节点软件编程要点

CAN 总线节点软件编程要点如下：

（1）初始化 CAN 控制器。编写代码初始化 CAN 控制器，包括设置工作模式、配置总线数据传输速率、启用中断等。

（2）消息发送与接收。实现消息发送和接收的功能。这包括构造 CAN 消息帧、填充数据、设置标识符等，以及处理接收到的消息。

（3）中断处理。设计中断服务程序来处理 CAN 控制器的中断请求，如消息发送完成、接收到新消息、发生错误等。

（4）错误处理。实现错误检测和处理机制，以提高通信的可靠性。

（5）实时性考虑。考虑到 CAN 通信的实时性要求，优化代码以减少延迟和提高效率。

通过遵循这些要点，可以有效地利用 AT89S52 微控制器设计并实现一个稳定可靠的 CAN 总线节点。

## 2.4.1　CAN 总线硬件设计

采用 AT89S52 单片微控制器、独立 CAN 通信控制器 SJA1000、CAN 总线驱动器 PCA82C250 及复位电路 IMP708 的 CAN 应用节点电路如图 2-21 所示。

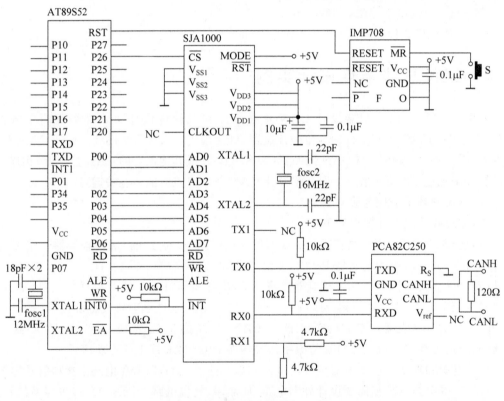

图 2-21　CAN 应用节点电路

在图 2-21 中，IMP708 具有两个复位输出 RESET 和 $\overline{\text{RESET}}$，分别接至 AT89S52 单片微控制器和 SJA1000 CAN 通信控制器。当按下按键 S 时，为手动复位。

## 2.4.2　CAN 总线软件设计

CAN 应用节点的程序设计主要分为 3 部分：初始化子程序、发送子程序、接收子程序。

（1）CAN 初始化子程序。

CAN 初始化子程序流程图如图 2-22 所示。

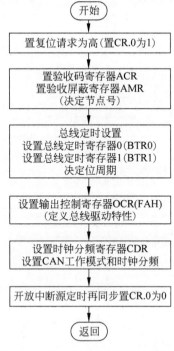

图 2-22　CAN 初始化子程序流程图

CAN 任意两个节点之间的传输距离与其通信波特率有关，当采用 PHILIPS 公司的 SJA1000 CAN 通信控制器时，并假设晶振频率为 16MHz，通信距离与通信波特率关系如表 2-13 所示。

表 2-13　通信距离与通信波特率关系表

| 位 速 率 | 最大总线长度 | 总 线 定 时 | |
| --- | --- | --- | --- |
| | | BTR0 | BTR1 |
| 1Mb/s | 40m | 00H | 14H |
| 500kb/s | 130m | 00H | 1CH |
| 250kb/s | 270m | 01H | 1CH |
| 125kb/s | 530m | 03H | 1CH |
| 100kb/s | 620m | 43H | 2FH |
| 50kb/s | 1.3km | 47H | 2FH |
| 20kb/s | 3.3km | 53H | 2FH |
| 10kb/s | 6.7km | 67H | 2FH |
| 5kb/s | 10km | 7FH | 7FH |

（2）CAN 接收子程序。

CAN 接收子程序流程图如图 2-23 所示。

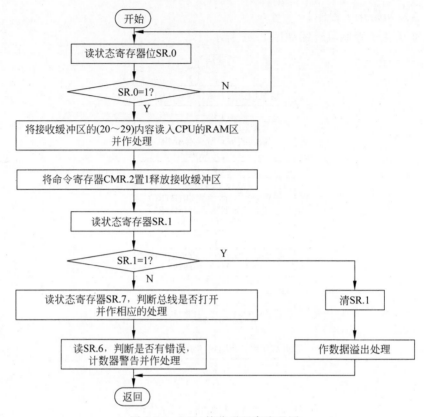

图 2-23　CAN 接收子程序流程图

（3）CAN 发送子程序。

CAN 发送子程序流程图如图 2-24 所示。

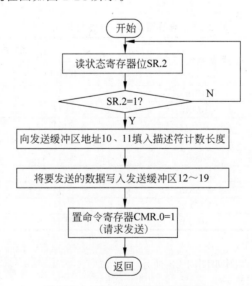

图 2-24　CAN 发送子程序流程图

# 习题

1. 什么是位填充技术？

2. 什么是仲裁？

3. 画出 CAN 的分层结构和功能图。

4. 画出 CAN 2.0A 数据帧的组成图。

5. SJA1000 具有哪些特点？

6. SJA1000 CAN 控制器主要由哪几部分构成？

7. SJA1000 的主要新功能是什么？

8. CAN 收发器的作用是什么？

9. 常用的 CAN 总线收发器有哪些？

10. 采用你熟悉的一种单片机或单片微控制器设计一个 CANBUS 硬件节点电路，使用 SJA1000 独立 CAN 控制器，假设节点号为 26，通信波特率为 250kb/s。

（1）画出硬件电路图；

（2）画出 CAN 初始化程序流程图；

（3）编写 CAN 初始化程序。

# 第 3 章

# Modbus 控制网络

Modbus 是一种广泛使用的工业通信协议,自 1979 年由 Modicon 公司(现为施耐德电气的一部分)推出以来,它已经成为工业通信领域的事实标准。Modbus 协议简洁,易于理解和实施,支持多种通信方式,包括串行通信(如 RS-232 和 RS-485)和 TCP/IP 网络通信,因此在自动化和控制系统中得到了广泛应用。

本章讲述了 Modbus 的基本特性、通信模型、物理层标准、串行链路层标准以及基于 TCP/IP 的 Modbus TCP。具体内容如下:

(1) Modbus 概述。Modbus 协议以其简单性、开放性和灵活性而著称,它采用客户机/服务器(主站/从站)模型,通过定义统一的帧结构实现设备间的高效数据通信。这种通信协议能够适应包括传统串行通信和现代 TCP/IP 网络通信在内的多种应用场景,使其成为工业通信领域的一个重要标准。

(2) Modbus 物理层。Modbus 协议支持包括 RS-232 和 RS-485 在内的多种接口标准。RS-232 主要用于短距离的点对点通信,而 RS-485 则因其支持更长距离通信和多设备连接,在工业应用中更为常见。

(3) Modbus 串行链路层标准。在串行链路层面,Modbus 定义了 ASCII 和 RTU 两种传输模式,分别优化了可读性和通信效率。此外,通过 CRC 或 LRC 方法进行的差错检验确保了数据传输的准确性和完整性。Modbus 还定义了一系列功能码,用于指定主站请求的操作类型,如读写寄存器或线圈。编程方法部分则详细介绍了如何构建请求/响应帧及处理通信过程中的错误和异常。

(4) Modbus TCP。Modbus TCP 扩展了 Modbus 协议,使其能够在 TCP/IP 网络上运行,从而允许设备在更广泛的网络环境中通信。这一部分还介绍了 Modbus TCP 消息的结构,包括事务标识符、协议标识符、长度和单元标识符,以及 Modbus-RTPS,这是一种用于实现实时数据交换和控制的实时发布订阅机制。

通过本章的学习,读者不仅能够理解 Modbus 协议的基本原理和关键特性,还能够掌握其在实际工业通信场景中的应用。这为深入学习和实践 Modbus 通信提供了坚实的基础,有助于在自动化和控制系统设计中有效利用 Modbus 技术。

## 3.1　概述

Modbus 是全球第一个真正用于工业现场的总线协议。为更好地普及和推动 Modbus 基于以太网的分布式应用,目前施耐德电气已将 Modbus 协议的所有权移交给分布式自动化接口(Interface for Distributed Automation,IDA)组织,并成立了 Modbus-IDA 组织,为 Modbus 今后的发展奠定了基础。在我国,Modbus 已经成为国家标准 GB/T 19582—2008。据不完全统计,Modbus 的节点安装数量目前已经超过了 1000 万个。

### 3.1.1　Modbus 的特点

Modbus 具有如下特点:

(1)标准、开放。用户可以免费、放心地使用 Modbus 协议,不需要缴纳许可费用,也不会侵犯知识产权。目前,支持 Modbus 的厂家超过 400 家,支持 Modbus 的产品超过 600 种。

(2)Modbus 支持多种电气接口,如 RS-232、RS-485 和以太网等;还可以用各种介质传输 Modbus 信号,如双绞线、光纤和无线介质等。

(3)Modbus 的帧格式简单、紧凑,通俗易懂,用户使用容易,厂商开发简单。

### 3.1.2　Modbus 的通信模型

Modbus 是 OSI 参考模型第 7 层上的应用层报文传输协议,它在连接至不同类型总线时或网络的设备之间提供客户机/服务器通信。Modbus 的通信模型如图 3-1 所示。

| Modbus应用层 | | |
|---|---|---|
| | | 基于TCP的Modbus |
| | | TCP |
| | | IP |
| HDLC | Modbus串行链路协议 | Ethernet/IEEE 802.3 |
| 令牌传递网络 | RS-232/RS-485 | 以太网 |

图 3-1　Modbus 的通信模型

目前,Modbus 包括标准 Modbus、Modbus＋ 和 Modbus TCP 共 3 种形式。标准 Modbus 指的就是在异步串行通信中传输 Modbus 信息。Modbus＋指的就是在一种高速令牌传递网络中传输 Modbus 信息,采用全频通信,具有更高的通信传输速率。Modbus TCP 就是采用 TCP/IP 和以太网协议来传输 Modbus 信息,属于工业控制网络范畴。本章主要介绍基于异步串行通信的标准 Modbus。

### 3.1.3　通用 Modbus 帧

Modbus 协议定义了一个与基础通信层无关的简单协议数据单元(PDU),特定总线或网络上的 Modbus 协议映射能够在应用数据单元(ADU)上引入一些附加字段。通用

Modbus 帧的格式如图 3-2 所示。

图 3-2  通用 Modbus 帧的格式

Modbus PDU 中功能码的主要作用是表明将执行哪种操作,功能码后面是含有请求和响应参数的数据域。Modbus ADU 中的附加地址用于告知站地址,差错码是根据报文内容执行冗余校验计算的结果。

### 3.1.4  Modbus 通信原理

Modbus 是一种简单的客户机/服务器型应用协议,其通信过程如图 3-3 所示。

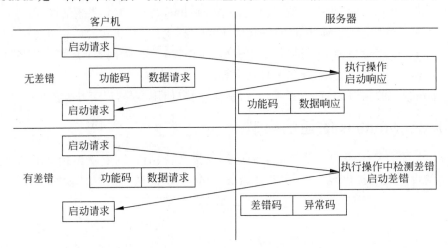

图 3-3  Modbus 协议的通信过程

首先,客户机准备请求并向服务器发送请求,即发送功能码和数据请求,此过程称为启动请求;然后服务器分析并处理客户机的请求,此过程称为执行操作;最后向客户机发送处理结果,即返回功能码和数据响应,此过程称为启动响应。如果在执行操作过程中出现任何差错,服务器将启动差错响应,即返回一个差错码或异常码。

Modbus 串行链路协议是一个主-从协议,串行总线的主站作为客户机,从站作为服务器。在同一时刻只有一个主站连接总线,一个或多个(最多为 247 个)从站连接于同一个串行总线。Modbus 通信总是由主站发起,从站根据主站功能码进行响应。从站在没有收到来自主站的请求时,不会发送数据,所以从站之间不能互相通信。主站在同一时刻只会发起一个 Modbus 事务处理。主站以如下两种模式对从站发出 Modbus 请求。

#### 1. 单播模式

在单播模式下,主站寻址单个从站,从站接收并处理完请求后,向主站返回一个响应。在这种模式下,一个 Modbus 事务处理包含两个报文:一个是来自主站的请求;另一个是来自从站的应答。每个从站必须有唯一的地址(1～247),这样才能区别于其他节点而被独立寻址。

**2. 广播模式**

在广播模式下,主站向所有从站发送请求,对于主站广播的请求,从站不返回响应。广播请求必须是写命令。所有的设备必须接收广播模式的写功能,地址 0 被保留用来识别广播通信。

## 3.2 Modbus 物理层

在物理层,串行链路上的 Modbus 系统可以使用不同的物理接口,最常用的是 RS-485 两线制接口。作为附加选项,该物理接口也可以使用 RS-485 四线制接口。当只需要短距离的点对点通信时,也可以使用 RS-232 串行接口作为 Modbus 系统的物理接口。

### 3.2.1 RS-232 接口标准

RS-232C 标准(协议)的全称是 EIA-RS-232C 标准,定义为"数据终端设备(Data Terminal Equipment,DTE)和数通信设备(Digital Communication Equipment,DCE)之间串行二进制数据交换接口技术标准"。它是在 1970 年由美国电子工业协会(EIA)联合贝尔系统、调制解调器厂家及计算机终端生产厂家共同制定的用于串行通信的标准。其中 EIA(Electronic Industry Association)代表美国电子工业协会,RS(Recommended standard)代表推荐标准,232 是标识号,C 代表 RS-232 的最新一次修改。

图 3-4 DB9 插头座

**1. RS-232C 端子**

RS-232C 的连接插头用 9 针的 EIA 连接插头座,如图 3-4 所示,其主要端子分配如表 3-1 所示。

表 3-1 RS-232C 的主要端子

| 端　脚 | 方　向 | 符　号 | 功　能 |
|---|---|---|---|
| 3 | 输出 | TXD | 发送数据 |
| 2 | 输入 | RXD | 接收数据 |
| 7 | 输出 | RTS | 请求发送 |
| 8 | 输入 | CTS | 为发送清零 |
| 6 | 输入 | DSR | 数据设备准备好 |
| 5 | | GND | 信号地 |
| 1 | 输入 | DCD | |
| 4 | 输出 | DTR | 数据信号检测 |
| 9 | 输入 | RI | |

（1）信号含义。

① 从计算机到 MODEM 的信号。

DTR——数据终端（DTE）准备好：告诉调制解调器计算机已接通电源，并准备好了。

RTS——请求发送：告诉 MODEM 现在要发送数据。

② 从 MODEM 到计算机的信号。

DSR——数据设备（DCE）准备好：告诉计算机 MODEM 已接通电源，并准备好了。

CTS——为发送清零：告诉计算机 MODEM 已做好了接收数据的准备。

DCD——数据信号检测：告诉计算机 MODEM 已与对端的 MODEM 建立了连接。

RI——振铃指示器：告诉计算机对端电话已在振铃。

③ 数据信号。

TXD——发送数据。

RXD——接收数据。

（2）电气特性。

RS-232C 的电气线路连接方式如图 3-5 所示。

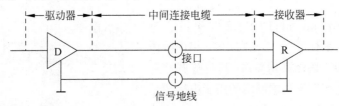

图 3-5  RS-232C 的电气线路连接

接口为非平衡型，每个信号用一根导线，所有信号回路共用一根地线。信号速率低于 20kb/s，电缆长度少于 15m。由于是单线，线间干扰较大。其电性能用 ±12V 标准脉冲。值得注意的是，RS-232C 采用负逻辑。

在数据线上：传号 Mark＝－5～－15V，为逻辑 1 电平。

空号 Space＝＋5～＋15V，为逻辑 0 电平。

在控制线上：通 On＝＋5～＋15V，为逻辑 0 电平。

断 Off＝－5～－15V，为逻辑 1 电平。

RS-232C 的逻辑电平与 TTL 电平不兼容，为了与 TTL 器件相连，必须进行电平转换。

由于 RS-232C 采用电平传输，在数据传输速率为 19.2kb/s 时，其通信距离只有 15m。若要延长通信距离，必须以降低数据传输速率为代价。

**2. 通信接口的连接**

当两台计算机经 RS-232C 口直接通信时，两台计算机之间的联络线如图 3-6 所示。虽然不接 MODEM，图中仍连接着有关的 MODEM 信号线，这是由于 INT 14H

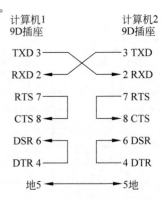

图 3-6  不使用调制解调器信号的
RS-232C 接口

中断需要使用这些信号。如果程序中没有调用 INT 14H,在自编程序中也没有用到调制解调器的有关信号,那么两台计算机直接通信时,只连接 2、3、7(25 针 EIA)或 3、2、5(9 针 EIA)就可以了。

### 3. RS-232C 电平转换器

为了使采用+5V 供电的 TTL 和 CMOS 通信接口电路能与 RS-232C 标准接口连接,必须进行串行口的输入/输出信号的电平转换。

目前常用的电平转换器有 Motorola 公司生产的 MC1488 驱动器、MC1489 接收器,TI 公司的 SN75188 驱动器、SN75189 接收器及美国 MAXIM 公司生产的单一+5V 电源供电、多路 RS-232 驱动器/接收器,如 MAX232A 等。

MAX232A 内部具有双充电泵电压变换器,把+5V 变换成±10V,作为驱动器的电源,具有两路发送器及两路接收器,使用相当方便。MAX232A 外形和引脚如图 3-7 所示,典型应用如图 3-8 所示。

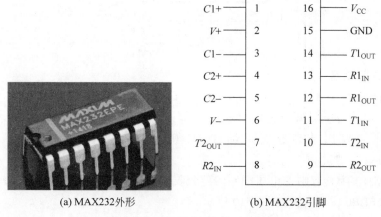

(a) MAX232外形　　　　　　(b) MAX232引脚

图 3-7　MAX232A 外形和引脚图

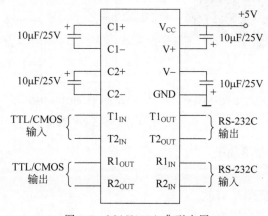

图 3-8　MAX232A 典型应用

单一＋5V 电源供电的 RS-232C 电平转换器还有 TL232、ICL232 等。

## 3.2.2　RS-485 接口标准

由于 RS-232C 通信距离较近,当传输距离较远时,可采用 RS-485 串行通信接口。

### 1. RS-485 接口标准

RS-485 接口采用二线差分平衡传输,其信号定义如下。

当采用＋5V 电源供电时,

- 若差分电压信号为－2500～－200mV 时,则为逻辑 0;
- 若差分电压信号为＋2500～＋200mV 时,则为逻辑 1;
- 若差分电压信号为－200～＋200mV 时,则为高阻状态。

RS-485 的差分平衡电路如图 3-9 所示。其一根导线上的电压是另一根导线上的电压值取反。接收器的输入电压为这两根导线电压的差值 $V_A - V_B$。

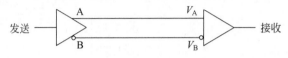

图 3-9　差分平衡电路

### 2. RS-485 收发器

RS-485 收发器种类较多,如 MAXIM 公司的 MAX485,TI 公司的 SN75LBC184、SN65LBC184 以及高速型 SN65ALS1176 等。它们的引脚是完全兼容的,其中,SN65ALS1176 主要用于高速应用场合,如 PROFIBUS-DP 现场总线等。下面仅介绍 SN75LBC184。

SN75LBC184 为具有瞬变电压抑制的差分收发器,SN75LBC184 为商业级产品,其工业级产品为 SN65LBC184,引脚如图 3-10 所示。

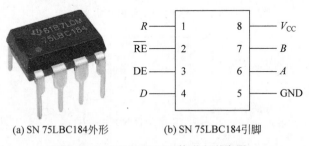

(a) SN 75LBC184外形　　(b) SN 75LBC184引脚

图 3-10　SN75LBC184 外形和引脚图

SN75LBC184 引脚介绍如下:

$R$——接收端。

$\overline{RE}$——接收使能,低电平有效。

DE——发送使能,高电平有效。

$D$——发送端。

$A$——差分正输入端。

$B$——差分负输入端。

$V_{CC}$——＋5V 电源。

GND——地。

SN75LBC184 和 SN65LBC184 具有如下特点。

（1）具有瞬变电压抑制能力，能防雷电和抗静电放电冲击。

（2）限斜率驱动器，使电磁干扰减到最小，并能减少传输线终端不匹配引起的反射。

（3）总线上可挂接 64 个收发器。

（4）接收器输入端开路故障保护。

（5）具有热关断保护。

（6）低禁止电源电流，最大 $300\mu A$。

（7）引脚与 SN75176 兼容。

### 3. 应用电路

RS-485 应用电路如图 3-11 所示。

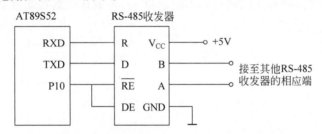

图 3-11　RS-485 应用电路

在图 3-11 中，RS-485 收发器可为 SN75LBC184、SN65LBC184、MAX485 等。当 P10 为低电平时，接收数据；当 P10 为高电平时，发送数据。

如果采用 RS-485 组成总线拓扑结构的分布式测控系统，那么在双绞线终端应接 $120\Omega$ 的终端电阻。

## 3.3　Modbus 串行链路层标准

Modbus 串行链路层标准就是通常所说的标准 Modbus 协议，它是 Modbus 协议在串行链路上的实现。Modbus 串行链路层协议是一个主-从协议，该协议位于 OSI 参考模型的第 2 层。

Modbus 串行链路层标准定义了一个控制器能够识别和使用的消息结构，而不管它们是经过何种网络进行通信的，也不需要考虑通信网络的拓扑结构。它定义了各种数据帧格式，用来描述控制器请求访问其他设备的过程、如何响应来自其他设备的请求及怎样侦测错误并记录。

### 3.3.1 Modbus 的传输模式

Modbus 定义了美国信息交换标准代码(ASCII)模式和远程终端单元(RTU)模式两种串行传输模式。在 Modbus 串行链路上,所有设备的传输模式(及串行口参数)必须相同,默认设置必须为 RTU 模式,所有设备必须实现 RTU 模式。若要使用 ASCII 模式,需要按照使用指南进行设置。在 Modbus 串行链路设备实现等级的基本等级中只要求实现 RTU 模式,常规等级要求实现 RTU 模式和 ASCII 模式。

#### 1. ASCII 模式

使用 ASCII 模式,消息以冒号(:)字符(ASCII 为 3AH)开始,以回车换行符结束(ASCII 为 0DH、OAH)。

其他域可以使用的传输字符是十六进制的 0~9、A~F 的 ASCII。网络上的设备不断侦测":"字符,当接收到一个":"时,每个设备都解码下个域(地址域)来判断消息是否是发给自己的。

消息中字符间发送的时间间隔最长不能超过 1s,否则接收的设备将认为传输错误。典型 ASCII 消息帧结构如图 3-12 所示。

| 起始符 | 设备地址 | 功能代码 | 数据 | LRC校验 | 结束符 |
|--------|----------|----------|--------|---------|--------|
| 1个字符 | 2个字符 | 2个字符 | n个字符 | 2个字符 | 2个字符 |

图 3-12　典型 ASCII 消息帧结构

#### 2. RTU 模式

使用 RTU 模式,消息发送至少要以 3.5 个字符时间的停顿间隔开始。传输的第一个域是设备地址,可以使用的传输字符是十六进制的 0~9、A~F。网络设备不断侦测网络总线,包括停顿间隔时间,当第一个域(地址域)接收到消息时,每个设备都进行解码以判断消息是否是发给自己的。在最后一个传输字符之后,一个至少 3.5 个字符时间的停顿标志了消息的结束,一个新的消息可在此停顿后开始传输。

整个消息帧必须作为一个连续的流传输。如果在帧完成之前有超过 1.5 个字符时间的停顿时间,接收设备将刷新不完整的消息,并假定下一字节是一个新消息的地址域。同样地,如果一个新消息在小于 3.5 个字符时间内接着前一消息开始传输,那么接收设备将认为它是前一消息的延续。这将导致一个错误,因为在最后 CRC 域的值不可能是正确的。典型 RTU 消息帧结构如图 3-13 所示。

| 停顿时间 | 设备地址 | 功能代码 | 数据 | CRC校验 | 停顿时间 |
|----------|----------|----------|--------|---------|----------|
| 大于3.5个字符时间 | 8b | 8b | n个8b | 16b | 大于3.5个字符时间 |

图 3-13　典型 RTU 消息帧结构

例如,向 1 号从站的 2000H 寄存器写入 12H 数据的 RTU 消息帧格式如表 3-2 所示。

表 3-2　Modbus RTU 消息帧格式

| 段　名 | 例子（HEX 格式） | 说　明 |
|---|---|---|
| 设备地址 | 01 | 1 号从站 |
| 功能代码 | 06 | 写单个寄存器 |
| 寄存器地址 | 20 | 寄存器地址（高字节） |
|  | 00 | 寄存器地址（低字节） |
| 写入数据 | 00 | 数据（高字节） |
|  | 12 | 数据（低字节） |
| CRC 校验 | 02 | CRC 校验码（高字节） |
|  | 01 | CRC 校验码（低字节） |

这里完整的 RTU 消息帧为 01H 06H 20H 00H 00H 12H 02H 01H。

### 3．地址域

消息帧的地址域包含两个字符（ASCII）或位（RTU），可能的从站地址是 0～247（十进制）。单个设备的地址范围是 1～247。主站通过将要联络的从站的地址放入消息中的地址域来选通从站，当从站发送回应消息时，它把自己的地址放入回应的地址域中，以便主站能够知道是哪一个设备做出回应。

地址 0 是用于广播的地址，所有的从站都能识别。当 Modbus 协议用于更高水准的网络时，广播可能不被允许或以其他方式代替。

### 4．功能代码域

消息帧中的功能代码域包含两个字符（ASCII）或 8b（RTU），可能的代码范围是十进制的 1～255。其中，有些代码适用于所有控制器，有些适用于某种控制器，还有些保留以备后用。

当消息从主站发往从站时，功能代码域将告知从站需要执行哪些行为，例如，去读取输入的开关状态、读一组寄存器的数据内容、读从站的诊断状态及允许调入、记录、校验从站中的程序等。

当从站回应时，它使用功能代码域来指示是正常响应（无误）还是差错响应（有某种错误发生）。对于正常响应，从站仅回应相应的功能代码。对于差错响应，从站返回一个差错码，具体方法为：将功能代码的最高位置 1。

例如，一从站发往从站的消息要求读一组保持寄存器，产生的功能代码为 00000011（十六进制为 03H），对正常响应，从站仅回应同样的功能代码；对差错响应，它返回 10000011（十六进制为 83H）。

除功能代码因异议错误做了修改外，从站会将一异常码放到回应消息的数据域中，这能告诉主站发生了什么错误。

主站应用程序得到差错响应后，典型的处理过程是重发消息，或者诊断发给从站的消息并报告给操作人员。

**5．数据域**

数据域是由两个十六进制数集合构成的,范围为 00～FFH。根据网络传输模式,这可以是由一对 ASCII 字符组成或一个 RTU 字符组成的。

从主站发给从站的消息的数据域包含附加的信息,指示从站必须用于执行由功能代码所定义的行为。例如,主站需要从站读取一组保持寄存器(功能代码为 03H),数据域则指定了起始寄存器及要读的寄存器数量。如果主站写一组从站的寄存器(功能代码为 10H),数据域则指明了要写的起始寄存器、要写的寄存器数量、数据域的数据字节数及要写入寄存器的数据。如果没有错误发生,由从站返回的数据域包含请求的数据;如果有错误发生,此域包含异常码,主站应用程序可以用来判断下一步要采取什么行动。

在某种消息中,数据域可以是不存在的(0 长度)。例如,主站要求从站回应通信事件记录(功能代码为 OBH)时,从站不需要附加任何信息。

## 3.3.2　Modbus 的差错检验

标准的 Modbus 串行网络采用两种错误检测方法。奇偶校验对每个字符都可用,帧检测(LRC 或 CRC)应用于整个消息。它们都是在消息发送前由主设备产生的,从设备在接收过程中检测每个字符和整个消息帧。

退出传输前用户要给主设备配置一预先定义的超时时间间隔,这个时间间隔要足够长,以使任何从设备都能作为正常响应。如果从设备检测到一传输错误,那么消息将不会接收,也不会对主设备作出响应。这样超时事件将触发主设备来处理错误。发往不存在的从设备的消息也会产生超时。

**1．奇偶校验**

用户可以配置控制器是奇校验还是偶校验,或无校验。这将决定每个字符中的奇偶校验位是如何设置的。

如果指定了奇校验或偶校验,那么 1 的位数将算到每个字符的位数中(ASCII 模式为 7 个数据位,RTU 模式为 8 个数据位)。例如,RTU 字符帧中包含以下 8 个数据位:1 1 0 0 0 1 0 1。

帧中 1 的总数是 4 个。如果使用了偶校验,那么帧的奇偶校验位将是 0,使 1 的个数仍是偶数(4 个);如果使用了奇校验,那么帧的奇偶校验位将是 1,使 1 的个数是奇数(5 个)。

如果没有指定奇偶校验,那么传输时没有校验位,也不进行校验检测,而是将一个附加的停止位填充至要传输的字符帧中。

**2．LRC 检测**

使用 ASCII 模式时,消息包括了一基于 LRC 方法的错误检测域。LRC 域检测消息域中除开始的冒号及结束的回车换行符以外的内容。

LRC 域包含一个 8 位二进制数的字节。LRC 值由传输设备来计算并放到消息帧中,接收设备在接收消息的过程中计算 LRC,并将它和接收到消息中 LRC 域中的值比较,如果两值不相等,则说明有错误。

LRC 方法是将消息中的 8b 的字节连续累加,不考虑进位。

**3. CRC 检测**

使用 RTU 模式时,消息包括了一基于 CRC 方法的错误检测域。CRC 域检测整个消息的内容。

CRC 域是两个字节,包含一个 16 位的二进制数。它由传输设备计算后加入到消息中。接收设备重新计算收到消息的 CRC,并与接收到的 CRC 域中的值比较,如果两值不同,则有错误。

### 3.3.3 Modbus 的功能码

Modbus 协议定义了公共功能码、用户定义功能码和保留功能码 3 种功能码。

公共功能码是指被确切定义的、唯一的功能码,由 Modbus-IDA 组织确认,可进行一致性测试,且已归档为公开。

用户定义功能码是指用户无须得到 Modbus-IDA 组织的任何批准就可以选择和实现的功能码,但是不能保证用户定义功能码的使用是唯一的。

保留功能码是某些公司在传统产品上现行使用的功能码,不作为公共功能码使用。Modbus 功能码如表 3-3 所示。

表 3-3　Modbus 功能码

| 功能码 | 名　称 | 作　用 |
|---|---|---|
| 01 | 读线圈状态 | 取得一组逻辑线圈的当前状态(ON/OFF) |
| 02 | 读输入状态 | 取得一组开关输入的当前状态(ON/OFF) |
| 03 | 读保持寄存器 | 在一个或多个保持寄存器中取得当前的二进制值 |
| 04 | 读输入寄存器 | 在一个或多个输入寄存器中取得当前的二进制值 |
| 05 | 写单个线圈 | 强制设置一个逻辑线圈的通断状态 |
| 06 | 写单个寄存器 | 把具体的二进制值装入一个保持寄存器 |
| 07 | 读取异常状态 | 取得 8 个内部线圈的通断状态,这 8 个线圈的地址由控制器决定,用户逻辑可以定义这些线圈,以说明从机状态,短报文适用于迅速读取状态 |
| 08 | 回送诊断校验 | 把诊断校验报文送从机,以对通信处理进行评鉴 |
| 09 | 编程(只用于 484) | 使主机模拟编程功能,修改从机逻辑 |
| 10 | 探询(只用于 484) | 可使主机与一台正在执行长程序任务的从机通信,探询该从机是否已完成其操作任务,仅在含有功能码 09 的报文发送后,本功能码才发送 |
| 11 | 读取事件计数 | 可使主机发出单询问,并随即判定操作是否成功,尤其是该命令或其他应答产生通信错误时 |

续表

| 功能码 | 名　称 | 作　用 |
|---|---|---|
| 12 | 读取通信事件记录 | 可使主机检索每台从机的 Modbus 事务处理通信事件记录。如果某项事务处理完成,记录会给出有关错误 |
| 13 | 编程(184/384 484 584) | 可使主机模拟编程功能,修改从机逻辑 |
| 14 | 探询(184/384 484 584) | 可使主机与正在执行任务的从机通信,定期探询该从机是否已完成其程序操作,仅在含有功能码 13 的报文发送后,本功能码才发送 |
| 15 | 写多个线圈 | 强制设置一串连续逻辑线圈的通断 |
| 16 | 写多个寄存器 | 把具体的二进制值装入一串连续的保持寄存器 |
| 17 | 报告从机标识 | 可使主机判断编址从机的类型及该从机运行指示灯的状态 |
| 18 | 884 和 MICRO 84 | 可使主机模拟编程功能,修改 PC 状态逻辑 |
| 19 | 重置通信链路 | 发生非可修改错误后,使从机复位于已知状态,可重置顺序字节 |
| 20 | 读取通用参数(584L) | 显示扩展存储器文件中的数据信息 |
| 21 | 写入通用参数(584L) | 把通用参数写入扩展存储文件,或修改之 |
| 22~64 | 保留作扩展功能备用 | — |
| 65~72 | 留作用户功能 | 留作用户功能的扩展编码 |
| 73~119 | 非法功能 | — |
| 120~127 | 保留 | 留作内部作用 |
| 128~255 | 保留 | 用于异常应答 |

Modbus 协议是为了读写 PLC 数据而产生的,主要支持输入离散量、输出线圈、输入寄存器和保持寄存器涉及的数据类型。Modbus 功能码与对应的数据类型如表 3-4 所示。

表 3-4　Modbus 功能码与数据类型对应表

| 代　码 | 功　能 | 数　据　类　型 |
|---|---|---|
| 01 | 读取线圈状态 | 位 |
| 02 | 读取输入状态 | 位 |
| 03 | 读取保持寄存器 | 整型、字符型、状态字、浮点型 |
| 04 | 读取输入寄存器 | 整型、状态字、浮点型 |
| 05 | 写单个线圈 | 位 |
| 06 | 写单个寄存器 | 整型、字符型、状态字、浮点型 |
| 15 | 写多个线圈 | 位 |
| 16 | 写多个寄存器 | 整型、字符型、状态字、浮点型 |

Modbus 协议相当复杂,但常用的功能码主要是 01、02、03、04、05、06、15 和 16。

## 3.3.4 Modbus 的编程方法

由 RTU 模式消息帧格式可以看出,在完整的一帧消息开始传输时,必须和上一帧消息之间至少有 3.5 个字符时间的间隔,这样接收方在接收时才能将该帧作为一个新的数据帧接收。另外,在本数据帧进行传输时,帧中传输的每个字符之间必须不能超过 1.5 个字符时间的间隔,否则,本帧将被视为无效帧,但接收方将继续等待和判断下一次 3.5 个字符的时间间隔之后出现的新一帧并进行相应的处理。

因此,在编程时首先要考虑 1.5 个字符时间和 3.5 个字符时间的设定和判断。

### 1. 字符时间的设定

在 RTU 模式中,1 个字符时间是指按照用户设定的波特率传输一个字节所需要的时间。

例如,当传输波特率为 2400b/s 时,1 个字符时间为

$$11 \times 1/2400 \approx 4583(\mu s)$$

同样,可得出 1.5 个字符时间和 3.5 个字符时间分别为

$$11 \times 1.5/2400 = 6875(\mu s)$$

$$11 \times 3.5/2400 \approx 16\ 041(\mu s)$$

为了节省定时器,在设定这两个时间段时可以使用同一个定时器,定时时间取 0.5 个字符时间,同时设定两个计数器变量为 $m$ 和 $n$,用户可以在需要开始启动时间判断时将 $m$ 和 $n$ 清零。而在定时器的中断服务程序中,只需要对 $m$ 和 $n$ 分别做加 1 运算,并判断是否累加到 3 和 7。当 $m=3$ 时,说明 1.5 个字符时间已到,此时可以将 1.5 个字符时间已到标志 T15FLG 置成 01H,并将 $m$ 重新清零;当 $n=7$ 时,说明 3.5 个字符时间已到,此时将 3.5 个字符时间已到标志 T35FLG 置成 01H,并将 $n$ 重新清零。

当波特率为 1200~19 200b/s 时,定时器定时时间均采用此方法计算而得。

当波特率为 38 400b/s 时,Modbus 通信协议推荐此时 1 个字符时间为 $500\mu s$,即定时器定时时间为 $250\mu s$。

### 2. 数据帧接收的编程方法

在实现 Modbus 通信时,设每个字节的一帧信息需要 11 位,其中 1 位起始位、8 位数据位、2 位停止位、无校验位。通过串行口的中断接收数据,中断服务程序每次只接收并处理一字节数据,并启动定时器实现时序判断。

当接收新一帧数据时,在接收完第一个字节之后,置一帧标志 FLAG 为 0AAH,表明当前存在一有效帧正在接收,在接收该帧的过程中,一旦出现时序错误,就将帧标志 FLAG 置成 55H,表明当前存在的帧为无效帧。其后,接收到本帧的剩余字节仍然放入接收缓冲区,但标志 FLAG 不再改变,直至接收到 3.5 字符时间间隔后的新一帧数据的第一个字节,主程序即可根据 FLAG 标志判断当前是否有有效帧需要处理。

Modbus 数据串行口接收中断服务程序结构如图 3-14 所示。

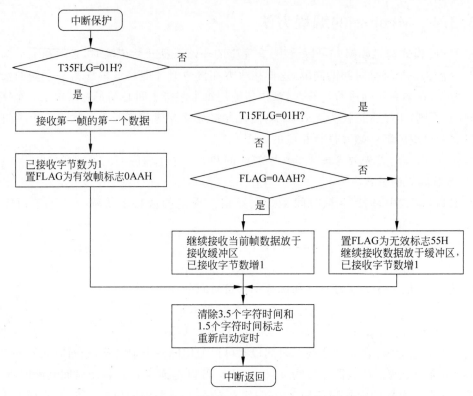

图 3-14　Modbus 数据串行口接收中断服务程序结构

## 3.4　Modbus TCP

Modbus 是目前应用最广泛的现场总线协议之一。1999 年推出了在以太网中运行的工业以太网协议（Modbus TCP）。Modbus TCP 以一种比较简单的方式将 Modbus 帧嵌入 TCP 帧中。互联网编号分配管理机构（Internet Assigned Numbers Authority，IANA）给 Modbus 协议赋予 TCP 端口 502，这是其他工业以太网协议所没有的。Modbus 标准协议已被提交给互联网工程任务部（Internet Engineering Task Force，IETF）并成为以太网标准。Modbus 也是使用广泛的事实标准，其普及得益于使用门槛低，无论用串口还是用以太网，硬件成本低廉，Modbus 和 Modbus TCP 都可以免费获取，且在网上有很多免费资源，如 C/C++、Java 样板程序，ActiveX 控件及各种测试工具等，所以用户使用起来很方便。另外，几乎可找到任何现场总线到 Modbus TCP 的网点，方便用户实现各种网络之间的互联。

### 3.4.1　Modbus TCP 概述

Modbus TCP 的通信参考模型如图 3-15 所示。从图 3-15 中可以看到，Modbus 是 OSI

参考模型第7层上的应用层报文传输协议,它在连接至不同类型总线或网络的设备之间提供客户机/服务器通信。

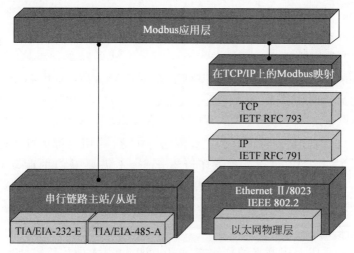

图 3-15　Modbus TCP 的通信参考模型

Modbus 是一个请求、应答协议,并且提供功能码规定的服务。目前,Modbus 网络支持有线、无线类的多传输介质。有线介质包括 EIA/TIA-232、EIA-422、EIA/TIA-485,以太网和光纤等。如图 3-16 所示为 Modbus TCP 的通信体系结构,每种设备(PLC、HMI、控制面板、驱动设备和 I/O 设备等)都能使用 Modbus 协议来启动远程操作。在基于串行链路和以太网 TCP/IP 的 Modbus 上可以进行相同的通信,一些网关允许在几种使用 Modbus 协议的总线或网络之间进行通信。

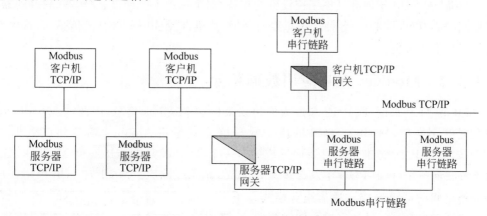

图 3-16　Modbus TCP 的通信体系结构

Modbus TCP 具有以下特点。

(1) TCP/IP 已成为信息行业的事实标准。

世界上超过 90% 的网络都使用 TCP/IP,只要在应用层使用 Modbus TCP,就可实现工业以太网数据交换。

（2）易于与各种系统互联。

采用 Modbus TCP 的系统可灵活应用于管理网络、实时监控及现场设备通信，强化了与不同应用系统互联的能力。

（3）网络实施价格低廉。

由于 Modbus TCP 在原有以太网的基础上添加了 Modbus 应用层，所以 Modbus TCP 设备可全部使用通用网络部件，大大降低了设备成本。

（4）满足用户要求。

目前，我国已把 Modbus TCP 作为工业网络标准之一，用户可免费获得协议及样板程序，可在 UNIX、Linux、Windows 系统环境下运行，不需要专门的驱动程序。在国外，Modbus TCP 被国际半导体产业协会（SEMI）定为网络标准，国际水处理、电力系统也把它作为应用的事实标准，还有越来越多行业将其作为标准来用。

（5）高速的网络传输能力。

用户最关心的是所使用网络的传输能力，100Mb/s 以太网的传输结果为每秒 4000 个 Modbus TCP 报文，而每个报文可传输 125 个字（16bit），故相当于 4000×125＝500 000 个模拟量数据（8 000 000 开关量）。

（6）厂家能提供完整的解决方案。

工业以太网的接线元件包括工业集成器、工业交换机、工业收发器、工业连接电缆。工业以太网服务器支持远程和分布式 I/O 扫描功能、设备地址 IP 的设置功能、故障设备在线更换功能、分组的信息发布与订阅功能及网络动态监视功能，还包含支持瘦客户机的 Web 服务。Modbus TCP 还拥有其他工控设备的支持，如工业用人机接口、变频器、软启动器、电动机控制中心、以太网 I/O、各种现场总线的网桥，甚至带 Modbus TCP 的传感器，这些都为用户使用提供了方便。

## 3.4.2　Modbus TCP 应用数据单元

Modbus TCP 采用 TCP/IP 和以太网协议来传输 Modbus 信息，因此与 Modbus 串行链路数据单元类似，Modbus TCP 的应用数据单元就是将 Modbus 简单协议数据单元（PDU）按照 TCP/IP 标准进行封装而形成的。一个 TCP 帧只能传送一个 Modbus ADU，建议不要在同一个 TCP PDU 中发送多个 Modbus 请求或响应。Modbus TCP 采用客户机与服务器之间的请求响应式通信服务模式。在 TCP/IP 网络和串行链路子网之间需要通过网关互联。如图 3-17 所示为 Modbus TCP 应用数据单元的结构，可以看到，在 Modbus TCP 应用数据单元中有一个被称为 MBAP 的报文头，即 Modbus 应用协议报文

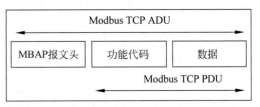

图 3-17　Modbus TCP 应用数据单元的结构

头,这种专用报文头的长度为 7 字节,该报文头所包含的字段如表 3-5 所示。

表 3-5　MBAP 报文头的字段

| 字　段 | 长度/B | 描　述 | 客　户　机 | 服　务　器 |
|---|---|---|---|---|
| 事务处理标识符 | 2 | 识别 Modbus 请求/响应事务处理 | 由客户机设置 | 服务器从接收的请求中重新复制 |
| 协议标识符 | 2 | 0＝Modbus 协议 | 由客户机设置 | 服务器从接收的请求中重新复制 |
| 长度 | 2 | 随后的字节数量 | 由客户机设置(请求) | 由服务器设置(响应) |
| 单元标识符 | 1 | 识别串行链路或其他总线上连接的远程从站 | 由客户机设置 | 服务器从接收的请求中重新复制 |

事务处理标识符用于事务处理配对;长度字段是后续字段的字节数,包括单元标识符和数据字段的字节数;单元标识符用于系统内的路由选择。通过 TCP 将所有 Modbus TCP ADU 发送至注册的 502 端口。

### 3.4.3　Modbus-RTPS

2008 年 10 月,ISA 展会期间,Modbus 组织与 IDA 宣布合并,致力于基于以太网的控制方案的推广,合并后的 Modbus-IDA 组织横跨欧美,成为能够与 PROFINET 和 Ethernet/IP 抗衡的阵营。

Modbus-RTPS 是 Modbus-IDA 组织开发的基于以太网 TCP/IP 和 Web 互联网技术的实时以太网,其中的 RTPS(Real-Time Publish/Subscribe)是基于以太网 TCP/IP 的实时扩展通信协议。RTPS 协议及其应用程序接口由一个兼容各种设备的中间件来实现,它采用美国 RTI(Real-Time Innovations)公司的 NDDS(Network Data Delivery Service)3.0 实时通信系统。

RTPS 协议基于发布者/预订者建立,进行扩展后增加了设置数据发送截止时间、控制数据流速率和使用多址广播等功能。它可以简化为一个数据发送者和多个数据接收者通信的工作,进而极大地减轻了网络的负荷。

## 习题

1. 简述 Modbus 的特点。
2. 简述 Modbus 通信模型和工作原理。
3. 简述通用 Modbus 帧的组成和各部分功能。
4. 简述 RS-485 接口标准与 RS-232 接口标准的区别。
5. 简述 Modbus 串行链路协议规定的差错检验方式。
6. 简述 Modbus 常用的功能码。

# 第 4 章 　 LonWorks 嵌入式智能控制网络

LonWorks 控制网络技术可用于各主要工业领域,如工厂厂房自动化、生产过程控制、楼宇及家庭自动化、农业、医疗和运输业等,可为实现智能控制网络提供完整的解决方案。

本章讲述了 LonWorks 嵌入式智能控制网络,这是一种为建筑自动化、工业自动化和运输管理等领域设计的分布式控制系统。LonWorks 技术因其高度的灵活性、可靠性和可扩展性,在智能控制领域得到了广泛应用。本章内容从 LonWorks 的基本概念入手,深入到技术平台、关键组件以及开发工具的详细介绍,为读者提供了一个全面的技术视角。

本章讲述了如下内容:

(1) 对 LonWorks 进行了概述,介绍了其在智能控制网络中的应用背景和技术特点,帮助读者初步认识 LonWorks 技术。

(2) 讲述了 LonWorks 技术平台,包括 LonWorks 网络的构建、控制网络的实现方法、技术平台组件的介绍、可互操作的自安装(ISI)技术、网络工具、LonMaker 集成工具、LonScanner 协议分析器以及控制网络协议等多个方面。这一部分内容详细展示了构建和管理 LonWorks 网络所需的技术和工具。

(3) 对 6000 系列智能收发器和处理器进行了介绍,包括产品概述、FT 6000 智能收发器的引脚分配、6000 系列芯片的硬件功能以及 I/O 接口等。这些关键组件是实现 LonWorks 网络设备通信和控制功能的基础。

(4) 介绍了神经元现场编译器,包括概述和使用方法。神经元现场编译器是 LonWorks 开发环境的重要组成部分,它支持在设备上直接编程和调试,极大地提高了开发效率。

(5) 介绍了用于 LonWorks 和 IzoT 平台的 FT 6000 EVK 评估和开发工具包,包括 FT 6000 EVK 的主要特点、用于 IzoT 控制平台的开发套件以及 IzoT NodeBuilder 软件。这些开发工具包为 LonWorks 设备的设计和开发提供了强大的支持。

本章为读者提供了深入了解 LonWorks 嵌入式智能控制网络的全面资料,从基本概念到技术平台,再到关键组件和开发工具的介绍,旨在帮助读者掌握 LonWorks 技术,以便在智能控制系统的设计和实现中应用这一技术。

# 4.1　LonWorks 概述

LonWorks 技术正在彻底改变楼宇自动化和工业控制领域的现场集成方式。

FT6050 智能收发器片上系统(SoC)支持 LON、LON/IP、BACnet/IP 和 BACnet MS/TP 协议栈以及简单的报文协议。

FT6050 简化了自动化和控制网络，尤其是在智能建筑中。其独特而强大的开放系统方法允许 BACnet 工作站，以及 LON 网络管理器和集成器工具对 LON 或 BACnet 设备或两者同时进行配置和监视控制器的本地配置。

## 1. 自由选择和最佳架构

在同一网络上具有本地 BACnet 和 LON 通信的能力，从根本上改变了楼宇自动化系统的体系结构。解决方案提供商可以混合使用来自不同供应商的设备和应用程序，从而为无数的物联网应用，如办公室和房间控制、HVAC 和能源管理、安全和访问控制系统、电梯控制和空间管理提供即时的分散式对等通信。

从其工作站或建筑物管理系统(BMS)应用程序到设备网络的统一管理体系结构，使管理复杂系统的工作流程标准化，建筑物管理者和操作员也将从中受益。

FT6050 智能收发器 SoC 使系统集成商可以使用一个可容纳任何系统的单一安装工具在任何网络拓扑中自由安装设备，而不受噪声和安装错误的影响。

## 2. 嵌入式系统

LonWorks 的嵌入式系统产品使 OEM、应用开发人员和集成商能够快速构建满足 IIoT 独特要求的、有创新性且可互操作的解决方案，包括自动控制、工业强度可靠性和旧协议支持。使用 LonWorks 技术，用户可以减少能耗、资本成本、运营成本和维护成本，并更准确地控制关键业务条件。

## 3. 嵌入式物联网平台

瑞萨电子公司的产品组合旨在为客户提供系统性能和成本优势，包括物联网边缘服务器、路由器、网络节点和通信模块，以及交付给客户的模拟、数字和非易失性存储器(NVM)技术。

从通信芯片组到具有多协议和多介质功能的可编程边缘服务器，瑞萨电子公司拥有一整套可用于建筑和工业自动化的工具：

(1) 边缘到边缘和边缘到云的连接协议支持分布式智能和点对点控制，实现可靠、灵活的部署。

(2) 专门为工业物联网边缘设备设计的开放式多协议片上系统(SoC)解决方案和开发工具，确保快速地开发出可靠的产品。

(3) 可编程边缘服务器、路由器和网络接口，可以轻松地、安全地从边缘设备访问数据。

(4) 平台软件和集成工具可用于设计、配置和管理整个物联网网络。

嵌入式物联网平台的分层结构如图 4-1 所示。

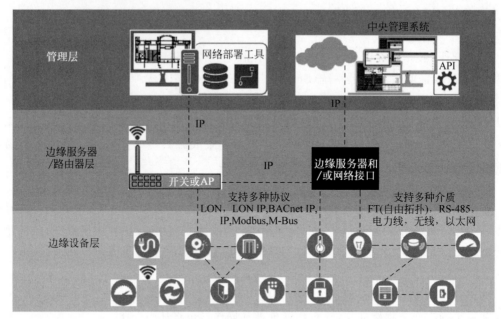

图 4-1  嵌入式物联网平台的分层结构

**4．应用领域**

（1）建筑系统。HVAC 和房间控制、电梯和自动扶梯控制、消防和安全系统、照明控制和能源管理。

（2）工业系统。过程控制、列车和交通运输系统、工业设备控制、冷藏仓库和环境监测。

（3）智慧城市和基础设施。户外照明、智能电网、隧道控制和园艺和水产养殖系统。

## 4.2  LonWorks 技术平台

LonWorks 技术平台是建筑和家庭自动化、工业、交通和公共事业控制网络的领先开放解决方案。

LonWorks 技术平台基于以下概念：

（1）无论应用程序的用途是什么，控制系统都包括许多共同的要求。

（2）与非网络控制系统相比，网络控制系统具有更强的功能、更强的灵活性和可扩展性。

（3）网络化控制系统可以利用控制系统基础较轻松地继续发展，以应对新的应用、市场和机会。

（4）从长远来看，企业使用控制网络比使用非网络控制系统可以节省更多成本，获取更多利益。

## 4.2.1 LonWorks 网络

LonWorks 技术的第一个基本概念是传感、监控或控制应用程序中的信息在各个市场和行业中基本上是相同的。例如，车库门和客轮门发送的信息基本上是相同的——关闭或打开。

LonWorks 技术的第二个基本概念是不管网络的功能如何，随着节点的增加，网络的功率都会增加。梅特卡夫定律（Metcalf's Law）适用于数据网络和控制网络。在许多方面，LonWorks 网络类似于传统的数据网络。

LonWorks 分布式控制网络如图 4-2 所示。

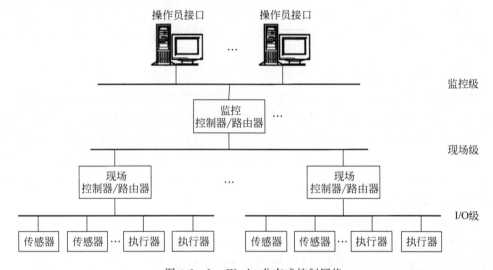

图 4-2　LonWorks 分布式控制网络

控制网络包含与数据网络类似的组件，但是控制网络组件是根据控制的成本、性能、大小和响应需求进行优化的。控制网络允许网络系统扩展到不适合使用数据网络技术的一类应用程序中。控制系统和设备制造商可以通过在产品中设计 LonWorks 组件来缩短开发和工程周期。其结果是有成本效益的开发，同时有互操作性，允许来自多个制造商的设备之间相互通信。

从嵌入式设备构成的小型网络到拥有数千台设备的大型网络，不同复杂程度的 LonWorks 网络设备控制着聚变激光器、造纸机械和建筑自动化系统。LonWorks 网络被应用于建筑、火车、飞机、工厂和其他数百种工艺中。制造商正在使用开放的、现有的芯片、操作系统和部件来构建产品，以提高系统的可靠性、灵活性和性能，降低系统成本。LonWorks 产品可以帮助开发人员、系统集成商和最终用户实现控制网络。这些产品提供了一个完整的 LonWorks 解决方案，包括开发工具、网络管理软件、电力线与双绞线收发和控制模块、网络接口、路由器、控制器、技术支持和培训。

### 4.2.2　实现控制网络

LonWorks 技术平台的强大功能是提供最具成本效益的系统控制解决方案的关键。达到该目标的方法是通过消除控制系统之间的不可互操作性和创建一个通用的网络控制系统来实现的，它可以随着市场需求的变化而发展。网络控制系统利用一个共同的物理和逻辑基础设施来提供整体的系统控制，以满足新的机会和客户的需求。

在这种情况下，整个系统由单个控制基础设施控制。标准的布线方案允许设备方便地访问和共享通信介质。标准的网络管理服务使网络易于设置、监视和控制，同时确保来自不同制造商的设备和工具之间的兼容性。然而，不同的网络控制系统可能有不同的需求，不同的用户可能接受过不同网络工具的培训。网络管理标准允许多个用户同时在同一网络上使用不同的工具。最后，存在一个设备间信息交换的应用层标准，这样设备就可以很容易地进行通信。

**1. 具有成本效益的网络布线**

网络控制系统的基础是经济有效的布线。许多控制系统是使用昂贵的点对点连接或需要昂贵的连接器、难以安装的网络拓扑或昂贵的集线器和交换机来创建的。最经济有效的商业和工业网络布线是一对简单的双绞线，可以在任何拓扑结构中进行布线，不受极性影响，并且只需要一个终端器。对于家庭、公共事业、户外照明和交通网络来说，最经济有效的布线方式是使用现有的电力线，这样就可以在无需新的通信线的情况下安装网络控制系统。

**2. 有效的系统设计**

正如在处理器上实现的控制系统必须考虑处理器的处理能力一样，在设计网络化控制系统时也必须考虑网络的处理能力。有效的系统设计应确保控制网络中的每个设备共享适当的带宽，并将大型网络划分为多个子网以增加总可用带宽。

**3. 标准网络管理**

标准网络管理为基础设施提供了必要的网络服务和发布的接口。这些服务允许来自多个供应商的工具和应用程序在网络上共存。

有两种解决方案可用于 LonWorks 网络：用于商业、工业和运输系统的 LNS 网络操作系统，以及可互操作的自安装（ISI）可选 LonBridge 服务器的家庭系统。

**4. 标准的网络工具**

网络工具包括网络集成工具以及 HMI 应用程序开发工具、数据记录器和其他具有系统视图的应用程序。

### 4.2.3　LonWorks 技术平台组件

LonWorks 技术平台的首要目标是使构建开放控制系统变得容易且经济有效。在控制市场中创建可互操作的产品，必须解决 3 个基本问题。

（1）必须开发一种针对控制网络进行优化的协议，但这种协议必须具有处理不同类型控制网络的通用能力。

（2）在设备中合并和部署该协议的成本必须具有竞争力。

（3）引入协议的方式不能因供应商而异，因为这会破坏互操作性。

为了有效地解决所有这些问题，Echelon公司建立了一个设计、创建和安装智能控制设备的完整平台，其中一步是通过创建 ISO/IEC 14908-1 控制网络协议来实现的。解决成本和部署问题意味着找到一种经济有效的方法来为客户提供协议的实现以及开发工具。LonWorks 技术平台的目标是为创建智能设备和网络提供一个集成良好、优化设计和经济的平台。

LonWorks 技术平台具有以下组件：

（1）智能收发器。

（2）开发工具。

（3）路由器。

（4）网络接口。

（5）智能服务器。

（6）网络管理。

（7）网络操作系统。

### 1. 智能收发器

Neuron 核是一个独立的组件，称为 Neuron 芯片。为了进一步降低设备成本，Echelon 还提供了 Neuron 核与通信收发器的组合，称为智能收发器。

智能收发器消除了开发或集成通信收发器的需要。Neuron 核提供了 ISO/OSI 通信协议参考模型的第 2 层到第 6 层，而智能收发器增加了第 1 层。设备制造商只需要提供应用层编程，网络集成商提供网络安装的配置就可以实现 LonWorks 网络控制系统的开发。

大多数 LonWorks 设备利用 Neuron 核的功能，将其作为控制处理器。Neuron 核是一种专门为低成本控制设备提供智能和网络功能的半导体组件。

Neuron 核是一个有多个处理器、存储器、通信和 I/O 子系统的片上系统。在制造过程中，每个 Neuron 核都有一个永久的独一无二的 48 位代码，称为 Neuron ID。Neuron 系列芯片有不同的速度、内存类型、容量和接口。

### 2. 开发工具

Echelon 为开发 LonWorks 设备和应用程序提供了广泛的工具。

1）Mini FX Eval 评估工具

Mini FX Eval 评估工具是评估 LonWorks 技术的工具包。该工具包可以用于为 Neuron 芯片或智能收发器开发简单的 LonWorks 应用程序，但它不包括许多设备所需的调试器、项目管理器或网络集成工具。

2）NodeBuilder FX 开发工具

NodeBuilder FX 开发工具是 Neuron 芯片或智能收发器开发简单或复杂的 LonWorks 应用程序的工具包，包括调试器、项目管理器和网络集成工具。

3）ShortStack Developer's Kit

ShortStack Developer's Kit 用于开发 LonWorks 应用程序的工具和固件，该应用程序运行在不包含 Neuron 核的处理器上。该工具包包括加载到智能收发器上的固件，使智能收发器成为主机处理器的通信协处理器。

使用这些工具的开发人员通常还需要网络集成和诊断工具。NodeBuilder FX 开发工具中包含网络集成工具，但其他 LonWorks 开发工具不包含网络集成工具。

**3．路由器**

LonWorks 路由器可以在互联网等广域网络上跨越很远的距离。

Echelon 公司提供连接不同类型双绞线通道的路由器，以及用于双绞线通道与 Internet、Intranet 或 Virtual Private Network(VPN)等 IP 网络之间路由的 IP-852 路由器。

**4．网络接口**

网络接口是用于将主机(通常是 PC)连接到 LonWorks 网络的板卡或模块。

**5．智能服务器**

智能服务器是一种可编程的设备，它将控制器与 Web 服务器组合在一起，用于本地或远程访问，实现 LonWorks 网络接口和可选的 IP-852 路由器功能等。

**6．网络管理**

LonWorks 网络可以按照用于执行网络安装的方法进行分类。这两类网络是托管网络和自安装网络。托管网络是使用共享网络管理服务器执行网络安装的网络。网络管理服务器可以是网络操作系统的一部分，也可以是 Internet 服务器(如智能服务器)的一部分。用户通常使用一个工具与服务器交互，并定义如何配置网络中的设备以及如何进行通信，这种工具称为网络管理工具。

**7．网络操作系统**

对于托管网络，网络操作系统(NOS)可用于提供支持监视、控制、安装和配置的公共网络服务集。NOS 还提供了易于使用的网络管理和维护工具的编程扩展。此外，NOS 还为 HMI 和 SCADA 应用程序提供数据访问服务，以及通过 LonWorks 或 IP 网络进行远程访问。

## 4.2.4　可互操作的自安装(ISI)

自安装网络中的每个设备负责自身的配置，不依赖于网络管理服务器来协调其配置。因为每个设备负责自身的配置，所以需要一个公共标准来确保设备以兼容的方式配置自身。使用 LonWorks 技术平台执行自安装的标准协议称为 LonWorks 可互操作的自安装(ISI)协议。ISI 协议可用于多达 200 台设备的网络，使 LonWorks 设备能够发现其他设备并相互通信。更大或更复杂的网络必须安装为托管网络，或者必须划分为多个较小的子系统，其中每个子系统不超过 200 个设备，并且满足 ISI 拓扑和连接约束。符合 LonWorks ISI 协议的设备称为 ISI 设备。

## 4.2.5　网络工具

网络工具是构建在网络操作系统之上的用于网络设计、安装、配置、监控、控制、诊断和维护的软件应用程序。许多工具综合了这些功能,下面介绍一些常见的工具。

**1. 网络集成工具**

网络集成工具提供设计、配置、委托和维护网络所需的基本功能。

**2. 网络诊断工具**

网络诊断工具是用于观察、分析和诊断网络流量和监视网络负载的专用工具。

**3. HMI 开发工具**

用于创建人机接口(HMI)应用程序的工具。HMI 应用程序提供操作系统的操作员接口。

**4. I/O 服务器**

为最初不是为 LonWorks 网络设计的 HMI 应用程序提供对 LonWorks 网络的访问的通用驱动程序。

## 4.2.6　LonMaker 集成工具

LonMaker 集成工具是一个用于设计、记录、安装和维护多供应商、开放的、可互操作的 LonWorks 网络的软件包。LonMaker 工具基于 LNS 网络操作系统,结合了强大的客户机/服务器架构和易于使用的 Visio 用户界面,是一个足够复杂的设计、启用和维护分布式控制网络,同时提供网络设计、安装和维护人员所需的易用工具。

LonMaker 工具符合 LNS 插件标准。该标准允许 LonWorks 设备制造商为其产品提供定制应用程序,并在 LonMaker 用户选择关联设备时自动启动这些定制应用程序。这使得系统工程师和技术人员很容易定义、使用、维护和测试相关的设备。

对于工程系统,网络设计通常是在非现场进行的,不需要将 LonMaker 工具附加到网络上。然而,网络设计可以在现场进行,将工具连接到一个委托的网络。这特别适合小型网络,或者经常进行添加、移动和更改的网络。

为用户提供熟悉的、类似 CAD 的环境来设计控制系统。Visio 的智能形状绘制功能为创建设备提供了直观、简单的方法。LonMaker 工具包括许多用于 LonWorks 网络的智能图形,用户可以创建新的自定义图形。自定义图形可以是简单的单个设备或功能块,也可以是复杂的具有预定义设备、功能块及其连接的完整子系统。使用自定义的子系统图形,可以通过简单地将图形拖动到绘图的新页面来创建额外的子系统,这在设计复杂系统时可以节省时间。任何子系统都可以通过向子系统图形添加网络变量来更改为超级节点。超级节点通过将简化的接口赋给一组设备来减少工程时间。

安装程序可以同时启用多个设备,从而最小化网络安装时间。设备可以通过服务引脚、扫描 Neuron ID 条码、闪烁或手动输入 ID 来识别。自动发现可用于包含嵌入式网络的系统,以自动查找和启用系统中的设备。测试和设备配置通过一个用于浏览网络变量和配置属性的集成应用程序来简化。提供了一个管理窗口来测试、启用/禁用或覆盖设备中的各个功能块，或测试、闪烁或设置设备的在线和离线状态。

LonMaker 工具可以导入和导出 AutoCAD 文件，并生成文档；还可以使用集成报告生成器和材料清单生成器生成网络配置的详细报告。

LonMaker 工具是一个可扩展的工具，覆盖整个网络的生命周期，以简化安装程序的任务。

### 4.2.7　LonScanner 协议分析器

LonScanner 协议分析器是一个软件包，它提供网络诊断工具来观察、分析和诊断已安装的 LonWorks 网络的行为。

LonScanner 协议分析器可用于收集时间戳和保存 LonWorks 通道上的所有 CNP 数据包。信息包保存在日志文件中，以后可以查看和分析；当 LonScanner 协议分析器收集信息包时，也可以实时查看它们。

一个复杂的事务分析系统在每个包到达时对其进行检查，并将相关的包关联起来，以帮助用户理解和解释其网络中的流量模式。

日志可以显示为每行一个包的摘要形式，以便快速分析，也可以显示为每个窗口一个包的扩展形式，以便进行更详细的分析。使用从 LNS 数据库导入的数据，LonScanner 协议分析器使用安装期间分配的设备和网络变量名解码并显示数据包日期。它还提供每条报文的文本说明和用于传送信息的 CNP 报文服务的说明。因为不再需要用户手动解释 CNP 的 1 和 0，所以减少了诊断网络问题所需的时间和精力。

用户可以指定捕获过滤器来限制收集的包。过滤器可用于将捕获的包限制为所选设备或网络变量之间的包，或限制为使用所选 CNP 服务的包。

流量统计工具提供对与网络行为相关的详细统计信息的访问。统计数据包括总包计数、错误包计数和网络负载。统计数据显示为用户提供了一个易于阅读的网络活动摘要。

### 4.2.8　控制网络协议

ISO/IEC 14908-1 控制网络协议（CNP）是 LonWorks 技术平台的基础，为控制应用提供了可靠、经济的通信标准。开发人员将主要针对第 6 层和第 7 层进行处理，但也要了解第 1 层中描述的收发器信息。系统设计人员和集成人员将对与开发人员相同的层进行了解，并且也将理解第 4 层提供的选项。

#### 1. ISO/IEC 14908-1 控制网络协议

LonWorks 技术平台的基础是 ISO/IEC 14908-1 控制网络协议（CNP），Echelon 实现的 CNP 被称为 LonTalk 协议。

CNP 的设计是为了满足跨越一系列行业和要求的控制应用的需求。该协议是一个完整的 7 层通信协议，每一层都根据控制应用程序的需要进行了优化。CNP 通过处理 OSI 参考模型定义的所有 7 层，提供了一个可靠的通信解决方案，以满足当今广泛应用程序的需求,并将继续满足未来不断发展的控制应用程序的需求。

CNP主要有如下特点。

(1) 高效传递短报文。

典型的控制报文可能由1～8字节的数据组成,但是支持较长和较短的报文。

(2) 可靠的报文传递。

CNP包含可靠的报文传递服务,当发生通信故障时重试报文传输,并在发生不可恢复的故障时,通知发送应用程序。

(3) 重复报文检测。

某些类型的控制报文不能多次传递。例如,如果正在对事件计数的监视应用程序接收到重复的报文,则事件计数将发生错误。CNP可防止向接收应用程序传递重复的报文。

(4) 多种通信介质。

CNP是独立于介质的,支持多种通信介质。此外,CNP还支持路由器,使不同通道上的设备可以互操作。

(5) 设备成本低。

控制装置可以是简单的单点传感器,如限位开关或温度传感器。

(6) 防止篡改。

CNP可以防止未经授权的用户篡改认证协议。

**2. CNP层**

CNP为OSI参考模型的每一层提供以下服务。

(1) 物理层定义了原始比特在通信信道上的传输。CNP可以根据不同的通信介质支持多个物理层协议。

(2) 链路层定义介质访问方法和数据编码,以确保有效地使用单个通信通道。

(3) 网络层定义如何将报文包从源设备路由到一个或多个目标设备。这一层定义设备的命名和寻址,以确保包的正确传递。

(4) 传输层确保报文包的可靠传递。可以使用确认服务交换报文,发送设备等待来自接收者的确认,如果没有收到确认,则重新发送报文。传输层还定义了在由于确认丢失而重新发送报文时如何检测和拒绝重复报文。

(5) 会话层向较低层交换的数据添加控制。它支持远程操作,以便客户机可以向远程服务器发出请求并接收对该请求的响应。它还定义了一种身份验证协议,使报文的接收方能够确定发送方是否被授权发送报文。

(6) 表示层通过定义报文数据的编码,将结构添加到较低层交换的数据中。报文可以编码为网络变量、应用程序报文或外部帧。网络变量的互操作编码提供了标准网络变量类型(SNVT)。表示层服务由Neuron固件提供,用于托管在Neuron芯片或智能收发器上的应用程序;这些服务由主机处理器和LonWorks网络接口提供,供在其他主机上运行的应用程序使用。

(7) 应用层定义使用较低层交换的数据的标准网络服务。为网络配置、网络诊断、文件传输、应用程序配置、应用程序规范、警报、数据日志记录和调度提供标准的网络服务。这些服务确保由不同的开发人员或制造商创建的设备可以互操作,并且可以使用标准的网络工具进行安装和配置。

OSI 参考模型层和每一层提供的 CNP 服务如表 4-1 所示。

表 4-1　CNP 层服务

| OSI 层 | | 目　　标 | 设 备 需 求 |
|---|---|---|---|
| 1 | 物理层 | 电气连接 | 介质专用接口和调制方案(双绞线、电源线、射频、同轴电缆、红外线和光纤) |
| 2 | 链路层 | 介质接入和帧 | 组帧、数据编码、CRC 错误检查、预测 CSMA、避碰、优先级和冲突检测 |
| 3 | 网络层 | 报文传输 | 单播和多播寻址、路由器 |
| 4 | 传输层 | 端到端可靠性 | 已确认和未确认的报文传递、常见的排序和重复检测 |
| 5 | 会话层 | 控制 | 请求-响应、身份验证 |
| 6 | 表示层 | 数据解析 | 网络变量、应用程序报文和外帧(Foreign Frame)传输 |
| 7 | 应用层 | 应用程序兼容性 | 网络配置、网络诊断、文件传输、应用程序配置、应用程序规范、报警、数据日志记录和调度 |

## 4.3　6000 系列智能收发器和处理器

FT 6000 智能收发器包括与 TP/FT-10 信道完全兼容的网络收发器。自由拓扑收发器支持使用星形、总线型、菊花链形、环形或组合拓扑的极性不敏感布线方式。这种灵活性使安装程序不必遵守严格的布线规则。自由拓扑布线允许以快速和经济的方式安装布线,从而减少了设备安装的时间和费用。它还通过消除对布线、拼接和设备放置的限制来简化网络扩展。

Neuron 6000 处理器具有与 FT 6000 智能收发器类似的性能、鲁棒性和低成本,可以将它与许多不同类型的网络收发器一起使用,这样就可以将不同的信道类型(例如,TP/XF-1250 信道)集成到一个 LonWorks 网络中。

### 4.3.1　6000 系列产品概述

Echelon 公司将原 Neuron 芯片设计成为片上系统,为低成本控制设备提供智能化和联网能力。通过独特的硬件和固件组合,Neuron 芯片提供了所有必要的关键功能以处理来自传感器和控制设备的输入,并在各种网络介质上传播控制信息。

FT 6000 自由拓扑智能收发器和 Neuron 6000 处理器统称为 6000 系列芯片。

6000 系列芯片包括多处理器、读写和只读存储器(RAM 和 ROM)、通信子系统和 I/O 子系统。每个 6000 系列芯片包括一个处理器内核,用于运行应用程序和管理网络通信、内存、I/O,以及每个设备特有的 48 位标识号(Neuron ID)。

此外,6000系列芯片还包括Neuron系统固件,它提供了LonTalk协议的实现,以及I/O库和用于应用程序管理的任务调度程序。设备制造商提供了实现LonWorks设备功能的应用程序代码和I/O设备。

Neuron 6000处理器提供了一个独立于介质的通信端口,该端口允许短距离的Neuron芯片到Neuron芯片的通信,并且几乎可以与任何类型的外接线路驱动器和收发器一起使用。

(1) FT 6000智能收发器。

FT 6000自由拓扑智能收发器集成了一个具有自由拓扑双绞线收发器的高性能Neuron内核。FT 6000智能收发器提供了一个低成本、高性能的解决方案。

(2) Neuron 6000处理器。

Neuron 6000处理器提供了一个独立于介质的通信端口,该端口使用一个外部收发器电路来支持EIA-485或TP/XF-1250信道的外部收发器。Neuron 6000处理器还可以使用LonWorks LPT-11链路功率收发器连接到链路功率TP/FT-10信道上。

## 4.3.2 FT 6000智能收发器引脚分配

6000系列智能收发器的引脚分配如图4-3所示。

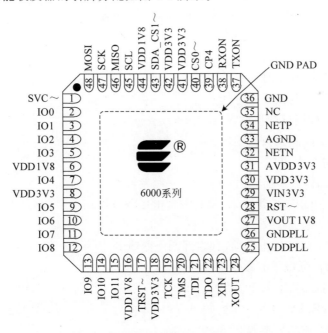

图4-3 6000系列智能收发器的引脚分配

图4-3中的中心矩形表示必须接地的底部焊盘(引脚49)。所有数字输入均与低压晶体管逻辑(LVTTL)兼容,耐受5V电压,低泄漏。所有的数字输出都有转换率限制,以减少电磁干扰(EMI)的问题。

FT 6000 智能收发器的引脚分配如下：

SVC～(1)：Service(低电平有效)。

IO0(2)：I/O 接口的 IO0。

IO1(3)：I/O 接口的 IO1。

IO2(4)：I/O 接口的 IO2。

IO3(5)：I/O 接口的 IO3。

VDD1V8(6)：1.8V 电源输入(来自内部电压调节器)。

IO4(7)：I/O 接口的 IO4。

VDD3V3(8)：3.3V 电源。

IO5(9)：I/O 接口的 IO5。

IO6(10)：I/O 接口的 IO6。

IO7(11)：I/O 接口的 IO7。

IO8(12)：I/O 接口的 IO8。

IO9(13)：I/O 接口的 IO9。

IO10(14)：I/O 接口的 IO10。

IO11(15)：I/O 接口的 IO11。

VDD1V8(16)：1.8V 电源输入(来自内部电压调节器)。

TRST～(17)：JTAG 测试复位(低电平有效)。

VDD3V3(18)：3.3V 电源。

TCK(19)：JTAG 测试时钟。

TMS(20)：JTAG 测试模式选择。

TDI(21)：JTAG 测试数据输入。

TDO(22)：JTAG 测试数据输出。

XIN(23)：晶体振荡器输入。

XOUT(24)：晶体振荡器输出。

VDDPLL(25)：1.8V 电源输入(来自内部电压调节器)。

GNDPLL(26)：地。

VOUT1V8(27)：1.8V 电源输出(内部调压器输出)。

RST(28)：复位(低电平有效)。

VIN3V3(29)：3.3V 输入至内部电压调节器。

VDD3V3(30)：3.3V 电源。

AVDD3V3(31)：3.3V 电源。

NETN(32)：网络端口(极性不敏感)。

AGND(33)：地。

NETP(34)：网络端口(极性不敏感)。

NC(35)：不连接。

GND(36)：地。

TXON(37)：可选网络活动 LED 的有效发送。

RXON(38)：可选网络活动 LED 的有效接收。

CP4(39)：通过 4.99kΩ 上拉电阻器连接到 VDD33。

CS0~(40)：SPI 从机选择 0(低电平有效)。

VDD3V3(41)：3.3V 电源。

VDD3V3(42)：3.3V 电源。

SDA_CS1(43)：当用作 $I^2C$ 总线是为串行数据，当用作 SPI 总线是为从机选择 1(低电平有效)。

VDD1V8(44)：1.8V 电源输入(来自内部电压调节器)。

SCL(45)：I2C 串行时钟。

MISO(46)：SPI 主输入、从输出(MISO)。

SCK(47)：SPI 串行时钟。

MOSI(48)：SPI 主输出、从输入(MOSI)。

PAD(49)：地。

Neuron 6000 处理器和 FT 6000 智能收发器的引脚分配只有通信部分的引脚不同，此处不再赘述。

### 4.3.3　6000 系列芯片硬件功能

下面分别介绍 6000 系列芯片的硬件功能。

6000 系列芯片架构、存储器体系结构、外部串行存储器接口、数字引脚的特性、Neuron 6000 处理器的通信端口(CP)、网络连接、TPT/XF-1250 收发器、EIA-485 收发器、LPT-11 链路功率收发器和 SVC~ 引脚介绍。

#### 1. 6000 系列芯片架构

6000 系列芯片体系结构如图 4-4 所示。

6000 系列芯片体系结构主要由如下几部分组成。

(1) CPU：6000 系列芯片包括 3 个处理器，用于管理芯片、网络和用户应用程序的操作。在更高的时钟速率下，还有一个单独的处理器来处理中断。

(2) ROM：6000 系列芯片包括 16KB 的只读存储器(ROM)，用于存储从 Flash 引导系统映射的系统固件映射。

(3) RAM：6000 系列芯片包括 64KB 的随机存取存储器(RAM)，用于存储用户应用程序和数据。

(4) 串行存储器接口：该接口使用串行外围接口(SPI)管理外部非易失性存储器(NVM)。

(5) 通信端口：通信端口为芯片提供网络访问。对于 FT 6000 智能收发器，这个端口

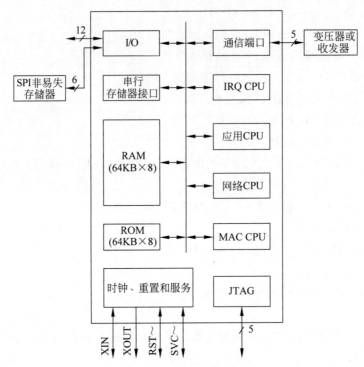

图 4-4　6000 系列芯片体系架构

连接到 FT-X3 通信变压器。对于 Neuron 6000 处理器,这个端口连接到外部收发器。

(6) I/O:12 个专用 I/O 引脚。

(7) 时钟、复位和服务:芯片时钟、锁相环(PLL)、复位和服务引脚功能。

(8) JTAG:6000 系列芯片包括用于边界扫描操作的 JTAG(IEEE 1149.1)接口。

**2. 存储器体系结构**

6000 系列芯片的存储器结构包括片内存储器和片外非易失性存储器。每个 6000 系列设备必须在 SPI Flash 设备中至少有 512KB 的片外存储器可用。

(1) 片上存储器。

6000 系列芯片具有以下片上存储器:

① 16KB 只读存储器(ROM)。

ROM 包含一个初始系统映射,该映射仅用于从 Flash 引导系统或在 6000 系列设备制造期间通过网络初始加载 Flash。

② 64KB 随机存取存储器(RAM)。

RAM 为用户应用程序和数据提供内存,为每个处理器提供堆栈段,以及网络和应用程序缓冲区。

6000 系列芯片不包含用于应用程序的内部可写非易失性内存(如 EEPROM 内存)。但是,每个 6000 系列芯片在非易失性只读存储器中都包含一个唯一的 MAC ID。

（2）内存映射。

一个 Neuron C 应用程序有 64KB 的内存映射。6000 系列芯片内存映射如图 4-5 所示。内存映射是设备内存的逻辑视图，而不是物理视图，因为 6000 系列芯片的处理器只能直接访问 RAM。

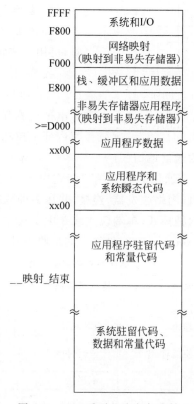

图 4-5　6000 系列芯片内存映射

### 3. 外部串行存储器接口

用于访问芯片外非易失性存储器（NVM）的接口是一个串行接口，它使用串行外设接口 SPI。

6000 系列芯片的串行外围接口（SPI）协议使用如表 4-2 所示的引脚。

表 4-2　SPI 协议的内存接口引脚

| 引　脚　号 | 引　脚　名 | 方　向 | 描　述 |
| --- | --- | --- | --- |
| 40 | CS0～ | 输出 | 第一从机选择（SS）信号 |
| 43 | SDA_CS1～ | 双向的 | 第二从机选择（SS）信号 |
| 46 | MISO | 输入 | 主机输入，从机输出（MISO）信号 |
| 47 | SCK | 输出 | 串行时钟（SCK）信号 |
| 48 | MOSI | 输出 | 主机输出，从机输入（MOSI）信号 |

这些引脚是 3.3V 电平，并且具有 5V 的容限。6000 系列芯片始终是主 SPI 设备；任何外部 NVM 设备始终是从设备，不支持多主机配置。6000 系列芯片与 SPI Flash 的接口如图 4-6 所示。

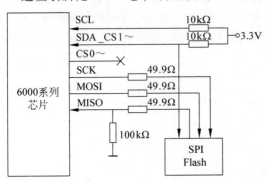

图 4-6　6000 系列芯片与 SPI Flash 的接口

### 4. 数字引脚的特性

6000 系列芯片提供 12 个双向 I/O 引脚，可用于多种不同的 I/O 配置。

数字 I/O 引脚（IO0～IO11）具有 LVTTL 级的输入。引脚 IO0～IO7 也有低电平检测锁存器。RST～和 SVC～引脚有内部上拉功能。

### 5. Neuron 6000 处理器的通信端口（CP）

Neuron 6000 处理器有一个通用的通信端口。它由 5 个引脚 CP0～CP4 组成，这些引脚可以配置为与多种介质接口（网络收发器）连接，并在多种数据传输速率下工作。

通信端口可以配置为在两种模式（单端模式或专用模式）之一工作。每种模式的通信端口引脚的分配如表 4-3 所示，Neuron 6000 处理器内部收发器框图如图 4-7 所示。

表 4-3　通信端口引脚的分配

| 引　　脚 | 驱 动 电 流 | 单端模式（3.3V） | 特殊用途模式（3.3V） | 连　　接 |
|---|---|---|---|---|
| CP0 | 无 | 数据输入 | RX 输入 | 收发器 RXD |
| CP1 | 8mA | 数据输出 | TX 输出 | 收发器 TXD |
| CP2 | 8mA | 发射使能输出 | 位时钟输出 | 发射启用（单端模式）位时钟（专用模式） |
| CP3 | 无 | 不连接 | 不连接 | 不连接 |
| CP4 | 8mA | 碰撞检测输入 | 帧时钟输出 | 碰撞检测（单端模式）帧时钟（专用模式） |

单端模式使用差分曼彻斯特编码，用于在各种介质上传输数据。

单端模式（3.3V）用于与射频、IR、光纤、双绞线和同轴电缆等通信介质接口的外部有源收发器。

单端模式操作的通信端口配置如图 4-8 所示。通过引脚 CP0 和 CP1 上的单端（相对于 GND）输入和输出缓冲器进行数据通信。

### 6. 网络连接

将 6000 系列设备连接到网络主要取决于 6000 系列设备是否包含一个 FT 6000 智能收发器或一个 Neuron 6000 处理器。FT 6000 智能收发器使用 FT-X3

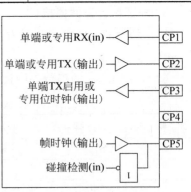

图 4-7　Neuron 6000 处理器内部收发器框图

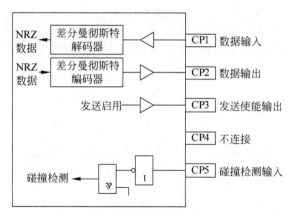

图 4-8　单端模式操作的通信端口配置

变压器；对于 Neuron 6000 处理器，使用一个外部收发器和相关的互连电路。

　　FT 6000 智能收发器和 FT-X3 的互连如图 4-9 所示。图 4-9 中还显示了相关的瞬态保护电路，将 FT-X3 变压器的引脚 1 和引脚 6 连接到 FT 6000 智能收发器上。

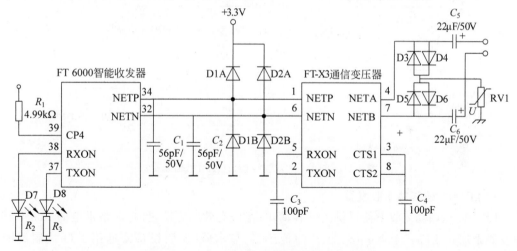

图 4-9　FT 6000 智能收发器和 FT-X3 的互连

### 7. TPT/XF-1250 收发器

Neuron 6000 处理器和 TP/XF-1250 收发器的互连如图 4-10 所示。

　　在图 4-10 中，Neuron 芯片的 CP4 引脚的上拉电阻是可选的。如果 Neuron 处理器被错误地配置为在特殊模式下运行（CP4 引脚为输出），上拉电阻可防止在 CP4 引脚上引起冲突。TPT/XF-1250 收发器的 CP0 和 CP1 信号的钳位二极管是高速开关二极管，如 1N4148 二极管。TPT/XF-1250 收发器的变压器中心抽头（CT）引脚上的电容器值取决于设备的 PCB 布局和 EMI 特性，典型值为 100pF，额定电压为 1000V。

### 8. EIA-485 收发器

Neuron 6000 处理器的通信端口以单端模式运行，通过 EIA-485 收发器可以支持多种

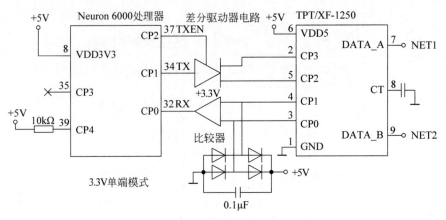

图 4-10　Neuron 6000 处理器和 TP/XF-1250 收发器的互连

数据传输速率(最高 1.25Mb/s),并支持多种通信线类型。

EIA-485 双绞线接口(使用单端模式)如图 4-11 所示。

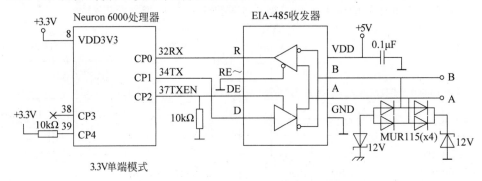

图 4-11　EIA-485 双绞线接口(使用单端模式)

### 9. LPT-11 链路功率收发器

LPT-11 链路功率收发器提供了一种简单、经济有效的方法,可将网络供电的 LonWorks 收发器添加到任何基于 Neuron 芯片的传感器、显示器、照明设备或通用 I/O 控制器中。 LPT-11 收发器不需要为每个设备使用本地电源,因为设备电源由处理网络通信的同一双绞线上的电源提供。

Neuron 6000 处理器和 LPT-11 链路功率收发器的互连如图 4-12 所示。

### 10. SVC~引脚

SVC~引脚在输入和漏极输出之间以 76Hz 的频率和 50% 的占空比交替使用,可以驱动一个 LED。

在 Neuron 固件的控制下,该引脚用于包含 6000 系列芯片的设备的配置、安装和维护。 当 6000 系列芯片没有配置网络地址信息时,固件使 LED 以 $\frac{1}{2}$ Hz 的频率闪烁。SVC~引脚接地会使 6000 系列芯片发送一条网络管理消息,其中包含其唯一的 48 位 MAC ID 和应用

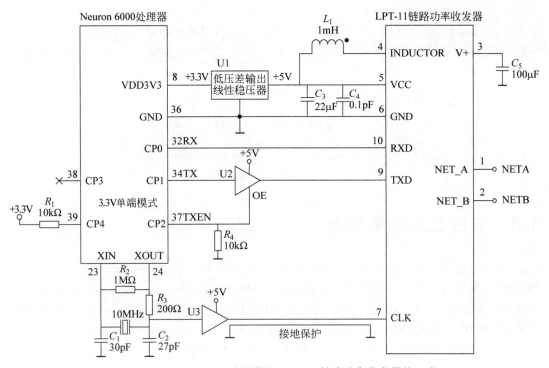

图 4-12　Neuron 6000 处理器和 LPT-11 链路功率收发器的互连

程序 ID。然后,网络管理工具可以使用此信息来安装和配置设备。

SVC～引脚为低电平有效,并且每次 SVC～引脚跳变都会发送一次服务引脚消息。

### 4.3.4　6000 系列的 I/O 接口

Echelon 公司 Neuron 芯片和智能收发器通过 11 或 12 个 I/O 引脚(命名为 IO0～IO11)连接到专用外部硬件。可通过配置这些引脚,以最少的外部电路提供灵活的输入和输出(I/O)功能。

Neuron C 编程语言允许程序员声明使用一个或多个 I/O 引脚的 I/O 对象。I/O 对象是 I/O 模型的软件实例,并提供对 I/O 驱动器的可编程访问,用于指定的片上 I/O 硬件配置和输入或输出波形定义。然后,程序可以通过 io_in() 和 io_out() 系统调用来应用大多数对象,在程序执行期间来执行实际的输入或输出功能。

Neuron 芯片和智能收发器可以使用多种不同的 I/O 模型。默认情况下,大多数 I/O 模型在系统映射中都可用。如果应用程序需要 I/O 模型,但默认系统映射中不包含 I/O 模型,那么开发工具会将适当的模型链接到可用的内存空间中。

6000 系列芯片具有两个计时器/计数器,如图 4-13 所示。

定时器/计数器 1 的输入引脚是 IO4～IO7,输出到 IO0 引脚;定时器/计数器 2 的输入引脚是 IO4,输出到 IO1 引脚。6000 系列芯片还支持每个定时器/计数器单元最多一项特定于应用程序的中断任务。

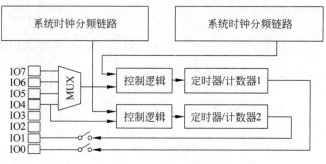

图 4-13　定时器/计数器电路

# 4.4　神经元现场编译器

Neuron C 编程语言允许用户为神经元芯片和智能收发器开发 LonWorks 应用程序。Neuron C 现场编译器 4.0 软件是一个 Neuron C 编译器工具链,用户可以使用它来开发一个现场编程工具,生成 6000 系列神经元芯片的应用程序。神经元现场编译器 4.0 软件包括一个应用程序,它接收一个 Neuron C 源文件并生成一个可下载的神经元映射。网络管理工具可以使用神经元映射在 LonWorks 网络上下载应用程序。

Echelon 神经元现场编译器主要针对两种不同类型的用户:

(1) 用于为包含智能收发器或神经元芯片的设备生成应用程序的现场编程工具的开发人员。

(2) 现场编程工具的最终用户。

## 4.4.1　神经元现场编译器概述

在应用程序将编程结构转换为 Neuron C 源代码之后,它可以调用神经元现场编译器来编译静态或动态生成的 Neuron C 源代码。神经元现场编译器为神经元芯片或智能收发器生成可下载的应用程序映射和接口文件。

因此,应用程序为 LonWorks 设备功能提供自己的编程接口,并用 Neuron C 语言生成该功能的内部表示。但是,应用程序用户不需要了解 Neuron C 语言,甚至不需要了解生成的 Neuron C 代码。此外,应用程序不需要能够为神经元芯片或智能收发器构建可下载的应用程序映射文件,而是可以依赖于神经元现场编译器从 Neuron C 代码生成这些文件。

## 4.4.2　使用神经元现场编译器

### 1. 编译一个 Neuron C 程序

为了编译 Neuron C 应用程序代码,神经元字段编译器包括几个组件。

(1) 用户的 Neuron C 生成器工具调用神经元现场编译器,传递生成的 Neuron C 代码和目标设备的硬件模板文件。

（2）神经元现场编译器编译 Neuron C 代码。

（3）神经元现场编译器生成列表文件和编译后的图像文件。

（4）用户的 Neuron C 生成器工具使用生成的清单和图像文件加载到 LonWorks 设备的智能收发器或神经元芯片中。

在神经元现场编译器中，编译、汇编和链接一个 Neuron C 源文件的编译流程如图 4-14 所示。

图 4-14 虚线框中显示的组件是神经元现场编译器的一部分。Neuron C 生成器工具通常调用神经元现场编译器 LonNCA32，而不是直接调用任何组件。

### 2．命令的使用

运行神经元现场编译器的命令是 LonNCA32。用户可以在 Windows 命令提示符下发出此命令，也可以从 Neuron C 生成器工具中调用它。

### 3．调用神经元现场编译器

Neuron C 生成器工具调用神经元现场编译器（LonNCA32），解析编译的输出，然后把生成的图像映射文件下载到智能收发器或神经元芯片中。

### 4．神经元现场编译器输出

在构建应用程序时，神经元现场编译器将创建应用程序映射文件和设备接口文件。网络管理工具使用可下载的应用程序映射文件将编译后的应用程序映射下载到设备。

输出文件和文件夹的位置相当于 Neuron C 源文件的位置。神经元现场编译器在包含 Neuron C 源文件的文件夹中创建一个具有目标名称的文件夹。

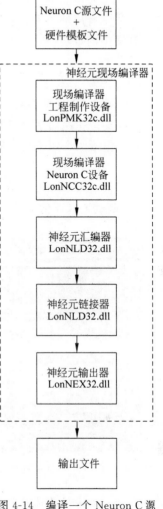

图 4-14　编译一个 Neuron C 源文件的流程

## 4.5　FT 6000 EVK 评估板和开发工具包

FT 6000 EVK 是一种专为 FT 6000 系列芯片设计的评估板和开发工具包。FT 6000 系列芯片通常被用于工业和楼宇自动化领域，支持多种通信协议，包括但不限于 LonWorks 协议，这是一种用于楼宇自动化、控制网络以及其他自动化任务的网络通信标准。

评估套件的目的是让开发者能够快速上手 FT 6000 系列芯片的开发，进行原型设计、测试和评估。这通常包括硬件评估板、相关的软件开发工具（SDK）、示例代码、文档等。通过使用这些工具，开发者可以更加深入地理解 FT 6000 系列芯片的功能特性，以及如何将其应用到实际的项目中。

对于想要使用 FT 6000 系列芯片进行项目开发的工程师和开发者来说，FT 6000 EVK 是一个非常有用的资源。它不仅可以加速开发过程，还能提供必要的技术支持，帮助开发者克服开发中的难题。

### 4.5.1　FT 6000 EVK 的主要特点

FT 6000 EVK 的主要特点如下：

（1）支持在通用平台上开发 LonWorks、LonWorks/IP 或 BACnet/IP 设备。

（2）包括两个用于初始应用程序开发和测试的 FT 6000 EVB 硬件平台。

（3）包括 LCD 显示屏，可方便地进行 I/O 原型设计和测试。

（4）包括用于应用程序开发的 IzoT NodeBuilder 软件，可方便地安装和测试控制网络的 IzoT 调试工具评估板。

（5）包括一个带 FT 和以太网接口的 IzoT 路由器和 5 片 FT 6050 智能收发器芯片。

（6）开源 Wireshark 网络协议分析器可用于捕获、分析、表征和显示网络数据包，以便开发者可以查明网络或设备故障。

FT 6000 EVK 评估板如图 4-15 所示。

FT 6000 EVK 评估板是一个完整的硬件和软件平台，用于基于 6000 系列智能收发器和 Neuron 处理器创建或评估 LonWorks 和 IzoT 设备。

可以使用 FT 6000 EVK 来创建设备，例如，变风量（VAV-Variable Air Volume）控制器、恒温器、读卡器、照明镇流器、电动机控制器和许多其他设备。这些设备可用于各种系统，包括建筑和照明控制、工厂自动化、能源管理和

图 4-15　FT 6000 EVK 评估板

运输系统。无论是建造大型还是小型控制网络设备、启用 IP 的 LonWorks 或 BACnet 设备，FT 6000 EVK 都能使项目开发速度更快，过程更轻松，成本更低。

### 4.5.2　用于 IzoT 控制平台的开发套件

IzoT 系统平台如图 4-16 所示。

这些设备的控制和通信要求如下：

（1）自主控制，无须人工参与。

（2）工业强度可靠性。

（3）与传统控制协议共存，并发展为基于寻址的新 IP。

（4）增强的安全性。

FT 6000 EVK 评估板是开发人员创建控制设备，并将其与控制网络连接的最简便方法。

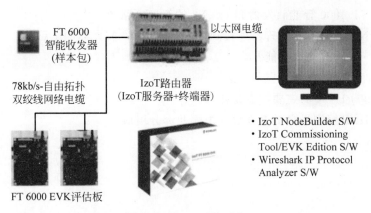

图 4-16　IzoT 系统平台

### 4.5.3　IzoT NodeBuilder 软件

IzoT NodeBuilder 软件使开发者可以基于 Echelon Series 6000 Neuron 处理器或智能收发器为 LonWorks 或 IzoT 设备创建、调试、测试和维护应用程序。使用 IzoT NodeBuilder 软件,可以使用 Neuron C 编程语言来编写设备应用程序。

对于基于 6000 系列芯片(带有 Neuron 固件版本 21 或更高版本)的设备,Neuron C 语言最多支持每个设备 254 个地址表条目、254 个静态网络变量和 127 个网络变量别名。

## 习题

1. LonWorks 的应用领域有哪些?
2. 简述 LonWorks 网络。
3. 画出 LonWorks 分布式控制网络。
4. LonWorks 平台由哪些组件组成?
5. 什么是智能收发器?
6. 什么是网络操作系统?
7. 什么是网络工具?常见的组合有哪些?
8. 什么是 LonMaker 集成工具?
9. 什么是 LonScanner 协议分析器?
10. 简述控制网络协议(CNP)。
11. OSI 参考模型层和每一层提供的 CNP 服务是什么?
12. 什么是 IzoT 平台?
13. 6000 系列芯片体系结构主要由哪几部分组成?
14. 说明 6000 系列芯片的内存映射。
15. 画出 6000 系列芯片与 SPI Flash 存储器的接口电路图。

16. 画出 FT 6000 智能收发器和 FT-X3 的互连电路图。

17. 画出 Neuron 6000 处理器连接到 TP / XF-1250 收发器的电路图。

18. SVC～引脚有什么功能？

19. 简述神经元现场编译器的功能。

20. FT 6000 EVK 的主要特点是什么？

21. 用于 IzoT 控制平台的开发套件由哪几部分组成？

# 第 5 章

# PROFIBUS-DP 现场总线

PROFIBUS(Process Fieldbus)是一种国际化的、开放的、不依赖于设备生产商的现场总线标准。它广泛应用于制造业自动化,流程工业自动化和楼宇、交通、电力等自动化领域。

本章讲述了如下内容:

(1) 对 PROFIBUS 进行了概述,介绍了其在工业自动化中的重要性和基本功能。

(2) 深入讨论了 PROFIBUS 的协议结构,包括 PROFIBUS-DP(用于分布式 I/O)、PROFIBUS-FMS(用于场景管理系统)以及 PROFIBUS-PA(用于过程自动化)的协议结构。

(3) 讲述了 PROFIBUS-DP 现场总线系统,包括其版本、系统组成、总线访问控制以及系统的工作过程。

(4) 讲述了 PROFIBUS-DP 的通信模型,包括物理层、数据链路层和用户层,以及用户接口的细节。

(5) 探讨了 PROFIBUS-DP 的总线设备类型和数据通信,包括设备类型、设备间的数据通信以及设备描述(GSD)文件的作用。

(6) 介绍了用于 PROFIBUS 通信的专用集成电路(ASIC),包括 DPC31、SPC3 和 ASPC2 等从站和主站通信控制器。

(7) 详细讲述了 PROFIBUS-DP 从站通信控制器 SPC3,包括其功能、引脚说明、存储器分配以及接口细节。

(8) 介绍了主站通信控制器 ASPC2 和网络接口卡(如 CP5611),提供了主站通信控制器与网络接口卡的详细介绍。

(9) 详述了 PROFIBUS-DP 从站的设计,包括硬件设计和软件设计,为从站设备的开发提供了具体的指导。

本章为读者提供了深入了解 PROFIBUS-DP 现场总线技术的全面资料,从基本概念到详细的技术规范,再到系统设计和实现,旨在帮助读者掌握 PROFIBUS-DP 技术,以便在工业自动化领域有效地应用这一重要的通信协议。

## 5.1  PROFIBUS 概述

PROFIBUS 技术的发展经历了如下过程：

- 1987 年由德国 SIEMENS 公司等 13 家企业和 5 家研究机构联合开发；
- 1989 年成为德国工业标准 DIN19245；
- 1996 年成为欧洲标准 EN50170 V.2(PROFIBUS-FMS-DP)；
- 1998 年 PROFIBUS-PA 被纳入 EN50170V.2；
- 1999 年 PROFIBUS 成为国际标准 IEC 61158 的组成部分(TYPE Ⅲ)；
- 2001 年成为中国的机械行业标准 JB/T 10308.3—2001。

PROFIBUS 由以下 3 个兼容部分组成。

PROFIBUS-DP：用于传感器和执行器级的高速数据传输，它以 DIN19245 的第一部分为基础，根据其所需要达到的目标对通信功能加以扩充，DP 的传输速率可达 12Mb/s，一般构成单主站系统，主站、从站间采用循环数据传输方式工作。

其设计目的是用于设备一级的高速数据传输。在这一级，中央控制器(如 PLC/PC)通过高速串行线同分散的现场设备(如 I/O、驱动器、阀门等)进行通信，同这些分散的设备进行数据交换多数是周期性的。

PROFIBUS-PA：对于安全性要求较高的场合，制定了 PROFIBUS-PA 协议，这由 DIN19245 的第四部分描述。PROFIBUS-PA 具有本质安全特性，它实现了 IEC 1158-2 规定的通信规程。

PROFIBUS-PA 是 PROFIBUS 的过程自动化解决方案，PA 将自动化系统和过程控制系统与现场设备，如压力、温度和液位变送器等连接起来，代替了 4～20mA 模拟信号传输技术，在现场设备的规划、敷设电缆、调试、投入运行和维修等方面可节约成本 40%，并大大提高了系统功能和安全可靠性，因此 PROFIBUS-PA 尤其适用于石油、化工、冶金等行业的过程自动化控制系统。

PROFIBUS-FMS：其设计目的是完成车间一级通用性通信任务，FMS 提供了大量的通信服务，用于完成以中等传输速率进行的循环和非循环的通信任务。由于它是完成控制器和智能现场设备之间的通信以及控制器之间的信息交换，因此它考虑的主要是系统的功能而不是系统响应时间，应用过程通常要求的是随机的信息交换(如改变设定参数等)。强有力的 FMS 服务向人们提供了广泛的应用范围和更大的灵活性，可用于大范围和复杂的通信系统。

为了满足苛刻的实时要求，PROFIBUS 协议具有如下特点：

(1) 不支持长信息段＞235B(实际最大长度为 255B，数据最大长度 244B，典型长度

120B)。

（2）不支持短信息组块功能。由许多短信息组成的长信息包不符合短信息的要求，因此，PROFIBUS 不提供这一功能（实际使用中可通过应用层或用户层的制定或扩展来克服这一约束）。

（3）不提供由网络层支持运行的功能。

（4）除规定的最小组态外，根据应用需求可以建立任意的服务子集。这对小系统（如传感器等）尤其重要。

（5）其他功能是可选的，如口令保护方法等。

（6）网络拓扑是总线型，两端带终端器或不带终端器。

（7）介质、距离、站点数取决于信号特性，如对屏蔽双绞线，单段长度小于或等于 1.2km，不带中继器，每段 32 个站点（网络规模：双绞线，最大长度 9.6km；光纤，最大长度 90km；最大站数，127 个）。

（8）传输速率取决于网络拓扑和总线长度，从 9.6kb/s 到 12Mb/s 不等。

（9）可选第二种介质（冗余）。

（10）在传输时，使用半双工、异步、滑差（Slipe）保护同步（无位填充）。

（11）报文数据的完整性，通过几种方法来保证：首先，使用海明距离 HD＝4 的编码技术提高数据传输的可靠性，即使在有噪声的环境中也能确保数据不易出错。其次，通过同步滑差检查来防止数据在传输过程中的错位。最后，使用特殊序列来标记数据的开始和结束，避免数据丢失或错误增加。这些措施共同确保了数据传输的高度完整性和准确性。

（12）地址定义范围为 0～127（对广播和群播而言，127 是全局地址），对区域地址、段地址的服务存取地址（服务存取点 LSAP）的地址扩展，每个 6bit。

（13）使用两类站：主站（主动站，具有总线存取控制权）和从站（被动站，没有总线存取控制权）。如果对实时性要求不苛刻，那么最多可用 32 个主站，总站数可达 127 个。

（14）总线存取基于混合、分散、集中 3 种方式：主站间用令牌传输，主站与从站之间用主-从方式。令牌在由主站组成的逻辑令牌环中循环。如果系统中仅有一个主站，则不需要令牌传输。这是一个单主站-多从站的系统。最小的系统配置由一个主站和一个从站或两个主站组成。

（15）数据传输服务有两类。

① 非循环的：有/无应答要求的发送数据；有应答要求的发送和请求数据。

② 循环的（轮询）：有应答要求的发送和请求数据。

PROFIBUS 广泛应用于制造业自动化，流程工业自动化和楼宇、交通、电力等其他自动化领域，PROFIBUS 的典型应用如图 5-1 所示。

工厂管理系统
工厂管理级
总线循环
时间
<1000ms
MMS,TCP/IP骨干网
网关
CNC
PC
车间级
总线循环
时间
<100ms
PROFIBUS-FMS
PC
PLC
PLS
现场级
总线循环
时间
<10ms
PROFIBUS-DP
PROFIBUS-PA
现场
设备
远程
I/O设备
传感器
M
传动装置
变送器
现场
设备

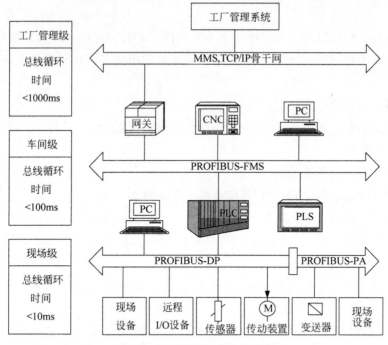

图 5-1　PROFIBUS 的典型应用

## 5.2　PROFIBUS 的协议结构

PROFIBUS 的协议结构如图 5-2 所示。

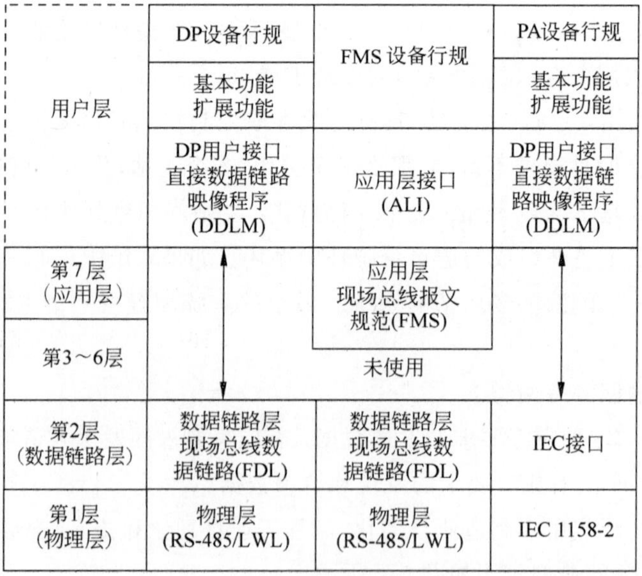

用户层
DP设备行规
基本功能
扩展功能
DP用户接口
直接数据链路
映像程序
(DDLM)
FMS 设备行规
应用层接口
(ALI)
PA设备行规
基本功能
扩展功能
DP用户接口
直接数据链
路映像程序
(DDLM)
第7层
(应用层)
第3～6层
应用层
现场总线报文
规范(FMS)
未使用
第2层
(数据链路层)
数据链路层
现场总线数
据链路(FDL)
数据链路层
现场总线数
据链路(FDL)
IEC接口
第1层
(物理层)
物理层
(RS-485/LWL)
物理层
(RS-485/LWL)
IEC 1158-2

图 5-2　PROFIBUS 的协议结构

从图 5-2 可以看出,PROFIBUS 协议采用了 ISO/OSI 模型中的第 1 层、第 2 层,必要时还会采用第 7 层。第 1 层和第 2 层的导线和传输协议依据美国标准 EIA RS-485、国际标准 IEC 870-5-1 和欧洲标准 EN 60870-5-1、总线存取程序、数据传输和管理服务基于 DIN 19241 标准的第 1~3 部分和 IEC 955 标准。管理功能(FMA7)采用 ISO DIS 7498-4(管理框架)的概念。

## 5.2.1　PROFIBUS-DP 的协议结构

PROFIBUS-DP 使用第 1 层、第 2 层和用户接口层,第 3~7 层未用,这种精简的结构确保了高速数据传输。物理层采用 RS-485 标准,规定了传输介质、物理连接和电气等特性。PROFIBUS-DP 的数据链路层称为现场总线数据链路层(Fieldbus Data Link layer,FDL),包括与 PROFIBUS-FMS、PROFIBUS-PA 兼容的总线介质访问控制 MAC 以及现场总线链路控制(Fieldbus Link Control,FLC),FLC 向上层提供服务存取点的管理和数据的缓存。第 1 层和第 2 层的现场总线管理(FieldBus Management layer 1 and 2,FMA1/2)完成第 2 层待定总线参数的设定和第 1 层参数的设定,它还完成这两层出错信息的上传。PROFIBUS-DP 的用户层包括直接数据链路映射(Direct Data Link Mapper,DDLM)、DP 的基本功能、扩展功能以及设备行规。DDLM 提供了方便访问 FDL 的接口,DP 设备行规是对用户数据含义的具体说明,规定了各种应用系统和设备的行为特性。

这种为高速传输用户数据而优化的 PROFIBUS 协议特别适用于可编程控制器与现场级分散 I/O 设备之间的通信。

## 5.2.2　PROFIBUS-FMS 的协议结构

PROFIBUS-FMS 使用了第 1 层、第 2 层和第 7 层。应用层(第 7 层)包括 FMS(现场总线报文规范)和 LLI(低层接口)。FMS 包含应用协议和提供的通信服务。LLI 建立各种类型的通信关系,并给 FMS 提供不依赖于设备的对第 2 层的访问。

FMS 处理单元级(PLC 和 PC)的数据通信。功能强大的 FMS 服务可在广泛的应用领域使用,并为解决复杂通信任务提供了很大的灵活性。

PROFIBUS-DP 和 PROFIBUS-FMS 使用相同的传输技术和总线存取协议。因此,它们可以在同一根电缆上同时运行。

## 5.2.3　PROFIBUS-PA 的协议结构

PROFIBUS-PA 使用扩展的 PROFIBUS-DP 协议进行数据传输。此外,它执行规定现场设备特性的 PROFIBUS-PA 设备行规。传输技术依据 IEC 1158-2 标准,确保本质安全和通过总线对现场设备供电。使用段耦合器可将 PROFIBUS-PA 设备很容易地集成到 PROFIBUS-DP 网络之中。

PROFIBUS-PA 是为满足过程自动化工程中的高速、可靠的通信要求而特别设计的。用 PROFIBUS-PA 可以把传感器和执行器连接到通常的现场总线(段)上,即使在防爆区域的传感器和执行器也可如此。

## 5.3 PROFIBUS-DP 现场总线系统

由于 SIEMENS 公司在离散自动化领域具有较深的影响,并且 PROFIBUS-DP 在国内具有广大的用户,本节以 PROFIBUS-DP 为例介绍 PROFIBUS 现场总线系统。

### 5.3.1 PROFIBUS-DP 的三个版本

PROFIBUS-DP 经过功能扩展,一共有 DP-V0、DP-V1 和 DP-V2 三个版本,有时将 DP-V1 简写为 DPV1。

#### 1. 基本功能(DP-V0)

(1) 总线存取方法。

各主站间为令牌传送,主站与从站间为主-从循环传送,支持单主站或多主站系统,总线上最多 126 个站。可以采用点对点用户数据通信、广播(控制指令)方式和循环主-从用户数据通信。

(2) 循环数据交换。

DP-V0 可以实现中央控制器(PLC、PC 或过程控制系统)与分布式现场设备(从站,例如 I/O、阀门、变送器和分析仪等)之间的快速循环数据交换,主站发出请求报文,从站收到后返回响应报文。这种循环数据交换是在被称为 MS0 的连接上进行的。

总线循环时间应小于中央控制器的循环时间(约 10ms),DP 的传送时间与网络中站的数量和传输速率有关。每个从站可以传送 224B 的输入或输出数据。

(3) 诊断功能。

经过扩展的 PROFIBUS-DP 诊断,能对站级、模块级、通道级这 3 级故障进行诊断和快速定位,诊断信息在总线上传输并由主站采集。

(4) 保护功能。

所有信息的传输按海明距离 HD=4 进行。对 DP 从站的输出进行存取保护,DP 主站用监控定时器监视与从站的通信,对每个从站都有独立的监控定时器。

DP 从站用看门狗(Watchdog Timer,监控定时器)检测与主站的数据传输,如果在设置的时间内没有完成数据通信,那么从站会自动将输出切换到故障安全状态。

(5) 通过网络的组态功能与控制功能。

通过网络可以实现下列功能:动态激活或关闭 DP 从站,对 DP 主站(DPM1)进行配置,可以设置站点的数目、DP 从站的地址、输入/输出数据的格式、诊断报文的格式等,以及检查 DP 从站的组态。控制命令可以同时发送给所有的从站或部分从站。

(6) 同步与锁定功能。

主站可以发送命令给一个从站或同时发给一组从站。接收到主站的同步命令后,从站进入同步模式。这些从站的输出被锁定在当前状态。在这之后的用户数据传输中,输出数据存储在从站,但是它的输出状态保持不变。同步模式可用 UNSYNC 命令来解除。

FREEZE(锁定)命令使指定的从站组进入锁定模式,即将各从站的输入数据锁定在当前状态,直到主站发送下一个锁定命令时才可以刷新。可用 UNFREEZE 命令来解除锁定模式。

(7) DPM1 和 DP 从站之间的循环数据传输。

DPM1 与有关 DP 从站之间的用户数据传输是由 DPM1 按照确定的递归顺序自动进行的。在对总线系统进行组态时,用户定义 DP 从站与 DPM1 的关系,确定哪些 DP 从站被纳入信息交换的循环。

DMP1 和 DP 从站之间的数据传送分为 3 个阶段:参数化、组态和数据交换。在前两个阶段进行检查,每个从站将自己的实际组态数据与从 DPM1 接收到的组态数据进行比较。设备类型、格式、信息长度与输入/输出的个数都应一致,以防止由于组态过程中的错误造成系统的检查错误。

只有系统检查通过后,DP 从站才进入用户数据传输阶段。在自动进行用户数据传输的同时,也可以根据用户的需要向 DP 从站发送用户定义的参数。

(8) DPM1 和系统组态设备间的循环数据传输。

PROFIBUS-DP 允许主站之间的数据交换,即 DPM1 和 DPM2 之间的数据交换。该功能使组态和诊断设备通过总线对系统进行组态,改变 DPM1 的操作方式,动态地允许或禁止 DPM1 与某些从站之间交换数据。

**2. DP-V1 的扩展功能**

(1) 非循环数据交换。

除了 DP-V0 的功能外,DP-V1 最主要的特征是具有主站与从站之间的非循环数据交换功能,可以用它来进行参数设置、诊断和报警处理。非循环数据交换与循环数据交换是并行执行的,但是优先级较低。

1 类主站 DPM1 可以通过非循环数据通信读写从站的数据块,数据传输在 DPM1 建立的 MS1 连接上进行,可以用主站来组态从站和设置从站的参数。

在启动非循环数据通信之前,DPM2 用初始化服务建立 MS2 连接。MS2 用于读/写和数据传输服务。一个从站可以同时保持几个激活的 MS2 连接,但是连接的数量受到从站的资源的限制。DPM2 与从站建立或中止非循环数据通信连接,读/写从站的数据块。数据传输功能向从站非循环地写指定的数据,如果需要,可以在同一周期读数据。

对数据寻址时,PROFIBUS 假设从站的物理结构是模块化的,即从站由称为“模块”的逻辑功能单元构成。在基本 DP 功能中,这种模型也用于数据的循环传送。每一模块的输入/输出字节数为常数,在用户数据报文中按固定的位置来传送。寻址过程基于标识符,用它来表示模块的类型,包括输入、输出或二者的结合,所有标识符的集合产生了从站的配置。在系统启动时由 DPM1 对标识符进行检查。

循环数据通信也是建立在这一模型的基础上的。所有能被读写访问的数据块都被认为属于这些模块,它们可以用槽号和索引来寻址。槽号用来确定模块的地址,索引号用来确定指定给模块的数据块的地址,每个数据块最多 244B。读写服务寻址如图 5-3 所示。

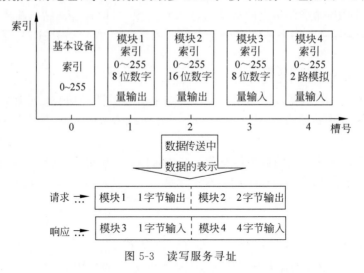

图 5-3　读写服务寻址

对于模块化的设备,模块被指定槽号,从 1 号槽开始,槽号按顺序递增,0 号留给设备本身。紧凑型设备被视为虚拟模块的一个单元,也可以用槽号和索引来寻址。

在读/写请求中,通过长度信息可以对数据块的一部分进行读写。如果读/写数据块成功,DP 从站发送正常的读写响应。反之将发送否定的响应,并对问题进行分类。

(2) 工程内部集成的 EDD 与 FDT。

在工业自动化中,由于历史的原因,GSD 文件使用得较多,它适用于较简单的应用;EDD(Electronic Device Description,电子设备描述)适用于中等复杂程度的应用;FDT/DTM(Field Device Tool/Device Type Manager,现场设备工具/设备类型管理)是独立于现场总线的"万能"接口,适用于复杂的应用场合。

(3) 基于 IEC 61131-3 的软件功能块。

为了实现与制造商无关的系统行规,应为现存的通信平台提供应用程序接口(API),即标准功能块。PNO(PROFIBUS 用户组织)推出了"基于 IEC 61131-3 的通信与代理(Proxy)功能块"。

(4) 故障安全通信(PROFIsafe)。

PROFIsafe 定义了与故障安全有关的自动化任务,以及故障-安全设备怎样用故障-安全控制器在 PROFIBUS 上通信。PROFIsafe 考虑了在串行总线通信中可能发生的故障,例如,数据的延迟、丢失、重复,不正确的时序,地址和数据的损坏。

PROFIsafe 采取了下列的补救措施:输入报文帧的超时及其确认;发送者与接收者之间的标识符(口令);附加的数据安全措施(CRC 校验)。

(5) 扩展的诊断功能。

DP 从站通过诊断报文将突发事件(报警信息)传送给主站,主站收到后发送确认报文给从站。从站收到后只能发送新的报警信息,这样可以防止多次重复发送同一报警报文。

状态报文由从站发送给主站,不需要主站确认。

### 3. DP-V2 的扩展功能

（1）从站与从站间的通信。

在 2001 年发布的 PROFIBUS 协议功能扩充版本 DP-V2 中,广播式数据交换实现了从站之间的通信,从站作为出版者(Publisher),不经过主站直接将信息发送给作为订户(Subscribers)的从站。这样从站可以直接读入其他从站的数据。这种方式最多可以减少90%的总线响应时间。从站与从站的数据交换如图 5-4 所示。

（2）同步(Isochronous)模式功能。

同步功能激活主站与从站之间的同步,误差小于 1ms。通过"全局控制"广播报文,所有有关的设备被周期性地同步到总线主站的循环。

（3）时钟控制与时间标记(Time Stamps)。

通过用于时钟同步的新的连接 MS3,实时时间(Real Time)主站将时间标记发送给所有从站,将从站的时钟同步到系统时间,误差小于 1ms。

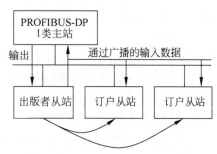

图 5-4　从站与从站的数据交换

（4）上载与下载(区域装载)。

这一功能允许用少量的命令装载任意现场设备中任意大小的数据区。例如,不需要人工装载就可以更新程序或更换设备。

（5）功能请求(Function Invocation)。

功能请求服务用于 DP 从站的程序控制(启动、停止、返回或重新启动)和功能调用。

（6）从站冗余。

在很多应用场合,要求现场设备的通信有冗余功能。冗余的从站有两个 PROFIBUS接口:一个是主接口,一个是备用接口。它们可能是单独的设备,也可能分散在两个设备中。

## 5.3.2　PROFIBUS-DP 系统组成和总线访问控制

PROFIBUS-DP 是一种专为制造自动化和过程控制优化的数字通信系统,支持高速数据交换。该系统由至少一个主站(如 PLC)、多个从站(如传感器和执行器)、总线电缆及接口构成,使用 RS-485 或光纤作传输介质。通过主-从通信机制和令牌传递协议,主站控制通信流程,确保数据实时、准确地传输。从站仅响应主站请求,利用轮询机制保证所有从站均被访问。此设计可有效地避免数据冲突,保障通信的高效和可靠性,满足工业自动化对实时性的高要求。

### 1. 系统的组成

PROFIBUS-DP 总线系统设备包括主站(主动站,有总线访问控制权,包括 1 类主站和2 类主站)和从站(被动站,无总线访问控制权)。当主站获得总线访问控制权(令牌)时,它能占用总线,可以传输报文,从站仅能应答所接收的报文或在收到请求后传输数据。

（1）1类主站。

1类DP主站能够对从站设置参数，检查从站的通信接口配置，读取从站诊断报文，并根据已经定义好的算法与从站进行用户数据交换。1类主站还能用一组功能与2类主站进行通信。所以1类主站在DP通信系统中既可作为数据的请求方（与从站的通信），也可作为数据的响应方（与2类主站的通信）。

（2）2类主站。

在PROFIBUS-DP系统中，2类主站是一个编程器或一个管理设备，可以执行一组DP系统的管理与诊断功能。

（3）从站。

从站是PROFIBUS-DP系统通信中的响应方，它不能主动发出数据请求。DP从站可以与2类主站或（对其设置参数并完成对其通信接口配置的）1类主站进行数据交换，并向主站报告本地诊断信息。

**2．系统的结构**

一个DP系统既可以是一个单主站结构，也可以是一个多主站结构。主站和从站采用统一编址方式，可选用0～127共128个地址，其中127为广播地址。一个PROFIBUS-DP网络最多可以有127个主站，在应用实时性要求较高时，主站个数一般不超过32个。

单主站结构是指网络中只有一个主站，且该主站为1类主站，网络中的从站都隶属于这个主站，从站与主站进行主-从数据交换。

多主站结构是指在一条总线上连接几个主站，主站之间采用令牌传递方式获得总线控制权，获得令牌的主站与受其控制的从站之间进行主-从数据交换。总线上的主站和各自控制的从站构成多个独立的主-从结构子系统。

典型DP系统的组成结构如图5-5所示。

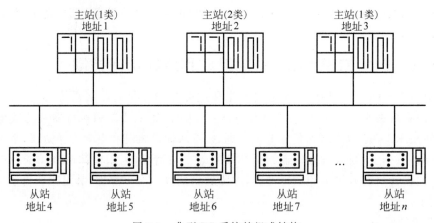

图 5-5　典型 DP 系统的组成结构

**3．总线访问控制**

PROFIBUS-DP系统的总线访问控制要保证满足两个方面的需求：一方面，总线主站节点必须在确定的时间范围内获得足够的机会来处理它自己的通信任务；另一方面，主站与从站之间的数据交换必须是快速且具有很少的协议开销。

DP系统支持使用混合的总线访问控制机制，主站之间采取令牌控制方式：令牌在主站之间传递，拥有令牌的主站拥有总线访问控制权；主站与从站之间采取主-从控制方式：主站具有总线访问控制权，从站仅在主站要求它发送时才可以使用总线。

当一个主站获得令牌后，它就可以执行主站功能，与其他主站节点或所控制的从站节点进行通信。总线上的报文用节点地址来组织，每个PROFIBUS主站节点和从站节点都有一个地址，而且此地址在整个总线上必须是唯一的。

在PROFIBUS-DP系统中，这种混合总线访问控制方式允许有如下的系统配置：

① 纯主-主系统（执行令牌传递过程）。

② 纯主-从系统（执行主-从数据通信过程）。

③ 混合系统（执行令牌传递和主-从数据通信过程）。

(1) 令牌传递过程。

连接到DP网络的主站按节点地址的升序组成一个逻辑令牌环。控制令牌按顺序从一个主站传递到下一个主站。令牌提供访问总线的权利，并通过特殊的令牌帧在主站间传递。具有HAS(Highest Address Station，最高站地址)的主站将令牌传递给具有最低总线地址的主站，以使逻辑令牌环闭合。

令牌经过所有主站节点轮转一次所需的时间叫作令牌循环时间(Token Rotation Time)。现场总线系统中令牌轮转一次所允许的最大时间叫作目标循环时间(Target Rotation Time，TTR)，其值是可调整的。

在系统的启动总线初始化阶段，总线访问控制通过辨认主站地址来建立令牌环，并将主站地址都记录在活动主站表(List of Active Master Stations，LAS，用于记录系统中所有主站地址)中。对于令牌管理而言，有两个地址概念特别重要：前驱站(Previous Station，PS)地址，即传递令牌给自己的站的地址；后继站(Next Station，NS)地址，即将要传递令牌的目的站地址。在系统运行期间，为了从令牌环中去掉有故障的主站或在令牌环中添加新的主站而不影响总线上的数据通信，需要修改LAS。纯主-主系统中的令牌传递过程如图5-6所示。

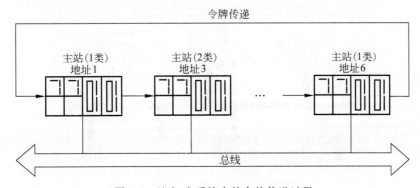

图5-6　纯主-主系统中的令牌传递过程

（2）主-从数据通信过程。

一个主站在得到令牌后，可以主动发起与从站的数据交换。主-从访问过程允许主站访问主站所控制的从站设备，主站可以发送信息给从站或从从站获取信息。其数据传递如图 5-7 所示。

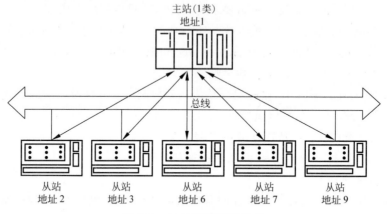

图 5-7　主-从数据通信过程

如果一个 DP 总线系统中有若干个从站，而它的逻辑令牌环只含有一个主站，那么这样的系统称为纯主-从系统。

## 5.3.3　PROFIBUS-DP 系统工作过程

下面以如图 5-8 所示的 PROFIBUS-DP 系统为例，介绍 PROFIBUS 系统的工作过程。这是一个由多个主站和多个从站组成的 PROFIBUS-DP 系统，包括：2 个 1 类主站、1 个 2 类主站和 4 个从站。2 号从站和 4 号从站受控于 1 号主站，5 号从站和 9 号从站受控于 6 号主站，主站在得到令牌后对其控制的从站进行数据交换。通过用户设置，2 类主站可以对 1 类主站或从站进行管理监控。上述系统搭建过程可以通过特定的组态软件（如 Step7）组态而成，限于篇幅，这里只讨论 1 类主站和从站的通信过程，而不讨论有关 2 类主站的通信过程。

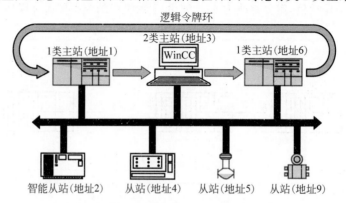

图 5-8　PROFIBUS-DP 系统实例

系统从上电到进入正常数据交换工作状态的整个过程可以概括为以下 4 个工作阶段。

### 1．主站和从站的初始化

上电后，主站和从站进入 Offline 状态，执行自检。当所需要的参数都被初始化后（主站需要加载总线参数集，从站需要加载相应的诊断响应信息等），主站开始监听总线令牌，而从站开始等待主站对其设置参数。

### 2．总线上令牌环的建立

主站准备好进入总线令牌环，处于听令牌状态。在一定时间（Time-out）内主站如果没有听到总线上有信号传递，就开始自己生成令牌并初始化令牌环。然后该主站做一次对全体可能主站地址的状态询问，根据收到应答的结果确定活动主站表和本主站所辖站地址范围 GAP，GAP 是指从本站地址（This Station，TS）到令牌环中的后继站地址 NS 之间的地址范围。LAS 的形成即标志着逻辑令牌环初始化的完成。

### 3．主站与从站通信的初始化

DP 系统的工作过程如图 5-9 所示。

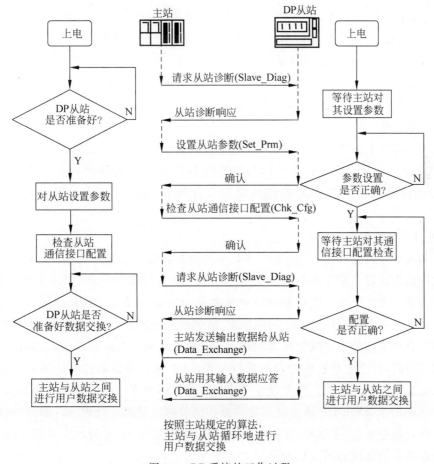

图 5-9　DP 系统的工作过程

在主站可以与 DP 从站设备交换用户数据之前,主站必须设置 DP 从站的参数并配置此从站的通信接口,因此主站首先检查 DP 从站是否在总线上。如果从站在总线上,则主站通过请求从站的诊断数据来检查 DP 从站的准备情况。如果 DP 从站报告它已准备好接收参数,则主站给 DP 从站设置参数数据并检查通信接口配置,正常情况下 DP 从站将分别给予确认。收到从站的确认回答后,主站再请求从站的诊断数据以查明从站是否准备好进行用户数据交换。只有在这些工作正确完成后,主站才能开始循环地与 DP 从站交换用户数据。

在上述过程中,交换了下述 3 种数据。

(1) 参数数据。

参数数据包括预先给 DP 从站的一些本地和全局参数以及一些特征和功能。参数报文的结构除包括标准规定的部分外,必要时还包括 DP 从站和制造商特有的部分。参数报文的长度不超过 244B,重要的参数包括从站状态参数、看门狗定时器参数、从站制造商标识符、从站分组及用户自定义的从站应用参数等。

(2) 通信接口配置数据。

DP 从站的输入/输出数据的格式通过标识符来描述。标识符指定了在用户数据交换时输入/输出字节或字的长度及数据的一致刷新要求。在检查通信接口配置时,主站发送标识符给 DP 从站,以检查在从站中实际存在的输入/输出区域是否与标识符所设定的一致。如果一致,则可以进入主-从用户数据交换阶段。

(3) 诊断数据。

在启动阶段,主站使用诊断请求报文来检查是否存在 DP 从站和从站是否准备好接收参数报文。由 DP 从站提交的诊断数据包括符合标准的诊断部分以及此 DP 从站专用的外部诊断信息。DP 从站发送诊断报文告知 DP 主站其运行状态、出错时间及原因等。

### 4. 用户的交换数据通信

如果前面所述的过程没有错误而且 DP 从站的通信接口配置与主站的请求相符,则 DP 从站发送诊断报文报告它已为循环地交换用户数据做好准备。从此时起,主站与 DP 从站交换用户数据。在交换用户数据期间,DP 从站只响应对其设置参数和通信接口配置检查正确的主站发来的 Data_Exchange 请求帧报文,如循环地向从站输出数据或者循环地读取从站数据。其他主站的用户数据报文均被此 DP 从站拒绝。在此阶段,当从站出现故障或其他诊断信息时,将会中断正常的用户数据交换。DP 从站可以通过将应答时的报文服务级别从低优先级改变为高优先级来告知主站当前有诊断报文中断或其他状态信息。然后,主站发出诊断请求,请求 DP 从站的实际诊断报文或状态信息。处理后,DP 从站和主站返回到交换用户数据状态,主站和 DP 从站可以双向交换最多 244B 的用户数据。DP 从站报告出现诊断报文的流程如图 5-10 所示。

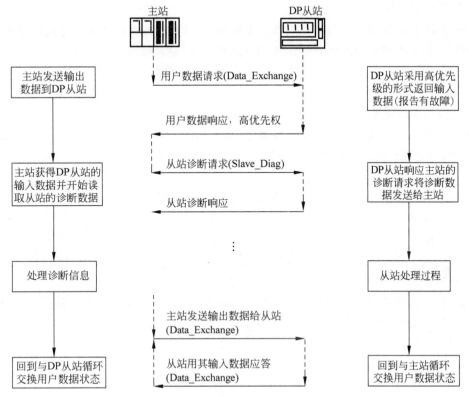

图 5-10 DP 从站报告出现诊断报文的流程

# 5.4 PROFIBUS-DP 的通信模型

PROFIBUS-DP 的通信模型有几个关键要点，它们共同定义了这一协议的通信行为和结构。

(1) 主站和从站模型。

主站（Master）：在 PROFIBUS-DP 网络中，主站负责控制网络上的通信。它发起数据交换，并且可以配置、监控和控制从站。主站通常是可编程逻辑控制器（PLC）或者工业 PC。

从站（Slave）：从站是网络上的设备，如传感器、执行器或驱动器等，它们执行主站下达的命令，并向主站报告状态或测量值。从站不会主动发起通信。

(2) 通信组织。

周期性通信：主站定期（周期性地）与从站交换数据，确保实时性控制和监测。这种通信模式支持快速响应和高效的数据同步。

非周期性通信：除了周期性通信外，主站还可以与从站进行非周期性的数据交换，用于参数配置、诊断等需要。

（3）数据交换模型。

输入/输出（I/O）数据：最常见的数据交换类型，涉及将控制命令从主站发送到从站（输出数据），以及将状态信息或测量值从从站回送到主站（输入数据）。

参数数据：用于设备配置和参数设置的数据。这些数据通常在设备启动时或维护期间交换。

（4）数据传输速率。

PROFIBUS-DP 支持多种数据传输速率，从 9.6kb/s 到 12Mb/s 不等，用户可以根据具体的应用需求选择合适的数据传输速率。

（5）地址分配。

PROFIBUS-DP 网络中的每个设备都有一个唯一的地址。主站通过这些地址识别和访问网络上的从站。

（6）配置和诊断。

网络配置：在网络投入运行前，需要对其进行配置，包括设定主站和从站的参数，以及网络的布局。

网络诊断：PROFIBUS-DP 支持网络诊断功能，主站可以通过诊断信息监控网络状态和从站的健康状况。

（7）标准和互操作性。

PROFIBUS-DP 遵循 IEC 61158 和 IEC 61784 标准，确保了不同制造商的设备之间的互操作性。

通过这些通信模型的要点，PROFIBUS-DP 能够提供一种高效、可靠的方式来支持工业自动化系统中的设备通信。

## 5.4.1 PROFIBUS-DP 的物理层

PROFIBUS-DP 的物理层支持屏蔽双绞线和光缆两种传输介质。

### 1. DP（RS-485）的物理层

对于屏蔽双绞电缆的基本类型来说，PROFIBUS 的物理层（第 1 层）实现对称的数据传输，符合 EIA RS-485 标准（也称为 H2）。一个总线段内的导线是屏蔽双绞电缆，段的两端各有一个终端器，如图 5-11 所示。传输速率从 9.6kb/s 到 12Mb/s 可选，所选用的波特率适用于连接到总线（段）上的所有设备。

（1）传输程序。

用于 PROFIBUS RS-485 的传输程序是以半双工、异步、无间隙同步为基础的。数据的发送用 NRZ（不归零）编码，即 1 个字符帧为 11 位（bit），如图 5-12 所示。当发送位（bit）时，由二进制 0 到 1 转换期间的信号形状不改变。

在传输期间，二进制 1 对应 RXD/TXD-P（Receive/Transmit-Data-P）线上的正电位，而在 RXD/TXD-N 线上则相反。各报文间的空闲（idle）状态对应二进制 1 信号，如图 5-13 所示。

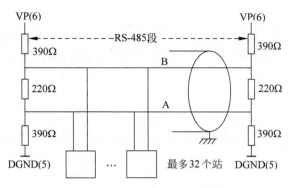

图 5-11　RS-485 总线段的结构

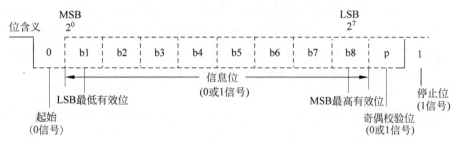

图 5-12　PROFIBUS UART 数据帧

2 根 PROFIBUS 数据线也常称为 A 线和 B 线。A 线对应 RXD/TXD-N 信号,B 线则对应 RXD/TXD-P 信号。

(2) 总线连接。

国际性的 PROFIBUS 标准 EN 50170 推荐使用 9 针 D 形连接器用于总线站与总线的相互连接。D 形连接器的插座与总线站相连接,而 D 形连接器的插头与总线电缆相连接,9 针 D 形连接器如图 5-14 所示。

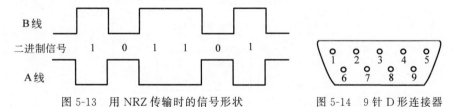

图 5-13　用 NRZ 传输时的信号形状　　　　图 5-14　9 针 D 形连接器

9 针 D 形连接器的针脚分配如表 5-1 所示。

表 5-1　9 针 D 形连接器的针脚分配

| 针　脚　号 | 信　号　名　称 | 设　计　含　义 |
|---|---|---|
| 1 | SHIELD | 屏蔽或功能地 |
| 2 | M24 | 24V 输出电压的地(辅助电源) |
| 3 | RXD/TXD-P[①] | 接收/发送数据-正,B 线 |
| 4 | CNTR-P | 方向控制信号 P |

续表

| 针 脚 号 | 信 号 名 称 | 设 计 含 义 |
|---|---|---|
| 5 | DGND① | 数据基准电位（地） |
| 6 | VP① | 供电电压-正 |
| 7 | P24 | 正 24V 输出电压（辅助电源） |
| 8 | RXD/TXD-N① | 接收/发送数据-负，A 线 |
| 9 | CMTR-N | 方向控制信号 N |

① 该类信号是强制性的，它们必须使用。

（3）总线终端器。

根据 EIA RS-485 标准，在数据线 A 和 B 的两端均加接总线终端器。PROFIBUS 的总线终端器包含一个下拉电阻（与数据基准电位 DGND 相连接）和一个上拉电阻（与供电正电压 VP 相连接）（见图 4-11）。当在总线上没有站发送数据时，也就是说，在两个报文之间总线处于空闲状态时，这两个电阻确保在总线上有一个确定的空闲电位。几乎在所有标准的 PROFIBUS 总线连接器上都组合了所需要的总线终端器，而且可以由跳接器或开关来启动。

当总线系统运行的传输速率大于 1.5Mb/s 时，由于所连接站的电容性负载而引起导线反射，因此必须使用附加有轴向电感的总线连接插头，如图 5-15 所示。

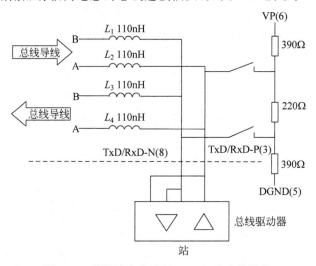

图 5-15　传输速率大于 1.5Mb/s 的连接结构

RS-485 总线驱动器可采用 SN75176，当数据传输速率超过 1.5Mb/s 时，应当选用高速型总线驱动器，如 SN75ALS1176 等。

**2．DP（光缆）的物理层**

PROFIBUS 第 1 层的另一种类型是以 PNO（PROFIBUS 用户组织）的导则"用于 PROFIBUS 的光纤传输技术，版本 1.1，1993 年 7 月版"为基础的，它通过光纤导体中光的传输来传送数据。光缆允许 PROFIBUS 系统站之间的距离最大到 15km。光缆对电磁干扰不敏感并能确保总线站之间的电气隔离。近年来,由于光纤的连接技术已大大简化,因此这种传输技术已经普遍用于现场设备的数据通信,特别是塑料光纤的简单单工连接器的使用成为这一发展的重要组成部分。

用玻璃或塑料纤维制成的光缆可用作传输介质。根据所用导线的类型,目前玻璃光纤能处理的连接距离达到15km,而塑料光纤只能达到80m。

## 5.4.2　PROFIBUS-DP 的数据链路层

根据 OSI 参考模型,数据链路层规定总线存取控制、数据安全性以及传输协议和报文的处理。在 PROFIBUS-DP 中,数据链路层(第2层)称为 FDL 层(现场总线数据链路层)。

PROFIBUS-DP 的报文格式如图 5-16 所示。

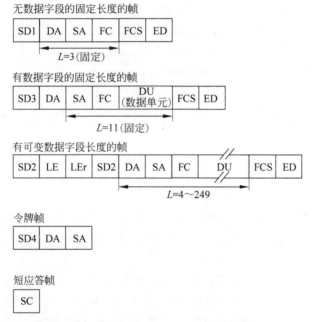

图 5-16　PROFIBUS-DP 的报文格式

### 1. 帧字符和帧格式

(1)帧字符。

每个帧由若干帧字符(UART 字符)组成,它把一个 8 位字符扩展成 11 位:首先是一个开始位 0,接着是 8 位数据,之后是奇偶校验位(规定为偶校验),最后是停止位 1。

(2)帧格式。

第 2 层的报文格式(帧格式)如图 5-16 所示。

其中,

| | |
|---|---|
| $L$ | 信息字段长度; |
| SC | 单一字符(E5H),用在短应答帧中; |

SD1~SD4 开始符,区别不同类型的帧格式:
SD1=0x10,SD2=0x68,SD3=0xA2,SD4=0xDC;

LE/LEr 长度字节,指示数据字段的长度,LEr=LE;

DA 目的地址,指示接收该帧的站;

SA 源地址,指示发送该帧的站;

FC 帧控制字节,包含用于该帧服务和优先权等的详细说明;

DU 数据字段,包含有效的数据信息;

FCS 帧校验字节,所有帧字符的和,不考虑进位;

ED 帧结束界定符(16H)。

这些帧既包括主动帧,也包括应答/回答帧,帧中字符间不存在空闲位(二进制 1)。主动帧和应答/回答帧的帧前的间隙有一些不同。每个主动帧帧头都有至少 33 个同步位,也就是说,每个通信建立握手报文前必须保持至少 33 位长的空闲状态(二进制 1 对应电平信号),这 33 个同步位长作为帧同步时间间隔,称为同步位 SYN。而应答和回答帧前没有这个规定,响应时间取决于系统设置。应答帧与回答帧也有一定的区别:应答帧是指从站对主站的响应帧中无数据字段(DU)的帧,而回答帧是指响应帧中存在数据字段(DU)的帧。另外,短应答帧只供应答使用,它是无数据字段固定长度的帧的一种简单形式。

(3)帧控制字节。

FC 的位置在帧中 SA 之后,用来定义报文类型,表明该帧是主动请求帧还是应答/回答帧,FC 还包括了防止信息丢失或重复的控制信息。

(4)扩展帧。

在有数据字段(DU)的帧(开始符是 SD2 和 SD3)中,DA 和 SA 的最高位(第 7 位)指示是否存在地址扩展位(EXT),0 表示无地址扩展,1 表示有地址扩展。

(5)报文循环。

在 DP 总线上,一次报文循环过程包括主动帧和应答/回答帧的传输。除令牌帧外,其余 3 种帧:无数据字段的固定长度的帧、有数据字段的固定长度的帧和有数据字段无固定长度的帧,既可以是主动请求帧,也可以是应答/回答帧(令牌帧是主动帧,它不需要应答/回答)。

**2. 现场总线第 1/2 层管理(FMA 1/2)**

前面介绍了 PROFIBUS-DP 规范中 FDL 为上层提供的服务。而事实上,FDL 的用户除了可以申请 FDL 的服务之外,还可以对 FDL 以及物理层 PHY 进行一些必要的管理,例如,强制复位 FDL 和 PHY、设定参数值、读状态、读事件及进行配置等。在 PROFIBUS-DP规范中,这一部分叫作 FMA 1/2(第 1、2 层现场总线管理)。

FMA 1/2 用户和 FMA 1/2 之间的接口服务功能主要有:

(1)复位物理层、数据链路层(Reset FMA 1/2),此服务是本地服务。

(2)请求和修改数据链路层、物理层以及计数器的实际参数值(Set Value/Read Value FMA 1/2),此服务是本地服务。

（3）通知意外的事件、错误和状态改变（Event FMA 1/2），此服务可以是本地服务，也可以是远程服务。

（4）请求站的标识和链路服务存取点（LSAP）配置（Ident FMA 1/2、LSAP Status FMA 1/2），此服务可以是本地服务，也可以是远程服务。

（5）请求实际的主站表（Live List FMA 1/2），此服务是本地服务。

（6）SAP 激活及解除激活（SAP Activate/SAP Deactivate FMA 1/2），此服务是本地服务。

## 5.4.3　PROFIBUS-DP 的用户层

PROFIBUS-DP 协议的用户层定义了应用程序接口（API），使得应用程序能够访问网络通信服务。用户层位于 PROFIBUS 通信模型的最高层，直接与应用程序交互，负责处理高级数据交换、设备参数配置、诊断和监控等任务。PROFIBUS-DP 用户层的几个关键点如下：

（1）数据交换和访问。

① 过程数据交换：用户层提供了机制，允许周期性地交换过程数据（即从传感器、执行器等从站设备收集的数据）并发送控制信号。这种数据交换是实时的，支持自动化系统的实时控制需求。

② 参数化和诊断数据访问：用户层还提供了非周期性数据访问的机制，使得可以读取和写入设备参数，以及访问诊断信息，这对于设备配置、故障分析和系统维护至关重要。

（2）设备描述文件（GSD 文件）。

① 设备描述：每个 PROFIBUS-DP 从站设备都有一个与之关联的设备描述文件（GSD 文件），其中包含了设备的重要信息，如设备标识、通信能力、I/O 配置和参数列表等。用户层通过解析 GSD 文件来识别和配置从站设备。

② 参数化支持：用户层利用 GSD 文件中的信息对设备进行参数化，这是实现设备按需配置的基础。

（3）服务原语（Service Primitives）。

用户层通过一组定义明确的服务原语（如请求、响应、指示和确认）提供通信服务。这些原语定义了应用程序与用户层之间的接口，使得应用程序能够请求数据交换、设备配置和诊断服务。

（4）确定性通信。

PROFIBUS-DP 用户层支持确定性通信，确保数据在预定的时间内可靠传输，这对于实现工业自动化过程中的同步和实时控制非常重要。

（5）诊断和监控。

用户层提供了丰富的诊断功能，允许应用程序访问从站和网络的状态信息，包括错误报告、设备状态和网络通信质量等。这些信息对于系统的故障检测和维护至关重要。

（6）互操作性和兼容性。

用户层遵循 PROFIBUS 标准，提供了标准化的应用程序接口，确保了不同制造商生产的设备和系统之间的互操作性和兼容性。

PROFIBUS-DP 的用户层是实现高效、可靠工业通信的关键，它通过提供标准化的服务和接口，支持复杂的自动化任务，包括设备控制、参数配置、系统诊断和维护。

### 1. PROFIBUS-DP 的用户层概述

PROFIBUS-DP 的用户层包含以下主要内容：数据链路层管理（DDLM）、用户接口和用户。DDLM 负责处理通信协议的底层细节，如数据的发送和接收、错误检测与恢复。用户接口提供了一个框架，允许应用程序与网络设备进行交互，实现数据交换和设备控制。用户部分则涉及到实际的操作人员，他们通过用户接口与系统互动，进行设备配置、监控和管理。这三者共同确保了系统的有效运行和高效的数据处理。它们在通信中实现各种应用功能［在 PROFIBUS-DP 协议中没有定义第 7 层（应用层），而是在用户接口中描述其应用］。DDLM 是预先定义的直接数据链路映射程序，将所有的在用户接口中传送的功能都映射到第 2 层 FDL 和 FMA 1/2 服务。它向第 2 层发送功能调用中 SSAP、DSAP 和 Serv_class 等必需的参数，接收来自第 2 层的确认和指示，并将它们传送给用户接口/用户。

PROFIBUS-DP 系统的通信模型如图 5-17 所示。

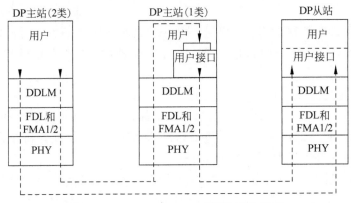

图 5-17　PROFIBUS-DP 系统的通信模型

在图 5-17 中，2 类主站中不存在用户接口，DDLM 直接为用户提供服务。在 1 类主站中，除 DDLM 外，还存在用户、用户接口以及用户与用户接口之间的接口。用户接口与用户之间的接口被定义为数据接口与服务接口，在该接口上处理与 DP 从站之间的通信。在 DP 从站中，存在着用户与用户接口，而用户和用户接口之间的接口被创建为数据接口。主站与主站之间的数据通信由 2 类主站发起，在 1 类主站中数据流直接通过 DDLM 到达用户，不经过用户接口而 1 类主站与 DP 从站两者的用户经由用户接口，利用预先定义的 DP 通信接口进行通信。

### 2. PROFIBUS-DP 行规

PROFIBUS-DP 只使用了第 1 层和第 2 层。用户接口定义了 PROFIBUS-DP 设备可使用的应用功能以及各种类型的系统和设备的行为特性。

PROFIBUS-DP协议的任务只是定义用户数据怎样通过总线从一个站点传送到另一个站点。在这里,传输协议并没有对所传输的用户数据进行评价,这是DP行规的任务。由于精确规定了相关应用的参数和行规的使用,从而使不同制造商生产的DP部件能容易地交换使用。目前已制定了如下的DP行规:

(1) NC/RC行规(3.052)——该行规介绍了人们怎样通过PROFIBUS-DP对操作机床和装配机器人进行控制。根据详细的顺序图解,从高一级自动化设备的角度,介绍了机器人的动作和程序控制情况。

(2) 编码器行规(3.062)——该行规介绍了回转式、转角式和线性编码器与PROFIBUS-DP的连接,这些编码器带有单转或多转分辨率。有两类设备定义了它们的基本和附加功能,如标定、中断处理和扩展诊断。

(3) 变速传动行规(3.071)——传动技术设备的主要生产厂商共同制定了PROFIDRIVE行规。行规具体规定了传动设备怎样参数化,以及设定值和实际值怎样进行传递,这样不同厂商生产的传动设备就可互换,此行规也包括了速度控制和定位必需的规格参数。传动设备的基本功能在行规中有具体规定,但会根据具体应用留有进一步扩展的余地。行规描述了DP或FMS应用功能的映射。

(4) 操作员控制和过程监视行规(HMI)——HMI行规具体说明了如何通过PROFIBUS-DP把这些设备与更高一级自动化部件的连接,此行规使用了扩展的PROFIBUS-DP的功能来进行通信。

## 5.4.4  PROFIBUS-DP用户接口

PROFIBUS-DP用户接口是指用户(通常指的是自动化系统的开发人员和维护人员)与PROFIBUS-DP网络之间交互的接口,其中包括软件编程接口(API)、配置工具、诊断功能等。通过这些接口和工具,用户可以配置网络、设备,以及进行通信和故障诊断。PROFIBUS-DP用户接口具有如下要点:

(1) 设备描述文件(GSD文件)。

每个PROFIBUS-DP设备都有一个对应的设备描述(General Station Description, GSD)文件,它包含了设备的基本信息、通信参数和功能。用户通过这些信息来配置和集成设备。

(2) 配置工具。

① 网络配置:用户通过配置工具来设置网络的拓扑结构、为设备分配地址、配置设备参数等。这些工具通常提供图形界面,简化了配置过程。

② 设备参数设置:配置工具也用于设备的参数化,例如,设置传感器的量程、执行器的操作模式等。

(3) 编程接口(API)。

应用程序接口:PROFIBUS-DP提供了一套编程接口,允许开发人员在自己的应用程序中集成 PROFIBUS-DP 通信。这些 API 简化了数据交换、设备控制和诊断信息访问的过程。

（4）实时数据交换。

过程数据通信：用户接口支持实时的过程数据交换，使得控制系统能够实时监控和控制现场设备。

（5）诊断和监控。

网络和设备诊断：用户接口提供了诊断功能，使用户能够监控网络状态、检测和诊断故障。这包括从简单的设备状态指示到复杂的故障分析和记录。

（6）互操作性。

标准化接口：由于 PROFIBUS-DP 遵循国际标准，其用户接口保证了不同设备和系统之间的互操作性，即使它们来自不同的制造商。

（7）安全性。

网络安全：虽然 PROFIBUS-DP 本身不专注于网络安全，但是用户接口需要考虑到安全性的配置，如通过安全网关或加密手段保护通信数据。

通过这些用户接口的功能和特点，PROFIBUS-DP 支持了广泛的工业自动化应用，从简单的 I/O 设备控制到复杂的过程控制和监控系统。用户可以根据自己的需求，利用这些接口和工具来构建高效、可靠的自动化解决方案。

下面讲述 PROFIBUS-DP 的用户接口。

### 1. 1 类主站的用户接口

1 类主站用户接口与用户之间的接口包括数据接口和服务接口。在该接口上处理与 DP 从站通信的所有信息交互，1 类主站的用户接口如图 5-18 所示。

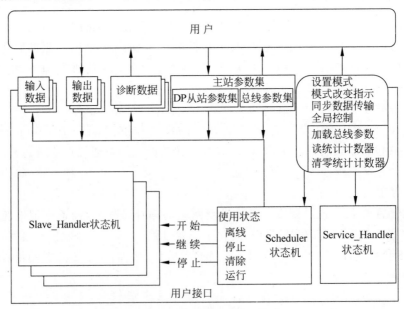

图 5-18　1 类主站的用户接口

（1）数据接口。

数据接口包括主站参数集、诊断数据、输入数据和输出数据。其中主站参数集包含总线参数集和 DP 从站参数集，是总线参数和从站参数在主站上的映射。

① 总线参数集。

总线参数集的内容包括总线参数长度、FDL 地址、波特率、时隙时间、最小和最大响应从站延时、静止和建立时间、令牌目标轮转时间、GAL 更新因子、最高站地址、最大重试次数、用户接口标志、最小从站轮询时间间隔、请求方得到响应的最长时间、主站用户数据长度、主站（2 类）的名字和主站用户数据。

② DP 从站参数集。

DP 从站参数集的内容包括从站参数长度、从站标志、从站类型、参数数据长度、参数数据、通信接口配置数据长度、通信接口配置数据、从站地址分配表长度、从站地址分配表、从站用户数据长度和从站用户数据。

③ 诊断数据。

诊断数据 Diagnostic_Data 是指由用户接口存储的 DP 从站诊断信息、系统诊断信息、数据传输状态表（Data_Transfer_List）和主站状态（Master_Status）的诊断信息。

④ 输入数据和输出数据。

输入数据（Input Data）和输出数据（Output Data）包括 DP 从站的输入数据和 1 类主站用户的输出数据。该区域的长度由 DP 从站制造商指定，输入数据和输出数据的格式由用户根据其 DP 系统来设计，格式信息保存在 DP 从站参数集的 Add_Tab 参数中。

（2）服务接口。

通过服务接口，用户可以在用户接口的循环操作中异步调用非循环功能。非循环功能分为本地和远程功能。本地功能由 Scheduler 或 Service_Handler 处理，远程功能由 Scheduler 处理。用户接口不提供附加出错处理。在这个接口上，服务调用顺序执行，只有在接口上传送了 Mark. req 并产生 Global_Control. req 的情况下才允许并行处理。服务接口包括以下几种服务。

① 设定用户接口操作模式（Set_Mode）。

用户可以利用该功能设定用户接口的操作模式（USIF_State），并可以利用 DDLM_Get_Master_Diag 读取用户接口的操作模式。2 类主站也可以利用 DDLM_Download 来改变操作模式。

② 指示操作模式改变（Mode_Change）。

用户接口用该功能指示其操作模式的改变。如果用户通过 Set_Mode 改变操作模式，该指示将不会出现。如果在本地接口上发生了一个严重的错误，则用户接口将操作模式改为 Offline。

③ 加载总线参数集（Load_Bus_Par）。

用户用该功能加载新的总线参数集。用户接口将新加载的总线参数集传送给当前的总线参数集并将改变的 FDL 服务参数传送给 FDL 控制。在用户接口的操作模式 Clear 和

Operate 下不允许改变 FDL 服务参数 Baud_Rate 或 FDL_Add。

④ 同步数据传输(Mark)。

利用该功能,用户可与用户接口同步操作,用户将该功能传送给用户接口后,当所有被激活的 DP 从站至少被询问一次后,用户将收到一个来自用户接口的应答。

⑤ 对从站的全局控制命令(Global_Control)。

利用该功能可以向一个(单一)或数个(广播)DP 从站传送控制命令 Sync 和 Freeze,从而实现 DP 从站的同步数据输出和同步数据输入功能。

⑥ 读统计计数器(Read_Value)。

利用该功能读取统计计数器中的参数变量值。

⑦ 清零统计计数器(Delete_SC)。

利用该功能清零统计计数器,各个计数器的寻址索引与其 FDL 地址一致。

**2. 从站的用户接口**

在 DP 从站中,用户接口通过从站的主-从 DDLM 功能和从站的本地 DDLM 功能与 DDLM 通信,用户接口被创建为数据接口,从站用户接口状态机实现对数据交换的监视。用户接口分析本地发生的 FDL 和 DDLM 错误并将结果放入 DDLM_Fault.ind 中。用户接口保持与实际应用过程之间的同步,并且该同步的实现依赖于一些功能的执行过程。在本地,同步由 3 个事件来触发:新的输入数据、诊断信息(Diag_Data)改变和通信接口配置改变。主站参数集中 Min_Slave_Interval 参数的值应根据 DP 系统中从站的性能来确定。

# 5.5 PROFIBUS-DP 的总线设备类型和数据通信

PROFIBUS-DP 支持高速通信并用于连接控制器和现场设备(如传感器和执行器)。PROFIBUS-DP 的设计旨在简化自动化系统的通信,提高数据传输的效率和可靠性。PROFIBUS-DP 总线设备类型和数据通信的要点如下。

(1)总线设备类型。

① 主站(Master)。

1 类主站:通常是可编程逻辑控制器(PLC)或工业 PC,负责控制过程,周期性地执行数据交换,向从站发送控制命令,并读取从站状态。

2 类主站:通常用于工程和维护任务,如参数设置、项目配置、启动和诊断。2 类主站可以与 1 类主站并行工作,不参与周期性数据交换。

② 从站(Slave)。

从站设备包括传感器、执行器、驱动器等现场设备。它们接收来自主站的控制命令,并向主站报告状态或测量值。从站不会主动发起通信,只在主站请求时响应。

（2）数据通信。

① 周期性通信。

主要用于过程数据的交换。1 类主站周期性地轮询每个从站，发送控制命令并接收状态信息。这确保了实时性和同步性，适用于需要快速响应的自动化控制任务。

② 非周期性通信。

用于参数化、配置和诊断等任务。2 类主站通常负责这些非实时的通信需求，可以在不干扰周期性数据交换的情况下，随时访问从站进行配置或故障诊断。

③ 实时性和确定性。

PROFIBUS-DP 通过精确的总线访问控制和时间同步机制，保证了通信的实时性和确定性。这对于确保工业自动化系统中严格的时间要求至关重要。

④ 数据传输速率。

PROFIBUS-DP 支持多种数据传输速率，从 9.6kb/s 到 12Mb/s。高速传输能力使其适用于各种工业应用，包括那些需要高速数据交换的场景。

⑤ 地址分配。

PROFIBUS-DP 网络中的每个设备都有一个唯一的地址。地址分配可以是手动进行的，也可以通过软件自动完成。正确的地址分配对于网络的顺利通信至关重要。

⑥ 通信协议和服务。

PROFIBUS-DP 定义了一系列的通信协议和服务，包括数据交换格式、错误检测和纠正机制、设备状态监测等。这些协议和服务确保了数据通信的可靠性和效率。

基于 PROFIBUS-DP 为工业自动化领域提供了一种高效、可靠的通信解决方案，支持从简单的 I/O 设备控制到复杂的过程自动化和监控系统的广泛应用。

## 5.5.1　概述

PROFIBUS-DP 协议是为自动化制造工厂中分散的 I/O 设备和现场设备所需要的高速数据通信而设计的。典型的 DP 配置是单主站结构，如图 5-19 所示。DP 主站与 DP 从站间的通信基于主-从原理。也就是说，只有当主站请求时总线上的 DP 从站才可能活动。DP 从站被 DP 主站按轮询表依次访问。DP 主站与 DP 从站间的用户数据连续地交换，而并不考虑用户数据的内容。

在 DP 主站上处理轮询表的情况如图 5-20 所示。

DP 主站与 DP 从站间的一个报文循环由 DP 主站发出的请求帧（轮询报文）和由 DP 从站返回的有关应答或响应帧组成。

由于按 EN 50170 标准规定的 PROFIBUS 节点在第 1 层和第 2 层的特性，一个 DP 系统也可能是多主结构。实际上，这就意味着一条总线上可能连接几个主站节点，在一个总线上 DP 主站/从站、FMS 主站/从站和其他的主动节点或被动节点也可以共存，如图 5-21 所示。

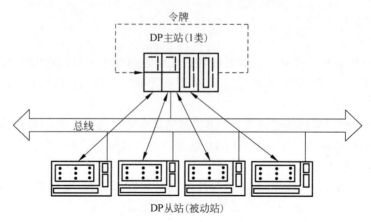

图 5-19   DP 单主站结构

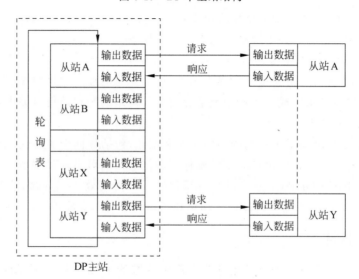

图 5-20   在 DP 主站上处理轮询表

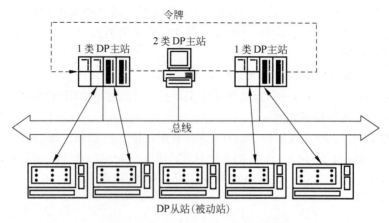

图 5-21   PROFIBUS-DP 多主站结构

## 5.5.2　DP 设备类型

在 PROFIBUS-DP 网络中,设备类型主要分为两大类:主站(Master)和从站(Slave)。这两类设备在网络中扮演不同的角色,以确保进行高效、可靠的数据通信。

### 1. DP 主站(1 类)

1 类 DP 主站循环地与 DP 从站交换用户数据。它使用如下的协议功能执行通信任务。

(1) Set_Prm 和 Chk_Cfg。

在启动、重启动和数据传输阶段,DP 主站使用这些功能发送参数集给 DP 从站。对个别 DP 从站而言,其输入和输出数据的字节数在组态期间进行定义。

(2) Data_Exchange。

此功能循环地与指定给它的 DP 从站进行输入/输出数据交换。

(3) Slave_Diag。

在启动期间或循环的用户数据交换期间,用此功能读取 DP 从站的诊断信息。

(4) Global_Control。

DP 主站使用此控制命令将它的运行状态告知给各 DP 从站。此外,还可以将控制命令发送给个别从站或规定的 DP 从站组,以实现输出数据和输入数据的同步(使用 Sync 和 Freeze 命令)。

### 2. DP 从站

DP 从站只与装载此从站的参数并组态它的 DP 主站交换用户数据。DP 从站可以向此主站报告本地诊断中断和过程中断。

### 3. DP 主站(2 类)

2 类 DP 主站是编程装置、诊断和管理设备。除了已经描述的 1 类主站的功能外,2 类 DP 主站通常还支持下列特殊功能:

(1) RD_Inp 和 RD_Outp。

在与 1 类 DP 主站进行数据通信的同时,利用这些功能可读取 DP 从站的输入数据和输出数据。

(2) Get_Cfg。

用此功能读取 DP 从站的当前组态数据。

(3) Set_Slave_Add。

此功能允许 DP 主站(2 类)分配一个新的总线地址给一个 DP 从站。当然,此从站是支持这种地址定义方法的。

此外,2 类 DP 主站还提供一些功能用于与 1 类 DP 主站的通信。

### 4. DP 组合设备

可以将 1 类 DP 主站、2 类 DP 主站和 DP 从站组合在一个硬件模块中形成一个 DP 组合设备。实际上,这样的设备是很常见的。一些典型的设备组合如下:

(1) 1 类 DP 主站与 2 类 DP 主站的组合。

(2) DP 从站与 1 类 DP 主站的组合。

### 5.5.3 DP 设备之间的数据通信

PROFIBUS-DP 旨在实现高速、可靠的数据通信。它特别适用于自动化和过程控制领域。PROFIBUS-DP 设备之间数据通信的要点如下：

(1) 主站与从站架构。

主站(Master)：通常是可编程逻辑控制器(PLC)或工业 PC，负责初始化通信、周期性地轮询从站，并处理从站发送的数据。

从站(Slave)：如传感器、执行器或驱动器，执行主站的命令，向主站报告其状态和测量数据。从站不会主动发起通信。

(2) 通信方式。

周期性通信：主站周期性地轮询每个从站，进行数据交换。这种方式用于实时控制任务，确保了通信的实时性和确定性。

非周期性通信：用于参数配置、诊断和监控等操作。这种通信可以由主站或特定的配置工具发起，不受周期性数据交换的影响。

(3) 数据交换模式。

输出数据：从主站到从站的数据，用于控制从站的行为(如设置执行器的状态)。

输入数据：从从站到主站的数据，包括传感器读数或从站的状态信息。

(4) 数据传输速率。

PROFIBUS-DP 支持多种数据传输速率，从 9.6kb/s 到 12Mb/s，以适应不同的应用需求和网络长度。

(5) 地址分配。

每个从站在 PROFIBUS-DP 网络中有一个唯一的地址，这使得主站能够识别并与特定的从站通信。

(6) 数据一致性。

通过使用循环冗余检查(CRC)和确认机制，PROFIBUS-DP 确保数据的准确性和一致性。

(7) 通信协议。

PROFIBUS-DP 定义了一套严格的通信协议，包括数据帧格式、错误处理和设备配置。

(8) 网络配置和诊断。

网络配置工具允许用户配置网络参数、设备地址和数据传输速率。同时，PROFIBUS-DP 支持网络诊断功能，帮助检测和解决网络问题。

(9) 互操作性。

由于遵循国际标准，不同制造商的 PROFIBUS-DP 设备可以在同一网络中互操作。

#### 1. DP 通信关系和 DP 数据交换

按 PROFIBUS-DP 协议，通信作业的发起者称为请求方，而相应的通信伙伴称为响应方。所有 1 类 DP 主站的请求报文以第 2 层中的"高优先权"(High_Priority)报文服务级别处理。与此相反,由 DP 从站发出的响应报文使用第 2 层中的"低优先权"(Low_Priority)报文服务级别。DP 从站可将当前出现的诊断中断或状态事件通知给 DP 主站,仅在此刻,可通过将 Data_Exchange 的响应报文服务级别从低优先权改变为高优先权来实现。数据的传输是非连接的一对一或一对多连接(仅控制命令和交叉通信)。表 5-2 列出了 DP 主站和 DP 从站的通信能力,按请求方和响应方分别列出。

表 5-2 各类 DP 设备间的通信关系

| 功能/服务<br>依据 EN 50170 | DP-从站 | | DP 主站(1 类) | | DP 主站(2 类) | | 使用的<br>SAP 号 | 使用的<br>第 2 层服务 |
|---|---|---|---|---|---|---|---|---|
| | Requ | Resp | Requ | Resp | Requ | Resp | | |
| Data-Exchange | | M | M | | O | | 缺省 SAP | SRD |
| RD-Inp | | M | | | O | | 56 | SRD |
| RD_Outp | | M | | | O | | 57 | SRD |
| Slave_Diag | | M | M | | O | | 60 | SRD |
| Set_Prm | | M | M | | O | | 61 | SRD |
| Chk_Cfg | | M | M | | O | | 62 | SRD |
| Get_Cfg | | M | | | O | | 59 | SRD |
| Global_Control | | M | M | | O | | 58 | SDN |
| Set_Slave_Add | | O | | | O | | 55 | SRD |
| M_M_Communication | | | O | O | O | O | 54 | SRD/SDN |
| DPV1 Services | | O | O | | O | | 51/50 | SRD |

注:Requ=请求方,Resp=响应方,M=强制性功能,O=可选功能。

**2. 初始化阶段,重启动和用户数据通信**

在 DP 主站可以与从站设备交换用户数据之前,DP 主站必须定义 DP 从站的参数并组态此从站。为此,DP 主站首先检查 DP 从站是否在总线上。如果是,则 DP 主站通过请求从站的诊断数据来检查 DP 从站的准备情况。当 DP 从站报告它准备好参数定义时,则 DP 主站装载参数集和组态数据。DP 主站再请求从站的诊断数据以查明从站是否准备就绪。只有在这些工作完成后,DP 主站才开始循环地与 DP 从站交换用户数据。

DP 从站初始化阶段的主要顺序如图 5-22 所示。

(1) 参数数据(Set_Prm)。

参数集包括预定给 DP 从站的重要的本地和全局参数、特征和功能。为了规定和组态从站参数,通常使用装有组态工具的 DP 主站来进行。若使用直接组态方法,则需填写由组态软件的图形用户接口提供的对话框。若使用间接组态方法,则要用组态工具存取当前的参数和有关 DP 从站的 GSD 数据。参数报文的结构包括 EN 50170 标准规定的部分,必要时还包括 DP 从站和制造商特指的部分。参数报文的长度不能超过 244B。以下列出了最重要的参数报文的内容。

① Station Status。

Station Status 包括与从站有关的功能和设定。例如,它规定了定时监视器(Watchdog)是否要被激活,它还规定了是否允许其他 DP 主站存取此 DP 从站。

② Watchdog。

Watchdog(定时监视器,"看门狗")检查 DP 主站的故障。如果定时监视器被启用,且

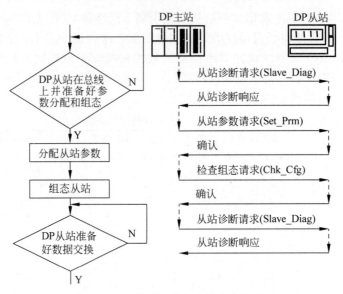

图 5-22  DP 从站初始化阶段的主要顺序

DP 从站检查出 DP 主站有故障,则本地输出数据被删除或进入规定的安全状态(替代值被传送给输出)。在总线上运行的一个 DP 从站,可以带定时监视器也可以不带。根据总线配置和所选用的传输速率,组态工具建议此总线配置可以使用的定时监视器的时间。

③ Ident_Number。

DP 从站的标识号(Ident_Number)是由 PNO 在认证时规定的。DP 从站的标识号放在此设备的主要文件中。只有当参数报文中的标识号与此 DP 从站本身的标识号一致时,此 DP 从站才接收此参数报文。这样就防止了偶尔出现的从站设备的错误参数定义。

④ Group_Ident。

Group_Ident 可将 DP 从站分组组合,以便使用 Sync 和 Freeze 控制命令。最多可允许组成 8 组。

⑤ User_Prm_Data。

DP 从站参数数据(User_Prm_Data)为 DP 从站规定了有关应用数据。例如,这可能包括默认设定或控制器参数。

(2) 组态数据(Chk_Cfg)。

在组态数据报文中,DP 主站发送标识符格式给 DP 从站,这些标识符格式告知 DP 从站要被交换的输入/输出区域的范围和结构。这些区域(也称"模块")是按 DP 主站和 DP 从站约定的字节或字结构(标识符格式)形式定义的。标识符格式允许指定各模块的输入/输出区域。当定义组态报文时,必须依据 DP 从站设备类型考虑下列特性:

① DP 从站有固定的输入/输出区域。

② 依据配置,DP 从站有动态的输入/输出区域。

③ DP 从站的输入/输出区域由此 DP 从站及其制造商特指的标识符格式来规定。

　　那些包括连续的信息而又不能按字节或字结构安排的输入/输出数据区域被称为"连续的"数据。例如，它们包含用于闭环控制器的参数区域或用于驱动控制的参数集。使用特殊的标识符格式(与 DP 从站和制造商有关的)可以规定最多 64 个字节或字的输入/输出数据区域(模块)。DP 从站可使用的输入/输出域(模块)存放在设备描述文件(GSD 文件)中。在组态此 DP 从站时它们将由组态工具推荐给用户。

　　(3) 诊断数据(Slave_Diag)。

　　在启动阶段，DP 主站使用请求诊断数据来检查 DP 从站是否存在以及是否准备好接收参数信息。

　　(4) 用户数据(Data_Exchange)。

　　DP 从站在验证接收到的参数和配置信息无误且符合主站要求后，会发送诊断数据，表明已准备好周期性地交换用户数据。此后，DP 主站与从站将开始交换配置的用户数据。期间，DP 从站只响应为其定义参数并进行配置的特定 DP 主站的 Data_Exchange 请求帧，而拒绝其他所有非指定的用户数据请求，确保仅传输关键的相关数据。

　　DP 主站与 DP 从站循环交换用户数据如图 5-23 所示。DP 从站报告当前的诊断中断如图 5-24 所示。

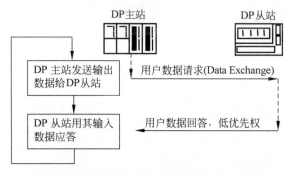

图 5-23　DP 主站与 DP 从站循环交换用户数据

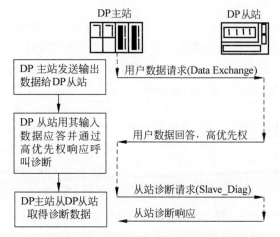

图 5-24　DP 从站报告当前的诊断中断

在图 5-24 中,DP 从站可以使用将应答时的报文服务级别从低优先权改变为高优先权来告知 DP 主站当前的诊断中断或现有的状态信息。然后,DP 主站在诊断报文中作出一个由 DP 从站发来的实际诊断或状态信息请求。在获取诊断数据之后,DP 从站和 DP 主站返回到交换用户数据状态。使用请求/响应报文,DP 主站与 DP 从站可以双向交换最多 244B 的用户数据。

### 5.5.4 设备描述(GSD)文件

PROFIBUS 设备具有不同的性能特征,特性的不同在于现有功能(即 I/O 信号的数量和诊断信息)的不同或可能的总线参数,如波特率和时间的监控不同。这些参数对每种设备类型和每家生产厂商来说均各有差别,为达到 PROFIBUS 简单的即插即用配置,这些特性均在电子数据单中具体说明,有时称为设备描述文件。标准化的 GSD 数据将通信扩大到操作员控制一级,使用基于 GSD 的组态工具可将不同厂商生产的设备集成在一个总线系统中。

GSD 以一种准确定义的格式对一种设备类型的特性给出了全面而明确的描述。GSD 文件由生产厂商分别针对每一种设备类型准备并以设备数据库清单的形式提供给用户,这种明确定义的文件格式便于读出任何一种 PROFIBUS-DP 设备的设备描述文件,并且在组态总线系统时自动使用这些信息。GSD 分为以下 3 部分。

(1)总体说明。

包括厂商和设备名称、软硬件版本情况、支持的波特率、可能的监控时间间隔及总线插头的信号分配。

(2)DP 主站相关规格。

包括所有只适用于 DP 主站的参数(例如,可连接的从站的最多台数或加载和卸载能力)。从设备没有这些规定。

(3)从站的相关规格。

包括与从站有关的所有规定(例如,I/O 通道的数量和类型、诊断测试的规格及 I/O 数据的一致性信息)。

每种类型的 DP 从站和每种类型的 1 类 DP 主站都有一个标识号。主站用此标识号识别哪种类型设备连接后不产生协议的额外开销。主站将所连接的 DP 设备的标识号与在组态数据中用组态工具指定的标识号进行比较,直到具有正确地址的设备类型连接到总线上后,用户数据才开始传输。这可避免组态错误,从而大大提高安全级别。

## 5.6 PROFIBUS 通信用 ASIC

SIEMENS 公司提供的 PROFIBUS 通信用 ASIC 主要有 DPC31、LSPM2、SPC3、SPC41 和 ASPC2。

其中一些 PROFIBUS 通信用 ASIC 内置 Intel 80C31 内核 CPU;供电电源有 5V 或 3.3V;一些 PROFIBUS 通信控制器需要外加微控制器;一些 PROFIBUS 通信用 ASIC 不

需要外加微控制器,但均支持 DP/FMS/PA 通信协议中的一种或多种。

由于 AMIS Holdings,Inc. 被安森美半导体公司(ON Semiconductor Corporation)收购,PROFIBUS 通信控制器 ASPC2、DPC31 STEP C1 和 SPC3 ASIC 的标签已于 2009 年 3 月使用新的安森美半导体公司的 ON 标志代替之前的 AMIS 标志,标签的更改对于部件的功能性和兼容性没有影响。

## 5.6.1　SPC3 从站通信控制器

SPC3 从站通信控制器具有如下特点:

(1) ASIC 芯片 SPC3 是一种用于从站的智能通信芯片,支持 PROFIBUS-DP 协议。

(2) SPC3 具有 1.5KB 的信息报文存储器。

(3) SPC3 可独立完成全部 PROFIBUS-DP 通信功能,这样可加速通信协议的执行,而且可以减少接口模板微处理器中的软件程序。总线存取由硬件驱动,数据传送来自一个 1.5KB 的 DPRAM。

SPC3 从站通信控制器主要技术指标如下:

(1) 支持 PROFIBUS-DP 协议。

(2) 最大数据传输速率 12Mb/s,可自动检测并调整数据传输速率。

(3) 与 80C32、80C166 和 HC11、HC16 系列芯片兼容。

(4) 44 引脚的 PQFP 封装。

(5) 可独立处理 PROFIBUS-DP 通信协议。

(6) 集成的 WDT(Watch Dog Timer)。

(7) 外部时钟接口 24MHz 或 48MHz。

(8) 5VDC 供电。

## 5.6.2　ASPC2 主站通信控制器

ASPC2 主站通信控制器具有如下特点:

(1) ASIC 芯片 ASPC2 是一种用于主站的智能通信芯片,支持 PROFIBUS-DP 和 PROFIBUS-FMS 协议。通过段耦合器也可接 PROFIBUS-PA。这种芯片可使可编程序控制器、PC、驱动控制器、人机接口等设备减轻通信任务负担。

(2) ASPC 2 采用 100 引脚的 MQFP 封装。如果用于本征安全场合,那么还需要一个外界信号转换器(如段耦合器等)才能接到 PROFIBUS-PA 上。

(3) ASPC 2 可完成信息报文、地址码、备份数据序列的处理。ASPC 2 与相关固态程序可支持 PROFIBUS-FMS/DP 的全部协议。ASPC2 可寻址 1MB 的外部信息报文存储器。总线存取驱动由硬件完成。ASPC2 需要一个独立的微处理器和必要的固态程序一起工作。ASPC2 可以方便地连接到所有标准类型的微处理器上。

ASPC2 主站通信控制器主要技术指标如下:

(1) 支持 PROFIBUS-DP、PROFIBUS-FMS 和 PROFIBUS-PA 协议。

(2) 最大数据传输速率 12Mb/s。

（3）最多可连接 125 个主动/被动站点。

（4）100 引脚的 MQFP 封装。

（5）16 位数据线，2 个中断线。

（6）可寻址 1MB 的外部信息报文存储器。

（7）功能支持：Ident、request FDL status、SDN、SDA、SRD、带有分布式数据库的 SDR、SM。

（8）5VDC 供电，最大功率损耗 0.8W。

# 5.7　PROFIBUS-DP 从站通信控制器 SPC3

SPC3（Serial Peripheral Controller 3）是 SIEMENS 公司开发的一款专用于 PROFIBUS-DP 从站通信的微控制器。它被设计用于简化从站设备的实现和提高其在 PROFIBUS-DP 网络中的通信效率。

## 5.7.1　SPC3 功能简介

SPC3 为 PROFIBUS 智能从站提供了廉价的配置方案，可支持多种处理器。与 SPC2 相比，SPC3 存储器内部管理和组织有所改进，并支持 PROFIBUS_DP。

SPC3 只集成了传输技术的部分功能，而没有集成模拟功能（RS-485 驱动器）、FDL（现场总线数据链路，Fieldbus Data Link）传输协议。它支持接口功能、FMA 功能和整个 DP 从站协议。第二层的其余功能（软件功能和管理）需要通过软件来实现。

SPC3 内部集成了 1.5KB 的双口 RAM 作为 SPC3 与软件/程序的接口。整个 RAM 被分为 192 段，每段 8 字节。用户寻址由内部 MS（Microsequencer）通过基址指针（Base-Pointer）来实现。基址指针可位于存储器的任何段。所以，任何缓存都必须位于段首。

如果 SPC3 工作在 DP 方式下，那么 SPC3 将自动完成所有的 DP-SAP 的设置。在数据缓冲区生成各种报文（如参数数据和配置数据），为数据通信提供 3 个可变的缓冲器、2 个输出、1 个输入。通信时经常用到变化的缓冲器，因此不会发生任何资源问题。SPC3 为最佳诊断提供两个诊断缓冲器，用户可存入刷新的诊断数据。在这个过程中，有一个诊断缓冲总是分配给 SPC3。

总线接口是一种参数化的 8 位同步/异步接口，可使用各种 Intel 和 Motorola 处理器/微处理器。用户可通过 11 位地址总线直接访问 1.5KB 的双口 RAM 或参数存储器。

处理器上电后，程序参数（站地址、控制位等）必须传送到参数寄存器和方式寄存器。

任何时候状态寄存器都能监视 MAC 的状态。

各种事件（诊断、错误等）都能进入中断寄存器，通过屏蔽寄存器使能，然后通过响应寄存器响应。SPC3 有一个共同的中断输出。

看门狗定时器有 3 种状态：Baud_Search、Baud_Control、Dp_Control。

微顺序控制器（MS）控制整个处理过程。

程序参数（缓冲器指针、缓冲器长度、站地址等）和数据缓冲器包含在内部 1.5KB 的双口 RAM 中。

在 UART 中,并行、串行数据相互转换,SPC3 能自动调整波特率。

空闲定时器(Idle Timer)直接控制串行总线的时序。

## 5.7.2　SPC3 引脚说明

SPC3 为 44 引脚 PQFP 封装,引脚说明如表 5-3 所示。

表 5-3　SPC3 引脚说明

| 引　脚 | 引 脚 名 称 | 描　　述 | |
|---|---|---|---|
| 1 | XCS | 片选 | C32 方式:接 $V_{DD}$ |
| | | | C165 方式:片选信号 |
| 2 | XWR/E_Clock | 写信号/EI_CLOCK 对 Motorola 总线时序 | |
| 3 | DIVIDER | 设置 CLKOUT2/4 的分频系数<br>低电平表示 4 分频 | |
| 4 | XRD/R_W | 读信号/Read_Write Motorola | |
| 5 | CLK | 时钟脉冲输入 | |
| 6 | $V_{SS}$ | 地 | |
| 7 | CLKOUT2/4 | 2 或 4 分频时钟脉冲输出 | |
| 8 | XINT/MOT | <log>0=Intel 接口<br><log>1=Motorola 接口 | |
| 9 | X/INT | 中断 | |
| 10 | AB10 | 地址总线 | C32 方式:<log>0<br>C165 方式:地址总线 |
| 11 | DB0 | 数据总线 | C32 方式:数据/地址复用 |
| 12 | DB1 | | C165 方式:数据/地址分离 |
| 13 | XDATAEXCH | PROFIBUS-DP 的数据交换状态 | |
| 14 | XREADY/XDTACK | 外部 CPU 的准备好信号 | |
| 15 | DB2 | 数据总线 | C32 方式:数据地址复用 |
| 16 | DB3 | | C165 方式:数据地址分离 |
| 17 | $V_{SS}$ | 地 | |
| 18 | $V_{DD}$ | 电源 | |
| 19 | DB4 | 数据总线 | C32 方式:数据地址复用 |
| 20 | DB5 | | C165 方式:数据地址分离 |
| 21 | DB6 | | |
| 22 | DB7 | | |
| 23 | MODE | <log>0=80c166 数据地址总线分离;准备信号<br><log>1=80c32 数据地址总线复用;固定定时 | |
| 24 | ALE/AS | 地址锁存使能 | C32 方式:ALE<br>C165 方式:<LOG>0 |
| 25 | AB9 | 地址总线 | C32 方式:<LOG>0<br>C165 方式:地址总线 |
| 26 | TXD | 串行发送端口 | |

| 引　　脚 | 引 脚 名 称 | 描　　述 | |
|---|---|---|---|
| 27 | RTS | 请求发送 | |
| 28 | $V_{SS}$ | 地 | |
| 29 | AB8 | 地址总线 | C32 方式：<LOG>0<br>C165 方式：地址总线 |
| 30 | RXD | 串行接收端口 | |
| 31 | AB7 | 地址总线 | |
| 32 | AB6 | 地址总线 | |
| 33 | XCTS | 清除发送<LOG>0＝发送使能 | |
| 34 | XTEST0 | 必须接 $V_{DD}$ | |
| 35 | XTEST1 | 必须接 $V_{DD}$ | |
| 36 | RESET | 接 CPU RESET 输入 | |
| 37 | AB4 | 地址总线 | |
| 38 | $V_{SS}$ | 地 | |
| 39 | $V_{DD}$ | 电源 | |
| 40 | AB3 | 地址总线 | |
| 41 | AB2 | 地址总线 | |
| 42 | AB5 | 地址总线 | |
| 43 | AB1 | 地址总线 | |
| 44 | AB0 | 地址总线 | |

注意：(1) 所有以 X 开头的信号均为低电平有效。

(2) $V_{DD}=+5V, V_{SS}=GND$。

## 5.7.3　SPC3 存储器分配

SPC3 内部 1.5KB 双口 RAM 的分配如表 5-4 所示。

表 5-4　SPC3 内存分配

| 地　　址 | 功　　能 | |
|---|---|---|
| 000H | 处理器参数锁存器/寄存器(22B) | 内部工作单元 |
| 016H | 组织参数(42B) | |
| 040H<br>⋮<br>5FFH | DP 缓存器　　Data In(3) *<br>　　　　　　 Data Out(3) **<br>　　　　　　 Diagnostics(2)<br>　　　　　　 Parameter Setting Data(1)<br>　　　　　　 Configuration Data(2)<br>　　　　　　 Auxiliary Buffer(2)<br>　　　　　　 SSA-Buffer(1) | |

注：HW 禁止超出地址范围，也就是说，如果用户写入或读取超出存储器末端，用户将得到一个新的地址，即原地址减去 400H。禁止覆盖处理器参数，在这种情况下，SPC3 产生一个访问中断。如果由于 MS 缓冲器初始化有误导致地址超出范围，也会产生这种中断。

\* Date In 指数据由 PROFIBUS 从站到主站。

\*\* Date Out 指数据由 PROFIBUS 主站到从站。

内部锁存器/寄存器位于前 22 字节,用户可以读取或写入。一些单元只读或只写,用户不能访问的内部工作单元也位于该区域。

组织参数位于以 16H 开始的单元,这些参数会影响整个缓存区(主要是 DP-SAP)的使用。另外,一般参数(站地址、标识号等)和状态信息(全局控制命令等)都存储在这些单元中。

与组织参数的设定一致,用户缓存(User-Generated Buffer)位于 40H 开始的单元,所有的缓存器都开始于段地址。

SPC3 的整个 RAM 被划分为 192 段,每段包括 8 字节,物理地址是按 8 的倍数建立的。

### 1. 处理器参数(锁存器/寄存器)

这些单元为只读或只写,在 Motorola 方式下 SPC3 访问 00H～07H 单元(字寄存器),此时将进行地址交换,也就是高低字节交换。内部参数锁存器分配如表 5-5 和表 5-6 所示。

表 5-5　内部参数锁存器分配(读)

| 地址<br>(Intel/Motorola) | | 名称 | 位号 | 说明(读访问) |
|---|---|---|---|---|
| 00H | 01H | Int_Req_Reg | 7..0 | 中断控制寄存器 |
| 01H | 00H | Int_Req_Reg | 15..8 | |
| 02H | 03H | Int_Reg | 7..0 | |
| 03H | 02H | Int_Reg | 15..8 | |
| 04H | 05H | Status_Reg | 7..0 | 状态寄存器 |
| 05H | 04H | Status_Reg | 15..8 | 状态寄存器 |
| 06H | 07H | Reserved | | 保留 |
| 07H | 06H | | | |
| 08H | | Din_Buffer_SM | 7..0 | Dp_Din_Buffer_State_Machine 缓存器设置 |
| 09H | | New_DIN_Buffer_Cmd | 1..0 | 用户在 N 状态下得到可用的 DP Din 缓存器 |
| 0AH | | DOUT_Buffer_SM | 7..0 | DP_Dout_Buffer_State_Machine 缓存器设置 |
| 0BH | | Next_DOUT_Buffer_Cmd | 1..0 | 用户在 N 状态下得到可用的 DP Dout 缓存器 |
| 0CH | | DIAG_Buffer_SM | 3..0 | DP_Diag_Buffer_State_Machine 缓存器设置 |
| 0DH | | New_DIAG_Buffer_Cmd | 1..0 | SPC3 中用户得到可用的 DP Diag 缓存器 |
| 0EH | | User_Prm_Data_OK | 1..0 | 用户肯定响应 Set_Param 报文的参数设置数据 |
| 0FH | | User_Prm_Data_NOK | 1..0 | 用户否定响应 Set_Param 报文的参数设置数据 |
| 10H | | User_Cfg_Data_OK | 1..0 | 用户肯定响应 Check_Config 报文的配置数据 |
| 11H | | User_Cfg_Data_NOK | 1..0 | 用户否定响应 Check_Config 报文的配置数据 |
| 12H | | Reserved | | 保留 |
| 13H | | Reserved | | 保留 |
| 14H | | SSA_Bufferfreecmd | | 用户从 SSA 缓存器中得到数据并重新使该缓存使能 |
| 15H | | Reserved | | 保留 |

表 5-6   内部参数锁存器分配(写)

| 地址(Intel/Motorola) | | 名称 | 位号 | 说明(写访问) |
|---|---|---|---|---|
| 00H | 01H | Int_Req_Reg | 7..0 | |
| 01H | 00H | Int_Req_Reg | 15..8 | |
| 02H | 03H | Int_Ack_Reg | 7..0 | |
| 03H | 02H | Int_Ack_Reg | 15..8 | 中断控制寄存器 |
| 04H | 05H | Int_Mask_Reg | 7..0 | |
| 05H | 04H | Int_Mask_Reg | 15..8 | |
| 06H | 07H | Mode_Reg0 | 7..0 | 对每位设置参数 |
| 07H | 06H | Mode_Reg0_S | 15..8 | |
| 08H | | Mode_Reg1_S | 7..0 | |
| 09H | | Mode_Reg1_R | 7..0 | |
| 0AH | | WD Baud Ctrl Val | 7..0 | 波特率监视基值(root value) |
| 0BH | | MinTsdr_Val | 7..0 | 从站响应前应该等待的最短时间 |
| 0CH | | | | |
| ODH | | 保留 | | |
| 0EH | | | | |
| 0FH | | | | |
| 10H | | | | |
| 11H | | | | |
| 12H | | 保留 | | |
| 13H | | | | |
| 14H | | | | |
| 15H | | | | |

## 2. 组织参数(RAM)

用户把组织参数存储在特定的内部 RAM 中,用户可读也可写。组织参数说明如表 5-7 所示。

表 5-7   组织参数说明

| 地　址 (Intel/Motorola) | | 名称 | 位号 | 说　　明 |
|---|---|---|---|---|
| 16H | | R_TS_Adr | 7..0 | 设置 SPC3 相关从站地址 |
| 17H | | 保留 | | 默认为 0FFH |
| 18H | 19H | R_User_WD_Value | 7..0 | 16 位看门狗定时器的值,DP 方式下监视用户 |
| 19H | 18H | R_User_WD_Value | 15..8 | |
| 1AH | | R_Len_Dout_Buf | | 3 个输出数据缓存器的长度 |
| 1BH | | R_Dout_Buf_Ptr1 | | 输出数据缓存器 1 的段基值 |
| 1CH | | R_Dout_Buf_Ptr2 | | 输出数据缓存器 2 的段基值 |
| 1DH | | R_Dout_Buf_Ptr3 | | 输出数据缓存器 3 的段基值 |
| 1EH | | R_Len_Din_Buf | | 3 个输入数据缓存器的长度 |
| 1FH | | R_Din_Buf_Ptr1 | | 输入数据缓存器 1 的段基值 |

续表

| 地　　址<br>（Intel/Motorola） | 名称　　　　　位号 | 说　　明 |
|---|---|---|
| 20H | R_Din_Buf_Ptr2 | 输入数据缓存器 2 的段基值 |
| 21H | R_Din_Buf_Ptr3 | 输入数据缓存器 3 的段基值 |
| 22H | 保留 | 默认为 00H |
| 23H | 保留 | 默认为 00H |
| 24H | R Len Diag Buf1 | 诊断缓存器 1 的长度 |
| 25H | R_Len Diag Buf2 | 诊断缓存器 2 的长度 |
| 26H | R_Diag_Buf_Ptr1 | 诊断缓存器 1 的段基值 |
| 27H | R_Diag_Buf_Ptr2 | 诊断缓存器 2 的段基值 |
| 28H | R_Len_Cntrl Buf1 | 辅助缓存器 1 的长度,包括控制缓存器,如 SSA_<br>Buf、Prm_Buf、Cfg_Buf、Read_Cfg_Buf |
| 29H | R_Len_Cntrl_Buf2 | 辅助缓存器 2 的长度,包括控制缓存器,如 SSA_<br>Buf、Prm_Buf、Cfg_Buf、Read_Cfg_Buf |
| 2AH | R _Aux _Buf _Sel | Aux_buffers1/2 可被定义为控制缓存器,如 SSA_<br>Buf、Prm_Buf、Cfg_Buf |
| 2BH | R_Aux_Buf_Ptr1 | 辅助缓存器 1 的段基值 |
| 2CH | R_Aux_Buf_Ptr2 | 辅助缓存器 2 的段基值 |
| 2DH | R_Len_SSA_Data | 在 Set _Slave_Address_Buffer 中输入数据的长度 |
| 2EH | R_SSA_Buf_Ptr | Set _Slave_Address_Buffer 的段基值 |
| 2FH | R_Len_Prm_Data | 在 Set_Param_Buffer 中输入数据的长度 |
| 30H | R_Prm_Buf_Ptr | Set_Param_Buffer 段基值 |
| 31H | R_Len_Cfg_Data | 在 Check_Config_Buffer 中的输入数据的长度 |
| 32H | R Cfg Buf Ptr | Check_Config_Buffer 段基值 |
| 33H | R_Len_Read_Cfg_Data | 在 Get_Config_Buffer 中的输入数据的长度 |
| 34H | R_Read_Cfg_Buf_Ptr | Get_Config_Buffer 段基值 |
| 35H | 保留 | 默认为 00H |
| 36H | 保留 | 默认为 00H |
| 37H | 保留 | 默认为 00H |
| 38H | 保留 | 默认为 00H |
| 39H | R_Real_No_Add_Change | 这一参数规定了 DP 从站地址是否可改变 |
| 3AH | R_Ident_Low | 标识号低位的值 |
| 3BH | R_Ident_High | 标识号高位的值 |
| 3CH | R_GC_Command | 最后接收的 Global_Control_Command |
| 3DH | R_Len_Spec_Prm_Buf | 如果设置了 Spec_Prm_Buffer_Mode,这一单元定<br>义为参数缓存器的长度 |

## 5.7.4　PROFIBUS-DP 接口

下面是 DP 缓存器结构。

DP_Mode＝1 时,SPC3 DP 方式使能。在这个过程中,下列 SAP 服务于 DP 方式。

Default SAP：　数据交换(Write_Read_Data)

SAP53：　　　保留

SAP55：　　　改变站地址(Set_Slave_Address)

SAP56：　　　读输入(Read_Inputs)

SAP57：　　　读输出(Read_Outputs)

SAP58：　　　DP 从站的控制命令(Global_Control)

SAP59：　　　读配置数据(Get_Config)

SAP60：　　　读诊断信息(Slave_Diagnosis)

SAP61：　　　发送参数设置数据(Set_Param)

SAP62：　　　检查配置数据(Check_Config)

DP 从站协议完全集成在 SPC3 中,并独立执行。用户必须相应地参数化 ASIC,处理和响应传送报文。除了 Default SAP、SAP56、SAP57 和 SAP58,其他的 SAP 一直使能,这 4 个 SAP 在 DP 从站状态机制进入数据交换状态才使能。用户也可以使 SAP55 无效,这时相应的缓存器指针 R_SSA_Buf_Ptr 设置为 00H。在 RAM 初始化时已设置过使 DDB 单元无效。

用户在离线状态下配置所有的缓存器(长度和指针),在操作中除了 Dout/Din 缓存器长度外,其他的缓存配置不可改变。

用户在配置报文以后(Check_Config),等待参数化时,仍可改变这些缓存器。在数据交换状态下只可接收相同的配置。

输出数据和输入数据都有 3 个长度相同的缓存器可用,这些缓存器的功能是可变的。一个缓存器分配给 D(数据传输),一个缓存器分配给 U(用户),第三个缓存器出现在 N(Next State)或 F(Free State)状态,然而其中一个状态不常出现。

两个诊断缓存器长度可变。一个缓存器分配给 D,用于 SPC3 发送数据;另一个缓存器分配给 U,用于准备新的诊断数据。

SPC3 首先将不同的参数设置报文(Set_Slave_Address 和 Set_Param)和配置报文(Check_Config),读取到辅助缓存 1 和辅助缓存 2 中。

与相应的目标缓存器交换数据(SSA 缓存器,PRM 缓存器,CFG 缓存器)时,每个缓存器必须有相同的长度,用户可在 R_Aux_Puf_Sel 参数单元定义使用哪一个辅助缓存。辅助缓存器 1 一直可用,辅助缓存器 2 可选。如果 DP 报文的数据不同,比如设置参数报文长度大于其他报文,则使用辅助缓存器 2(Aux_Sel_Set_Param=1),其他的报文则通过辅助缓存器 1 读取(Aux_Sel_Set_Param)。如果缓存器太小,那么 SPC3 将给出“无资源”响应。

用户可用 Read_Cfg 缓存器读取 Get_Config 缓存中的配置数据,但二者必须有相同的长度。

在 D 状态下可从 Din 缓存器中进行 Read_Input_Data 操作。在 U 状态下可从 Dout 缓存中进行 Read_Output_Data 操作。

由于 SPC3 内部只有 8 位地址寄存器,因此所有的缓存器指针都是 8 位段地址。访问 RAM 时,SPC3 将段地址左移 3 位与 8 位偏移地址相加(得到 11 位物理地址)。关于缓存器的起始地址,在这 8 个字节中是明确规定的。

## 5.7.5　SPC3 输入/输出缓冲区的状态

SPC3 输入缓冲区有 3 个,并且长度一样;输出缓冲区也有 3 个,长度也一样。输入/输出缓冲区都有 3 个状态,分别是 U、N 和 D。在同一时刻,各个缓冲区处于不同的状态。SPC3 的 08H~0BH 寄存器单元表明了各个缓冲区的状态,并且表明了当前用户可用的缓冲区。U 状态的缓冲区分配给用户使用,D 状态的缓冲区分配给总线使用,N 状态是 U、D 状态的中间状态。

SPC3 输入/输出缓冲区 U-D-N 状态的相关寄存器如下:

(1) 寄存器 08H(Din_ Buffer_SM 7..0),各个输入缓冲区的状态。

(2) 寄存器 09H(New_Din_Buffer_Cmd 1..0),用户通过这个寄存器从 N 状态下得到可用的输入缓冲区。

(3) 寄存器 0AH(Dout_Buffer_SM 7..0),各个输出缓冲区的状态。

(4) 寄存器 0BH(Next_Dout_Buffer_Cmd 1..0),用户从最近的处于 N 状态的输出缓冲区中得到输出缓冲区。

SPC3 输入/输出缓冲区 U-D-N 状态的转变如图 5-25 所示。

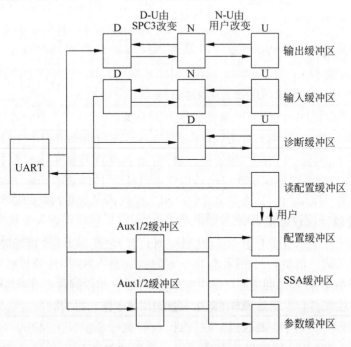

图 5-25　SPC3 输入/输出缓冲区 U-D-N 状态的转变

**1. 输出数据缓冲区状态的转变**

当持有令牌的 PROFIBUS-DP 主站向本地从站发送输出数据时,SPC3 在 D 缓存中读取接收到的输出数据,当 SPC3 接收到的输出数据没有错误时,就将新填充的缓冲区从 D 状态转到 N 状态,并且产生 DX_OUT 中断,这时用户读取 Next_Dout_Buffer_Cmd 寄存器,处于 N 状态的输出缓冲区由 N 状态变到 U 状态,用户同时知道哪一个输出缓冲区处于 U 状态,通过读取输出缓冲区得到当前输出数据。

如果用户程序循环时间短于总线周期时间,也就是说,用户非常频繁地查询 Next_Dout _Buffer_Cmd 寄存器,那么用户使用 Next_Dout_Buffer_Cmd 在 N 状态下得不到新缓存,因此,缓存器的状态将不会发生变化。在 12Mb/s 数据传输速率的情况下,用户程序循环时间长于总线周期时间,这就有可能使用户在取得新缓存之前,在 N 状态下能得输出数据,保证了用户能得到最新的输出数据。但是在数据传输速率比较低的情况下,只有在主站得到令牌,并且与本地从站通信后,用户才能在输出缓冲区中得到最新数据,如果从站比较多,输入/输出的字节数又比较多,那么用户得到最新数据通常要花费很长的时间。

用户可以通过读取 Dout_Buffer_SM 寄存器的状态,查询各个输出缓冲区的状态。共有 4 种状态:无(Nil)、Dout_Buf_ptr1～Dout_Buf_ptr3,表明各个输出缓冲区处于什么状态。Dout_Buffer_SM 寄存器定义如表 5-8 所示。

**表 5-8　Dout_Buffer_SM 寄存器定义**

| 地　　址 | 位 | 状态 | 值 | 编　　码 |
|---|---|---|---|---|
| 寄存器 0AH | 7 | F | X1 | X1 X2 |
| | 6 | | X2 | 0 0:无 |
| | 5 | U | X1 | 0 1:Dout_Buf_Prt1 |
| | 4 | | X2 | 1 0:Dout_Buf_Prt2 |
| | 3 | N | X1 | 1 1:Dout_Buf_Prt3 |
| | 2 | | X2 | |
| | 1 | D | X1 | |
| | 0 | | X2 | |

用户读取 Next_Dout_Buffer_Cmd 寄存器,可得到交换后哪一个缓存处于 U 状态,即属于用户,或者没有发生缓冲区变化。然后用户可以从处于 U 状态的输出数据缓冲区中得到最新的输出数据。Next_Dout_Buffer_Cmd 寄存器定义如表 5-9 所示。

**2. 输入数据缓冲区状态的转变**

输入数据缓冲区有 3 个,长度一样(初始化时已经规定),输入数据缓冲区也有 3 个状态,即 U、N 和 D。同一时刻,3 个缓冲区处于不同的状态,即一个缓冲区处于 U,一个处于 N,一个处于 D。处于 U 状态的缓冲区用户可以使用,并且在任何时候用户都可更新。处于 D 状态的缓冲区 SPC3 使用,也就是 SPC3 将输入数据从处于该状态的缓冲区中发送到主站。

SPC3 从 D 缓存中发送输入数据。在发送以前,处于 N 状态的输入缓冲区转为 D 状态,同时处于 U 状态的输入缓冲区变为 N 状态,原来处于 D 状态的输入缓冲区变为 U 状态,处于 D 状态的输入缓冲区中的数据发送到主站。

表 5-9　Next_Dout_Buffer_Cmd 寄存器定义

| 地　　址 | 位 | 状　　态 | 编　　码 |
|---|---|---|---|
| 寄存器 0BH | 7 | 0 | |
| | 6 | 0 | |
| | 5 | 0 | |
| | 4 | 0 | |
| | 3 | U_Buffer_cleared | 0：U 缓冲区包含数据<br>1：U 缓冲区被清除 |
| | 2 | State_U_buffer | 0：没有 U 缓冲区<br>1：存在 U 缓冲区 |
| | 1 | Ind_U_buffer | 00：无<br>01：Dout_Buf_ptr1<br>10：Dout_Buf_ptr2<br>11：Dout_Buf_ptr3 |
| | 0 | | |

　　用户可使用 U 状态下的输入缓冲区,通过读取 New_Din_Buffer_Cmd 寄存器,用户可以知道哪一个输入缓冲区属于用户。如果用户赋值周期时间短于总线周期时间,将不会发送每次更新的输入数据,只能发送最新的数据。但在 12Mb/s 传输速率的情况下,用户赋值时间长于总线周期时间,在此时间内,用户可多次发送当前的最新数据。但是在传输速率比较低的情况下,不能保证每次更新的数据能及时发送。用户把输入数据写入处于 U 状态的输入缓冲区,只有 U 状态变为 N 状态,再变为 D 状态,然后 SPC3 才能将该数据发送到主站。

　　用户可以通过读取 Din_Buffer_SM 寄存器的状态,查询各个输入缓冲区的状态。共有 4 种值:无(Nil)、Din_Buf_ptr1～ Din_Buf_ptr 3,表明了各个输入缓冲区处于什么状态。Din_Buffer_SM 寄存器定义如表 5-10 所示。

表 5-10　Din_Buffer_SM 寄存器定义

| 地　　址 | 位 | 状态 | 值 | 编　　码 |
|---|---|---|---|---|
| 寄存器 08H | 7 | F | X1 | X1 X2<br>0 0：无<br>0 1：Din_Buf_Prt1<br>1 0：Din_Buf_Prt2<br>1 1：Doin_Buf_Prt3 |
| | 6 | | X2 | |
| | 5 | U | X1 | |
| | 4 | | X2 | |
| | 3 | N | X1 | |
| | 2 | | X2 | |
| | 1 | D | X1 | |
| | 0 | | X2 | |

　　读取 New_Din_Buffer_Cmd 寄存器,用户可得到交换后哪一个缓存属于用户。New_Din_Buffer_Cmd 寄存器定义如表 5-11 所示。

表 5-11　New_Din_Buffer_Cmd 寄存器定义

| 地　　址 | 位 | 状态 | 编　　码 |
|---|---|---|---|
| 寄存器 09H | 7 | 0 | 无 |
| | 6 | 0 | |
| | 5 | 0 | |
| | 4 | 0 | |
| | 3 | 0 | |
| | 2 | 0 | |
| | 1 | X1 | X1X2<br>0 0: Din_Buf_ptr1<br>0 1: Din_Buf_ptr2<br>1 0: Din_Buf_ptr3<br>1 1: 无 |
| | 0 | X2 | |

## 5.7.6　通用处理器总线接口

SPC3 有一个 11 位地址总线的并行 8 位接口。SPC3 支持基于 Intel 的 80C51/52（80C32）处理器和微处理器、Motorola 的 HC11 处理器和微处理器，SIEMENS 80C166、Intel x86、Motorola HC16 和 HC916 系列处理器和微处理器。由于 Motorola 和 Intel 的数据格式不兼容，SPC3 在访问以下 16 位寄存器（中断寄存器、状态寄存器、方式寄存器 0）和 16 位 RAM 单元（R_User_Wd_Value）时，会自动进行字节交换。这就使 Motorola 处理器能够正确读取 16 位单元的值。通常对于读或写，要通过两次访问完成（8 位数据线）。

由于使用了 11 位地址总线，SPC3 不再与 SPC2（10 位地址总线）完全兼容。然而，SPC2 的 XINTCI 引脚在 SPC3 的 AB10 引脚处，且这一引脚至今未用。而 SPC3 的 AB10 输入端有一内置下拉电阻。如果 SPC3 使用 SPC2 硬件，那么用户只能使用 1KB 的内部 RAM；否则，AB10 引脚必须置于相同的位置。

总线接口单元（BIU）和双口 RAM 控制器（DPC）控制着 SPC3 处理器内部 RAM 的访问。

另外，SPC3 内部集成了一个时钟分频器，能产生 2 分频（DIVIDER＝1）或 4 分频（DIVIDER＝0）输出，因此，不需要额外费用就可实现与低速控制器相连。SPC3 的时钟脉冲是 48MHz。

**1. 总线接口单元（BIU）**

BIU 是连接处理器/微处理器的接口，有 11 位地址总线，是同步或异步 8 位接口。接口配置由 2 个引脚（XINT/MOT 和 MODE）决定，XINT/MOT 引脚决定连接的处理器系列（总线控制信号，如 XWR、XRD、R_W 和数据格式），MODE 引脚决定同步或异步。

**2. 双口 RAM 控制器**

SPC3 内部 1.5KB 的 RAM 是单口 RAM。然而，由于内部集成了双口 RAM 控制器，因此允许总线接口和处理器接口同时访问 RAM。此时，总线接口具有优先权。从而使访问时间最短。如果 SPC3 与异步接口处理器相连,则 SPC3 产生 Ready 信号。

**3. 接口信号**

在复位期间,数据输出总线呈高阻状态。微处理器总线接口信号如表 5-12 所示。

表 5-12 微处理器总线接口信号

| 名　称 | 输入/输出 | 说　明 |
|---|---|---|
| DB(7..0) | I/O | 复位时高阻 |
| AB(10..0) | I | AB10 带下拉电阻 |
| MODE | I | 设置:同步/异步接口 |
| XWR/E_CLOCK | I | Intel:写/Motorola:E_CLK |
| XRD/R_W | I | Intel:读/Motorola:读/写 |
| XCS | I | 片选 |
| ALE/AS | I | Intel/Motorola:地址锁存允许 |
| DIVIDER | I | CLKOUT2/4 的分频系数 2/4 |
| X/INT | O | 极性可编程 |
| XRDY/XDTACK | O | Intel/Motorola:准备好信号 |
| CLK | I | 48MHz |
| XINT/MOT | I | 设置:Intel/Motorola 方式 |
| CLKOUT2/4 | O | 24MHz/12MHz |
| RESET | I | 最少 4 个时钟周期 |

## 5.7.7　SP3 的 UART 接口

发送器将并行数据结构转变为串行数据流。在发送第一个字符之前,产生 Request-to-Send(RTS)信号,XCTS 输入端用于连接调制器。RTS 激活后,发送器必须等到 XCTS 激活后才发送第一个报文字符。

接收器将串行数据流转换成并行数据结构,并以 4 倍的传输速率扫描串行数据流。为了测试,可关闭停止位(方式寄存器 0 中 DIS_STOP_CONTROL=1 或 DP 的 Set_Param_Telegram 报文),PROFIBUS 协议的一个要求是报文字符之间不允许出现其他状态,SPC3 发送器保证满足此规定。通过 DIS_START_CONTROL=1(模式寄存器 0 或 DP 的 Set_Param 报文中),关闭起始位测试。

## 5.7.8　PROFIBUS-DP 接口

PROFIBUS 接口数据通过 RS-485 传输,SPC3 通过 RTS、TXD、RXD 引脚与电流隔离接口驱动器相连。PROFIBUS-DP 的 RS-485 传输接口电路如图 5-26 所示。

PROFIBUS 接口是一带有下列引脚的 9 针 D 形接插件,下面给出其引脚定义。

引脚 1:悬空。

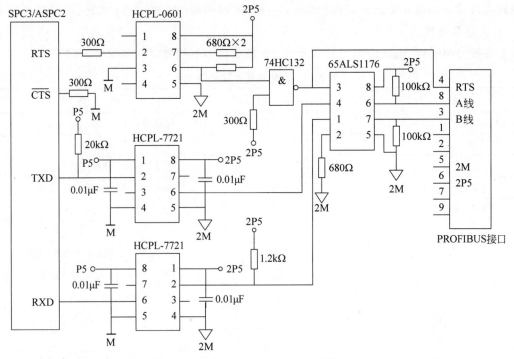

图 5-26　PROFIBUS-DP 的 RS-485 传输接口电路

引脚 2：悬空。

引脚 3：B 线。

引脚 4：请求发送(RTS)。

引脚 5：5V 地(M5)。

引脚 6：5V 电源(P5)。

引脚 7：悬空。

引脚 8：A 线。

引脚 9：悬空。

在图 5-26 中,M、2M 为不同的电源地,P5、2P5 为两组不共地的＋5V 电源。74HC132 为施密特与非门。

# 5.8　主站通信控制器 ASPC2 与网络接口卡

ASPC2(Advanced Serial Peripheral Controller 2)是针对 PROFIBUS-DP 主站应用设计的通信控制器。它通常用于实现主站设备(如可编程逻辑控制器 PLC、工业 PC 等)与 PROFIBUS-DP 网络之间的高效通信。网络接口卡(NIC)则是连接计算机或其他设备到网络的硬件组件,包括用于 PROFIBUS-DP 网络的专用接口卡。

## 5.8.1　ASPC2 介绍

ASPC2 是 SIEMENS 公司生产的主站通信控制器,该通信控制器可以完全处理 PROFIBUS EN 50170 的第一层和第二层,同时 ASPC2 还为 PROFIBUS-DP 和使用段耦合器的 PROFIBUS-PA 提供一个主站。

ASPC2 通信控制器用作一个 DP 主站时需要庞大的软件(约 64KB),软件使用要有许可证且需要支付费用。

如此高度集成的控制芯片可以用于制造业和过程工程中。

对于可编程控制器、个人计算机、电动机控制器、过程控制系统直至下面的操作员监控系统来说,ASPC2 有效地减轻了通信任务。

PROFIBUS ASIC 可用于从站应用,连接低级设备(如,控制器、执行器、测量变送器和分散 I/O 设备)。

### 1. ASPC2 通信控制器的特性

ASPC2 通信控制器具有如下特性:

(1) 单片支持 PROFIBUS-DP、PROFIBUS-FMS 和 PROFIBUS-PA。

(2) 用户数据吞吐量高。

(3) 支持 DP 在非常短的反应时间内完成通信。

(4) 所有令牌管理和任务处理。

(5) 与所有普及的处理器类型优化连接,无须在处理器上安排时间帧。

### 2. ASPC2 与主机接口

(1) 处理器接口,可设置为 8 位/16 位,可设置为 Intel/Motorola Byte Ordering。

(2) 用户接口,ASPC2 可外部寻址 1MB 作为共享 RAM。

(3) 存储器和微处理器可与 ASIC 连接为共享存储器模式或双口存储器模式。

(4) 在共享存储器模式下,几个 ASIC 共同工作等价于一个微处理器。

### 3. 支持的服务

(1) 标识。

(2) 请求 FDL 状态。

(3) 不带确认发送数据(SDN)广播或多点广播。

(4) 带确认发送数据(SDA)。

(5) 发送和请求数据带应答(SRD)。

(6) SRD 带分布式数据库(ISP 扩展)。

(7) SM 服务(ISP 扩展)。

### 4. 传输速率

ASPC2 支持的传输速率为:

(1) 9.6kb/s、19.2kb/s、93.75kb/s、187.5kb/s、500kb/s。

(2) 1.5Mb/s、3Mb/s、6Mb/s、12Mb/s。

**5．站点数**

（1）最大期望值 127 个主站或从站。

（2）每站 64 个服务访问点（SAP）及一个默认 SAP。

**6．物理设计**

采用 100 引脚的 P-MQFP 封装。

### 5.8.2　CP5611 网络接口卡

CP5611 是 SIEMENS 公司推出的网络接口卡，购买时需额外支付软件使用费。CP5611 用于工控机连接到 PROFIBUS 和 SIMATIC S7 的 MPI，同时支持 PROFIBUS 的主站和从站、PG/OP、S7 通信。OPC Server 软件包已包含在通信软件产品中，但是需要 SOFTNET 支持。

**1．CP5611 网络接口卡主要特点**

（1）不带有微处理器。

（2）经济的 PROFIBUS 接口。

（3）OPC 作为标准接口。

（4）CP5611 是基于 PCI 总线的 PROFIBUS-DP 网络接口卡，可以插在 PC 及其兼容机的 PCI 总线插槽上，在 PROFIBUS-DP 网络中作为主站或从站使用。

（5）作为 PC 上的编程接口，可使用 NCM PC 和 STEP 7 软件。

（6）作为 PC 上的监控接口，可使用 WinCC、Fix、组态王等。

（7）支持的数据传输速率最大为 12Mb/s。

（8）设计可用于工业环境。

**2．CP5611 与从站通信的过程**

当 CP5611 作为网络上的主站时，CP5611 通过轮询方式与从站进行通信。这就意味着主站要想和从站通信，应首先发送一个请求数据帧，从站得到请求数据帧后，向主站发送一个响应帧。请求帧包含主站给从站的输出数据，如果当前没有输出数据，则向从站发送一个空帧。从站必须向主站发送响应帧，响应帧包含从站给主站的输入数据，如果没有输入数据，则必须发送一个空帧，才完成一次通信。通常按地址增序轮询所有的从站，当与最后一个从站通信完以后，接着再进行下一个周期的通信。这样就保证所有的数据（包括输出数据、输入数据）都是最新的。

主要报文有令牌报文、固定长度没有数据单元的报文、固定长度带数据单元的报文、变数据长度的报文。

## 5.9　PROFIBUS-DP 从站的设计

如果开发一个比较复杂的智能系统，那么最好选择 SPC3。下面介绍采用 SPC3 进行 PROFIBUS-DP 从站的开发过程。

## 5.9.1　PROFIBUS-DP 从站的硬件设计

在设计 PROFIBUS-DP 从站的硬件时,使用 SPC3 作为通信控制器是一种常见的选择,因为它提供了专门的支持,使得从站能够高效地与 PROFIBUS 网络通信。SPC3 通过内置的 1.5KB 双口 RAM 与 CPU 进行数据交换,这种设计允许 CPU 和 PROFIBUS-DP 网络同时访问双口 RAM,而不会相互干扰。

### 1. SPC3 与 CPU 的接口

(1) 双口 RAM 地址。SPC3 内部的双口 RAM 为从站提供了数据缓冲区,其地址范围为 1000H 到 15FFH。CPU 通过这个地址范围与双口 RAM 交换数据。

(2) 多种 CPU 支持。SPC3 设计为兼容多种 CPU 架构,包括 Intel、SIEMENS、Motorola 等,这意味着它可以通过标准的接口电路与不同类型的 CPU 连接。

### 2. 接口电路设计

对于 AT89S52 微控制器,SPC3 的接口电路包括以下几个关键部分。

(1) 数据和控制信号。SPC3 与 CPU 之间的数据交换通过并行接口进行,这通常涉及数据线、地址线和控制线(如读/写信号、中断信号等)。

(2) 光电隔离。为了提高系统的可靠性和抗干扰能力,SPC3 与 CPU 之间的接口可以包括光电隔离部分。这有助于隔离电气噪声和潜在的高电压,保护 CPU 和 SPC3。

(3) RS-485 驱动。PROFIBUS-DP 使用 RS-485 作为物理层标准,因此 SPC3 与网络的连接需要包括 RS-485 驱动电路。这个电路负责将 SPC3 的通信信号转换为适合在 RS-485 网络上传输的电信号。

### 3. 设计注意事项

(1) 电源设计。确保为 SPC3 和 CPU 提供稳定的电源,可能需要使用电源滤波和稳压电路来提高供电质量。

(2) 布线和布局。在设计 PCB 时,应该注意信号线的布局,尽量减少长信号线和高速信号线的干扰,特别是在与 SPC3 和 RS-485 驱动电路的连接中。

(3) 接口保护。在 SPC3 与 CPU 的接口电路中加入过电压和过电流保护措施,以防止可能的损坏。

在实际设计中,具体的接口电路和组件选择将取决于所选 CPU 的具体要求、预期的网络性能以及系统的整体设计目标。设计时,还应考虑到从站设备的最终应用环境,例如,工业现场的电磁兼容性(EMC)要求。

SPC3 与 AT89S52 CPU 的接口电路如图 5-27 所示。

在图 5-27 中,光电隔离及 RS-485 驱动部分可采用如图 5-26 所示电路。

SPC3 中双口 RAM 的地址为 1000H～15FFH。

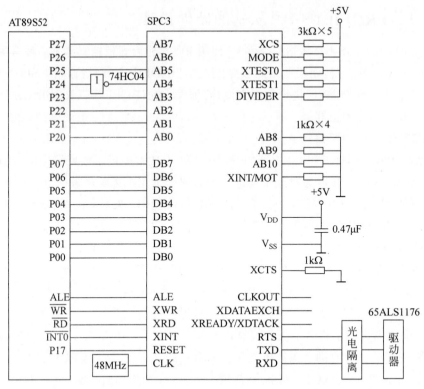

图 5-27　SPC3 与 AT89S52 CPU 的接口电路

## 5.9.2　PROFIBUS-DP 从站的软件设计

SPC3 的软件开发难点是在系统初始化时对其 64 字节的寄存器进行配置,这个工作必须与设备的 GSD 文件相符,否则将会导致主站对从站的误操作。这些寄存器包括输入、输出、诊断、参数等缓存区的基地址以及大小等,用户可在器件手册中找到具体的定义。当设备初始化完成后,芯片开始进行波特率扫描,为了解决现场环境与电缆延时对通信的影响,SIEMENS 所有的 PROFIBUS ASIC 芯片都支持波特率自适应,当 SPC3 加电或复位时,它将自己的波特率设置为最高,如果设定的时间内没有接收到 3 个连续完整的包,则将它的波特率调低一个档次并开始新的扫描,直到找到正确的波特率为止。当 SPC3 正常工作时,它会进行波特率跟踪,如果接收到一个给自己的错误包,则会自动复位并延时一个指定的时间再重新开始波特率扫描,同时它还支持对主站回应超时的监测。当主站完成所有轮询后,如果还有多余的时间,那么它将开始通道维护和新站扫描,这时它将对新加入的从站进行参数化,并对其进行预定的控制。

SPC3 完成了物理层和数据链路层的功能,与数据链路层的接口是通过服务存取点来完成的,SPC3 支持 10 种服务,这些服务大部分都由 SPC3 来自动完成,用户只能通过设置寄存器来影响它。SPC3 是通过中断与单片微控制器进行通信的,但是单片微控制器的中断显然不够用,所以 SPC3 内部有一个中断寄存器,在接收到中断后再从该寄存器查中断号以确定具体操作。

在开发包 4 中有 SPC3 接口单片微控制器的 C 源代码(Keil C51 编译器),用户只要对其做少量改动就可在项目中运用。从站的代码共有 4 个文件,分别是 Userspc3.c、Dps2spc3.c、Intspc3.c、Spc3dps2.h,其中,Userspc3.c 是用户接口代码,所有的工作就是找到标有 example 的地方将用户自己的代码放进去,其他接口函数源文件和中断源文件都不必改。如果认为 6KB 的通信代码太大,则可以根据 SPC3 的器件手册编写自己的程序,当然这样是比较花时间的。

在开发完从站后一定要记住 GSD 文件要与从站类型相符,比方说,从站是不许在线修改从站地址的,如果 GSD 文件中:

Set_Slave_Add_supp = 1(意思是支持在线修改从站地址)

那么在系统初始化时,主站将参数化信息送给从站,从站的诊断包则会返回一个错误提示 "Diag. Not_Supported Slave doesn't support requested function"。

PROFIBUS-DP 从站设备通常是传感器、执行器或其他工业设备,它们通过 PROFIBUS 网络与控制系统(如 PLC)进行数据通信。在设计 PROFIBUS-DP 从站的软件时,需要考虑以下几个关键方面。

**1. 理解 PROFIBUS-DP 协议**

(1) 协议层次:熟悉 PROFIBUS-DP 的 OSI 七层模型,尤其是数据链路层和应用层。

(2) 通信模式:了解 PROFIBUS-DP 支持的通信模式,如 DP-V0(标准通信)、DP-V1(循环数据交换以外的通信,如参数读取/写入)、DP-V2(等时性通信)。

(3) 地址配置:了解如何配置从站地址,这通常在设备的硬件上或通过软件实现。

**2. 设计从站应用程序接口(API)**

(1) 数据交换:设计 API 以便于应用程序读取和写入过程数据。过程数据是从站与主站之间交换的实时数据。

(2) 参数化和诊断:提供接口以支持从站的参数化(如配置或设置设备参数)和诊断信息的读取(如设备状态或错误代码)。

**3. 实现 PROFIBUS-DP 通信堆栈**

(1) 硬件抽象层(HAL):设计用于与从站硬件接口进行交互的底层驱动程序,如串行通信接口。

(2) 协议栈实现:实现 PROFIBUS-DP 协议栈,包括数据链路层和应用层的处理。可以选择使用现成的协议栈实现或根据 PROFIBUS 标准自行开发。

(3) 数据映射:实现应用数据与 PROFIBUS-DP 过程数据之间的映射。确保从站能够正确地解析来自主站的数据,并将应答数据格式化后发送回主站。

**4. 设备描述文件(GSD 文件)**

创建一个 GSD(General Station Description)文件,该文件是一个描述从站设备功能和通信特性的标准化文件。主站使用这个文件来识别从站设备并进行正确的配置。

**5. 测试和调试**

（1）测试工具：使用专门的 PROFIBUS 分析工具进行通信测试和故障诊断。

（2）模拟和实际测试：先在模拟环境中测试从站软件的通信功能，然后在实际的 PROFIBUS 网络中进行测试，以验证从站的性能和稳定性。

设计 PROFIBUS-DP 从站软件需要深入理解 PROFIBUS-DP 协议、精心设计软件架构，并进行充分的测试。通过遵循这些步骤，可以确保从站设备能够高效、可靠地与 PROFIBUS 网络中的其他设备通信。

# 习题

1. PROFIBUS 现场总线由哪几部分组成？

2. PROFIBUS 现场总线有哪些主要特点？

3. PROFIBUS-DP 现场总线有哪几个版本？

4. 说明 PROFIBUS-DP 总线系统的组成结构。

5. 简述 PROFIBUS-DP 系统的工作过程。

6. PROFIBUS-DP 的物理层支持哪几种传输介质？

7. 画出 PROFIBUS-DP 现场总线的 RS-485 总线段结构。

8. 说明 PROFIBUS-DP 用户接口的组成。

9. 什么是 GSD 文件？它主要由哪几部分组成？

10. PROFIBUS-DP 协议的实现方式有哪几种？

11. SPC3 与 INTEL 总线 CPU 接口时，其 XINT/MOT 和 MODE 引脚如何配置？

12. SPC3 是如何与 CPU 接口的？

13. CP5611 板卡的功能是什么？

14. DP 从站初始化阶段的主要顺序是什么？

# 第 6 章

# DeviceNet 现场总线

DeviceNet 是一种基于 CAN 的工业通信协议，旨在促进自动化环境中各种设备之间的互联互通。这种网络协议支持设备过程传感器、执行器、阀组、电动机启动器、条形码读取器、变频驱动器、面板显示器、操作员接口和其他控制单元的网络。

本章讲述了如下内容：

（1）介绍了 DeviceNet 的基本特性、对象模型以及网络和对象模型的结合，强调其灵活性、开放性和高效性。

（2）详细介绍了 DeviceNet 的三层通信模型，包括物理层、数据链路层和应用层，每一层都对网络的稳定运行至关重要。

（3）讨论了如何使用 CAN 标识符建立连接，以及连接建立的过程，强调灵活性和效率。

（4）介绍了显式报文、输入输出报文、分段/重组机制以及重复 MAC ID 检测协议，确保数据传输的准确性和可靠性。

（5）解释了不同类型的通信对象及其作用，简化设备集成和应用开发。

（6）介绍了网络访问状态机制，包括网络访问事件矩阵、重复 MAC ID 检测和预定义主-从连接组，确保网络访问的高效和公平。

（7）介绍了指示器和配置开关的作用、物理标准以及 DeviceNet 连接器图标，简化现场设备的配置和诊断。

（8）讨论了对象模型、I/O 数据格式、设备配置、扩展的设备描述和设备描述编码机制，支持设备的自动识别和配置。

（9）介绍了开发 DeviceNet 节点的步骤、设备描述的规划以及设备配置和电子数据文档（EDS），指导开发人员设计和实现兼容的设备。

DeviceNet 现场总线通过其高度的标准化、灵活的通信机制和强大的网络管理功能，为工业自动化领域提供了一个可靠、高效的解决方案，促进了设备间的无缝集成和通信，提高了生产效率并降低了维护成本。

## 6.1 DeviceNet 概述

DeviceNet 是一种低端网络系统，网络设计方案简单。其设备具有互换性和互操作性，用户可以对不同厂商的设备进行最佳系统集成，大大减少了系统安装、调试的成本和时间，被广泛地应用于汽车工业、半导体芯片制造和半导体产品制造、食品饮料、搬运业、电力系统、石油、化工、冶金、制药等领域。

DeviceNet 是一种低成本现场总线。它能将 PLC、操作员终端、传感器、光电开关、执行机构、驱动器等现场智能设备连接成网络,省去了昂贵和烦琐的电缆硬接线。它采用直接互连技术改善了设备间的通信,并同时为系统提供了重要的设备级诊断功能,这是在传统 I/O接口上很难实现的。

DeviceNet 是一个开放的网络标准。任何对 DeviceNet 技术感兴趣的组织或个人都可以从开放式 ODVA(Open DeviceNet Vendor Association)获得其规范,任何制造或打算制造 DeviceNet 产品的公司均可加入 ODVA。

DeviceNet 是 20 世纪 90 年代中期发展起来的一种基于 CAN 技术的开放型、符合全球工业标准的低成本、高性能的通信网络,最初由美国 Rockwell 公司开发应用。DeviceNet现已成为国际标准 IEC 62026-3,并被列为欧洲标准,也是世界上的亚洲和美洲的设备网标准。2002 年 10 月,DeviceNet 被批准为中国国家标准 GB/T 18858.3—2002,并于 2003 年 4 月1 日起实施。

DeviceNet 作为一个低端网络系统,实现传感器和执行器等工业设备与控制器高端设备之间的连接,如图 6-1 所示。

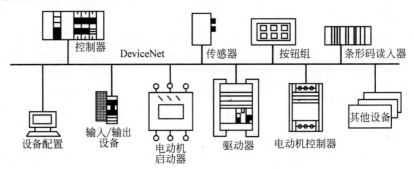

图 6-1　DeviceNet 通信连接

DeviceNet 可以提供:

(1) 低端网络设备的低成本解决方案。

(2) 低端设备的智能化。

(3) 主-从以及对等通信的能力。

## 6.1.1　DeviceNet 的特性

DeviceNet 是一种基于 CAN(Controller Area Network)总线的工业网络协议,它被设计用于工业自动化应用中,以实现设备间的通信。DeviceNet 由 ODVA 组织开发和维护。

### 1. DeviceNet 主要特性概述

DeviceNet 主要特性概述如下:

（1）开放性和灵活性。

DeviceNet 是一个开放标准，支持多厂商的设备互操作。这意味着用户可以选择来自不同制造商的设备，而这些设备能够在同一网络中无缝工作。

（2）基于 CAN 总线。

DeviceNet 利用了 CAN 总线的技术优势，包括高可靠性、低成本和高效的数据传输。CAN 总线是一种广泛使用的、健壮的通信协议，特别适合用于恶劣的工业环境。

（3）多种设备支持。

DeviceNet 支持广泛的工业设备，包括传感器、执行器、变频器、PLC 等，使其成为自动化系统中设备集成的理想选择。

（4）简化布线。

通过使用一根四芯电缆同时提供信号和电源（两芯用于数据通信，另外两芯用于电源），DeviceNet 简化了网络布线，降低了安装成本。

（5）灵活的拓扑结构。

DeviceNet 支持多种网络拓扑结构，包括总线型、星形和树形结构，提供了网络设计的灵活性。

（6）可扩展性。

DeviceNet 网络可以支持多达 64 个节点，每个节点都可以是一个独立的设备，如传感器或执行器。这使得网络具有很好的可扩展性，以满足不同规模的自动化应用需求。

（7）实时性。

尽管 DeviceNet 不是一个硬实时网络，但它通过优先级和令牌传递机制提供了足够的实时性，以满足大多数工业自动化应用的需求。

（8）设备配置和诊断。

DeviceNet 提供了丰富的设备配置和诊断功能。网络上的设备可以通过电子数据表（EDS）文件进行配置，同时网络提供了诊断信息，有助于故障检测和系统维护。

（9）成本效益。

由于其基于 CAN 总线的设计、简化的布线需求和开放的多厂商支持，DeviceNet 提供了较高的成本效益，尤其是在需要大量传感器和执行器的应用中。

DeviceNet 的这些特性使其成为工业自动化领域广泛采用的网络协议之一，特别是在那些需要高度可靠性和易于维护的应用中。

**2. DeviceNet 的物理/介质特性**

DeviceNet 具有如下物理/介质特性：

（1）主干线-分支线结构。

（2）最多可支持 64 个节点。

（3）无需中断网络即可解除节点。

（4）同时支持网络供电（传感器）及自供电（执行器）设备。

（5）使用密封或开放形式的连接器。

（6）接线错误保护。

（7）可选的数据传输速率为 125kb/s、250kb/s 及 500kb/s。

（8）可调整的电源结构，以满足各类应用的需要。

（9）大电流容量（每个电源最大容量可以达到 16A）。

（10）可带电操作。

（11）电源插头可以连接符合 DeviceNet 标准的不同制造商的供电装置。

（12）内置式过载保护。

（13）总线供电：主干线中包括电源线及信号线。

**3. DeviceNet 的通信特性**

DeviceNet 具有如下通信特性：

（1）介质访问控制及物理信号使用控制器局域网（CAN）。

（2）有利于应用之间通信的面向连接的模式。

（3）面向网络通信的典型的请求/响应。

（4）I/O 数据的高效传输。

（5）大信息量的分段移动。

（6）MAC ID 的多重检测。

## 6.1.2　对象模型

DeviceNet 使用抽象的对象模型：

（1）使用通信服务系列。

（2）DeviceNet 节点的外部可视行为。

（3）DeviceNet 产品中访问及交换信息的通用方式。

DeviceNet 节点可用一个对象（Object）的集合建模。对象提供了产品内特定组件的抽象表示。该产品内抽象对象模型的实现是非独立的，换言之，产品将以其特定执行方式内部映射该目标模型。

分类（Class）是指表现出相同类型系统成分的对象的集合。对象实例（Object Instance）是指在分类内某一特定对象的具体表示。分类中的每个实例不但有一组相同的属性，而且具有自身的一组特定属性值。在一个 DeviceNet 节点的一个特定分类中，可以存在多种对象实例。

每个对象实例和/或对象分类都有自己的属性，都能提供服务并完成一种行为。

属性是一个对象和/或对象分类的特性。属性提供状态信息或管理对象的操作。服务用来触发对象/分类实现一个任务。对象行为则表示了它如何响应特定的事件。

在描述 DeviceNet 的服务及协议过程中，使用下列对象模型的相关术语：

（1）对象（Object）——产品中的一个特定成分的抽象表示。

（2）分类（Class）——表现相同系统成分的对象的集合。某分类内的所有对象在形式及行为上是相同的，但可能具有不同的属性值。

（3）实例（Instance）——对象的一个特定物理存在。例如,加利福尼亚州是分类对象中的一个实例。

（4）属性（Attribute）——对象的外部可见的特征或特性的描述。简言之,属性提供了一个对象的状态信息及对象的工作管理。例如,对象的 ASCII 名称；循环对象的重复速率。

（5）例示（Instantiate）——建立一个对象的实例,除非对象定义中已规定使用默认值,该对象所有实例属性都初始化为零。

（6）行为（Behavior）——对象如何运行的描述。由对象检测不同的事件而产生的动作,例如,收到服务请求、检测内部故障或定时器到时等。

（7）服务（Service）——对象和/或对象分类提供的功能。DeviceNet 定义了一套公共服务,并提供对象分类或制造商特定服务的定义。

（8）通信对象（Communication Object）——通过 DeviceNet 管理和提供实时报文交换的多对象种类。

（9）应用对象（Application Object）——实现产品指定特性的多对象种类。

**1．对象编址**

（1）介质访问控制标识符（MAC ID）。

分配给 DeviceNet 上每个节点的一个整数标识值,该值可将该节点与同一链接上的其他节点区别开来,如图 6-2 所示。

（2）分类标识符（Class ID）。

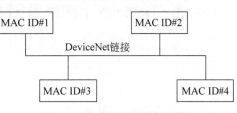

图 6-2　介质访问控制标识符

分配给网络上可访问的每个对象类的整数标识值,Class ID 有效取值范围如表 6-1 所示。

表 6-1　Class ID 有效取值范围

| 范　　围 | 含　　义 | 范　　围 | 含　　义 |
|---|---|---|---|
| 00H～63H | 开放部分 | 100H～2FFH | 开放部分 |
| 64H～C7H | 制造商专用 | 300H～4FFH | 制造商专用 |
| C8H～FFH | DeviceNet 保留,备用 | | |

（3）实例标识符（Instance ID）。

分配给每个对象实例的整数标识值,用于在相同分类中识别所有实例,该整数在其所在 MAC ID 分类中是唯一的。

（4）属性标识符（Attribute ID）。

赋予分类及/或实例属性的整数标识值,Attribute ID 值的范围如表 6-2 所示。

表 6-2　Attribute ID 值的范围

| 范　　围 | 含　　义 | 范　　围 | 含　　义 |
|---|---|---|---|
| 00H～63H | 开放部分 | C8H～FFH | DeviceNet 保留,备用 |
| 64H～C7H | 制造商专用 | | |

（5）服务代码（ServiceCode）。

特定的对象实例和/或对象分类功能的整数标识值，服务代码的取值范围如表 6-3 所示。

表 6-3　服务代码的取值范围

| 范　　围 | 含　　义 | 范　　围 | 含　　义 |
|---|---|---|---|
| 00H～31H | 开放部分。为 DeviceNet 的公共服务 | 4BH～63H | 对象类专用 |
| | | 64H～7FH | DeviceNet 保留，备用 |
| 32H～4AH | 制造商专用 | 80H～FFH | 不用 |

### 2. 寻址范围

DeviceNet 定义的对象寻址报文的范围，即 MAC ID 的使用范围如表 6-4 所示。

表 6-4　MAC ID 的使用范围

| 范　　围 | 含　　义 |
|---|---|
| 00-63（十进制） | MAC ID。如果没有分配其他值，那么设备初始化时默认值为 63（十进制） |

## 6.1.3　DeviceNet 网络及对象模型

DeviceNet 定义了基于连接的方案以实现所有应用程序的通信。DeviceNet 连接在多端点之间提供了一个通信路径，连接的端点为需要共享数据的应用程序，当连接建立后，与特定连接相关联的传输被赋予一个标识值，该标识值被称为连接 ID（CID）。

连接对象（Connection Object）提供了特定的应用程序之间的通信特性，端点（End-Point）指连接中有关的一个通信实体。DeviceNet 基于连接的方案定义了动态方法，用该方法可以建立以下的两种类型的连接：

（1）I/O 连接（I/O Connection）——在一个生产应用及一个或多个消费应用之间提供了专用的、具有特殊用途的通信路径。

（2）显式报文连接（Explicit Messaging Connection）——在两个设备之间提供了一个通用的、多用途的通信路径，通常指报文传输连接，显式报文提供典型的面向请求/响应的网络通信。

### 1. I/O 连接

I/O 连接在生产应用及一个或多个消费应用之间提供了特定用途的通信路径。应用特定 I/O 数据通过 I/O 连接传输，如图 6-3 所示。

I/O 报文通过 I/O 连接进行交换。I/O 报文包含一个连接 ID 及相关的 I/O 数据，I/O 报文内数据的含义隐含在相关的连接 ID 中。

### 2. 显式报文连接

显式报文连接在两个设备之间提供了一般的、多用途的通信路径。显式报文是通过显式报文连接进行交换的，显式报文被用作特定任务的执行命令并上报任务执行的结果。显式报文的含义及用途在 CAN 数据块中确定。显式报文提供了执行典型的面向请求/响应功能的方法（例如，模块配置）。

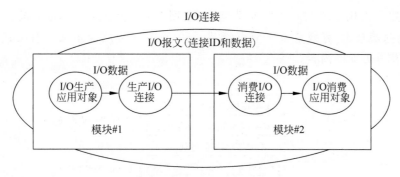

图 6-3　DeviceNet I/O 连接

DeviceNet 定义了描述报文含义的显式报文协议,一个显式报文包含一个连接 ID 及有关的报文协议。

显式报文连接如图 6-4 所示。

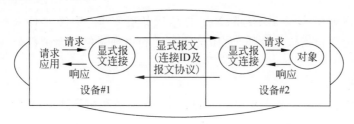

图 6-4　DeviceNet 显式报文连接

### 3. 对象模型

DeviceNet 产品的抽象对象模型包含以下组件:

(1) 非连接报文管理(UCMM)——处理 DeviceNet 的非连接显式报文。

(2) 连接分类(Connection Class)——分派并管理与 I/O 及显式报文连接相关的内部资源。

(3) 连接对象(Connection Object)——负责管理设备间的通信,确保数据正确传输。

(4) DeviceNet 对象(DeviceNet Object)——提供物理 DeviceNet 网络连接的配置及状态。

(5) 链接生产者对象(Link Producer Object)——连接对象传输数据至 DeviceNet。

(6) 链接消费者对象(Link Consumer Object)——连接对象从 DeviceNet 上获取数据。

(7) 报文路由器(Message Router)——将显式请求报文分配到适当的处理器对象。

(8) 应用对象(Application Object)——执行产品的预定任务。

## 6.2　DeviceNet 通信模型

DeviceNet 通信模型如图 6-5 所示,遵从 ISO/OSI 参考模型包括物理层、数据链路层和应用层。DeviceNet 的物理层采用 CAN 总线物理层信号的定义,增加了有关传输介质的规范。数据链路层沿用了 CAN 总线协议规范,采用"生产者-消费者"通信模式,充分利用 CAN 的报文过滤技术,有效节省了节点资源。DeviceNet 应用层定义了有关连接、报文传送和数据分割等方面的内容。

图 6-5　DeviceNet 通信模型

## 6.2.1　物理层

DeviceNet 物理层定义了 DeviceNet 的总线拓扑结构、网络元件及物理信号规范。DeviceNet 的物理层包括传输介质、介质访问单元和物理层信号 3 个部分。下面分别介绍各部分的功能。

**1. 传输介质**

DeviceNet 传输介质规范主要定义了 DeviceNet 的总线拓扑结构、传输介质的性能和连接器的电气及机械接口标准。

(1) 拓扑结构。

DeviceNet 网络典型的拓扑结构是主干/分支式的总线型网络,它支持多种分支结构:单节点分支、多节点分支、菊花链分支和树形分支等,如图 6-6 所示。

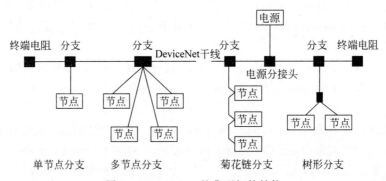

图 6-6　DeviceNet 的典型拓扑结构

DeviceNet 是一个有源网络,主干线上必须安装一个 24V 电源。电源分接头可加在网络的任何一点,可以实现多电源的冗余供电。为了避免信号的反射和回波,主干线两端必须连接 120Ω 的终端电阻。

(2) 传输介质。

DeviceNet 网络电缆既可以用于传输数据信号,又可以给网络设备供电。根据工业环境的特点,DeviceNet采用不同规格的电缆:粗缆、细缆和扁平电缆。粗缆传输距离长、可靠性高,适用于大型网络长距离干线;细缆传输距离短、安装方便、成本低,适用于架设终端设备较为集中的小型网络;扁平电缆不扭结,折叠整齐,适用于频繁弯曲的柜内布线。

DeviceNet网络电缆采用五线制:一对用于24V直流供电,一对用于数据通信,一根作为屏蔽线。

(3)连接器。

DeviceNet连接器是5针型连接器,用于将DeviceNet网络设备与分支电缆相连接。DeviceNet连接器采用密封式和开放式两种类型。密封式连接器如图6-7所示,开放式连接器如图6-8所示,并分别给出了两种连接器的插头和插座结构以及针脚说明。

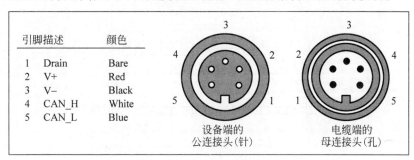

| 引脚描述 | | 颜色 |
| --- | --- | --- |
| 1 | Drain | Bare |
| 2 | V+ | Red |
| 3 | V− | Black |
| 4 | CAN_H | White |
| 5 | CAN_L | Blue |

设备端的
公连接头(针)

电缆端的
母连接头(孔)

图6-7 密封式连接器

| 引脚描述 | | 颜色 |
| --- | --- | --- |
| 1 | V− | Black |
| 2 | CAN_L | Blue |
| 3 | Drain | Bare |
| 4 | CAN_H | White |
| 5 | V+ | Red |

网络连接器插头

设备连接器插柱

图6-8 开放式连接器

(4)设备分接头。

设备端子提供连接到干线的连接点。设备可直接通过端子或通过支线连接到网络,端子可使设备在无须切断网络运行的情况下脱离网络。

(5)电源分接头。

通过电源分接头将电源连接到干线。电源分接头中包含熔丝或断路器,以防止总线过电流损坏电缆和连接器。

(6)接地与隔离。

DeviceNet网络应在一点接地。如果多点接地会造成接地回路;如果不接地将容易受到静电以及外部噪声的影响。干线的屏蔽线通过铜导体连接到地。网络上任一设备必须有接地隔离栅。带有接地隔离栅的节点称作隔离节点。在 DeviceNet 外部也可能存在隔离。

**2．介质访问单元**

物理层的介质访问单元结构图如图 6-9 所示，包括收发器、连接器、误接线保护电路、稳压器和可选的光隔离器。

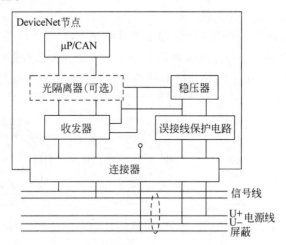

图 6-9　物理层的介质访问单元结构图

1）收发器

收发器是在网络上发送和接收 CAN 信号的物理组件，是连接协议控制器和传输介质的接口。PCA82C250 是使用广泛的收发器之一，也可以选择其他符合 DeviceNet 规范的收发器。

2）误接线保护电路与稳压器

误接线保护电路如图 6-10 所示，要求节点能承受连接器 5 根线的各种组合的接线错误。在 $U+$ 电压高达 18V 时不会造成永久损害。$VD_1$ 防止 $U-$ 端子误接 $U+$ 电压；$VT_1$ 作为电源线上接入的开关防止 $U-$ 断开造成损害。

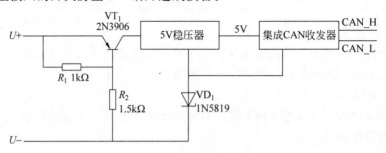

图 6-10　误接线保护电路

从网络上差分接收信号，并用 CAN 控制器传来的信号差分驱动网络。稳压器可以将 11～24V 的电源电压稳定到 5V，供 CAN 收发器使用。

3）光隔离器

光隔离器的作用是从电路上把干扰源和易受干扰的部分隔离开来，使测控装置与现场仅保持信号联系，而不直接发生电的联系。隔离的实质是把引进的干扰通道切断，从而达到隔离现场干扰的目的。

### 3. 物理层信号

DeviceNet 的物理层信号定义完全遵循 CAN 规范。

CAN 规范定义了两种互补的逻辑电平："显性"（逻辑 0）和"隐性"（逻辑 1）。总线设备如果同时传送"显性"位和"隐性"位时，总线电平将为"显性"。仅当线路空闲或发送"隐性"位期间，总线呈现"隐性"状态。

## 6.2.2　数据链路层

DeviceNet 的数据链路层遵循 CAN 协议规范，并通过 CAN 控制器芯片实现。

DeviceNet 的数据链路层分为介质访问控制（MAC）子层和逻辑链路控制（LLC）子层。MAC 子层的功能主要是定义传送规则，亦即控制帧结构、执行仲裁、错误检测、出错标定和故障界定。LLC 子层的主要功能是为数据传送和远程数据请求提供服务，确认由 LLC 子层接受的报文实际已被接受，并为恢复管理和通知超载提供信息。DeviceNet 与 CAN 总线数据链路层功能的不同之处如下：

（1）CAN 在 MAC 子层定义了 4 种帧格式：数据帧、远程帧、超载帧和出错帧。DeviceNet 使用数据帧传输数据；出错帧用于错误和意外情况的处理。

（2）CAN 总线数据帧分为标准帧和扩展帧两类。DeviceNet 只使用标准帧，其中 CAN 的 11 位标识符在 DeviceNet 中被称为"连接 ID"。

（3）DeviceNet 将 CAN 的 11 位标识符再分成 4 个单独的报文组，由于 CAN 总线具有非破坏性总线仲裁机制，所以 DeviceNet 的 4 个报文组具有不同的优先级。

（4）当 CAN 总线控制器工作不正常时，通过故障诊断可以使错误节点处于总线关闭状态，而 DeviceNet 若不符合 DeviceNet 规范，则转为脱离总线状态，脱离节点不参与DeviceNet 通信，但 CAN 控制器工作正常。

## 6.2.3　应用层

DeviceNet 的应用层规范详细定义了有关数据生产者-消费者与报文传输、数据通信方式和对象模型与设备描述等方面的内容。

### 1. 数据生产者-消费者与报文传输

DeviceNet 采用了数据生产者-消费者通信结构，其数据包为数据提供了标识域。产生数据的设备带有相应的标识，其他网络上的设备都侦听此信息，即消费此数据。DeviceNet 上的设备既可能是客户机，也可能是服务器，或者兼备两个角色。而每一个客户机/服务器又都可能是生产者、消费者，或者两者皆是。典型地，例如服务器"消费"请求，同时"产出"响应；相应地，客户"消费"响应，同时"产出"请求。也存在一些独立的连接，它们不属于客户机或服务器,而只是单纯生产或消费数据,这分别对应了周期性或状态改变类数据传送方式的源/目的,这样就可以显著降低带宽消耗。与典型的源/目的模式相比,生产者-消费者模型是一种更为灵活高效的处理机制。

DeviceNet 定义了两种报文传输的方式:I/O 报文和显示报文。I/O 报文适用于实时性要求较高的数据,可以是一点/多点传送。显示报文适用于两个设备间的点对点报文传输,是典型的请求/响应通信方式,常用于节点的配置、问题诊断等,多使用较低的优先级传输。

### 2. 数据通信方式

DeviceNet 支持多种数据通信方式,如循环、状态改变、选通、查询等。循环方式适用于一些模拟设备,可以根据设备的信号发生速度,灵活设定循环进行数据通信的时间间隔,这样就可以大大降低对网络的带宽要求。状态改变方式用于离散设备,使用事件触发方式,当设备状态发生改变时才发生通信,而不是由主设备不断地查询来完成。在选通方式下,利用8字节的报文广播,64 个二进制位的值对应着网络上 64 个可能的节点,通过位的标识,指定要求响应的从设备。在查询方式下,I/O 报文直接依次发送到各个从设备(点对点)。多种可选的数据交换形式,均可以由用户方便地指定。通过选择合理的数据通信方式,网络的使用效率得以明显提高。

### 3. 对象模型与设备描述

对象模型提供了组织和实现 DeviceNet 产品构成元件属性、服务和行为的简便模板。DeviceNet 产品典型的对象包括身份对象、报文路由器对象、DeviceNet 对象、集合对象、连接对象和参数对象。DeviceNet 规范为来自不同厂商的同一类别的设备定义了标准的设备模型。符合同一模型的设备遵循相同的身份标识和通信模式。这些与不同类设备相关的数据包含在设备描述中。设备描述定义了对象模型、I/O 数据格式、可配置参数和公共接口。DeviceNet 规范还允许厂商提供电子数据表(Electronic Data Sheet,EDS),以文件的形式记录设备的一些具体的操作参数等信息,以便于在配置设备时使用。这样,来自不同厂商的DeviceNet 产品就可以方便地连接到 DeviceNet 上。

## 6.3 DeviceNet 连接

DeviceNet 是一个基于连接的网络系统,它基于 CAN 总线技术。DeviceNet 总线只要求支持 CAN 2.0A 协议,可灵活选用各种 CAN 通信控制器,一个 DeviceNet 的连接提供了多个应用之间的路径。当建立连接时,与连接相关的传送被分配一个连接 ID(CID),如果连接包含双向交换,那么应该分配两个连接 ID 值。

### 6.3.1 DeviceNet 关于 CAN 标识符的使用

在 DeviceNet 上有效的 11 位 CAN 标识位被分成 4 个单独的报文组:报文组 1、报文组2、报文组 3 和报文组 4。考虑到基于连接的报文,连接 ID 被置于 CAN 标识符内。

DeviceNet 关于 CAN 标识符的使用如图 6-11 所示。

| 标识位 | | | | | | | | | | | 16进制范围 | 标识用途 |
|---|---|---|---|---|---|---|---|---|---|---|---|---|
| 10 | 9 | 8 | 7 | 6 | 5 | 4 | 3 | 2 | 1 | 0 | | |
| 0 | 组1报文ID | | | | 源MAC ID | | | | | | 000～3ff | 报文组1 |
| 1 | 0 | MAC ID | | | | 组2报文ID | | | | | 400～5ff | 报文组2 |
| 1 | 1 | 组3报文ID | | | 源MAC ID | | | | | | 600～7bf | 报文组3 |
| 1 | 1 | 1 | 1 | 1 | 组4报文ID(0～2f) | | | | | | 7c0～7ef | 报文组4 |
| 1 | 1 | 1 | 1 | 1 | 1 | X | X | X | X | | 7f0～7ff | 无效CAN标识符 |
| 10 | 9 | 8 | 7 | 6 | 5 | 4 | 3 | 2 | 1 | 0 | | |

图 6-11　DeviceNet 关于 CAN 标识符的使用

DeviceNet 上的 CAN 标识符包含如下内容：

(1) 报文 ID(Message ID)——在特定端点内的报文组中识别一个报文。用报文 ID 在特定端点内的单个报文组中可以建立多重连接,该端点利用报文 ID 与 MAC ID 的结合,生成一个连接 ID,该连接 ID 在与相应传输有关的 CAN 标识符内指定。报文组 2 和报文组 3 则预定义了确定报文 ID 的使用。

(2) 源 MAC ID(Source MAC ID)——此 MAC ID 分配给发送节点。报文组 1 和报文组 3 需要在 CAN 标识符内指定源 MAC ID。

(3) 目的 MAC ID(Destination MAC ID)——此 MAC ID 分配给接收设备。报文组 2 允许在 CAN 标识符的 MAC ID 部分指定源或目的 MAC ID。

## 6.3.2　建立连接

DeviceNet 建立连接的过程涉及几个关键步骤,旨在确保网络中的设备能够正确识别、配置并与其他设备通信。DeviceNet 建立连接的基本步骤如下:

(1) 物理连接。

① 布线:首先,需要物理地通过标准的四芯电缆将设备连接到 DeviceNet 网络。这个电缆同时传输数据和电源,两芯用于 CAN 总线数据通信,另外两芯提供电源。

② 终端电阻:在网络的两端安装 120 欧姆终端电阻,以减少信号反射和确保信号质量。

(2) 地址分配。

每个 DeviceNet 设备需要一个唯一的 MAC ID(0～63),以在网络上进行标识。地址可以通过设备上的拨码开关、软件配置或使用特殊的配置工具来分配。

(3) 设备配置。

① 电子数据表(EDS)文件:设备制造商提供 EDS 文件,其中包含了设备的重要信息和配置参数。这些文件需要在设备配置阶段被上传到配置工具或网络管理软件中。

② 配置工具:使用配置工具或网络管理软件,根据 EDS 文件配置设备参数,如波特率、I/O 大小、数据交换模式等。

(4) 建立通信。

① 扫描网络:主站(通常是一个工业控制器,如 PLC)启动时会扫描网络,识别连接的

设备,并根据配置信息建立通信连接。

② 数据交换:一旦建立了连接,设备之间就可以开始数据交换。DeviceNet 支持显式消息(用于设备配置和控制命令)和隐式消息(用于实时 I/O 数据交换)。

(5) 监控与诊断。

DeviceNet 网络提供了监控和诊断功能,帮助检测和解决网络中可能出现的问题,包括但不限于通信错误、设备故障和配置问题。

(6) 动态连接。

在某些情况下,DeviceNet 设备可以支持动态连接建立,这意味着设备可以在不停机的情况下被添加到网络中或从网络中移除。

整个过程要求仔细地规划和配置,以确保网络的稳定性和设备的正确响应。正确地实施这些步骤将有助于创建一个高效、可靠的 DeviceNet 网络,满足工业自动化系统的需求。

下面讲述 DeviceNet 的建立连接问题。

### 1. 显式报文连接和 UCMM

非连接显式报文建立和管理显式报文连接。通过发送一个组 3 报文(报文 ID 值设置成 6)来指定非连接的请求报文,对非连接显式请求的响应将以非连接响应报文的方式发送,通过发送一个组 3 的报文(报文 ID 值设置成 5)来指定非连接响应报文。

非连接报文管理(UCMM)负责处理非连接显式请求和响应。UCMM 需要一个设备将非连接显式请求报文 CAN 标识符从所有可能的源 MAC ID 中筛选出来。UCMM 报文流图如图 6-12 所示。

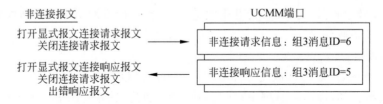

图 6-12  UCMM 报文流图

支持 UCMM 的设备同样必须筛选重名的 MAC ID 检查报文和任何其他建立连接相关的连接 ID,这些筛选要求通过使用具有掩码/匹配功能的 CAN 芯片筛选器来实现,该筛选器能够接收所有组 3 报文。这样,就可能支持 UCMM 接收大量报文说明,对该说明必须在软件中进行筛选。与低端设备特定相关的资源限制可以禁止这一级的软件筛选。

显式报文连接是无条件点对点连接。点对点连接只存在于两个设备之间,请求打开连接(源发站)的设备是连接的一个端点,接收和响应这个请求的模块是另一个端点。

### 2. I/O 连接

动态 I/O 连接是通过先前建立的显式报文连接的连接分类接口而建立的。以下为动态建立 I/O 连接必须完成的任务:

（1）与将建立 I/O 连接的一个端点建立显式报文连接。

（2）通过向 DeviceNet 连接分类发送一个创建请求来创建一个 I/O 连接对象。

（3）配置连接实例。

（4）应用 I/O 连接对象执行的配置,这样做将实例化服务于 I/O 连接所必需的组件。

（5）在另一个端点重复这一步骤。

### 3. 离线连接组

组 4 离线连接组报文可由客户机用来恢复处于通信故障状态的节点。

### 4. 离线所有权

为了获得离线连接组的控制权,客户机应产生一个离线所有权请求报文。

### 5. 通信故障报文

通信故障状态下所有支持故障恢复机制的节点将收到以组 4 报文 ID=2D 形式产生的通信故障请求报文。此时,通信故障节点将以组 4 报文 ID=2C 形式产生一个通信故障响应报文。

## 6.4　DeviceNet 报文协议

DeviceNet 报文协议是建立在 CAN 基础之上的,它为工业设备之间的通信提供了一套规范。DeviceNet 利用 CAN 的高可靠性和低成本优势,同时引入了一系列特定的特性和机制,以满足工业自动化的需求。DeviceNet 报文协议的关键要点如下:

（1）CAN 基础。

DeviceNet 报文协议基于 CAN 2.0A 和 2.0B 标准,使用 11 位或 29 位的标识符来区分不同类型的消息。这为报文提供了优先级,使得关键数据能够优先传输。

（2）报文结构。

报文由多个部分组成,包括起始字段、仲裁字段(包含消息 ID 和优先级)、控制字段(包含数据长度代码)、数据字段(最多 8 字节的数据)、CRC 校验和结束字段。

（3）通信对象。

DeviceNet 定义了多种"通信对象"(Communication Object),用于不同的通信需求。有显式消息用于设备配置和诊断,隐式消息用于实时 I/O 数据交换。

（4）设备配置。

使用显式消息进行设备配置和诊断。这些消息允许读取和写入设备参数,以及执行特定的服务请求。

（5）实时数据交换。

隐式消息用于周期性的实时数据交换,如传感器读数或执行器控制信号。这些消息通常在建立连接时配置,并在设备之间自动交换。

（6）网络管理。

DeviceNet 协议包含了一套网络管理(Network Management,NM)服务,用于监控和控制网络上的设备,具体包括分配节点地址、监控设备状态和处理错误。

(7) 错误处理。

DeviceNet 利用了 CAN 的错误检测和处理机制,包括帧校验、确认机制和错误重传。此外,DeviceNet 还引入了额外的错误处理策略,以满足特定的工业环境需求。

(8) 电子数据表(EDS)。

设备的功能和配置信息通过电子数据表(EDS)文件定义。这些文件在设备配置阶段被使用,以确保正确的参数设置和设备兼容性。

(9) 多主站支持。

尽管 DeviceNet 通常在单主站配置中使用,但它也支持有限的多主站配置,允许多个控制器访问网络上的设备。

DeviceNet 报文协议通过结合 CAN 的高效和可靠性,以及为工业自动化设计的特定特性,提供了一个强大的通信解决方案。这使得 DeviceNet 成为连接传感器、执行器和控制器等设备的理想选择。

## 6.4.1　显式报文

显式报文利用 CAN 帧的数据区来传递 DeviceNet 定义的报文,显式报文 CAN 数据区的使用如图 6-13 所示。

含有完整显式报文的传送数据区包括:

(1) 报文头。

(2) 完整的报文体。

如果显式报文的长度大于 8 字节,则必须在 DeviceNet 上以分段方式传输,连接对象提供分段/重组功能。一个显式报文的分段包括报文头、分段协议和分段报文体。

### 1. 报文头

显式报文的 CAN 数据区的 0 号字节指定报文头,格式如图 6-14 所示。

数据区(0~8字节)

| CAN帧头 | 协议区&服务特定数据 | CAN帧尾 |
|---|---|---|

| 字节位移 | 7 | 6 | 5 | 4 | 3 | 2 | 1 | 0 |
|---|---|---|---|---|---|---|---|---|
| 0 | Frag | XID | MAC ID | | | | | |

图 6-13　显式报文 CAN 数据区的使用　　　　　　图 6-14　报文头格式

报文头格式说明如下:

(1) Frag(分段位)——指示此传输是否为显式报文的一个分段。

(2) XID(事务处理 ID)——该区应用程序用于匹配响应和相关请求,该区由服务器用响应报文简单回复。

(3) MAC ID——包含源 MAC ID 或目标 MAC ID,根据表 6-1 来确定该区域中指定何种 MAC ID(源或目标)。

接收显式报文时,应检查报文头内的 MAC ID 区,如果在连接 ID 中指定目标 MAC ID,那么必须在报文头中指定其他端点的源 MAC ID。如果在连接 ID 中指定源 MAC ID,那么必须在报文头中指定接收模块的 MAC ID。

**2. 报文体**

报文体包含服务区和服务特定变量。

报文体指定的第一个变量是服务区,用于识别正在传送的特定请求或响应。服务区的格式如图 6-15 所示。

图 6-15　报文体服务区的格式

服务区内容包括:

(1) 服务代码——服务区字节低 7 位值表示传送服务的类型。

(2) R/R——服务区的最高位,该值决定了这个报文是请求报文还是响应报文。报文体中紧接服务区之后的是正在传送的服务特殊类型的详细报文。

**3. 分段协议**

如果传输的是显式报文的一个分段,那么该数据区包含报文头、分段协议以及报文体分段。分段协议用于大段显式报文的分段转发及重组。

**4. UCMM 服务**

非连接报文管理器(UCMM)提供动态建立显式报文连接。UCMM 处理两种服务即管理显式报文连接的分配及解除:

(1) 打开显式报文连接,建立一个显式报文连接。

(2) 关闭连接服务代码,删除一个连接对象并解除所有相关资源。

## 6.4.2　输入/输出报文

除了能够被用于发送一个长度大于 8 字节的 I/O 报文的分段协议,DeviceNet 不在 I/O 报文的数据区内定义任何有关报文的协议。

数据区(0～8 字节),如图 6-16 所示。

图 6-16　I/O 报文的数据区

## 6.4.3　分段/重组

长度大于 8 字节(CAN 帧的最大尺寸)的报文可进行分段及重组。分段/重组功能由 DeviceNet 链接对象提供,支持分段方式发送及接收是可选的。对于显式报文连接和 I/O 连接而言,触发分段发送的逻辑是不同的。

(1) 显式报文连接检查要发送的每个报文的长度,如果报文长度大于 8 字节,那么就使用分段协议。

（2）I/O 连接检查链接对象的 produced_connection_size 的属性，如果 produced_connection_size 的属性大于 8 字节，那么使用分段协议。

### 6.4.4　重复 MAC ID 检测协议

DeviceNet 的每一个物理连接必须分配一个 MAC ID。这一配置包括人工设置，因此，同一连接上的两个模块具有相同 MAC ID 的情况将是很难避免的。因为定义每个 DeviceNet 传输时都涉及 MAC ID，因此要求所有 DeviceNet 模块都参与重复 MAC ID 检测算法。组 2 中定义了一个特定的报文 ID 值，用于规定重复 MAC ID 检查报文，其格式如图 6-17 所示。

| 标识位 | | | | | | | | | | | 报文ID含义 |
|---|---|---|---|---|---|---|---|---|---|---|---|
| 10 | 9 | 8 | 7 | 6 | 5 | 4 | 3 | 2 | 1 | 0 | |
| 1 | 0 | MAC ID | | | | | | 组2报文ID | | | 组2报文 |
| 1 | 0 | 目的MAC ID | | | | | | 1 | 1 | 1 | 重复MAC ID检查报文 |

图 6-17　重复 MAC ID 检查报文格式

与重复 MAC ID 检查报文相关的数据区格式如图 6-18 所示。

| 字节位移 | 7 | 6 | 5 | 4 | 3 | 2 | 1 | 0 |
|---|---|---|---|---|---|---|---|---|
| 0 | R/R | 物理端口号码 | | | | | | |
| 1 | 低字节 | 制造商ID | | | | | | |
| 2 | 高字节 | | | | | | | |
| 3 | 低字节 | 系列号 | | | | | | |
| 4 | | | | | | | | |
| 5 | | | | | | | | |
| 6 | 高字节 | | | | | | | |

图 6-18　与重复 MAC ID 检查报文相关的数据区格式

在图 6-18 中，各字节表示内容说明如下：

（1）R/R 位——请求/响应标志。

（2）物理端口编号——DeviceNet 内部分配给每个物理连接的一个识别值，完成与 DeviceNet 多个物理连接的产品必须在十进制数 0～127 范围内分配唯一的值，执行单个连接的产品设置值为 0。

（3）制造商 ID——16 位整数区（UINT），包含分配给报文发送设备的制造商识别代码。

（4）系列号——32 位整数区（UDINT），包含由制造商分配给设备的系列号。

所有生产 DeviceNet 节点设备制造商都将被分配一个制造商识别码。

## 6.5　DeviceNet 通信对象分类

DeviceNet 通信对象用于管理和提供运行时的报文交换,对象的定义部分包括对属性指定数据类型。通信对象分类如下:

(1) 对象分类属性。

(2) 对象分类服务。

(3) 对象实例属性。

(4) 对象实例服务。

(5) 对象实例行为。

### 1. 链路生产者对象分类定义

DeviceNet 网络中的链路生产者对象是负责实现数据传输的关键组件。在 DeviceNet 规范中,链路生产者对象没有定义为具有特定的类属性,而是作为一个功能实体,它直接处理低层次的数据传输任务。

这些对象的主要职能包括:

(1) 数据封装——链路生产者对象将应用层数据封装成网络层可以识别和传输的格式。

(2) 数据发送——负责将封装后的数据发送到网络中去,确保数据能够到达指定的目的地或设备。

(3) 错误处理——在数据传输过程中,链路生产者对象还需处理可能发生的错误,如冲突检测和重传机制。

链路生产者对象在 DeviceNet 网络中扮演着数据传送的执行者角色,确保数据从源头安全、准确地传输到目标节点。

### 2. 链路生产者对象类服务

以下为链路生产者类所支持的服务:

(1) 创建(Create)——用于建立一个链路生产者对象。

(2) 删除(Delete)——用于删除一个链路生产者对象。

### 3. 链路生产者对象实例属性

(1) USINT State:链路生产者实例的当前状态,两种可能的状态如表 6-5 所示。

表 6-5　链路生产者实例的当前状态

| 状 态 名 称 | 说　　明 |
| --- | --- |
| 不存在 | 链路生产者还未建立 |
| 运行 | 链路生产者已经建立,正在等待命令,以调用其发送服务来传送数据 |

(2) UINT Connection_id:当该链路生产者被触发时,发送 CAN 标识符区的值。链接对象内部使用链路生产者,用其 produced_connection_id 属性的值来初始化此属性。

**4. 链路生产者对象实例服务**

链路生产者对象实例所支持的服务如下所示：

（1）Send——链路生产者在 DeviceNet 上发送数据。

（2）Get_Attribute——用于读取链路生产者对象属性。

（3）Set_Attribute——用于修改链路生产者对象属性。

**5. 链路消费者对象类定义**

链路消费者对象是接收低端数据组件，无链路消费者类属性。

**6. 链路消费者分类服务**

链路消费者分类所支持服务如下：

（1）创建——建立一个链路消费者对象。

（2）删除——删除一个链路消费者对象。

**7. 链路消费者实例属性**

（1）USINT State：链路消费者实例的当前状态，两种可能的状态如表 6-6 所示。

表 6-6　链路消费者实例的当前状态

| 状 态 名 称 | 说　　明 |
| --- | --- |
| 不存在 | 链路消费者还未被建立 |
| 运行 | 链路消费者已经被建立，正在等待接收数据 |

（2）UINT Connection_id——该属性保存的是 CAN 标识区的值，此值规定将为消费者所接收的报文。链接对象内部利用该链路消费者，用其 consumed_connection_id 属性值对此属性进行初始化。

**8. 链路消费者实例服务**

链路消费者对象实例所支持的服务如下：

（1）Get_Attribute——读取链路消费者对象属性。

（2）Set_Attribute——修改链路消费者对象属性。

**9. 链接对象分类定义**（Class ID Code）**:5**

链接分类将分配和管理与 I/O 及显式报文连接有关的内部资源。由链接分类生成的特定的实例称为链接实例或链接对象。

**10. DeviceNet 对象分类定义**（Class ID Code）**:3**

DeviceNet 对象提供了 DeviceNet 的物理连接的配置及状态，一个产品必须通过物理网络连接支持一个（只有一个）DeviceNet 对象。

# 6.6　网络访问状态机制

DeviceNet 网络访问状态机制是基于 CAN 技术的一种实现，它采用了一种称为"非破坏性仲裁"的方法来控制网络上的数据传输。这种机制确保了网络上的通信是有序和高效的，同时降低了数据冲突的可能性。DeviceNet 网络访问状态机制的关键点如下：

（1）非破坏性仲裁。

在 DeviceNet 中，当两个或多个节点同时尝试发送消息时，通过非破坏性仲裁机制来决定哪个节点获得总线访问权。这是通过比较每个消息的标识符来实现的，具有较低数值标识符的消息具有较高的优先级。

（2）优先级控制。

DeviceNet 利用 CAN 消息的标识符字段作为消息优先级的表示。标识符越小，消息的优先级越高。这意味着在网络访问冲突的情况下，优先级高的消息可以优先传输。

（3）位定时和同步。

DeviceNet 要求网络上的所有设备在位定时和同步方面严格一致，以确保仲裁机制的有效性。这通过精确的时钟同步和位采样来实现，确保所有节点在相同的时间内读取和解释总线上的位。

（4）错误检测和处理。

DeviceNet 继承了 CAN 的强大错误检测和处理能力，包括帧校验、确认机制、错误重传等。这些机制确保了数据的完整性和网络的可靠性。

（5）多主站和从站设备。

DeviceNet 支持多主站配置，允许多个控制器同时访问网络上的设备。每个主站和从站设备都必须遵循网络访问状态机制，以确保通信的有序进行。

（6）消息过滤。

设备可以使用消息过滤机制来决定哪些消息应该被处理，哪些可以被忽略。这是通过分析消息标识符来实现的，有助于减少不必要的数据处理和提高网络效率。

（7）数据帧和远程帧。

DeviceNet 支持数据帧（用于数据传输）和远程帧（用于请求数据）。通过这两种帧类型的使用，网络上的设备可以有效地进行数据交换和请求。

DeviceNet 网络访问状态机制的设计充分利用了 CAN 技术的特点，提供了一种高效、可靠的方式来管理工业网络上的数据通信。通过非破坏性仲裁和优先级控制，DeviceNet 确保了关键数据的及时传输，同时保持了网络的稳定性和可靠性。

在 DeviceNet 网络中，产品必须遵循特定的网络访问状态机制，以确保通信的有效性和优先级。以下是对这一机制的更清晰的描述。

（1）优先级任务执行：在 DeviceNet 上，所有设备在进行通信之前，必须首先执行一系列优先级任务。这些任务确保设备在开始数据传输前处于适当的状态，以支持高效和可靠的通信。

（2）网络事件响应：设备在 DeviceNet 上的通信能力可能会受到各种网络事件的影响。因此，设备必须能够识别并适当响应这些事件，如网络拥堵、设备故障或数据冲突等，以维护网络的整体性能和稳定性。

通过这两个关键机制，DeviceNet 产品能够在网络中有效地进行通信，同时确保网络的顺畅运作和设备间的正确数据交换。这些机制对于保持 DeviceNet 网络的高效运行和可靠性至关重要。

## 6.6.1 网络访问事件矩阵

网络访问状态机制的状态事件矩阵如表 6-7 所示,执行过程将基于表 6-7 所列出的报文。

表 6-7 网络访问机制的状态事件矩阵

| 事 件 | 状 态 | | | |
| --- | --- | --- | --- | --- |
| | 发送重复<br>MAC ID 检查请求 | 等待重复<br>MAC ID 检查报文 | 在 线 | 通信故障 |
| 成功发送重复 MAC ID 检查请求报文 | 启动 1s 计时。转换到等待重复 MAC ID 检查报文 | 不用 | 不用 | 不用 |
| 检测到 CAN 离线 | CAN 芯片保持复位,转换到通信故障状态 | CAN 芯片保持复位,转换到通信故障状态 | 访问 DeviceNet 对象的 BOI 属性。如果 BOI 属性表示 CAN 芯片应该保持复位,那么转换到通信故障状态。如果 BOI 属性表示 CAN 芯片应该自动复位,那么①复位 CAN 芯片,②请求发送重复 MAC ID 检查请求报文,③转换到发送重复 MAC ID 检查请求状态 | 不用 |
| 接收到重复 MAC ID 检查请求报文 | 检测到重复 MAC ID,转换到通信故障状态 | 检测到重复 MAC ID,转换到通信故障状态 | 发送重复 MAC ID 检查响应报文 | 丢弃报文 |
| 接收到重复 MAC ID 检查响应报文 | 检测到重复 MAC ID,转换到通信故障状态 | 检测到重复 MAC ID,转换到通信故障状态 | 检测到重复 MAC ID,转换到通信故障状态 | 丢弃报文 |
| 1s 的重复 MAC ID 检查报文计时器到时 | 不用 | 如果这是第一个超时,那么再次请求发送重复 MAC ID 检查请求报文,并且转换到发送重复 MAC ID 检查请求状态。如果这是第二个连续的超时,那么转换到在线状态 | 不用 | 不用 |
| 内部报文传送请求 | 返回内部错误 | 返回内部错误 | 发送报文 | 返回内部错误 |

续表

| 事 件 | 状 态 | | | |
| --- | --- | --- | --- | --- |
| | 发送重复<br>MAC ID 检查请求 | 等待重复<br>MAC ID 检查报文 | 在 线 | 通信故障 |
| 接收到一个非重复<br>MAC ID 检查请求/<br>响应的报文或一个<br>通信故障请求报文 | 丢弃报文 | 丢弃报文 | 正确处理接收到的<br>报文 | 丢弃报文 |
| 接收到一个通信故<br>障请求报文 | 丢弃报文 | 丢弃报文 | 丢弃报文 | 正确处理<br>接收到的<br>报文 |

## 6.6.2　重复 MAC ID 检测

在网络访问状态机制内的这一主要步骤是执行重复 MAC ID 检测算法。DeviceNet 的每一个物理连接件必须被赋予一个唯一的 MAC ID,这个 MAC ID 的配置将包含人工干预,因此在同一链路上的两个模块被赋予相同的 MAC ID 的情况是不可避免的,因为 MAC ID 与 DeviceNet 传输方法的定义有关,所以所有的 DeviceNet 模块都必须运用该重复 MAC ID 检测算法。报文组 2 内定义一个特定的报文用来执行重复 MAC ID 检测。

## 6.6.3　预定义主-从连接组

前面提出了在设备之间建立连接的"通用模式"规则。通用模式要求利用显式报文连接在每个连接端点手工创建和配置连接对象,以"通用模式"为基础定义一套连接,此连接用于主-从关系中常见的通信,此连接以下称作"预定义主-从连接组"。主站(Master)是指为过程控制器收集和分配 I/O 数据的设备,从站(Slave)则指主站从该处收集 I/O 数据及向它分配 I/O 数据的设备。

主站"拥有"其 MAC ID 在扫描清单中的从站,主站检查其扫描清单以决定与哪一个从站通信,然后发送命令。除了重复 MAC ID 检查,在主站通知授权前,一个从站不能启动任何通信。一个主站和多个从站的连接如图 6-19 所示。

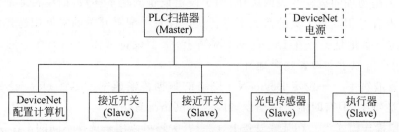

图 6-19　DeviceNet 主-从应用示例

在预定义主-从连接组定义内已省略了创建和配置应用与应用之间连接的许多步骤,这样做是为了用较少的网络和设备资源来创建一个通信环境。

## 6.7 指示器和配置开关

DeviceNet 网络上的设备通常配备有指示器和配置开关,这些组件对于设备的安装、配置和故障诊断至关重要。它们为用户提供了一种直观的方式来监控设备状态并进行基本配置。

### 6.7.1 指示器

指示器通常是 LED 灯,用于显示设备的状态和网络通信情况。根据设备的不同,可能会有不同颜色和闪烁模式的 LED 来表示不同的状态。常见的指示包括:

(1) 电源指示器——显示设备是否接通电源。

(2) 网络状态指示器——显示设备在 DeviceNet 网络上的通信状态,例如,是否成功加入网络、是否存在通信错误等。

(3) 错误指示器——当设备检测到错误时亮起,例如,配置错误、网络故障或内部故障。

(4) 活动指示器——显示网络活动,例如,数据传输时闪烁。

通过观察这些指示器,用户可以快速了解设备的工作状态和网络状况,从而进行相应的操作或故障排除。

指示器可协助维护人员快速辨认出故障单元。DeviceNet 产品指示器必须满足以下要求:

(1) 无须拆卸设备的外壳和部件,即可看到指示器。

(2) 正常光线下,指示器读数清晰。

(3) 不论指示器是否点亮,标签和图标都应清晰可见。

DeviceNet 不要求产品一定具备指示器。但是,如果产品具有此处所述的指示器,那么指示器必须符合上述规定。

### 6.7.2 配置开关

配置开关是物理的拨动开关或旋钮,用于设定设备的基本参数,如设备地址。这些开关允许用户在没有专用配置工具的情况下进行快速设置。配置开关的常见用途包括:

(1) 设定设备地址——在 DeviceNet 网络上,每个设备都需要一个唯一的地址。通过配置开关,用户可以手动设置这个地址。

(2) 配置波特率——设定 DeviceNet 网络的数据传输速率。尽管 DeviceNet 标准定义了几个标准波特率,但有时需要手动设置以匹配网络配置。

(3) 设定操作模式——在某些设备上,配置开关还可以用来选择不同的工作模式或功能。

使用配置开关进行设备设置的一个主要优点是简便性,不需要额外的软件工具或复杂的配置过程。然而,这种方法的灵活性和功能可能受到限制,对于更复杂的配置,可能仍然需要使用专用的配置软件。

### 1. DeviceNet MAC ID 开关

使用 DIP(双列直插式封装)开关设置 MAC ID,该开关为二进制格式。使用旋转式、拨盘式、压轮式开关,则开关为十进制格式。用户在配置开关时,最高位始终在产品的最左端或最上端。

### 2. DeviceNet 波特率开关

如果使用开关设置 DeviceNet 的波特率,其编码应如表 6-8 所示。

表 6-8　波特率开关设置编码

| 波特率/kb·s$^{-1}$ | 开关设置 | 波特率/kb·s$^{-1}$ | 开关设置 |
|---|---|---|---|
| 125 | 0 | 500 | 2 |
| 250 | 1 | | |

## 6.7.3　指示器和配置开关的物理标准

DeviceNet 用户在面对来自不同厂家的产品时会觉得很方便,这是因为 DeviceNet 产品的指示器、开关、连接器有统一的标签。

DeviceNet 指示器和配置开关标签如表 6-9 所示。

表 6-9　DeviceNet 指示器和配置开关标签

| 描　　述 | 全　　名 | 缩　　写 |
|---|---|---|
| 模块状态 LED | 模块状态 | MS |
| 网络状态 LED | 网络状态 | NS |
| 组合模块/网络状态 LED | 模块/网络状态 | MNS |
| I/O 状态 LED | I/O 状态或 I/O | IO |
| MAC ID 开关 | 节点地址 | NA |
| 波特率开关 | 数据传输速率 | DR |

## 6.7.4　DeviceNet 连接器图标

5 针开放式 DeviceNet 插头旁的图标如图 6-20 所示。为了清晰起见,各连接线的信号也标于图中,但这不是图标的组成部分,除了屏蔽线外,图标中其他每个连接线旁都用一个色片来表示连接线的绝缘护套层颜色,除了白色,其他所有色彩都符合 Pantone 匹配系统(因为 Pantone 尚未定义白色)。

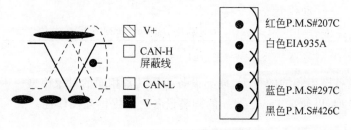

图 6-20　5 针开放式连接器图标

## 6.8　设备描述

DeviceNet 总线控制系统为了实现同类设备的互操作性,并促进其互换性,同类设备间必须具备某种一致性。即:每种设备类型必须有一个"标准"的内核。一般来讲,同类设备必须具备:

(1) 表现相同的特性。

(2) 生产和/或消费相同的基本 I/O 数据组。

(3) 包含一组相同的可配置属性。

这些信息的正式定义称作设备描述。设备描述必须包括:

(1) 设备类型的对象模型。

(2) 设备类型的 I/O 数据格式。

(3) 配置数据和访问该数据的公共接口。

可以选用或扩展现存的设备描述,或根据规定的格式定义特殊产品的描述。

### 6.8.1　对象模型

为了实现同类设备之间的互操作性,两台或多台设备中实施的相同对象必须保持设备间的行为一致性。每个 DeviceNet 产品都包含若干个对象,这些对象互相作用提供产品的基本行为。因为各个对象的行为是固定的,所以相同的对象组的行为也是固定的。设备中使用的对象组是指设备的对象模型,如图 6-21 所示。

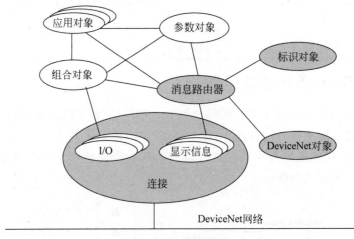

图 6-21　对象模型

为使同类设备产生相同的行为,同类设备必须具备相同的对象模型。因此,各设备描述中都包括对象模型,以便在 DeviceNet 的同类设备之间提供互操作性。

## 6.8.2　I/O 数据格式

描述部分定义了设备如何在对设备的 I/O 数据格式有严格规定的 DeviceNet 网络上进行通信。灵活的联网设备能生产和/或消费不止一个 I/O 值。通常，它们将生产和/或消费一个或多个 I/O 值以及状态和诊断信息。通过设备通信的每段数据都可用设备内部的某个对象的一个属性值表示。因此，设备 I/O 数字格式的定义等效于用于组合 I/O 数据的组合实例的定义。

## 6.8.3　设备配置

设备描述还包括设备可配置参数的规范和到这些参数的公共接口。设备中的可配置参数直接影响它的行为，同类设备必须以相同的方式动作，因此，它们必须具备相同的配置参数。

## 6.8.4　扩展的设备描述

制造商可以选用现存的设备描述进行扩展，使它适合其产品的附加行为。

## 6.8.5　设备描述编码机制

设备描述使用的编码机制，表明设备描述可以是公共定义的或供应商特定的，如表 6-10 所示。

表 6-10　设备描述使用的编码机制

| 类　型 | 范　围 | 数　量 | 类　型 | 范　围 | 数　量 |
|--------|--------|--------|--------|--------|--------|
| 公共定义 | 00H~63H | 100 | 公共定义 | 100H~2FFH | 512 |
| 供应商特定 | 64H~C7H | 100 | 供应商特定 | 300H~4FFH | 512 |
| 预留 | C8H~FFH | 56 | 预留 | 500H~FFFFH | 64,256 |

可将设备类型编号范围设置在"供应商特定"设备描述一类。如果选择使用这类设备类型编号中的一个，制造商就不必为其产品提供一份设备描述。

# 6.9　DeviceNet 节点的开发

DeviceNet 是一种基于 CAN(Controller Area Network)的工业网络协议，它被广泛应用于自动化和工业控制系统中，允许多个设备如传感器、执行器和控制器等在同一网络上进行通信。开发 DeviceNet 节点涉及硬件设计、软件编程以及遵循 DeviceNet 标准的一系列步骤。

## 6.9.1　DeviceNet 节点的开发步骤

DeviceNet 作为应用日益广泛的一种底层设备现场总线技术，其通信接口的开发目前在国内还处于起步阶段,仅有上海电器科学研究所、本安仪表公司、埃通公司等少数几家在做这方面的工作,其开发出的产品也仅限于简单的输入/输出模块和智能泵控制器等。这主要是由于国内目前所能提供的开发资源和技术支持十分有限。目前,DeviceNet 节点的开发大致有两种途径:

(1) 开发者本身对 DeviceNet 规范相当熟悉,具有丰富的相关经验,并且有长期深入开发 DeviceNet 应用产品的规划,选择从最底层协议做起,根据对协议的深刻领会,自己编写硬件驱动程序,再移植到单片机或其他微处理器系统中,完成开发调试工作。

(2) 利用开发商提供的一些软件包,这些软件包中的源程序往往可以直接应用于单片机中,对于那些复杂的协议处理内容,已封装定义好,用户只需编写自己的应用层程序,无须涉及过多的协议内容。但其缺点就是价格昂贵,同时受限于软件包的现有功能,不能向更深层的功能进行开发。

比较两种开发途径,可以看到,采用第一种途径的工作量是非常巨大的,而且一般来讲开发周期长,其好处在于可以加深对 DeviceNet 规范的认识,对于开发功能更为复杂的产品(如主站的通信)打下了良好的基础。而第二种途径,一般开发周期比较短、工作量小,但不利于自行开发具有复杂功能的 DeviceNet 产品。不论采用哪种途径,DeviceNet 节点的开发一般遵循以下步骤。

**1. 决定为哪种类型的设备设计 DeviceNet 接口**

这是在着手开发设备之前必须首先确定的事情,也就是确定开发产品的功能。

大多数 DeviceNet 产品只具备从机的功能,开发从机功能产品第一个要考虑的问题是 I/O 通信。

第二个要考虑的问题是设备信息对显式报文的通信功能,DeviceNet 协议要求所有设备支持显式报文的通信,至少是标识符。

**2. 硬件设计**

硬件设计需满足 DeviceNet 物理层和数据链路层的要求。DeviceNet 规范允许所有4 种连接方式:迷你型接头、微型接头、开放式接头和螺栓式接头。如可能,采用迷你型接头、微型接头、开放式接头配之以其他接线部件,则可进行即插即用的安装。而在一些不能利用以上 3 种接头的场合,则采用螺栓式接头。

在 DeviceNet 中目前只有 125kb/s、250kb/s 和 500kb/s 三种速率。由于严格的网络长度限制,它不支持 CAN 的 1Mb/s 速率。

DeviceNet 物理层可以选择使用隔离。完全由网络供电的设备和与外界无电连接的设备(如传感器)可以不用隔离,而与外界有电连接的设备应该具有隔离,光隔离器件的速度很重要,因为它决定了收发器的总延时,DeviceNet 规范中要求的最大延时为 40ns。

**3. 软件设计**

软件设计需满足 DeviceNet 应用层的要求。

(1) 采用的软件。

DeviceNet 方面的软件包有许多种,采用它们可以与你的产品协同工作,考虑其特性是个首要的问题。

（2）选择设计或购买策略。

在确定是自行设计还是采用购买策略时，可以作如下考虑：

① 自己是否掌握足够的开发知识，如 CAN 和微处理器？

② 是一次性设计产品还是将来要改进的？

③ 仅实现从站功能的产品极易开发，一些公司只要数周即可完成；但比较复杂的产品，如具有主站功能的，采用商业开发软件包来开发比较好。

（3）设计工具。

一般来说，可以用微处理器开发系统来完成开发，因此，这里只讨论与 DeviceNet 有关的工具，其最小配置为 CAN 的监视器，它是一个由 PC 卡和相关软件组成的工具。

软件的开发还要选择合适的开发包。DeviceNet 方面的软件开发包有很多种，可以帮助进行软件的开发。

### 4．根据设备类型选定设备描述或自定义设备描述

DeviceNet 使用设备描述来实现设备之间的互操作性、同类设备的可互换性和行为一致性。

设备描述有两种，即专家已达成一致意见的标准设备类型的设备描述和一般的或制造商自定义的非标准设备类型的设备描述（又称为扩展的设备描述）。ODVA 负责在技术规范中发布设备描述。每个制造商为其每个 DeviceNet 产品根据设备类型选定扩展或定义设备描述，其内容涉及设备遵循的设备行规。

设备描述是一台设备的基于对象类型的正式定义，包括以下内容：

（1）设备的内部构造（使用对象库中的对象或用户自定义对象，定义了设备行为的详细描述）。

（2）I/O 数据（数据交换的内容和格式，以及在设备内部的映射所表示的含义）。

（3）可组态的属性（怎样被组态，组态数据的功能，它可能包括 EDS 信息）。

在 DeviceNet 产品开发中，必须指定产品的设备描述。如果不属于标准设备描述，就必须自定义其产品的设备描述，并通过 ODVA 认证。

### 5．决定配置数据源

如图 6-22 所示，DeviceNet 标准允许通过网络远程配置设备，并允许将配置参数嵌入设备中。利用这些特性，可以根据特定应用的要求，选择和修改设备配置设定。DeviceNet 接口允许访问设备配置设定。

只有通过 DeviceNet 通信接口，才可访问配置设定的设备，同时必须用配置工具改变这些设定。使用外部开关、跳线、拨码开关或其他所有者的接口进行配置设定的设备，不需要配置工具就可以修改设备配置设定。但设备设计者应提供用于访问和判定硬件配置开关状态的工具。

### 6．完成 DeviceNet 一致性声明

一致性与互操作性测试是认证开放系统的产品可以互连的重要步骤。DeviceNet 产品

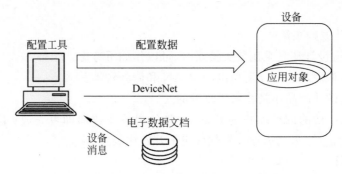

图 6-22　DeviceNet 标准允许通过网络远程配置设备

的制造商需要通过一致性测试向购买者表明,其产品符合 DeviceNet 规范。用户需通过互操作测试,以证实他们购买的产品能够互操作。

DeviceNet 的一致性与互操作性是由 ODVA 通过一致性测试(Conformance Test)保证的。ODVA 要求每种产品在投放市场之前,必须通过一致性测试。

## 6.9.2　设备描述的规划

DeviceNet 规范通过定义标准的设备模型促进不同制造商设备之间的互操作性,它对直接连接到网络的每一类设备都定义了设备描述。设备描述是从网络的角度对设备内部结构进行说明,它使用对象模型的方法说明设备内部包含的功能、各功能模块之间的关系和接口。设备描述说明了使用哪些 DeviceNet 对象库中的对象和哪些制造商定义的对象,以及关于设备特性的说明。

设备描述包括:

(1) 设备对象模型定义——定义设备中存在的对象类、各类中的实例数、各个对象如何影响行为以及每个对象的接口。

(2) 设备 I/O 数据格式定义——包含组合对象的定义、组合对象中包含所需要的数据元件的地址(类、实例和属性)。

(3) 设备可配置参数的定义和访问这些参数的公共接口——配置参数数据、参数对设备行为的影响、所有参数组以及访问设备配置的公共接口。

简单地说,这 3 部分分别规定了一个设备如何动作、如何交换数据和如何进行配置。

## 6.9.3　设备配置和电子数据文档

DeviceNet 设备的配置和电子数据文档(Electronic Data Sheet,EDS)是 DeviceNet 网络中设备集成和通信的关键组成部分。EDS 文件为设备提供了一种标准化的方式来描述其自身的特性和通信能力,使得网络上的其他设备和配置工具能够识别和正确地与之交互。

### 1. 设备配置概述

DeviceNet 标准允许通过网络远程配置设备,并允许将配置参数嵌入设备中。利用这些特性,可以根据特定应用的要求,选择和修改设备配置设定。DeviceNet 接口允许访问设备配置设定。

存储和访问设备配置数据的方法包括输出数据文档的打印、电子数据文档(EDS)、参数对象以及参数对象存根、EDS 和参数对象存根的结合。

(1) 利用打印输出的数据文档支持配置。

利用打印数据文档中收集的配置信息时,配置工具只能提供服务、类、实例和属性数据的提示,并将该数据转发给设备。这种类型的配置工具不决定数据的前后联系、内容和格式。

(2) 利用电子数据文档支持配置。

可采用被称作电子数据文档(EDS)的特殊格式化的 ASCII 文件对设备提供配置支持。

(3) 利用参数对象和参数对象存根支持配置。

设备的公共参数对象是设备中一个可选的数据结构,它提供访问设备配置数据的第三种方法。当设备使用参数对象时,它要求每个支持的配置参数有一个参数对象类实例。部分定义的参数对象称为参数对象存根,它包含设备配置所需的部分信息,不包括用户提示、限制测试和引导用户完成配置说明文本。

(4) 使用 EDS 和参数对象存根的配置。

配置工具可从嵌在设备中的部分参数对象或参数对象存根中获得信息,该设备提供一个伴随 EDS,此 EDS 提供配置工具所需的附加参数信息。参数对象存根可以提供一个到设备参数数据的已知公共接口,而 EDS 提供说明文本、数据限制和其他参数特性。

(5) 使用配置组合进行配置

配置组合允许批量加载和下载配置数据。如果使用该方法配置设备,则必须提供配置数据块的格式和每个可配置属性的地址映射。

### 2. EDS 概述

EDS 允许配置工具自动进行设备配置,DeviceNet 规范中关于 EDS 的部分为所有 DeviceNet 产品的设备配置和兼容提供了开放的标准。

(1) 电子数据文档。

EDS 除了包括该规范定义的、必需的设备参数信息外,还可以包括供应商特定的信息。标准的 EDS 通用模块如图 6-23 所示。

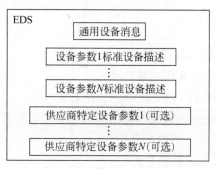

图 6-23　标准的 EDS 通用模块

（2）产品数据文档模式。

电子数据文档应按照产品数据文档的含义，将其修改成符合 DeviceNet 要求。通常，产品数据文档向用户提供判断产品特性所需的信息及对这些特性用户可赋值的范围。

（3）在配置工具中使用 EDS。

DeviceNet 配置工具从标准 EDS 中提取用户提示信息，并以人工可读的形式向用户提供该信息。

（4）EDS 解释器功能。

解释器必须采集 EDS 要求的参数选择，建立配置设备所需的 DeviceNet 信息，并包含要求配置的各设备参数的对象地址。

（5）EDS 文件管理。

图 6-24 为电子数据文档结构图。EDS 文件编码要求使用 DeviceNet 的标准文件编码格式，而无须考虑配置工具主机平台或文件系统。

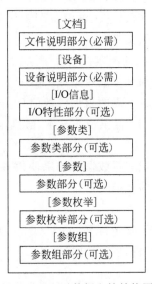

图 6-24　电子数据文档结构图

# 习题

1. 简述 DeviceNet 所具有的通信特性。
2. DevicNet 现场总线的主要用途是什么？
3. 画出 DeviceNet 物理层在 OSI 模型中的位置图。
4. DevicNet 现场总线是如何实现误接线保护的？
5. DeviceNet 节点的开发有哪两种途径？
6. DeviceNet 的设备描述包括哪些内容？

# 第7章

# FF 现场总线

FF 现场总线(Fieldbus Foundation 现场总线)是一种用于工业自动化领域的通信系统。FF 现场总线技术支持设备间的高效、可靠通信,是现代工业控制系统中不可或缺的一部分。

本章详细介绍了 FF 现场总线的功能块参数、功能块库、典型功能块,以及功能块在串级控制设计中的应用。主要内容如下:

(1) FF 现场总线概述——介绍了 FF 现场总线的主要技术特点、通信系统的组成及其相互关系、FF 现场总线的通信模型、网络管理和系统管理概念,以及 FF 现场总线的通信控制器。

(2) FF 现场总线功能块参数——详细阐述了 FF 现场总线功能块及参数的概述、控制变量的计算方法、块模式参数和量程标定参数等关键技术点。

(3) FF 现场总线的功能块库——介绍了转换器块和资源块、FF 现场总线的功能块等内容,为读者提供了 FF 现场总线功能块库的基本知识。

(4) FF 现场总线的典型功能块——讲述了 FF 现场总线中的典型功能块,包括模拟输入功能块(AI)、模拟输出功能块(AO)、开关量输入功能块(DI)、开关量输出功能块(DO)以及 PID 控制算法功能块(PID)等。

(5) 功能块在串级控制设计中的应用——通过炉温控制系统的案例,展示了功能块在串级控制设计中的应用,详细讨论了串级控制功能块连接和多播通信关系(MCR)的设计与实现。

通过本章的学习,读者不仅能够掌握 FF 现场总线的基础知识和技术细节,还能了解其在实际工业自动化系统设计中的应用,为进一步深入学习和研究 FF 现场总线技术打下坚实的基础。

## 7.1 FF 现场总线概述

FF 现场总线是在过程自动化领域得到广泛支持和具有良好发展前景的技术。FF 现场总线系统是为了适应自动化系统,特别是过程自动化系统在功能、环境与技术上的需要而专门设计的。这种现场总线的标准是由现场总线基金会组织开发的。它得到了世界上主要自动控制设备制造商的广泛支持，在北美、亚太与欧洲等地区具有较强的影响力。现场总线基金会的目标是致力于开发统一标准的现场总线，并且已经在 1996 年颁布了低速总线 H1 的标准，使 H1 低速总线步入了实用阶段。同时，高速总线的标准——高速以太网（HSE）也于 2000 年制定出来，其产品也正不断出现。

FF 现场总线的系统是开放的，可以由来自不同制造商的设备组成。只要这些制造商所设计与开发的设备遵循 FF 现场总线的协议规范，并且在产品开发期间，通过一致性测试，确保产品与协议规范的一致性，这样当把不同制造商的产品连接到同一个网络系统时，作为网络节点的各个设备之间就可以互操作，并且允许不同厂商生产的相同功能设备之间相互替换。

## 7.1.1 FF 现场总线的主要技术

FF 现场总线的最大特征就在于它不仅是一种总线，而且是一个系统，是网络系统，也是自动化系统。作为新型自动化系统，其区别于传统自动化系统的特征就在于它所具有的数字通信能力，它使自动化系统的结构具备了网络化特征。而作为一种通信网络，其区别于其他网络系统的特征则在于它位于工业生产现场，其网络通信是围绕完成各种自动化任务进行的。

FF 现场总线系统作为全分布式自动化系统，要完成的主要功能是对工业生产过程的各个参数进行测量、信号变送、控制、显示、计算等，实现对生产过程的自动检测、监视、自动调节、顺序控制和自动保护，保障工业生产处于安全、稳定、经济的运行状态。这里的全分布式是相对其他类别的自动化系统而言的。FF 现场总线系统又是通信网络。它把具备通信能力，同时具有控制、测量等功能的现场自控设备作为网络的节点，通过现场总线把它们互连为网络。通过网络上各节点间的操作参数与数据调用，实现信息共享与系统的各项自动化功能，作为网络节点的现场设备具有通信接收、发送与通信控制能力。它们的各项自动化功能是通过网络节点间的信息传输、连接、各部分的功能集成而共同完成的。从这个意义上讲，可以把它们称为网络集成自动化系统。网络集成自动化系统的目的是实现人与人、机器与机器、人与机器、生产现场的运行控制信息与办公室的管理决策信息的沟通和一体化。借助网络的信息传输与数据共享，组成多种复杂的测量、控制、计算功能，更有效、方便地实现生产过程的安全、稳定、经济运行，并进一步实现管控一体化。

作为工厂的底层网络，相对一般广域网、局域网而言，FF 现场总线属于低速网段，其传输速率的典型值为 31.25kb/s。它可以由单一总线段或多总线段构成，还可以通过网关或网卡与工厂管理层的以太网段挂接，打破了多年来未曾解决的自动化信息孤岛的格局，形成了完整的工厂信息网络，为实现管控一体化提供了条件。

正因为 FF 现场总线是工厂底层网络和全分布自动化系统，围绕这两个方面形成了它的技术特色。FF 的主要技术内容如下。

#### 1. FF 现场总线的通信技术

FF 现场总线的通信技术包括 FF 现场总线通信模型、通信协议、通信控制器芯片、网络与系统管理等内容。它涉及一系列与网络相关的软硬件,例如,通信栈软件、被称为圆卡的仪表用通信接口卡、FF 与计算机的接口卡、各种网关、网桥、中继器等。它是现场总线的核心基础技术之一。

#### 2. 标准化功能块 FB 与功能块应用进程 FBAP

FF 提供一个通用结构,把实现控制系统所需的各种功能划分为功能模块,使其公共特征标准化,规定它们各自的输入、输出、算法、事件、参数和块控制图,并把它们组成为可在某个现场设备中执行的应用进程。便于实现不同制造商产品的混合组态与调用。功能块的通用结构是实现开放系统构架的基础,也是实现各种网络功能与自动化功能的基础。

#### 3. 设备描述 DD 与设备描述语言 DDL

为实现现场总线设备的互操作性,支持标准的功能操作,FF 现场总线采用了设备描述技术。设备描述是控制系统为理解来自现场设备的数据意义而提供的必要信息,因而也可以将其看作控制系统或主机对某个设备的驱动程序,即设备描述是设备驱动的基础。

设备描述语言是一种用来进行设备描述的标准编程语言。采用设备描述编译器,把 DDL 编写的设备描述的源程序转化为机器可读的输出文件。

#### 4. 现场总线通信控制器与智能仪表或工业控制计算机之间的接口技术

在现场总线的产品开发中,常采用 OEM 集成方法构成新产品,即把 FF 集成通信控制芯片、通信栈软件、圆卡等部件与完成测量控制功能的部件集中起来,组成现场智能设备。

#### 5. 系统集成技术

系统集成技术包括通信系统与控制系统的集成。例如,网络通信系统组态、网络拓扑、配线、网络系统管理、控制系统组态、人机接口、系统管理维护等。这是一项集控制、通信、计算机、网络等多方面的知识和软硬件于一体的综合性技术。

#### 6. 系统测试技术

系统测试技术包括通信系统的一致性与互操作性测试技术,总线监听分析技术,系统的功能、性能测试技术等。一致性与互操作性测试是为保证系统的开放性而采取的重要措施,一般要经授权过的第三方认证机构做专门测试,验证其符合统一的技术规范后,将测试结果交基金会登记注册,授予 FF 标志。

### 7.1.2 通信系统的组成及其相互关系

FF 现场总线 FF 的核心技术之一是控制网络的数字通信。为了实现通信系统的开放性,其通信模型是参考了 ISO/OSI 参考模型,并在此基础上根据自动化系统的特点经简化后得到的。FF 现场总线的参考模型只具备 ISO/OSI 参考模型 7 层中的 3 层,即物理层、数据链路层和应用层,并按照现场总线的实际要求,把应用层划分为两个子层:总线访问子层与总线报文规范子层。省去了中间的 3～6 层,即不具备网络层、传输层、会话层与表示层。不过它又在原有 ISO/OSI 参考模型的第 7 层应用层之上增加了新的一层——用户层。

变送器、执行器等都属于现场总线的物理设备,每个具有通信能力的现场总线物理设备都具有通信模型。通信模型的主要组成及其相互关系如图 7-1 所示。

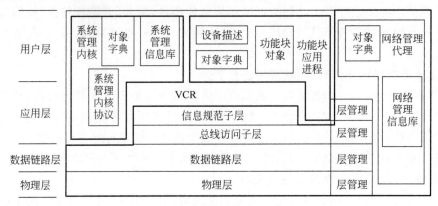

图 7-1　通信模型的主要组成及其相互关系

图 7-1 从物理设备构成的角度表明了通信模型的主要组成部分及其相互关系,在分层模型的基础上更详细地表明了设备的主要组成部分。

## 7.1.3　FF 现场总线的通信模型

FF 现场总线的核心之一是实现现场总线信号的数字通信。现场总线的全分布式自动化系统把控制功能完全下放到现场,现场仪表内部都具有微处理器,内部可以装入控制计算模块,仅由现场仪表就可以构成完整的控制功能。现场总线的各个仪表作为网络的节点,由现场总线把它们互连成网络,通过网络上各个节点间的操作参数与数据调用,实现信息共享与系统的自动化功能。各个网络节点的现场设备内部具备接收、发送与通信控制能力。各项控制功能是通过网络节点间的信息通信、连接及各部分功能的集成而共同完成的。由此可见通信在现场总线中的核心作用。

现场总线与 OSI 的关系如图 7-2 所示。

### 1. 物理层

FF 现场总线的物理层遵循 IEC 1158-2 与 ISA-S50.02 中有关物理层的标准。现场总线基金会为低速总线颁布了 31.25kb/s 的 FF-816 物理层规范,也称为 H1 标准。目前作为现场总线的高速标准 HSE 高速以太网的标准也已经完成。

(1) 物理层的功能。

物理层用于实现现场物理设备与总线之间的连接。其主要功能是为现场设备与通信传输媒体的连接提供机械和电气接口,为现场设备对网络的发送或接收提供合乎规范的物理信号。

物理层作为电气接口,一方面接收来自数据链路层的信息,把它转换为物理信号,并传送到现场总线的传输介质上,起到发送驱动器的作用;另一方面把来自总线传输介质的物理信号转换为数据信息送往数据链路层,起到接收器的作用。

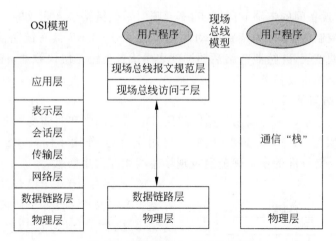

图 7-2　现场总线与 OSI 的关系

（2）物理层的结构。

按照 IEC 物理层规范的有关规定,物理层又分为介质相关子层与介质无关子层。

介质相关子层负责处理导线、光纤、无线介质等不同传输媒体的信号转换问题。

介质无关子层是媒体访问单元与数据链路层之间的接口。上述有关信号编码,增加或去除前导码、界定码的工作均在物理层的媒体无关子层完成。那里设有专用电路来实现编码等功能。

（3）传输介质。

H1 网段支持多种传输介质：双绞线、电缆、光缆、无线介质。目前应用较为广泛的是前两种。H1 标准采用的电缆类型可为无屏蔽双绞线、屏蔽双绞线、屏蔽多对双绞线和多芯屏蔽电缆。

（4）FF 的物理信号波形。

FF 现场总线的现场设备提供两种供电方式：总线供电与单独供电。总线供电设备直接从传输数字信号的总线上获取工作能源；单独供电方式的现场设备,其工作电源直接来自外部电源,而不是取自总线。对总线供电的场合,总线上既要传送数字信号,又要向现场设备供电。按 31.25kb/s 的技术规范,FF 的信号波形如图 7-3 所示。携带协议信息的数字信号以 31.25kHz 的频率、峰-峰电压为 0.75～1V 的幅值加载到 9～32V 的直流供电电压上,形成控制网络的通信信号波形。

## 2. 数据链路层

数据链路层（DLL）位于物理层与总线访问子层之间,为系统管理内核和总线访问子层访问总线媒体提供服务。在数据链路层上生成的协议控制信息可以对总线上的各类链路传输活动进行控制。总线通信中的链路活动调度,数据的发送与接收,活动状态的检测、

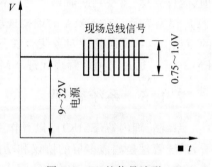

图 7-3　FF 的信号波形

响应,总线上各个设备间的链路时间同步,都是通过数据链路层来完成的。在每个总线段上有一个介质访问控制中心,称为链路活动调度器(LAS)。LAS具有链路活动调度能力,可以形成链路活动调度表,并按照链路活动调度表生成各类链路协议数据,链路活动调度是该设备中数据链路层的重要任务。

### 3. 现场总线访问子层

现场总线访问子层(FAS)利用数据链路层(DLL)的调度和非调度服务来为现场总线报文规范层(FMS)服务。FAS与FMS虽同为应用层,但其作用不同,FMS的主要作用是允许用户程序使用一套标准的报文规范通过现场总线相互发送信息。

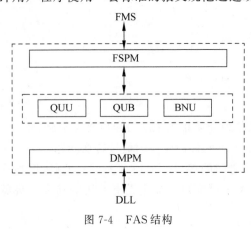

图7-4　FAS结构

在FAS中,有3个综合的协议机制来共同描述FAS的行为,这3个协议机制是:FAS服务协议机制(FSPM)、应用关系协议机制(ARPM)、数据链路层映射协议机制(DMPM)。其中,ARPM根据AREP类型又分为3种:QUU、QUB、BNU,其结构如图7-4所示。

### 4. 现场总线报文规范层

现场总线报文规范层(FMS)是FF现场总线通信模型中应用层的另一个子层。该层描述了用户应用所需要的通信服务、信息格式、行为状态等。FMS提供了一组服务和标准的报文格式。用户应用可以采用这种标准的格式在总线上相互传递信息、访问应用进程对象及其对象描述。

## 7.1.4　网络管理

为了将设备通信模型中的通信协议集成起来,并监督其运行,FF现场总线采用网络管理代理(NMA)和网络管理者的工作模式。网络管理者的实体在相应的网络管理代理的协同下,完成网络的通信管理。

每个设备都有一个网络管理代理,负责管理其通信栈。通过网络管理代理支持组态管理、运行管理、监视判断通信差错。网络管理代理是一个设备应用进程,它由一个FMS的VFD模型表示。在NMA的虚拟现场设备中的对象是关于通信栈整体或者各层管理实体的信息。这些网络管理对象集合在网络管理信息库(NMIB)中,可由网络管理者使用一些FMS服务,通过与网络管理代理NMA建立虚拟通信关系VCR进行访问。

## 7.1.5　系统管理

系统管理内核(SMK)可以看作一种特殊的应用进程(AP)。从其在通信模型的位置来看,系统管理是集成多层的协议和功能而完成的。系统管理可以完成现场设备的地址分配、寻找应用位号、实现应用时钟的同步、功能块列表、设备识别,以及对系统管理信息库访问的功能。

FF现场总线是一种工业自动化领域广泛使用的数字通信协议,它旨在实现过程控制系统中各种智能现场设备的互联互通。FF现场总线系统管理的要点包括以下几个方面:

(1)系统配置——涉及对网络中的设备进行识别、配置和参数设置。具体包括为设备分配地址、设置数据传输速率和配置设备间的通信路径。

(2)设备管理——包括设备的添加、删除、监控和故障排除。系统管理工具通常提供设备状态的实时视图,以及对设备进行诊断和维护的功能。

(3)数据管理——涉及收集、存储和分析从现场设备传来的数据。数据管理是优化生产过程、提高效率和确保系统稳定运行的关键。

(4)控制策略的实施——FF现场总线允许在现场设备级别实现控制逻辑,减少对中央控制系统的依赖。系统管理需要确保正确实施控制策略,以及进行必要的调整以适应生产过程的变化。

(5)安全和权限管理——确保只有授权用户可以访问系统管理工具,对系统进行配置或修改。这包括实施用户认证、授权和审计策略。

(6)网络维护——定期检查网络的健康状态,包括通信质量、设备连接状态和网络拓扑。及时发现和解决网络问题是保证系统稳定运行的关键。

(7)兼容性和标准化——确保系统中的所有设备和软件遵循FF现场总线的标准和规范,以保证不同厂商的设备能够无缝协同工作。

通过有效的系统管理,FF现场总线系统能够实现高效的数据通信、灵活的控制策略实施和稳定的系统运行,从而提高整个过程控制系统的性能和可靠性。

## 7.1.6 FF现场总线的通信控制器

FF现场总线网络系统的运行涉及通信参考模型的各层,包括物理层、数据链路层、总线访问层、系统管理层、报文规范层、用户层等,涉及通信栈、系统管理、网络管理、功能块等各部分。其中数据链路层以上的部分是通过软件编程来实现的,而数据链路层及物理层所需要的总线驱动、数据编码、时钟同步和帧检验等许多工作,则需要软件和硬件的结合来完成。

目前,有多家公司生产用作FF现场总线通信控制器的芯片。如日本的横河公司、富士公司,美国的SHIPSTAR公司,巴西的SMAR公司等。各家公司的产品功能各不相同,各有特色。但是它们都符合规定的现场总线标准。

FB3050是SMAR公司推出的第三代FF现场总线通信控制器芯片,该芯片符合ISA SP50-2-1992 PART2中所规定的现场总线物理层规范。芯片设计时考虑了各种流行的微处理器接口。FB3050采用TQFP100封装,具有100个引脚。

FB3050内部有信号极性识别和校正电路,因此允许总线网络的两根线无极性的任意连接。

FB3050的数据总线宽度为8位,外接CPU的16位地址线。16位地址线经过FB3050缓冲和变换后输出,输出的地址线称作存储器总线,CPU和FB3050二者都能够通过存储器总线访问挂接在该总线上的存储器。因此挂接在该总线上的存储器是 CPU 和 FB3050 的公用存储器。

在 FB3050 通信控制器发送和接收模块中,分别包含曼彻斯特数据编码和解码器,可以对发送和接收的数据进行曼彻斯特编码/解码。因此,FB3050 仅需要一个外部介质存取单元和相应的滤波线路就可以直接接到现场总线上,简化了用户对电路的设计程序。

FB3050 内部包含帧校验逻辑,在接收数据的过程中帧校验逻辑能自动地对接收数据进行帧校验。在发送数据过程中,是否对发送数据产生帧校验序列由用户通过软件编程来控制。帧的状态信息随时供软件读取和查询。

## 7.2 FF 现场总线功能块参数

FF 设备通常基于功能块进行配置和操作,这些功能块封装了设备的控制逻辑和处理数据的能力。

### 7.2.1 FF 现场综述的功能块及参数概述

#### 1. 功能块

功能块是一种图形化的编程语言,可以形象地比喻为"软件的集成电路"。它有一套输入、输出和内部控制参数,输入参数通过一套特定的算法产生的输出参数供系统或其他功能块使用。本节介绍的是按 FF 现场总线技术设计的一套现场总线功能块及其应用。

功能块通过位号(Tag:最多 32 个可视字符串)和一个数字索引来识别。在同一个控制系统中,功能块位号(Tag)必须是唯一的,而数字索引在一个包含该功能块的应用中亦然。

简短的数字索引可以优化对功能块的访问。功能块位号是通用的,而数字索引仅在包含这个功能块的应用中有意义。输入参数和输出参数是网络可见的,并可互相连接。控制参数或称包含参数虽然不能和其他功能块连接使用,但也是网络可见的。功能块的算法由块的类型和控制参数确定。

一个功能块输入参数连接到上游功能块的输出参数,并从中"拉取"数据。这种连接可能在同一个功能块中应用;也可能在不同功能块中应用;可能在同一个设备中也可能在不同设备中。如前所述,功能块参数根据使用目的被分成 4 组"视图"(View):动态操作数据(View1)、静态操作数据(View2)、所有动态数据(View3)和其他静态数据(View4)。

现场总线网络的信息交换划分两个层次。操作员站和功能块应用的信息交换称"背景通信",而为功能块连接的实时性通信是级别更高的"运行通信"。

#### 2. 参数

每个参数的名字由 4 个无符号整数字节组成。在一个功能块内参数的名字是唯一的。在一个系统内,用"功能块位号.参数的名字"来表达,即"Tag.Parameter"。这个结构被用来获得参数的索引。

参数的存储属性可以分级为动态的、静态和不易失的。根据分级,某些参数的数值在掉电后可能要重新存储。参数属性的分级决定了它们在设备中存储的方法。

## 7.2.2　控制变量的计算

### 1. 过程变量的计算

过程变量(PV)的数值和状态是主要输入变量(IN)的映射,或者是多输入变量的计算结果。例如,在 PID 和 AALM 功能块中,过程变量就是输入变量滤波后的结果。过程变量状态是输入变量状态的副本,如果有多个输入变量,则是它们中最坏一个的状态。不管功能块的模式如何,过程变量的数值是主要输入变量的数值或其计算结果。除非输入变量是不可用的,这时过程变量(PV)的数值保持在最后的可用值上。输入变量滤波时间常数参数 PV_FTIME 的含义是,对于阶跃的输入变量,输出达到最终值的 63.2% 所需要的时间,单位是秒。如果 PV_FTIME 是 0,则意味着没有滤波。

### 2. 设定值计算

在 FF 现场总线系统中,设定值计算涉及以下两个关键参数:

(1) 设定值极限参数。

SP_HI_LIM 和 SP_LO_LIM:这些参数定义了设定值(SP)的上限和下限。单位和取值范围由 PV_SCALE 确定。在自动模式(Auto mode)下,设定值会被限制在这两个极限值之间,确保设定值的有效性和安全性。

(2) 设定值变化率极限参数。

SP_RATE_UP 和 SP_RATE_DN:这些参数以单位每秒的过程变量(PV/s)来限制设定值的变化速率。SP_RATE_UP 控制设定值增加的最大速率,而 SP_RATE_DN 控制减少的最大速率。这些限制有助于减少设定值快速变动时可能引起的系统扰动。

通过这些参数的控制,FF 现场总线系统能够在维持过程控制的稳定性和响应性的同时,防止因设定值的不适当变动而导致的潜在问题。这些机制确保了过程控制系统的高效和可靠运行。

### 3. 设定值(SP)跟踪过程变量(PV)

由于某些控制策略需要从"手动模式"(Rout,Man,LO,Iman)切换到"自动模式"(Auto,Cas,Rcas)时的偏差是零,所以此时设定值必须等于过程变量。PID 块的 CONTROL_OPTS 参数和 AO 块的 IO_OPTS 参数用于在手动模式时设定值(SP)跟踪过程变量(PV)。

### 4. 输出参数计算

当现实模式为 Auto、Cas、Rcas 时,各个功能块按照各自的算法计算输出参数。而在手动模式下,输出参数来自另一个功能块(LO,Iman 模式)、操作员(Man)或上位机中的其他应用(Rout)。

在 PID 和 ARTH 功能块的所有模式下,输出参数被 OUT_HI_LIM 和 OUT_LO_LIM 参数进行高和低限位。但通过对 CONTROL_OPTS 参数的"NO OUT limited in Manual"位进行组态,可以实现在手动模式下对输出不进行限位。

### 7.2.3　块模式参数

块模式参数是所有块都有的重要参数,它决定块运行的状态,也能反映块应用的一些错误。

**1. 模式的类型**

(1) 未服务(Out of Service,O/S):功能块未运行,块输出值保持在最后值。对于输出类功能块,输出值保持在最后值或者由组态所指定的故障状态值。设定值保持在最后值。

(2) 初始化手动(Initialization Manual,Iman):串级结构的下游功能块不在串级模式(Cas),因此正常的算法不被执行,块输出仅跟随一个来自下游功能块的外部跟踪信号(BKCAL_IN)。此模式下不能通过目标模式请求。

(3) 本地跨越(Local Override,LO):控制模块在这个模式时的输出跟踪一个 TRK_VAL 输入参数。输出功能块在故障状态时也可以在 LO 模式。这个模式也不能通过目标模式请求。

(4) 手动(Manual,Man):功能块的输出不是被计算出来的,虽然它可能被限制,操作员可以直接给出功能块的输出值。

(5) 自动(Automatic,Auto):功能块的输出是被计算出来的。它将使用操作员通过接口设备给出的本地设定值。

(6) 串级(Cascade,Cas):设定值通过链接(Cas_IN)来自其他块,因此操作员不能直接改变。功能块在设定值基础上计算出输出。为了达到这个模式,算法使用 CAS_IN 输入、BKCAL_OUT 输出和上游块构成一个无扰动方式的串级关系。

(7) 远程串级(Remote Cascade,RCas):功能块的设定值是由接口设备(计算机、DCS/PLC)中控制应用的 RCAS_IN 参数给定的。

(8) 远程输出(Remote output,Rout):功能块的输出是由接口设备中控制应用的 ROUT_IN 参数给定的。为了达到这个模式,算法使用 ROUT_IN 输入、ROUT_OUT 输出和接口设备构成一个无扰动方式的串级关系,因此接口设备中控制应用类似于"上层块",但它们没有功能块间连接那样的调度和同步关系。

Auto、Cas、Rcas 模式是自动地按算法计算功能块输出。Iman、LO、Man、Rout 模式则是需要"手动"输出。

**2. MODE_BLK 的元素**

(1) 目标(Target):操作员选择功能块的目标模式。在所允许选择的模式中只能选一个。

(2) 现实(Actual):现行的功能块模式。在某些运行条件或组态下(如输入状态坏或旁路)也可能和目标模式不一样。现实模式是功能块执行模式计算的结果,所以操作员不能选择现实模式。

(3) 允许(Permitted):允许功能块使用的模式种类。它可以基于应用的需要由用户来组态,所以这像一个从支持的模式中选择出的模式列表。

(4) 正常(Normal)：仅用于记忆功能块正常运行条件下的模式。它不影响功能块的计算。

(5) 保留目标模式：当目标模式为 O/S、MAN、RCAS、ROUT 时，目标模式属性可能保留以前目标模式的有关信息，这个信息可能用于功能块模式脱落(Shedding)和设定值跟踪。

### 3. 模式优先级别

模式优先级别的概念用于功能块计算现实模式，或决定是否允许对一个特别的或更高优先级别的模式写访问。

## 7.2.4　量程标定参数

标定参数决定了量程范围、工程单位及小数点右边显示几位。标定信息用于两个目的。显示设备需要知道棒图和趋势图的范围和单位，控制功能块需要知道内部使用的百分比量程，并使调谐常数无量纲。

PID 功能块使用 PV_SCALE 参数将误差信号转换成百分比，通过计算得出同样是百分比的输出信号，同时可以使用 OUT_SCALE 参数将它转换回工程单位数值。

AI 功能块使用 XD_SCALE 参数决定从输入转换器块得到的数值的工程单位。

AO 功能块使用 XD_SCALE 参数将 SP 值转换成输出转换器块得到的工程单位的数值，同时它也是反馈读出值的工程单位。

# 7.3　FF 现场总线的功能块库

FF 技术用于实现过程控制系统中设备的数字通信，支持复杂的设备配置和管理，并提供了丰富的诊断功能。在 FF 系统中，设备(如传感器、执行器等)被视为包含一个或多个"功能块"的实体。功能块是 FF 设备中的软件组件，用于执行特定的过程控制任务，如测量、调节、控制等。

## 7.3.1　转换器块和资源块

FF 现场总线用户层中常用的功能模块类型如图 7-5 所示。

### 1. 转换器块

转换器块按所要求的频率读取传感器中的硬件数据，并将其写入到相应的硬件中。它不含有运用该数据的功能块，这样便于把读取、写入数据的过程从制造商的专有物理 I/O 特性中分离出来，提供功能块的设备入口，并执行一些功能。转换器块包含有量程数据、传感器类型、线性化、I/O 数据表示等信息。它可以加入本地读取传感器功能块或硬件输出功能块，通常每个输入或输出功能块内部都会有一个转换器块。

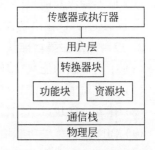

图 7-5　FF 现场总线用户层中常用的功能模块类型

**2. 资源块**

资源块描述现场总线的设备特征,如设备名称、制造商与系列号。每台设备中仅有一个资源块。为了使资源块能够表达这些特征,规定了一组参数。资源块没有输入或输出参数。它将功能块与设备的硬件特性相隔离,可以通过资源块在网络中访问与资源块相关的设备的硬件特性。资源块也有相应的算法以监视和控制物理设备硬件的一般操作。其算法的执行取决于物理设备的特性,由制造商规定,该算法可能引起事件的发生。

## 7.3.2 FF 现场总线的功能块

FF 现场总线的功能块提供控制系统行为,它的输入/输出参数可通过现场总线连接。各功能块的执行均受系统管理(SM)精确调度。

功能块是参数、算法和事件三者的完整组成。由外部事件驱动功能块的执行,通过算法把输入参数转换为输出参数,实现应用系统的控制功能。对于输入和输出功能块,要把它们链接到转换器块,与设备的 I/O 硬件相互联系。

功能块的执行是按周期性调度或事件驱动的。功能块提供控制系统的功能,它的输入/输出参数可以跨越现场总线实现链接。一个用户程序中可有多个功能块。FF 现场总线定义了多个标准功能块。

**1. 输入/输出功能块**

输入/输出功能块主要有以下 10 种:

(1) 模拟输入功能块(AI)。

(2) 模拟输出功能块(AO)。

(3) 多通道模拟输入功能块(MAI)。

(4) 多通道模拟输出功能块(MAO)。

(5) 开关量输入功能块(DI)。

(6) 开关量输出功能块(DO)。

(7) 多通道开关量输入功能块(MDI)。

(8) 多通道开关量输出功能块(MDO)。

(9) 脉冲输入功能块(PUL)。

(10) 步进 PID 输出功能块(STEP)。

**2. 控制算法主要功能块**

(1) 手动加载功能块(ML)。

(2) 偏置与增益功能块(B/G)。

(3) 比率功能块(RATIO)。

(4) PID 控制算法功能块(PID)。

(5) 先进 PID 控制算法功能块(APID)。

FF 现场总线也允许各制造厂商有自己独特的功能块,但要有相应的 DDL(设备描述语言)来保证不同厂商的产品在同一总线上具有互操作性。

功能块可以理解为软件集成电路,使用者不必十分清楚其内部构造的细节,只要理解其外部特性就可以了。FF现场总线功能块支持国际可编程控制器编程标准IEC1131-3。

例如,简单的温度变送器可能包含一个模拟量输入功能块,而调节阀则可能包含一个PID功能块和一个模拟量输出功能块。这样,一个完整的控制回路就可以只由一台变送器和一台调节阀组成。有时,也把PID功能块装入温度、压力等变送器内。

## 7.4 FF现场总线的典型功能块

FF现场总线是一种工业自动化网络协议,广泛应用于过程控制系统中。它允许多种现场设备(如传感器、执行器、控制器等)通过单一的通信总线进行互连和数据交换。FF技术支持功能块的概念,这些功能块是预定义的软件模块,用于执行特定的过程控制任务。

### 7.4.1 模拟输入功能块(AI)

这是一个标准的FF功能块。模拟输入功能块通过通道号的选择,从转换器块接收输入数据,并使其输出成为对其他功能块可用的数据,如图7-6所示。

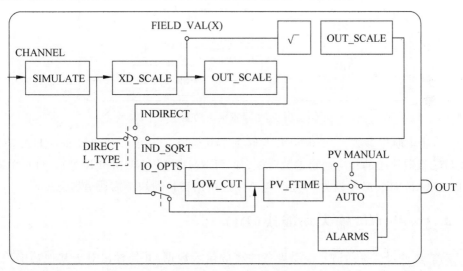

图7-6 模拟输入功能块

AI功能块通过CHANNEL参数连接到转换器块。对多通道输入设备,此参数必须与转换器块中的通道参数相匹配(如SENSOR_TRANSDUCER_NUMBER或TERMINAL_NUMBER等)。对于单通道输入设备,CHANNEL参数必须设为1,即与AI功能块相连接的转换器块相应参数可不需组态。

转换器的标定参数 XD_SCALE 将通道信号值对应为以百分数表示的 FIELD_VAL 参数。XD_SCALE 参数的工程单位及量程必须与连接到 AI 功能块的转换器块的传感器相配,否则功能块报警将指示发生组态错误。

## 7.4.2 模拟输出功能块(AO)

AO 是一个标准的 FF 功能块。模拟输出功能块是用于控制回路中的输出设备,如阀、执行器、定位器等。AO 功能块从另一功能块接收信号,然后通过内部通道的定义,将计算结果传递到一个输出转换器块,如图 7-7 所示。

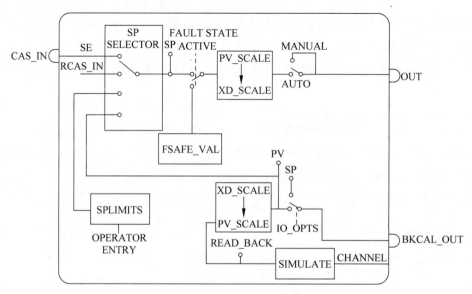

图 7-7　模拟输出功能块

AO 功能块通过参数 CHANNEL 与转换器块连接。对于多通道设备,CHANNEL 参数必须与转换器块中的相应通道参数匹配(如 TERMINAL_NUMBER 等)。对于单通道设备,参数 CHANNEL 必须设为 1,此时与 AO 连接的转换器块不需通道组态。

## 7.4.3 开关量输入功能块(DI)

DI 功能块通过选择通道号接受设备的离散输入数据,并使输出对于其他功能块可用,如图 7-8 所示。

FIELD_VAL_D 用 XD_STATE 显示硬件真实的开/关状态。I/O 选项可以用来在现场值与输出间进行取反逻辑(NOT)运算。一个离散值 0 被认为是逻辑 0,非 0 的离散值被认为逻辑 1。如果取反,则非 0 的值的逻辑非等于离散输出 0,而 0 值的逻辑非等于离散输出值 1。

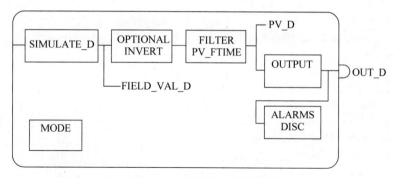

图 7-8　开关量输入功能块

## 7.4.4　开关量输出功能块（DO）

DO 功能块将 SP_D 的值转换为对 CHANNEL（通道）相对应的硬件有用的值，如图 7-9 所示。

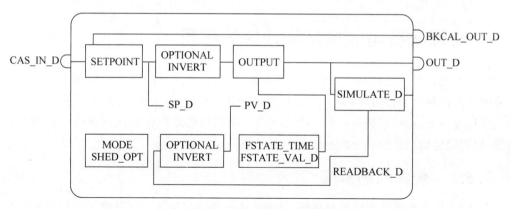

图 7-9　开关量输出功能块

## 7.4.5　PID 控制算法功能块

这是标准的基金会功能块，如图 7-10 所示。PID 控制算法功能块提供了比例、积分、微分形式的计算控制。

PID 运算是非迭代或 ISA 标准的算法。在这种运算体系中，GAIN 被作用在 PID 的各项上，比例和积分仅作用在偏差上，微分运算作用在 PV 值上。功能块在自动模式时，由于微分运算的介入，用户改变 SP 的值不会引起输出量的扰动。

只要偏差存在，PID 功能就会对偏差进行积分运算，即将输出向纠正偏差的方向调整。当初级和次级过程的时间常数不同时，如果需要，PID 控制可以构成串级调节。

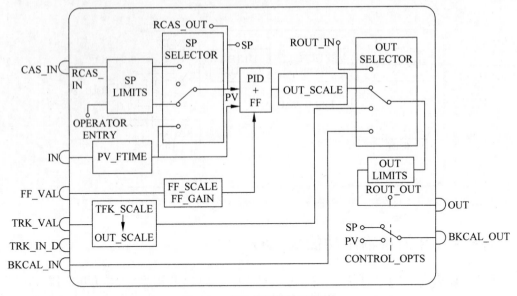

图 7-10 PID 控制算法功能块

## 7.5 功能块在串级控制设计中的应用

串级控制技术是改善调节品质的有效方法之一,它是在单回路 PID 控制的基础上发展起来的一种控制技术,并且得到了广泛应用。在串级控制中,有主回路、副回路之分。一般主回路只有一个,而副回路可以有一个或多个。主回路的输出作为副回路的设定值修正的依据,副回路的输出作为真正的控制量作用于被控对象。

### 7.5.1 炉温控制系统

图 7-11 是一个炉温串级控制系统,目的是使炉温保持稳定。如果煤气管道中的压力是恒定的,为了保持炉温恒定,只需测量出料实际温度,并使其与温度设定值比较,利用二者的偏差控制煤气管道上的阀门。当煤气总管压力恒定时,阀位与煤气流量保持一定的比例关系,一定的阀位对应一定的流量,也就是对应一定的炉子温度,在进出料数量保持稳定时,不需要串级控制。

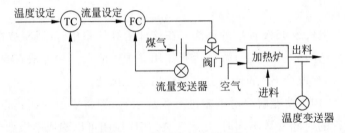

图 7-11 炉温串级控制系统

　　但实际的煤气总管同时向许多炉子供应煤气,煤气压力不可能恒定,此时在煤气管道阀门位置并不能保持一定的流量。在单回路调节时,煤气压力的变化引起流量的变化,且随之引起炉温的变化,只有在炉温发生偏离后才会引起调整。因此,时间滞后很大。由于时间滞后,上述系统仅靠一个主回路不能获得满意的控制效果,而通过主、副回路的配合将会获得较好的控制质量。为了及时检测系统中可能引起被控量变化的某些因素并加以控制,在该炉温控制系统的主回路中,增加煤气流量控制副回路,构成串级控制结构。

## 7.5.2　串级控制功能块连接

　　串级控制功能块连接如图 7-12 所示。在图 7-12 中,温度为主回路,流量为副回路。

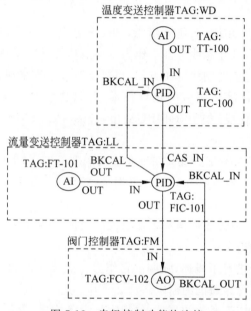

图 7-12　串级控制功能块连接

# 习题

　　1. 基金会现场总线的最主要特征是什么?

　　2. 基金会现场总线的通信技术包括什么内容?

　　3. 什么是设备描述语言(DDL)?

　　4. 画出通信模型的主要组成及其相互关系图。

　　5. FMS 主要提供哪几类服务?

　　6. FF 通信控制器主要功能是什么?

　　7. 什么是功能块?

　　8. FF 的输入/输出功能块主要有哪些?

　　9. FF 的控制算法功能块有哪些?

　　10. 画出串级控制功能块连接图。

# 第 8 章

# PROFINET 与
# 工业无线以太网

PROFINET 是由 PROFIBUS 国际组织（PROFIBUS International，PI）推出的新一代基于工业以太网技术的自动化总线标准。作为一项战略性的技术创新，PROFINET 为自动化通信领域提供了一个完整的网络解决方案，包括实时、运动控制、分布式自动化、故障安全以及网络安全等当前自动化领域的热点技术，并且作为跨供应商的技术，可以通过代理设备集成现有的现场总线（如 PROFIBUS、Interbus、DeviceNet 等）技术，保护客户原有的投资。

本章深入探讨了 PROFINET 及其在工业以太网中的应用，提供了关于 PROFINET 技术、通信基础、运行模式、数据交换、诊断、IRT 通信、控制器、设备描述文件和应用行规以及系统结构的全面介绍。此外，本章内容还包括工业无线以太网的概述、移动通信标准和特点以及 SIEMENS 公司在工业无线通信和工业以太网交换机领域的解决方案。

本章讲述了如下内容：

（1）对 PROFINET 进行了概述，强调了它作为工业以太网的一个关键技术，旨在满足工业自动化系统对高速、可靠通信的需求。

（2）介绍了 PROFINET 通信的基础，包括现场设备连接、设备模型、通信服务以及实时通信原理，进一步深入探讨了不同的 PROFINET 实时通信类别。

（3）讲述了 PROFINET 的运行模式，从系统工程到地址解析，再到 PROFINET 系统工程的具体实现。

（4）介绍了 PROFINET 端口的 MAC 地址和数据交换机制，包括循环和非循环数据交换，以及多播通信关系。

（5）讲述了 PROFINET 的诊断功能和 IRT（Isochronous Real-Time）通信，包括 IRT 通信的介绍、时钟同步、数据交换和设备替换。

（6）介绍了 PROFINET 控制器、设备描述文件（GSD 文件）与应用行规，以及 PROFINET 的系统结构，提供了对 PROFINET 系统设计和实现的深入理解。

（7）概述了工业无线以太网及其特点，介绍了 SIEMENS 公司在工业无线通信和工业以太网交换机（SCALANCE X）领域的解决方案，包括 SCALANCE W 产品的特点。

本章为读者提供了深入了解 PROFINET 和工业以太网的综合知识，覆盖了从基础通信原理到高级应用和诊断技术,以及无线通信解决方案的最新进展,旨在帮助读者在工业自动化领域有效地应用这些先进的通信技术。

## 8.1　PROFINET 概述

在当今自动化工程领域,如汽车行业等,创新周期越来越短。在一些工厂甚至现场设备内,可能有不同的现场总线系统正在使用以满足工厂运营者的功能和性能需求。

这种情况继续下去不符合制造商或工厂运营者的经济利益。PROFINET 正好可以解决这个问题。可在相同的系统/子系统内,通过 PROFINET 传输具有严格时间要求的、优先级受控的应用,以及通过 TCP/IP 传输"功能强大的"服务。现场总线系统的结构和要传输数据的序列仅由相应应用来确定。

只要能够启动和运行,系统工程师希望仅使用少数操作和单个统一的系统。现有系统可以很容易地转换到 PROFINET 系统。

PROFINET 提供以下解决方案:

(1) 跨制造商的工程。

(2) 通过 PROFINET 组件模型实现分布式智能应用。

(3) 分布式 I/O。

(4) 实时通信。

(5) 有严格时间要求的运动控制应用。

(6) 使用 Web 服务。

(7) 网络安装。

(8) 网络管理。

(9) 与现有现场总线应用的无缝集成。

(10) 安全相关数据传输。

(11) 完善的信息安全概念。

PROFINET 是 PI 推出的用于自动化的开放的工业以太网标准,它使用 TCP/IP 和 IT 标准。也可以将 PROFINET 看作一种实时以太网,由于能够与现场总线系统无缝集成,所以可保护已有投资。

在现场应用中,PROFINET 的应用方式主要有如下两种:

(1) PROFINET I/O 适合模块化分布式的应用,与 PROFIBUS DP 方式相似。在 PROFIBUS DP 应用中,通过主站周期性轮询从站的方法通信,而在 PROFINET I/O 应用中,I/O 控制器和 I/O 设备通过生产者和消费者周期性地相互交换数据来通信。另外,PROFINET I/O 支持等时实时功能,应用于运动控制场合。

(2) PROFINET CBA 适合分布式智能站点之间通信的应用。把大的控制系统拆分成不同功能、分布式、智能的小控制系统,这些小控制系统通过生成功能组件,利用 iMap 工具软件,通过简单地连线组态就能轻松实现各个组件之间的通信。

### 8.1.1　PROFINET 功能与通信

PROFINET 的模块化允许用户为自己选择可组合的功能,主要差别在于数据交换的类型。为了满足某些应用对数据传输速率有非常严格的要求,这种差别是必要的。

PROFINET 包括非同步实时通信(RT)和同步通信(IRT,等时同步)。RT 和 IRT 的命名体现了 PROFINET 通信的实时特性。

#### 1. 控制器、监视器和设备

PROFINET 定义了控制器/监视器与连接的分布式 I/O 设备之间的通信。可组合的实时概念是实现通信的基础。PROFINET 描述了控制器(具有所谓主站功能的设备,即高层控制器)与设备(具有所谓从站功能的设备,即接近过程的现场设备)之间完整的数据交换,以及通常由监视器处理的参数化和诊断过程。PROFINET 是为基于以太网的现场设备之间的快速数据交换而设计的。

为了便于 PROFINET 描述现场设备的结构,定义以下设备类型。

(1) 控制器(Controller)。

控制器是包含过程 I/O 映射表和用户程序的高层控制器。控制器是主动的通信方,对所连接的设备进行参数化和组态。控制器执行与现场设备之间的循环/非循环数据交换,并处理报警。

(2) 监视器(Supervisor)。

监视器可以是用于调试或诊断的编程设备(PG)、个人计算机(PC)或人机接口(HMI)。监视器还可临时实现控制器功能,以便控制用于测试目的过程或评估诊断。在大多数情况下,监视器功能被集成到工程工具中。

(3) 设备(Device)。

设备是根据 PROFINET 协议向高层控制器发送过程数据并报告危急的系统状态(诊断和报警)的通信方。

#### 2. PROFINET 与实时

在 PROFINET 通信中,过程数据和报警总是被实时(RT)传输。对于 PROFINET,实时是基于 IEEE 和 IEC 的定义,即在一个总线周期内仅允许一个有限时间来执行实时服务。RT 通信是 PROFINET 数据交换的基础。实时数据的处理比 TCP(UDP)/IP 数据具有更高优先级。通过 RT 通信,总线周期时间可达毫秒级。

#### 3. PROFINET 与时钟同步

通过 PROFINET 实现等时同步的数据交换在等时同步实时(IRT)概念中定义。具有 IRT 功能的 PROFINET 现场设备本身集成了交换机端口。数据交换周期一般在几百微秒范围内。等时同步实时(IRT)通信与实时(RT)通信的主要区别在于等时同步的时钟同步确保总线周期以最大精度开始。在这种情况下,总线周期起始的最大偏离(抖动)为 $1\mu s$。例如,运动控制应用(定位操作)需使用 IRT。

#### 4. PROFINET 与性能优化

在 IRT 通信基础上,定义了允许总线周期缩短至 $31.25\mu s$ 的等时同步通信机制。

## 8.1.2 PROFINET 网络

图 8-1 所示为由两个子网构成的一个简单网络,每个子网用不同的网络标识符(network_ID)表示(子网掩码,网络标识符)。两个子网之间的数据传输通过路由器实现。路由器根据不同的 network_ID 来识别目标网络。

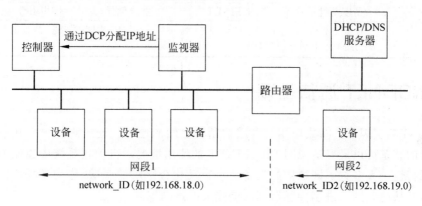

图 8-1 一个 PROFINET 网络包含多个子网

在这里,使用监视器通过 PROFINET 集成的 DCP 编址协议来为每个设备一次性分配一个符号名称。

系统被组态后,工程工具将数据交换所需的所有信息下载到控制器,包括所连接设备的 IP 地址。

PROFINET 和 PROFIBUS 都是 PI 国际组织提出的现场总线与工业以太网,两者有相似之处,又有不同之处。PROFIBUS 是基于 RS-485 总线的,PROFINET 是基于快速以太网的。也可以说,PROFINET 是运行在以太网上的 PROFIBUS。

PROFINET 与 PROFIBUS 的相似之处如表 8-1 所示,PROFINET 与 PROFIBUS 的不同之处如表 8-2 所示。

表 8-1 PROFINET 与 PROFIBUS 的相似之处

| 项　　目 | PROFIBUS | PROFINET |
|---|---|---|
| 协议性 | 精简的堆栈结构 | 精简的堆栈结构 |
| 实时性 | 实时 | 实时、等时实时 |
| 描述设备 | GSD 文件 | GSD 文件 |
| 变量访问 | 槽、索引 | 槽、子槽、索引 |
| 应用场合 | 过程自动化、工厂自动化、运动控制 | 过程自动化、工厂自动化、运动控制 |

表 8-2　PROFINET 与 PROFIBUS 的不同之处

| 项　目 | PROFIBUS | PROFINET |
|---|---|---|
| 通信模型 | 主-从 | 生产者-消费者 |
| 总线周期 | 达不到 PROFINET 的级别 | IPT 最小可以为 $31.25\mu s$,抖动小于 $1\mu s$ |
| 平台 | 基于 RS-485 总线 | 基于快速以太网 |
| 数据传输速率 | 最高 12Mb/s | 高达 100Mb/s |
| 传送数据 | 过程数据 | 过程数据、TCP、IT、语音与图像数据 |
| 诊断 | 总线诊断 | 更加灵活的诊断,包括网络诊断 |
| 运动控制 | 精度与性能比不上 PROFINET | 性能优异,尤其是使用 IRT |
| 网络拓展 | 固定,不太容易扩展,只能通过增加 OLM 或中继器扩展网络 | 灵活,拓展非常方便,类似于办公网络扩容 |

## 8.2　PROFINET 通信基础

PROFINET 实现了分布式应用与高层控制器之间的通信。通过观察自动化系统中必须相互通信的装备可以最好地说明 PROFINET 的使用情况。自动化系统中连接的许多设备具有不同特性。大多数不同结构的设备位于自动化金字塔的底层,称为现场级。这些设备的范围包括从简单的二进制传感器到功能强大的运动控制器。

PROFINET 是一种实时通信系统,确保为所有设备类型提供优化的通信服务。

在现场级网络中常见的设备类型如下:

(1) 开关(包括非接触式)。

(2) 电磁阀。

(3) 气动阀。

(4) 驱动器。

(5) 位置编码器。

(6) 带操作员控制和监视功能的设备。

(7) 测量和分析设备。

(8) 防护设备。

(9) 机器人。

(10) 焊接控制装置。

(11) 安全相关设备(光栅、急停开关等)。

(12) 网络部件(交换机、防火墙、路由器)。

此设备类型还会不断地增加。另外,还有许多行业特定的具有特殊用途的设备。

由于单个制造商的设备不可能涵盖所有类型,因此 IEC 61158 中规定的 PROFINET 标准对于确保一个自动化系统内不同厂商设备之间的互操作性尤为重要。

对于自动化系统而言,PROFINET 应具有以下特性:

(1) 良好的诊断能力。

（2）显著提高性能的能力。

（3）所有节点上具有相同的接口。

（4）行业兼容的安装技术

（5）与现有产品相比，成本较低。

由此，对 PROFINET 产生了以下需求：

（1）高可扩展性（从小的车间单元到复杂的生产网络）。

（2）高性能的循环通信。

（3）诊断和报警信息的快速输出。

（4）对临时性和永久性故障的快速检测与排除。

（5）快速的启动时间。

（6）安装简便（无论使用何种设备）。

（7）能够适应极端的环境条件（温度、机械负载、EMC 等）。

PROFINET 同 PROFIBUS 一样，通信软件的供应商为现场设备制造商提供了实现标准协议的有效方法。

现场设备制造商只需修改可用的软件（PROFINET 协议栈）以适应本地系统环境（以太网控制器、操作系统），就可快速获得一个带或 PROFINET 功能的现场设备。还可以利用现成的解决方案，如 ASIC、模块或板卡来开发 PROFINET 现场设备。此外，制造商需提供一个 XML 形式的设备描述文件。该描述文件用于在系统组态期间配置现场设备。制造商可以获取许多样本文件。

终端用户得益于清晰定义的接口和对可靠组态工具的支持，只需装配组态信息就能调试其自动化系统。

## 8.2.1 PROFINET 现场设备连接

PROFINET 现场设备仅通过作为网络部件的交换机连接。这样，或者通过单独的多端口工业交换机形成星形拓扑（多端口交换机上每个端口连接一个现场设备），或者通过集成在现场设备内的交换机形成总线型拓扑（使用两个端口）。

如果一个交换机或其中一个端口出现故障，则根据总线型结构将有一个或多个节点不再可访问。每个交换机端口必须作为一个独立单元且不与交换机上的其他端口相连接。

PROFINET 是一种基于以太网的工业通信标准，用于连接控制器（如 PLC）到现场设备，比如传感器、执行器和人机接口（HMI）。它支持实时通信，并且是工业 4.0 和智能制造的关键技术之一。连接 PROFINET 现场设备的过程涉及以下几个关键步骤：

（1）物理连接——使用标准以太网电缆（如 CAT5e 或更高级别的电缆）连接设备和控制系统。对于远距离或高干扰环境，可能需要使用光纤连接。

（2）设备配置——在控制系统中配置现场设备。这通常通过工程工具完成，如 SIEMENS 的 TIA Portal。需要为每个设备分配一个唯一的 IP 地址，并根据需要配置其参数和功能。

（3）网络配置——配置网络参数，包括网络拓扑和连接设备的方式（如星形、环形或总线型拓扑）。对于要求高实时性的应用，还需要配置实时通信参数。

（4）设备集成——通过工程工具将现场设备集成到控制程序中，具体包括在 PLC 程序中添加相应的设备模块和设置 I/O 连接。

（5）通信测试——完成配置后，进行通信测试以验证设备连接和数据交换是否正常，可能包括读取设备状态、执行控制命令和监控实时数据。

（6）诊断和维护——PROFINET 提供了强大的诊断功能，可以实时监控网络状态和设备性能。在设备运行过程中，应定期检查网络健康状况，及时识别并解决潜在的问题。

PROFINET 支持多种数据传输速率和实时通信级别，包括非实时（NRT）、实时（RT）和等时同步实时（IRT）通信，适用于不同的应用需求。通过合理的设计和配置，PROFINET 网络可以实现高效、可靠的现场设备连接，支持复杂的工业自动化应用。

## 8.2.2　设备模型与 PROFINET 通信服务

在 PROFINET 网络中，设备模型和通信服务是实现设备间高效、灵活通信的基础。它们定义了设备如何在网络中表示以及如何进行数据交换。

### 1. 设备模型

为了更好地理解 PROFINET 现场设备内过程数据的编址，有必要说明设备模型以及自动化系统中 I/O 数据的编址。使用通用的设备模型是实现设备统一视图并在相似应用中兼容使用要交换过程数据的结构化元素的关键。该模型还用于描述一个系统的工程（组态）向下至控制器和现场设备之间的关系。

PROFINET 区分以下现场设备：

（1）紧凑型现场设备（扩展程度在交货时已定义，不能因为满足未来需求而改变）。

（2）模块化现场设备（当组态系统时，设备的扩展程度可根据不同应用使用情况而定制）。

所有现场设备的技术和功能均在 GSD 文件中描述，GSD 文件由现场设备开发商提供。此外，它包括一个设备模型的表示，该表示通过 DAP（设备访问点）和为特定设备族定义的模块来重现。可以说，DAP 就是与以太网接口和处理程序相连接的总线接口（现场设备通信的访问点）。在 GSD 文件中还定义了 DAP 的特性及其可用的选项。可将多个 I/O 模块分配给一个 DAP，以实现实际的过程数据通信。

在一个现场设备内必须能够分别对所有的 I/O 信号寻址，这要求在数据建模期间给出相应规定。

### 2. PROFINET 通信服务

PROFINET 为以下服务提供协议定义：

（1）I/O 数据的循环传输，I/O 数据保存在控制器的 I/O 地址空间。

（2）报警的非循环传输，报警必须被确认。

（3）数据的非循环传输，传输基于需求，数据如参数、详细诊断、I&M 数据、信息功能等。

## 8.2.3　PROFINET 实时通信原理

IEEE 802.1 中定义的标准为 TCP(UDP)/IP 并且适用于大多数的数据通信。然而,对于工业通信,存在许多与时间特性和等时同步操作相关的需求,而 TCP(UDP)/IP 通道不能完全满足这些需求。例如,测量结果表明,UDP/IP 帧的传输时间不符合确定性行为(最大 100%),这对于许多自动化任务是不可容忍的。出于此目的,有必要在 PROFINET 上增加既支持 UDP/IP 通信又提供优化通信路径的机制。

更新时间或响应时间必须在 5~10ms 或更窄范围内。更新时间是指在设备 A 应用内产生一个变量,通过电缆将其传输给设备 B,并提供给 B 内应用所需的时间。

通过标准以太网部件,如交换机和标准以太网控制器,以及使用已有的以太网基础设施必须能实现实时通信。

对于设备,仅允许利用处理器的较小负载来实现实时通信。处理器的主要任务必须是连续处理用户程序而不是与设备进行通信。

RT 数据的传输基于使用生产者-消费者模型的循环数据交换,由第 2 层传输机制实现。为了优化处理设备内的 RT 帧,除了符合 IEEE 802.1Q(数据帧优先级)的 VLAN 标志外,还有一个特殊的 Ethertype 以使这些"PROFINET 帧"能够在现场设备的更高层软件中形成快速通道。Ethertype 为 0x8892 的帧比 TCP(UDP)/IP 帧自动具有更高的优先级。

Ethertype 由 IEEE 分配,因此用来明确区别其他以太网协议。IEEE 中规定 Ethertype 0x8892 用于 PROFINET 快速数据交换。

帧标识符(Frame_ID)用来对两个现场设备间的特定传输通道进行编址(Ethertype 0x8892)。对于所有 Ethertype 0x8892 的 PROFINET 服务(PROFINET 帧),定义了特定的 Frame_ID 范围。Ethertype 和 Frame_ID 是仅有的用于 PROFINET 实时帧的协议要素,使得能够快速选择帧而无额外开销。

以下服务基于 Ethertype 0x8892:

(1) 子网内循环数据通信。

(2) 报警传输。

(3) 地址解析服务。

(4) 时钟同步。

(5) 实时帧的冗余操作。

对于循环数据通信,因为必须管理与不同控制器间数据交换的 Frame_ID,设备规定了输出方向(从控制器到设备)上数据交换的 Frame_ID,以太网控制器已经评估了 6 字节的 MAC 地址(这对于多播地址并不普遍),RT 节点仅需评估 Ethertype 和 Frame_ID 以识别出正确的处理通道。

## 8.2.4　PROFINET 实时类别

在现场设备中,通常由应用决定时钟周期,在时钟周期内必须处理数据。为此,用户可以在任意时间访问和处理过程数据。该原则在现场线中已得到证明,并且应用周期和通信周期可以有效地分离。

对于实时(RT)帧,设定 5ms 的数据处理周期可以满足在 100Mb/s 速率的全双工模式下,带有 VLAN 标记的 RT 帧的需求。此外,RT 通信可以使用所有现有的标准网络组件来实施,确保了其广泛的兼容性和易用性。

对于 PROFINET,实时帧比 UDP/IP 帧具有更高的优先级。因此,有必要在交换机上对数据传输进行优先级排序,以防止 RT 帧由于 UDP/IP 帧而被延迟。当然,这对于正被发送的 UDP/IP 帧不起作用,发送不被中断。由于优先级排序在发送端口进行,交换机将 RT 帧的优先级设为高于 UDP/IP 帧。

**1. 循环数据通信规则**

循环的 I/O 数据作为实时数据,以可参数化的周期在生产者和消费者之间传输且无确认。数据被组织成若干单个 I/O 元素。它们可由一组作为一个单元进行处理的多个子槽组成。为了实现循环传输,一个或多个子槽被组合并可以作为一个单元在一个帧中传输。在该帧中的数据传输期间,子槽数据的后面跟随一个生产者状态。该状态信息被 I/O 数据的相应消费者进行评估。消费者使用该状态信息仅评估来自循环数据交换的数据的有效性。此外,反方向的消费者状态也被传输。因此,不再直接需要用于此目的的诊断。这有利于直接的数据通信以及在节点故障情况下用户程序内的响应速度。

**2. 非循环数据通信规则**

非循环数据交换可用来对设备进行参数化和组态,以及读取设备的状态信息。这通过读(Read)/写(Write)帧使用基于 UDP/IP 的标准 IT 服务实现。

除了设备制造商可用的数据记录外,还定义了如下系统数据记录:

(1) 诊断信息(Diagnosis information)——可由用户从任意设备在任意时间读取。

(2) 出错日志项(Error log entries)(报警和出错消息)——可用于确定 I/O 设备内事件的具体时间信息(最少规定 16 项)。

(3) 标识信息(Identification information)——在 PI 导则"I&M 功能"中规定。

(4) 信息功能(Information function)——关于真正的和逻辑的模块结构。

(5) I/O 数据对象(I/O data objects)——用于读回 I/O 数据等。

为了区别读(Read)/写(Write)服务要执行的服务,PROFINET 定义了额外的编址层次——索引(Index)。用户可以使用索引 0～0x7FFF 来交换制造商特定数据。从 0x8000 开始的索引是为系统定义的。

所有 UDP/IP 帧具有与 RT_Class_UDP 帧相同的结构。为了表述清晰,在以后帧结构的表示中省略"目的地址(Dest. Addr)"和"源地址(Src. Addr)"。所有网络格式以大端模式进行传输(即最先传输最高有效字节,最后传输最低有效字节)。

**3. 高优先级数据(报警数据对象)**

PROFINET 将事件的传输模型作为报警概念的一部分。该概念包括系统定义的事件(如拔出和插入模块)和用户定义的事件。这些事件在所用的控制系统中被检测出(如有故障的负载电压)或者在受控制的过程中发生(如温度过高)。当发生一个事件时,必须有足够的通信内存供数据传输使用,以保证数据不丢失并且从设备快速地发出报警报文。

# 8.3　PROFINET 运行模式

PROFINET 是一种基于以太网的工业通信协议,广泛应用于自动化技术领域。它支持数据交换、实时通信和设备集成,提供了灵活、高效的通信解决方案。PROFINET 设计用于满足各种应用需求,包括简单的设备连接到高性能的实时控制。

根据不同的应用场景和性能要求,PROFINET 提供了几种运行模式:

(1) PROFINET I/O(Input/Output)。

PROFINET I/O 是最常用的运行模式,专为实时自动化控制设计。

RT(Real-Time):实时通信模式,用于要求较低的实时性应用。通过使用标准以太网帧和交换机,可以实现毫秒级的数据交换。

IRT(Isochronous Real-Time):等时实时通信模式,适用于需要极高实时性和精确同步的应用,如驱动技术。IRT 可以实现微秒级的数据交换和同步。

(2) PROFINET CBA(Component Based Automation)。

PROFINET CBA 是一种基于组件的自动化概念,用于模块化和分布式系统。它允许不同的系统组件通过 PROFINET 网络进行通信和协作,适用于灵活的生产线和模块化机器设计。不过,需要注意的是,随着 PROFINET 技术的发展,CBA 的应用已经逐渐减少,更多的应用场景转向使用 PROFINET I/O 和更高级的系统架构。

(3) PROFINET Safety。

PROFINET Safety 提供了用于安全相关应用的通信解决方案,允许安全数据和标准数据在同一网络上传输。这是通过 PROFIsafe 协议实现的,它是一个用于传输安全信号的协议层,可以与 RT 和 IRT 一起使用。

(4) TCP/IP Communication。

除了实时通信外,PROFINET 设备还可以使用标准的 TCP/IP 进行通信,支持设备参数配置、远程维护和诊断等非实时数据交换。这使得 PROFINET 网络可以轻松集成进企业级网络,实现设备管理和信息流通。

通过这些不同的运行模式,PROFINET 能够满足从简单的设备连接到高性能实时控制的广泛应用需求,为工业自动化领域提供了灵活、高效的通信解决方案。

## 8.3.1　从系统工程到地址解析

PROFINET 从系统工程到地址解析的目的是构建一个高效、可靠、可扩展且易于管理的工业自动化网络,以支持复杂的自动化控制任务和提高生产效率。这个过程确保了工业通信网络能够满足现代自动化系统对性能、稳定性和灵活性的高要求。

**1. 系统工程**

为了实现一个系统的工程,需要被组态现场设备的 GSD 文件。该文件由现场设备制造商提供。在系统工程期间,要对 GSD 文件中定义的模块(modules)/子模块(submodules)进行组态,以将其映射为实际系统并将其分配到槽(slot)/子槽(subslot)中。

一个 I/O 现场设备所支持的编选项在相应设备的 GSD 文件中定义。

每个控制器制造商还提供用于系统组态的工程工具。

**2. 将系统信息下载到控制器**

完成系统工程后,组态工程师将系统数据下载到控制器中,系统数据还包括系统特定的应用。这样,控制器就获得了寻址设备和数据交换所需的全部信息。

**3. 系统启动前的地址解析**

在与一个设备进行数据交换前,通常控制器必须在系统启动前为该设备分配一个 IP 地址。系统启动是指自动化系统在"上电"或"复位"后的启动/重启。在相同子网内的 IP 地址使用默认集成在每个 PROFINET 现场设备中的 DCP(发现配置协议)进行分配。如果现场设备和控制器在不同的子网中,则由单独的 DHCP 服务器提供地址解析。

**4. 系统启动**

控制器在启动/重启后,总是根据组态数据来开始系统启动。从用户的角度看这是自动进行的。在系统启动期间,控制器建立 AR 和 CR,并且在必要时组态并参数化过程级 I/O。

**5. 数据交换**

系统启动成功完成后,控制器和设备交换过程数据、报警和非周期数据。

## 8.3.2  PROFINET 系统工程

一旦进行系统组态的工程师选定了完成自动化任务所需的全部设备,就可以把注意力转向自动化任务本身。第一步通常是系统工程,也称为系统组态。因此,下面将描述组态自动化系统时将执行的逻辑动作。在组态并调试自动化系统时,必须按给定顺序执行以下步骤:

(1)系统工程。

(2)下载系统组态到控制器。

(3)系统启动时设备地址解析。

(4)数据交换。

PROFINET 系统工程为工程工具制造商创建用户友好的工程工具提供了很大的灵活性。

在大多数情况下,监视器也集成了工程工具的功能。因为只有控制器制造商知道控制器的内部数据结构,所以每个控制器制造商都提供了工程工具。

系统工程的结果是对自动化系统的映射,该映射被作为一种数据结构下载到要被组态的控制器。这样,控制器就获得了启动地址解析以及与被组态设备数据交换所需的全部信息。

在系统工程期间,组态工程师指定自动化系统的范围。在下面的描述中,假设相应自动化设备中的所有用户程序已经创建并且可用。

为实现 PROFINET 系统工程必须执行以下任务:

(1) 读入现场设备制造商提供的 GSD 文件。

(2) 创建一个自动化工程(对模块化设备的组态通过分配 I/O 模块实现)。

(3) 定义循环数据的传输间隔。

(4) 为总线系统设置 IP 地址,并为各个设备分配设备名称。

(5) 为现场设备分配过程接口。

(6) 将组态信息下载到控制器。

### 1. 读入 GSD 文件

GSD 文件定义了系统组态所需的相应现场设备的全部技术数据。要交换的 I/O 数据的长度取决于所选的子模块。每个子模块的数据长度在 GSD 文件中规定。

GSD 文件中最重要的数据是用于组态的:

(1) 根据总线物理层规范选择总线接口。

(2) 一个设备族可用的模块和子模块的定义(DAP)。

(3) 模块到物理槽的分配。

(4) 子模块数据的预分配。

(5) 诊断选项。

(6) 用于符号组态的文本定义。

GSD 文件必须由各现场设备制造商提供。GSD 文件必须由工程工具读入并保存在目录中。为了更容易地查找已保存的 GSD 文件,PROFINET 提供了将 GSD 文件分配给一个设备族的选项。设备族如 I/O 系统、HML 站、驱动器、PLC 和开关装置等。

### 2. 创建一个自动化项目

在组态开始时,首先必须选择一个控制器。自动化系统中所组态的现场设备都将分配给这个控制器。该控制器必须以适当的可扩展程度进行组态。

在接下来的步骤中,各个现场设备通过拖放方式连接到总线上。模块化的现场设备可以单独组态,从而满足其对实际系统的扩展程度。为此,组态工具提供了 GSD 文件中定义的所有模块,并且可以与所选择的 DAP 一起运行。对于 GSD 文件中的各个子模块,制造商可以指定特定的预分配和诊断选项的类型。

### 3. 将各参数下载到设备

GSD 文件中定义了设备可能需要的静态参数。系统特定的动态参数不能以这种方式定义,因为它们常常在运行期间才出现。这些参数通过菜单驱动的设备工具可以很容易地下载到相应设备中。

### 4. 规定输入/输出数据的传输间隔

在系统工程期间,组态工程师指定控制器和设备的数据传输速率。如果这样做,那么各自的输入和输出周期可以不同。组态工程师不必计算更新周期,这由工程工具来完成。

PROFINET 数据传输可以划分优先级。也就是说,高优先级的数据传输速率比低优先级的数据传输速率大。例如,计数操作或定位操作的实际值用数字输入量表示,它们的变化比温度值的变化快。

### 5. 现场设备的编址

DCP 用作名称/地址解析的基础,也是实现"设备更换无需编程设备"全部概念的一部分。在这种情况下,DCP 仅提供允许该功能与 LLDP 结合使用的基本机制。通过组合这两种服务,可以在控制器或工程工具中再现系统拓扑,并实现设备替换而无需其他工具。

除其他数据外,PROFINET 现场设备管理以下数据(控制器使用这些数据实现对现场设备的编址):MAC 地址、设备名称、IP 地址、邻居信息、DeviceID、VendorID、制造商特定数据,以及用于对现场设备进行编址的可选服务,如 DHCP(动态主机配置协议,用于对现场设备进行编址的标准 IT 服务)。

DCP 服务是标准的 PROFINET 服务,用于读写设备编址所需的参数。控制器/监视器使用这些服务,例如,获得已保存在现场设备的信息概要并向现场设备中写入数据。这些服务是实时的,且只能在子网中使用。这里规定了以下服务:

(1) CP. Identify——带有特定 Frame_ID 的多播服务,发送给现场设备来读取设备的标识信息。

(2) DCP. Get——单播服务,用于读取设备信息,如地址信息。

(3) DCP. Set——单播服务,用于向设备写入名称和 IP 地址以便控制设备。

通常情况下,可以在一个呼叫帧中指定多个过滤器。

### 6. IP 地址和名称分配

现代工程工具使用 DCP 服务扫描总线并显示所有接收的信息,如 MAC 地址、设备名称、IP 地址以及"设备类型"(Device Type)。"设备类型"可被理解为一个名称,为了更好地识别设备,可以将其包含在交付说明中。

如果通过控制器提供 IP 地址分配,则寻址网络所需要的子网掩码和网络 ID 必须由工程师在组态系统时指定。子网掩码由系统操作员分配。子网掩码定义了子网,在随后的系统中,每个路由器都可以使用子网掩码找到目标网络。然后将 IP 地址分配到设备,例如,按升序排列在网络内。

### 7. 现场设备到其过程接口的分配

为了更好地概述和实现地址解析,必须给现场设备提供一个设备名(NameOfStation)。默认情况下,只有 MAC 地址和可能的设备类型作为交付说明保存在 I/O 设备中。然而,由于许多相同设备类型的设备可能被安装在同一个系统中,所以有必要为现场设备分配一个系统特定的名称。该名称指引设备在系统中的安装位置和/或功能。NameOfStation 必须在系统启动前通过工程工具写入设备,因为在系统启动前它将被控制器用于名称和地址解析。所有用于名称解析的帧都是实时帧,并且只能在一个子网里使用。

## 8.4　PROFINET 端口的 MAC 地址

　　PROFINET 现场设备总是通过一个交换机端口连接到另一个现场设备的交换机端口。端口的 MAC 地址是必要的，以确保相同的 MAC 地址（接口地址，设备 MAC 地址）绝不会通过两种不同的路径到达一个交换机。否则，交换机每次都必须重新建立并不断学习其内部的地址表。为此，一些 PROFINET 帧将发送端口的 MAC 地址作为源 MAC 地址。如果不这样做，那么使用介质冗余时可能出现问题。

　　以下服务要求相邻端口间的通信服务使用 MAC 地址（此处源 MAC 地址就是端口 MAC 地址）：

　　(1) 确定相对于同步通信中相邻设备的线路延时(PTCP)。

　　(2) 交换邻居信息(LLDP)。

　　(3) 冗余协议(MRP)，如果支持且激活。

　　现场设备本身必须具有设备 MAC 地址，用来寻址接口（接口 MAC 地址）。此外，每个（集成的或外部的）交换机端口必须有一个端口 MAC 地址。这些必须由现场设备制造商编程实现，且作为交付说明包含在现场设备中。

　　因为现场设备必须知道数据是通过哪个端口发送和接收的，所以相应端口的 MAC 地址包含在 PROFINET 中的"源 MAC 地址"字段内。"目的 MAC 地址"必须依据 IEEE 802 来表示。例如，现场设备必须能够根据端口 MAC 地址来区分到邻居设备的确定的线延时。

## 8.5　PROFINET 数据交换

　　PROFINET 基于 IEEE 802 标准，并支持 IEEE 802.1Q 带 VLAN 标志的帧优先级。PROFINET 循环数据交换是专门面向连接的、采用大端格式的通信，它使用无确认机制的实时通信。这要求在系统启动期间在发起者（通常为控制器）和响应者（通常为设备）之间成功建立一个 AR 和一个 IO-CR。然后，在无任何其他请求的情况下，设备在指定的时间间隔独立地、无保护措施地发送循环过程数据，且无须确认。生产者（对于输入信号，这通常是设备）是过程级的现场设备，为消费者（控制器）提供过程数据。该连接由高层协议来建立/释放。

　　对于每个子槽，使用状态信息(IOPS 即 IOProviderStatus，IOCS 即 IOConsumerStatus)对子槽数据区中被发送的循环过程数据作更详细的规定，相应的状态信息指示该数据是否有效。在许多情况下，这使得应用不必单独请求诊断信息。控制器和设备为每个子槽发送的相应输出数据和输入数据都发送一个 IOPS。

　　PROFINET 循环数据交换具有如下特征：

　　(1) 循环的发送者（生产者）不接收关于数据包到达接收者（消费者）的明确反馈，也不接收任何出错消息。也就是说,对于返回通道需要一个额外的互换角色的连接。

(2) 消费者利用一个监视时间间隔来监视数据的接收。

(3) 仅长度(包含所有协议头部)不超过以太网包总长度限制的数据包才能被传递到生产者的用户接口。这意味着,子槽的所有数据总和可在一个以太网帧中传输,包括生产者和消费者状态、未规定数据的分段和重组。如果所有子槽的总数据长度超出以太网包的总长度限制,则必须建立一个额外的 IO-CR。

(4) 用于生产者和消费者数据的用户接口以"缓存模式"工作。如果生产者应用的更新率大于发送间隔,则不是所有被应用写入缓存的值(状态)都发送给消费者。如果消费者的更新率小于发送间隔,则每接收一个 RT 帧都覆盖缓存中的值。

(5) 为每个生产者规定一个更新间隔,必须保证该值在确定的容忍范围内。

(6) 为每个消费者规定一个生产者控制间隔。消费者监视生产者定期发送预先定义的数据。

(7) 更新间隔和生产者控制间隔由组态和各现场设备的性能来定义。

尽管实际过程数据交换仅在启动阶段结束后才进行,但是,在启动期间,Connect. req 之后循环数据交换就被激活了。这意味着控制器中的连接监视可以完全通过循环交换实现。因此,在设备中仅 Connect 和 End of parameterization 之间的监视是必要的。

设备传输过程数据的顺序是由控制器在建立 IOCR 的 Connect 帧中规定的。如果一个设备仅是一个输入设备,则控制器不向设备传输任何输出数据。然而,它仅为被参数化子槽的输入数据传输相应的 IOCS(消费者状态)。

在系统启动期间,为标识实时通信,控制器向设备传递 Ethertype 0x8892 以及 Frame_ID。其中,Frame_ID 取自所要求 RT 类的编号范围。I/O 数据由规定槽/子槽的组合来寻址。

## 8.5.1 循环数据交换

PROFINET 循环数据交换是 PROFINET I/O(Input/Output)通信中的核心功能,它支持实时数据的传输。这种数据交换机制确保了自动化系统中的控制器(如 PLC)与现场设备(如传感器和执行器)之间能够进行高效、可靠的通信。

### 1. 循环数据交换的实现

PROFINET 通过以下两种主要的实时通信方式来实现循环数据交换。

(1) RT(Real-Time)。

RT 模式是一种标准的实时通信方法,用于满足大多数工业自动化应用的实时性要求。在 RT 模式下,数据通过以太网帧传输,无需特殊的以太网硬件支持。RT 模式可以提供毫秒级的循环时间,适用于大多数不要求极端低延迟的控制应用。

在 RT 通信中,控制器周期性地发送输出数据给设备,并从设备接收输入数据。这种循环数据交换确保了控制逻辑可以根据最新的过程数据进行决策,并及时调整现场设备的行为。

（2）IRT(Isochronous Real-Time)。

IRT模式是一种高性能的实时通信方法，专为需要极高实时性和同步精度的应用设计，如运动控制。IRT通过在以太网交换机和设备中使用特殊的硬件支持，实现了微秒级的循环时间和精确的数据交换同步。

IRT模式下的循环数据交换不仅包括控制器与设备之间的通信，还涉及设备之间的精确时间同步。这确保了在整个系统中，所有的动作都能够根据预定的时间表准确执行。

**2. 循环数据交换的过程**

无论是RT还是IRT模式，循环数据交换的基本过程大致相同，包括以下步骤：

（1）启动周期——控制器按照预定的周期（循环时间）启动一次数据交换循环。

（2）发送输出数据——控制器将输出数据（控制命令）打包到以太网帧中，发送给一个或多个设备。

（3）处理和响应——设备接收到输出数据后，根据这些数据执行相应的操作（如改变执行器状态），同时收集输入数据（如传感器读数）。

（4）发送输入数据——设备将输入数据打包回送给控制器。

（5）更新控制逻辑——控制器接收到输入数据后，根据这些数据更新控制逻辑，准备下一个循环的输出数据。

通过这种循环数据交换机制，PROFINET确保了自动化系统中的实时控制和监测可以高效、可靠地进行。

## 8.5.2　非循环数据交换的序列

除了用于传输过程数据的循环数据通信外，PROFINET利用"记录数据-CR"来提供在发起者和响应者之间非循环地交换特定数据（例如，参数读和写）的选项。非循环数据是较低优先级的数据，仅在需要时使用RPC协议通过UDP/IP路径传输。为此，PROFINET提供数据的读（Read）服务和写（Write）服务。非循环服务通常由控制器和监视器来运行。

非循环通信序列由两个帧组成：请求帧和响应帧。

写请求只允许在已建立的CR内提出，即使未预先建立连接也允许提出读请求，这是因为它们不影响过程。由"数据单元"（Data Unit）内的读或写块中的索引（index）字段来规定要被读或写的数据。

非循环数据通信的典型使用情况如下：

（1）出于维护目的读出诊断缓存。

（2）为检查扩展程度读组态数据。

（3）读设备特定数据（I&M功能）。

（4）为统计数据分析读日志条目。

（5）为过程控制读输入和输出。

（6）读写PDev数据。

（7）写模块参数。

### 8.5.3 多播通信关系

多个节点的循环数据传输要求生产者具有强大的处理能力。为了最大限度地减少网络负载,定义了一种从一个生产者到多个/所有节点的直接数据通信。在 PROFINET 中,这种直接数据通信的正确术语为多播通信关系(Multicast Communication Relationship,MCR)。

PROFINET 多播通信关系是 PROFINET 网络中的一种高效通信机制,允许一个发送者(通常是控制器)同时向多个接收者(设备或节点)发送相同的数据包。这种通信模式特别适用于那些需要同时向多个设备发送相同控制命令或数据的应用场景,如在同步运动控制或状态广播中。通过多播通信,网络的带宽利用率得到了优化,同时也减少了控制器的处理负担。

#### 1. MCR 如何工作

在 PROFINET 网络中,多播通信是通过使用特定的多播地址来实现的。多播地址是一种特殊的以太网地址,网络上的设备可以配置为监听这个地址。当控制器发送数据到多播地址时,所有配置为监听该地址的设备都会接收到这个数据包。

#### 2. MCR 的应用场景

(1) 同步控制:在需要多个驱动器或执行器同时执行相同动作的应用中,如同步的运动控制,多播通信可以确保所有相关设备几乎同时接收到相同的控制指令,实现严格的同步。

(2) 状态广播:在需要将某个状态或警报同时通知给网络中多个节点的情况下,使用多播通信可以一次性向所有关注该信息的设备发送数据,如安全警报的广播。

(3) 参数分发:当需要将同一配置参数或更新同时分发给多个设备时,多播通信提供了一种高效的手段,避免了逐一配置的麻烦。

#### 3. MCR 的优点

(1) 高效:多播通信减少了网络流量,因为相同的数据包只需要发送一次,就可以被多个目标设备接收。

(2) 同步性:多播通信有助于提高系统内多个设备之间的同步性,这对于一些对时间敏感的应用尤其重要。

(3) 简化控制逻辑:控制器可以通过单一的发送操作,而不是多次重复发送,来控制多个设备,从而降低了控制逻辑的复杂度。

注意事项:

尽管多播通信具有许多优势,但在设计和实施时也需要注意一些问题,如网络设备(如交换机)必须支持多播,并且应当合理规划网络以避免不必要的数据泛滥,确保网络的稳定性和效率。此外,对于一些特别重视网络安全的应用,多播通信的使用可能需要额外的安全考虑,以防止数据泄露或未授权访问。

## 8.6　PROFINET 诊断

自动化系统的可用性高度依赖于强有力的诊断概念。同时,现场设备开发人员和系统操作员对于标准报文以及制造商特定报文具有良好协调性的概念很重要,如同设备开发人员和系统操作员对于不同报警报文的解释具有共同的理解一样。PROFIENT 包含标准的诊断设计,规定了各个论断的含义以及数据结构。

为了获得所需要的信息,设备开发人员和系统操作员应提前了解以报警形式发送给上层控制器的诊断内容。在许多情况下,问题可被提前检测出并且能够显示相应的维护间隔。

诊断概念描述 I/O 模块到各模块/子模块的"映射",并将形成的诊断条目记录在诊断缓存中。PROFINET 基于这些诊断条目产生相应的报警,诊断缓存代表了现场设备所连 I/O 的映射。

PROFINET 报警/诊断结构如图 8-2 所示。

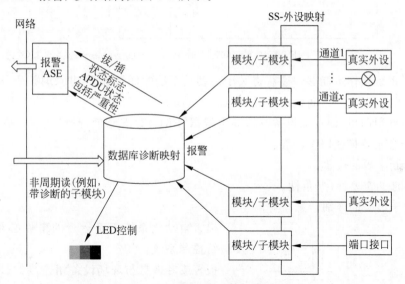

图 8-2　PROFINET 报警/诊断结构

PROFINET 在内部存储器中通过映射与一个现场设备相连接的 I/O 如图 8-3 所示。
在诊断概念中通信系统应支持以下可能性:
(1) 来自过程的并且被传送给控制系统的事件。
(2) 指示现场设备故障的并且在控制器用户程序中需要的事件。
(3) 以纯文本形式描述一个出错原因的详细信息。
(4) 能从现场设备读出的消息。
(5) 制造商特定的诊断。
(6) 预防性消息(建议维护或需要维护)。

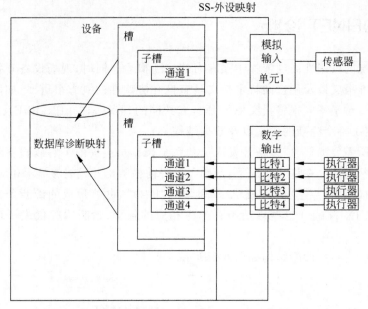

图 8-3　PROFINET 在内部存储器中映射与一个现场设备相连接的 I/O

　　这使得系统操作员能够快速获得关于自动化系统的详细说明,并及时识别任何故障。

　　因而,PROFINET 诊断概念非常好地满足了系统操作员和维护人员的需要。满足这一点的前提条件很简单,即现场设备制造商也根据"PROFINE 诊断导则"实现该概念。

　　诊断概念主要描述以下内容:

　　(1) 诊断来源的位置。

　　(2) 事件的重要性/严重性。

　　(3) 关于出错的详细信息。

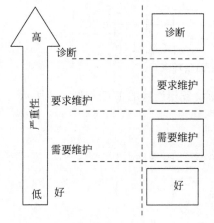

图 8-4　PROFINET 传输规定的
重要性报警

　　损害自动化系统正确运行的事件必须作为报警发送给控制系统。

　　报警或者来自与现场设备相连接的过程(过程报警),或者来自现场设备自身(诊断报警)。PROFINET 支持基于槽/子槽组合以及相关通道的起源定位。这也涉及通过报警-ASE(应用服务实体)到高层控制器的高优先级传输。PROFINET 将发出的报警保存在诊断缓存中。根据报警类型,生产者可以规定如何显示所传输报警的重要性,以便推定合适的响应(例如,维护工作或订购备件)。

　　PROFINET 传输规定的重要性报警如图 8-4 所示。

　　根据所传输的"重要性",高层控制器可以推定如何控制 LED 指示灯,现场设备在所传输的数据单元中应规定出错原因。

另外,控制器或监视器可以利用非循环的"读服务"来读取诊断缓存。报警作为消息被持续保存在报警-ASE 中,直到它们被明确消除并且由上层控制器确认为止。

PROFINET 总是将高优先级事件作为报警来传输。其中既包括系统定义的事件(如模块的移除和插入),也包括用户定义的事件(例如,非正常负载电压),这些事件在所用的控制系统中已被检测出或者在过程中已发生(例如,钢炉压力过高)。因此,控制器必须有足够的缓存空间用于接收用户侧的报警。PIIOFINET 定义了一个标准报警集,这些报警反映了现场总线领域中多年的经验。PROFINET 最适合自动化系统的要求。报警总是与 API/slot/subslot 组合一起发出,以便明确地确定错误的原因/位置。

PROFINET 提供详细规定错误原因的通道特定的诊断。由此,系统操作员可以标识相应的子槽。通过使用 GSD 文件中的纯文本定义,上层诊断工具可以很容易地解析出错消息。

当被通知一个妨碍现场设备正确运行的错误时(诊断报警),必须在诊断缓存中产生一个条目。过程报警不记录在诊断缓存中,而是作为报警被报警-ASE 直接发出。

# 8.7　PROFINET IRT 通信

PROFINET IRT(Isochronous Real-Time)通信是 PROFINET 网络中的一种高性能实时通信技术,专为满足最严格的实时性和同步精度要求而设计,如同步运动控制等应用。IRT 技术通过在网络中实现时间同步和数据传输的精确调度,确保数据包在预定的时间窗口内到达目的地,从而实现微秒级的通信循环时间和极高的数据一致性。

(1) PROFINET IRT 的工作原理。

PROFINET IRT 的工作原理基于以下几个关键技术:

① 时间同步——在 PROFINET IRT 网络中,所有设备的时钟都被精确地同步。通过 IEEE 1588 精确时间协议(Precision Time Protocol,PTP)可确保网络中每个设备的内部时钟与网络时间保持一致。

② 数据传输调度——IRT 技术通过在网络交换机中实现数据传输的预定调度,来避免数据碰撞和拥塞,保证数据包准时到达。这意味着网络中的数据传输是根据事先计算好的时间表进行的,而不是随机进行的。

③ 保留带宽和时间槽——为了确保实时数据的及时传输,IRT 网络会为关键的实时通信预留必要的带宽和特定的时间槽。这样,即使网络负载较重,实时数据包也能按时发送和接收。

(2) PROFINET IRT 的应用场景。

PROFINET IRT 特别适用于以下应用场景:

① 同步运动控制——在多轴同步运动控制系统中,各轴之间需要高度的同步精度和低延迟,IRT 技术可以确保各轴控制指令的同步执行。

② 高速机器视觉系统——在高速机器视觉应用中,数据采集和处理需要在极短的时间内完成,IRT 技术能够提供足够快的数据传输速率和低延迟。

③ 时间敏感的过程控制——在一些对时间敏感的过程控制应用中,如化工、制药等行业,IRT 技术能够确保控制指令及时、准确地执行。

(3) PROFINET IRT 的优点。

PROFINET IRT 具有以下优点:

① 高实时性——通过精确的时间同步和数据传输调度,IRT 技术能够实现微秒级的通信循环时间和极高的同步精度。

② 高可靠性——通过预留带宽和时间槽,IRT 技术能够确保实时数据的及时传输,即使在网络负载较重的情况下。

③ 灵活性——尽管 IRT 技术专为高性能应用设计,但它能够与标准 PROFINET RT 通信兼容,为用户提供灵活的网络设计和应用集成选项。

注意事项:

尽管 PROFINET IRT 提供了显著的性能优势,但它也需要专门的硬件支持(如 IRT 兼容的网络交换机和设备),并且网络的规划和配置相对复杂,可能需要专业的知识和经验。因此,在选择 IRT 技术时,需要根据应用的实际需求和现有资源仔细权衡。

## 8.7.1　IRT 通信介绍

在 IEEE 802 中定义的基于以太网的数据通信满足系统操作员所需的实时性要求。然而,一些自动化系统的应用需要所设计的通信同时具有最佳性能和确定性行为。因此,为了满足用户对循环过程数据传输的要求,需要一些额外的定义。这就是同步 PROFINET 通信也叫作 IRT 通信(等时同步实时通信)或等时同步通信。

PROFINET 为过程数据的循环传输提供了可组合的实时类。在系统工程期间,组态工程师规定参与自动化任务的设备要配置的实时类。然而,在实际应用中,现场设备的这些实时类只扮演一个更次要的角色。从现场设备制造商的角度看,在 GSD 文件中只要规定各设备支持哪些实时类(使用 SupportedRTClasses)就足够了。

除了需要实时通信的能力,一些过程还要求具有最高性能的等时同步的 I/O 数据传输。时钟同步意味着总线周期的开始是时间精确的,也就是说,具有可允许的最大偏移并且连续同步。只有这样,才能保证传输 I/O 数据的时间间隔具有最大的精度。

IRT 通信允许以下循环数据传输的应用:

(1) 总线周期同步,保证一个新的发送周期精确起始时间与总线周期起始时间的时间差控制在所定义的最大偏移内。

(2) 应用同步,用于在一个应用中以精确时间处理输入和输出。

为了在现场设备中实现等时同步应用,总是要求总线周期的同步。哪些现场设备具有等时同步应用取决于使用情况,因此,这样的应用必须由用户在相应的现场设备中实现。

IRT 一方面可以使总线周期明显低于 1ms,另一方面也可以保证与总线周期起始时间

的最大偏移小于 $1\mu s$。由于硬件(PHY)导致每通过一个交换机时都会产生一个不确定的延迟,因此,如果在一条线路上参与通信的节点数不超过 20,则该量级的抖动可以在最坏情况下得到保证。

PROFINET 提供了最大性能的通信。这种通信要求提前精确地规划通信路径。因为在数据传输过程中绝不能出现等待的时间,因此在这种情况下,可以最大限度地利用可用的带宽。就技术而言,这需要采用同步的 RT_Class_3 通信。

**1. IRT 控制的要求**

属于相同 IRT 域(Domain)的所有参与 IRT 通信的现场设备与同一个主时钟同步。IRT 通信基于以下条件:

(1)考虑到实时性,通信仅发生在同一个子网内,这是因为通过 TCP/IP 进行的寻址选项不可使用。IRT 为此提供了一个解决方案,即不再使用现有的寻址机制(对于非同步的通信也一样),而是在一个子网中的现场设备基于 MAC 多播地址和帧的临时位置来寻址。

(2)总线周期被分为预留的 IRT 时段和开放时段。

(3)在 IRT 域中的所有现场设备都必须支持时钟同步,即使并不是执行同步应用。时间同步的精度小于 1ms。

**2. IRT 域的定义**

对于 IRT,主要关注通信的定时,这是为了保证总线周期的精确同步。因为 IRT 通信对于时钟同步有严格的要求,因此必须保证所有的 IRT 设备同步于一个共同的时钟系统。这种同步由一个主时钟来实现。

由于要求时钟精度和数据吞吐量,所以 IRT 通信必须满足以下特定条件:

(1)支持时钟同步。

(2)监视 IRT 时间间隔。

(3)集成有交换机的以太网控制器。

只有支持 IRT 通信规则的交换机才能连接到 IRT 域。为了满足不同间隔以及可以完成帧转发,这一点是必需的。

## 8.7.2　IRT 通信的时钟同步

在一个高时间精度应用的网络中,所有配置了 IRT 端口的节点都必须以最大的时间精度进行同步。同步机制必须在硬件中实现,否则,所要求的抖动只能在所有要同步的节点连接成星形拓扑结构时才能得以保证。然而,这种拓扑类型的网络很少。抖动量在很大程度上取决于以太网接口所使用的 PHY 芯片。那些不对多播地址进行特殊处理的商用交换机是不可能达到精确同步的,因为这种交换机的延迟通常是几微秒级。时间同步的基础是 IEEE 1588。IEC 61158 中定义的 PTCP 协议已经对 IEEE 1588 加以扩展以满足精度要求。

## 8.7.3　IRT 数据交换

一旦一个设备进入了同步模式,那么它就开始了高效的数据通信。在此通信过程中,所组态的调度表和同步会被连续监视。如果某个现场设备检测到与所组态的调度表不一致，那么它会产生一个报警。如果设备接收了有缺陷的帧，那么相应的现场设备会创建一个替代帧，以使该通信链路中的下游现场设备可以坚持按所组态的定时和调度表运行。替代帧使用 Transfer_Status＝1 和多播目的地址进行标识。每个现场设备会将这个帧转发给其所组态的邻居。如果现场设备失去了同步，那么它同样需要给控制器发送一个报警报文。邻居设备因此检测到在预留间隔内缺少了一个帧，并可以创建一个替代帧。

IRT 使用 Ethertype 0x8892 进行通信。在总线系统中，IRT 帧和非同步 RT 帧的传输仅通过 Frame_ID 来进行区分，两者的帧结构是相同的。

## 8.8　PROFINET 控制器

在一个自动化系统中，PROFINET 控制器是运行该自动化系统控制程序的站。控制器请求过程数据（来自所组态设备的输入），运行控制程序，并将要输出的过程数据（输出）发送给各个设备。为了执行数据交换，控制器请求包含所有通信数据在内的系统组态数据。在系统组态中定义以下数据：

（1）设备扩展程度。

（2）对设备参数化。

（3）地址信息。

（4）传输频率。

（5）自动化系统扩展程度。

（6）有关报警和诊断的信息。

（7）实时行为。

在一个 PROFINET 系统中可以使用多个控制器。如果这些控制器可以访问同一个设备中相同的数据，则必须在工程设计时进行规定（共享设备，共享输入）。

共享设备是指多个控制器访问一个设备。共享输入描述多个控制器访问一个设备的同一个槽。

设置一个控制器与设置一个设备实际上是相同的。如果一个设备名称被分配给自动化系统中的控制器，则在控制器内部运行的启动过程如下：

（1）启动 MAC 接口。

（2）启动 LLDP 以确定相邻设备信息。

（3）启动 DCP 发送者和 DHCP 客户机。

（4）等待 IP 地址（或使用内部可用的 IP 地址）。

（5）利用 DCP 和 ARP 检查控制器具有的 IP 地址和名称，以确定是否有其他的节点已经使用了相同的设置。

（6）然后，控制器首先检查已组态设备的可用性，以及如有必要为这些设备分配 IP 地址。

（7）接下来，为设备建立所需的 AR 和 CR，如有必要，向设备写入在 GSD 文件中为每个模块规定的参数。

用户通常不会注意控制器和 PROFIBUS 主站操作模式的区别。过程数据也被控制器存储在过程映射中。通常，PROFIBUS 和 PROFINET 所用的功能块是相同的。

控制器接收自动化系统的组态数据，并且自动地与所组态的设备建立应用关系和通信关系。

PROFINET 控制器必须支持以下功能：

（1）报警处理。

（2）过程数据交换（设备在主机的 I/O 区域内）。

（3）非循环服务。

（4）参数化（传输启动数据，为已经分配的设备传送配方和用户参数）。

（5）诊断已组态的设备。

（6）建立设备上下关系的发起方。

（7）通过 DCP 分配地址。

（8）API（应用过程实例）。

# 8.9　PROFINET 设备描述与应用行规

PROFINET 网络中的设备通信和配置依赖于两个关键组成部分：设备描述文件（GSD 文件）和应用行规（Application Profiles）。

## 8.9.1　PROFINET 设备描述

PROFINET 设备的功能总是在 GSD 文件中来描述。该文件包含所有与工程相关的以及与设备数据交换相关的数据。

GSD 文件的描述语言 GSDML（通用站描述标记语言）基于国际标准。GSD 文件是一种与语言无关的 XML 文件（可扩展标记语言）。当前市场上很多 XML 解析软件可以用于解析 XML 文件。

每个 PROFINET 设备制造商必须依照 GSDML 规范提供相关的 GSD 文件。测试 GSD 文件是认证测试的一部分。

对于 PROFINET 设备的描述，PI 为所有制造商提供了一个可用的 XML 架构。这使得创建和测试 GSD 文件变得非常简单。

文档"PROFINET IO 的 GSDML 规范"可从 PI 的网站 www.PROFINET.com 的下载区下载。

PROFINET 设备使用基于 XML 版本的 GSD 文件的目标如下：

（1）只描述与通信相关的参数。规范中不包含集成已有的工程设计理念，例如 TCI 或 FDI（现场设备集成）。

（2）通过 DAP 的定义（设备访问点），可以在一个 GSD 文件中描述整个设备族。一个 GSD 文件可以有多个 DAP 定义。

（3）可以在一个 GSD 文件中集中维护若干模块的描述，并被用于所有定义的 DAP。这样就减少了创建和维护模块描述所需的工作量。

## 8.9.2　PROFINET 应用行规

在默认情况下，PROFINET 在数据单元内以透明方式传输特定数据。在高层控制器的用户程序中，用户分别解释发送或接收的数据。在一些行业中，例如，驱动技术、编码器和功能安全相关的数据传输等领域，应用行规已经通过主要利益集团做了定义。这些定义包含数据格式和功能范围，而且已经在 PI 注册。

一个应用行规通过由 PI 分配的唯一的 Profile_ID 以及相关的 API（应用过程标识符）来定义。API 用于标识应用行规。当前可用的 Profile_ID 列表可从下列网站下载：

www. profibus. com/IM/Profile_ID_Table. xml

API 0 是制造商特定的，所有现场设备都必须支持。通过使用 API，现场设备内可以清晰划分数据区域，这是因为槽/子槽的组合永远只能被分配给一个 API。

通过使用应用行规，系统操作员和最终用户获益于能够替换单个现场设备。因为精确定义了应用相关参数的含义，因此用户的工程花费可以显著减少。

### 1. PROFIenergy 行规

由于能源成本日益增长，自动化系统的能源需求引起越来越多的关注。为此，汽车工业的主要厂商要求 PI 定义 PROFINET 的节能模式，结果产生了 PROFIenergy 行规。PROFIenergy 基于 PROFINET 的数据接口，允许在空闲时间以协商方式集中地关闭供应商无关和设备无关的能源消耗者，只保留总线通信。这避免了使用外部控制器来执行这些功能。在使用 PROFIenergy 时，系统操作员不必在无生产期间关闭整个自动化系统，由此避免了处理重启过程中可能发生的问题。

PROFIenergy 只定义了非循环服务的通信选项。

PROFIenergy 因此定义了以下内容：

（1）协议管理。

（2）传输机制。

（3）控制接口。

（4）状态功能。

由系统操作员执行接通/关断操作的协调和使能处理信号。

PROFIenergy 可以很容易地在现场设备中实现，因为它是通过读/写服务和状态功能来传递有限的控制信息。

### 2. PROFIdrive 行规

PROFIdrive 行规描述了设备行为，以及通过 PROFIBUS/PROFINET 访问电力驱动设备的驱动数据的方法，范围从简单变频器到复杂的动态伺服控制器。将驱动集成到自动化解决方案的方式,在很大程度上依赖于相关驱动任务的特性。为此,PROFIdrive 定义了 6 个应用类别,可以覆盖大部分应用。

(1) 标准驱动(类别 1),通过主设定值(例如,速度设定值)控制驱动,在驱动控制器中控制速度。

(2) 带工艺功能的标准驱动(类别 2),自动化过程被划分为若干个子过程,中央自动化设备的一些自动化功能被迁移到驱动控制器中。在这种情况下,PROFIBUS/PROFINET 作为工艺接口这种解决方案需要在各个驱动控制器之间直接进行数据交换。

(3) 定位驱动(类别 3),在该驱动中还额外包括了定位控制,因此覆盖了非常广泛的应用,例如,瓶盖的扭转打开和关闭。通信系统将定位任务传送给驱动控制器。

(4) 集中运动控制(类别 4 和类别 5),能够协调多个驱动器的运动序列。该运动控制主要通过一个集中的数控系统来实现。通信系统被用来实现位置的闭环控制和同步时钟脉冲。由于其“动态伺服控制”的闭环位置控制概念,该方案同样适用于非常苛刻的线型电动机的应用。

(5) 具有定时处理和电子轴的分布式自动化(类别 6),可以使用直接数据交换和等时同步节点来实现。例如,“电子齿轮”、“凸轮”和“相位同步(Phases-synchronized)操作”。

PROFIdrive 从相互作用的内部设备功能模块来定义设备模型,而这些功能模块反映了驱动系统的智能。在行规中所描述的对象及其功能,被分配给这些模块。驱动设备的完整功能由其全部参数进行描述。

与其他驱动行规相比,PROFIdrive 仅定义了访问参数的机制和行规参数子集,包含故障缓存、驱动控制和设备标识等。

所有其他参数都是制造商特定的,这使得驱动制造商在实现控制功能时具有更多的灵活性,对参数的元素进行非循环的访问。

新的 PROFIdrive 行规既可以用于 PROFIBUS,也可以用于 PROFINET,所以在现场设备中实现该行规所需的工作量是很小的。

### 3. 安全相关的数据传输行规(PROFIsafe)

长期以来,用于生产和过程自动化的分散式现场总线技术具有以下限制,即安全相关的任务只能在附加层或分散到其他专用总线上使用传统技术来解决。这就是为什么 PROFIBUS 在多年前就设立了一个目标——为安全相关的应用建立一套整体的开放式解决方案,以满足已知用户的应用场景。所开发的解决方案被称为 PROFIsafe,并已经成功应用了多年。

PROFIsafe 定义了与安全相关的设备(急停关断按钮、光幕、溢出保护系统等)如何在 PROFINET 上与安全控制器通信且足够安全以用于与安全相关的自动化任务,并最高达到 IEC 61508 的 SIL3(安全完整性等级)或 ISO 13849-1 的 PLe。

PROFIsafe 使用用户行规文件实现安全通信,即使用特定的过程数据格式和特殊的 PROFIsafe 协议。该规范的开发联合了制造商、用户、标准化组织和测试机构。

PROFIsafe 基于相关的标准,尤其是 IEC 61508,特别是其中对软件开发的要求。

PROFIsafe 考虑了在串行总线通信期间可能发生的许多不同的错误。

PROFIsafe 作为一种通用软件驱动,适用于多种开发和运行环境,在设备中第 7 层之上的附加层实现。标准 PROFINET 组件(例如,电缆、ASIC 和协议)保持不变,从而保证了冗余操作和改进能力。使用 PROFIsafe 行规的设备可以和标准设备在同一总线(电缆)上无限制混合使用。

PROFIsafe 采用非循环通信。这既保证了快速响应时间(对于生产工业非常重要),又保证了本质安全操作(对过程自动化至关重要)。

## 8.10 PROFINET 的系统结构

PROFINET 可以采用星形结构、树形结构、总线型结构和环形结构(冗余)。

PROFINET 系统结构如图 8-5 所示。

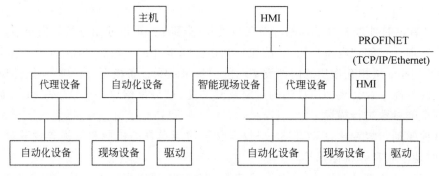

图 8-5 PROFINET 系统结构

在图 8-5 中可以看到,PROFINET 技术的核心设备是代理设备。代理设备负责将所有的 PROFIBUS 网段、以太网设备以及 DCS、PLC 等集成到 PROFINET 系统中。代理设备完成 COM 对象之间的交互。代理设备将所挂接的设备抽象成 COM 服务器,设备之间的交互变成 COM 服务器之间的相互调用。这种方法的最大优点是可扩展性好,只要设备能够提供符合 PROFINET 标准的 COM 服务器,该设备就可以在 PROFINET 系统中正常运行。

PROFINET 提供了一个在 PROFINET 环境下协调现有 PROFIBUS 和其他现场总线系统的模型。这表示,你可以构造一个由现场总线和基于以太网的子系统任意组合的混合系统。由此,从基于现场总线的系统向 PROFINET 技术的连续转换是可行的。

## 8.11 工业无线以太网

工业无线以太网是指在工业环境中使用的是无线以太网技术,它允许工业设备和系统通过无线通信进行数据交换。这种技术结合了以太网的标准化、高速度和可靠性,以及无线通信的灵活性和移动性,为工业自动化和控制系统提供了新的解决方案。

(1) 工业无线以太网的主要特点。

工业无线以太网的主要特点如下:

① 灵活性——工业无线以太网提供了比传统有线解决方案更高的部署灵活性,特别是在难以布线或需要移动性的场合。

② 成本效益——在某些情况下,无线解决方案可以减少布线成本和维护成本,尤其是在大型工厂或室外工业环境中。

③ 实时性——现代工业无线技术(如无线 HART、ISA100.11a、ZigBee 等)已经能够提供足够的实时性,满足大多数工业应用的需求。

④ 可靠性——尽管无线通信可能受到干扰和衰减的影响,但通过使用先进的通信技术[如频率跳变、多输入/多输出(MIMO)技术]和网络设计,可以大大提高通信的可靠性。

(2) 工业无线以太网的应用场景。

工业无线以太网的应用场景如下:

① 移动自动化——在需要移动或频繁重新配置的生产线上,如自动引导车辆(AGV)或机器人。

② 远程监控和维护——用于远程监控和维护难以接近的设备,如风力涡轮机、石油钻井平台。

③ 临时网络部署——在建造阶段或进行临时测试时,无线网络可以快速部署和拆除。

④ 数据采集——从分布在广泛地区的传感器收集数据,如环境监测、能源管理系统。

## 8.11.1　工业无线以太网概述

随着通信技术在自动化各个领域的广泛应用,工业现场对于无线通信的需求也越来越多。

无线通信的起源很早,很久以前人们就能够利用声、光来传递信息,但是无线通信的巨大发展是基于近代战争的需求,人们利用频率、载波等方式来传递命令或是数据,同时要保证数据的完整可靠以及保密。在工业控制系统中,应用现场总线技术、以太网技术等,可实现系统的网络化,提高系统的性能和开放性,但是这些控制网络一般都是基于有线的网络。有线网络高速稳定,满足了大部分场合工业组网的需要。但是,在有线传输受到限制的场合,例如,维护成本很高的滑环、自动导航小车(AGV)等,人们开始利用无线的方式来进行替代。这样可以避免大量布线、浪费接口、检修和扩展困难的弊病。在现代控制网络中,许多自动化设备要求具有更高的灵活性和可移动性,当工业设备处在不能布线的环境中或者是装载在车辆等运动机械的情况下,是难以使用有线网络的。与此相对应,无线网络向三维空间传送数据,中间无需传输介质,只要在组网区域安装接入点(Access Point)设备,就可以建立局域网;移动终端(Client)只要安装了无线网卡就可以在接收范围内自由接入网络。总之,在网络建设的灵活性、便捷性和扩展性方面,无线网络具有独特的优势,因此无线局域区技术得到了发展和应用。随着微电子技术的不断发展,无线局域网技术将在工业控制网络中发挥越来越大的作用。

## 8.11.2 移动通信标准

工业移动通信一般选用通用的无线标准 IEEE 802.11，IEEE 802.11 是 IEEE 制定的一个无线局域网络标准，现已成为通用的标准而被广泛应用。

IEEE 802.11 业务主要限于数据存取，传输速率最高只能达到 2Mb/s。由于 IEEE 802.11 在速率上的不足，已不能满足数据应用的需求，因此，IEEE 相继推出了 IEEE 802.11b 和 IEEE 802.11a 这两个新的标准。三者之间的技术差别主要在于 MAC 子层和物理层。IEEE 802.11 协议只规定了开放式系统互联参考模型（OSI/RM）的物理层和 MAC 层，其 MAC 层利用载波监听多路访问/避免冲突（CSMA/CA）协议，而在物理层，IEEE 802.11 定义了 3 种不同的物理介质：红外线、跳频式扩频（Frequency Hopped Spread Spectrum，FHSS）以及直接序列扩频（Direct Se-quence Spread Spectrum，DSSS）。

(1) IEEE 802.11b 标准。

IEEE 802.11b 使用开放的 2.4GHz 直接序列扩频，最大数据传输速率为 11Mb/s，无须直线传播。使用动态速率转换，当射频情况变差时，可将数据传输速率降低为 5.5Mb/s、2Mb/s 和 1Mb/s，且当工作在 2Mb/s 和 1Mb/s 速率时可向下兼容 IEEE 802.11。IEEE 802.11b 的使用范围在室外为 300m，在办公环境中则最大为 100m。使用与以太网类似的连接协议和数据包确认，来提供可靠的数据传送和网络带宽的有效使用。IEEE 802.11b 的运作模式基本分为两种：点对点模式和基本模式。点对点模式是指无线网卡和无线网卡之间的通信方式，基本模式是指无线网络规模扩充或无线和有线网络并存时的通信方式，这是 IEEE 802.11b 最常用的方式。

(2) IEEE 802.11a 标准。

IEEE 802.11a 工作在 5GHz U-NII 频带，从而避开了拥挤的 2.4GHz 频段。物理层速率可达 54Mb/s，传输层可达 25Mb/s。采用正交频分复用（Orthogonal Frequency Division Multi-plexing，OFDM）的独特扩频技术，可提供 25Mb/s 的无线 ATM（Asynchronous Transfer Mode，异步转移模式）接口、10Mb/s 以太网无线帧结构接口和 TDD/TDMA (Time Division Duplex/Time-Division Multiple Access，时分双工/时分多址) 的空中接口，支持语音、数据、图像业务，一个扇区可接入多个用户，每个用户可带多个用户终端。

(3) IEEE 802.11g 标准。

首先，作为当前最为常用的无线通信标准，IEEE 802.11g 具有独特的优势及较好的兼容性。从网络逻辑结构上来看，IEEE 802.11 只定义了物理层及媒体访问控制（MAC）子层。IEEE 802.11g 的物理帧结构分为前导信号（Preamble）、信头（Header）和负载（Payload）。

前导信号：主要用于确定移动台和接入点之间何时发送和接收数据，传输进行时告知其他移动台以免冲突，同时传送同步信号及帧间隔。前导信号完成，接收方才开始接收数据。

信头：在前导信号之后，用来传输一些重要的数据比如负载长度、传输速率、服务等信息。

负载：由于数据率及要传送字节的数量不同，负载的包长变化很大，可以十分短也可以十分长。在一帧信号的传输过程中，前导信号和信头所占的传输时间越多，负载用的传输时间就越少，传输的效率也越低。

综合上述3种调制技术的特点，IEEE 802.11g采用了OFDM等关键技术来保障其优越的性能，分别对前导信号、信头和负载进行调制，这种帧结构称为OFDM/OFDM方式。

## 8.11.3　工业移动通信的特点

目前，对无线局域网络（WLAN）的需求正日益增长。在工业领域，对无线通信解决方案的需求也逐步增长，例如，机器制造行业、服务行业或物流行业尤其需要可靠、安全和高兼容性的通信产品。

基于WLAN技术的标准解决方案是一种更经济的解决方案。WLAN技术符合国际标准IEEE 802.11，它具有许多新特性，符合工业环境的特殊要求：可靠耐用性及抗电磁干扰和环境影响；高操作安全性，数据安全；确定性的通信性能。同时，工业无线局域网（IWLAN）协议兼容办公环境的标准方案。

### 1．可靠性

由于机器停产多半会造成大量的损失，因此，无线电信道的可靠性对WLAN方案的性价比是至关重要的。

如果在工厂生产区使用（WLAN）无线局域网，那么一般情况下使用全向天线。在恶劣条件下，反射和多路接收会干扰电波传播，全向天线能保证更可靠的无线电通信。同时，安装场所也对无线电的质量有很大的影响。为获得尽可能高质量的无线电信号，天线和无线模块应安装在开关柜以外。如果只有天线装在配线盒外，那么设备和天线之间的连接的天线馈线可能会影响灵敏的无线信号。

无论是从无线电信道的最佳定位，还是装置自身的功能，都需要提供坚固耐用的设计。因此，无线模块的耐化学腐蚀的金属外壳应当防尘和防水。SIEMENS公司生产的SCALANCE W具有高达IP65的防护等级，温度范围为$-20\sim+60℃$并抗冷凝。因此，在恶劣的工业条件下，该装置无须使用开关柜也能实现分布式安装。

对于有线以太网络的电源来说，IEEE 802.3af工作组定义了通过以太网供电标准。根据这一标准，装置的数据和电源可通过电缆载体来传输。

### 2．数据安全和接入保护

同样，企业用户也关心数据安全性这个重要问题。传送数据的加密应优先考虑。SCALANCE W支持丰富的数据安全和接入保护技术，提供了Shared-key（共享密钥）、WPA-PSK（Wi-Fi Protected Access-Pre-Shared Key，Wi-Fi保护接入-预置共享密钥）、IEEE 802.1x、WPA2-PSK、WPA2、WPA-Auto-PSK和WPA-Auto等验证方式，并且提供了WEP（Wired Equivalent Privacy，有线等效保密）、TKIP（Temporal Key Integrity Protocol，

动态密钥完整性协议)和 AES(Advanced Encryption Standard process,高级加密标准)等加密机制。相应的加密机制与授权方式应配合使用。

另外,SCALANCE S 在终端设备和访问接入点之间的所有有效数据通信都可以一直使用 VPN 进行保护。

### 3. 确保实时性和确定性

根据 IEEE 802 标准,WLAN 是一种"共享介质",可以据此对所有用户进行控制,并准许用户随意进行发送。在使用的这一队列方法中,不能确定性地保证数据的传送。

IWLAN 提供了选择专用终端设备的方法,该终端设备具有确定的数据带宽,因此即使使用无线通信也能保证通信的确定性。为了使这一解决方案得到广泛应用,该方法不只限于特殊的终端设备,还能够独立于制造商和产品单独使用。该产品具有较高的可靠性。根据 IEEE 802.11 的规范,排除了特定的客户进行随意访问的可能性,同时标准产品也能在访问接入点进行操作。

此外,SIEMENS 公司的 WLAN 还提供了专用的 iPCF(industrial Point Coordinate Function,工业点协调功能)功能,保证所有的客户机都可以周期性地与接入点交换数据。可用于实时的 PROFINET IO 的通信,确保数据的实时性和确定性。

## 8.12 SCALANCE X 工业以太网交换机

SIEMENS 公司的全集成自动化(Totally Integrated Automation,TIA)方案已在全球各地成功地应用,通过共享工具和标准化机制可实现全集成解决方案。SCALANCE X 是将一种全新的有源网络部件用于构建集成网络,这些有源网络部件可完美地相互协同工作,旨在于严酷的工业环境下集成、灵活、安全、高性能地构建网络。

SCALANCE X 工业以太网交换机是一种有源网络组件,支持不同的网络拓扑结构,即总线型、星形或环形光纤或电气网络。这些有源网络组件可以把数据传输到指定的目标地址。

SCALANCE X 系列产品是全新一代的 SIMATIC NET 工业以太网交换机,它由不同的模块化产品线组成,这些产品线也适用于 PROFINET 的应用,并与相关的自动控制任务相协同工作。工业以太网是一种符合 IEEE 802.3(以太网)和 IEEE 802.11(无线局域网)标准的高性能的局域网。通过工业以太网,用户可以建立高性能、宽范围的通信网络。通过 SCALANCE X 工业以太网交换机,用户可以使用 PROFINET 实现到现场级的实时通信。

SCALANCE X 工业以太网交换机具有如下优势:

(1) 坚固、创新、节省空间的外壳设计可以非常容易地集成到 SIMATIC 解决方案中。

(2) 快速的标准件设计,以及 PROFINET 工业以太网连接插头、FastConnect RJ45 180 插头可去除应力和扭力。

(3) 基于 SIEMENS 公司的 HSR(高速冗余)技术,对于 SCALANCE X-200、SCALANCE X-300 或 SCALANCE X-400 来说,当环形网络结构由多达 50 台交换机组成

时,网络重构时间将低于 0.3s。

（4）SIEMENS 公司的 Stand-by 技术可用于 SCALANCE X-300/400 或者 SCALANCE X-200IRT 的环网间的冗余。

# 8.13　SIEMENS 工业无线通信

SIEMENS 是全球领先的工业自动化和数字化解决方案提供商,其在工业无线通信领域也有着丰富的产品和解决方案,旨在帮助企业提高生产效率、灵活性和可靠性。SIEMENS 公司的工业无线通信解决方案涵盖了多种无线技术,包括但不限于无线局域网（WLAN）、无线传感器网络（WSN）和蜂窝网络（如 LTE、5G）等,以满足不同工业应用的需求。

## 8.13.1　SIEMENS 工业无线通信概述

未来市场成功的关键在于具有可随时、随地提供信息访问的能力。通过标准化的无线网络互联的移动系统来实现,其效率会更高。无线解决方案的主要优点就是其移动站的简单性和灵活性。

SIMATIC NET 是 SIEMENS 公司网络系列产品中的一种。不同的系列产品可以满足不同的性能和应用要求,它们可以在不同子系统之间或不同自动化站之间的各个层级中进行数据交换。

工业移动通信（IMC）的主要特征如下:

（1）IMC 是 SIMATIC NET 家族使用无线通信的工业移动通信产品。

（2）符合国际标准 IEEE 802.11b,采用 GSM、GPRS、UMTS 和 PROFIBUS 红外传输技术。

（3）SIMATIC NET 组件都配有统一的接口。无线通信是对常规有线解决方案的有力补充,并越来越多地渗透到工业领域。SIMATIC NET 提供在局域网、Intranet、Internet 或无线网络间跨公司的数据传送。

对于客户来说,这意味着长期的投资有安全保证。借助于其细分的性能,使用 SIMATIC NET,即可实现在公司范围内,从简单的设备直到最复杂系统的通信。SIMATIC NET 工业无线局域网网络接入点使用所有现行 IEEE 802.11 标准进行通信,可支持 IEEE 802.11a、IEEE 802.11b、IEEE 802.11g 以及 IEEE 802.11.h 标准。

## 8.13.2　工业无线通信网络产品 SCALANCE W

SCALANCE W 产品具有较高的可靠性、稳定性和安全性等。通过工业无线局域网（IWLAN）的基本技术,使得 IEEE 802.11 标准加以延伸,以满足工业用户的要求,尤其对确定性响应和冗余性有较高要求的用户。通过该产品,用户将实现用单一的无线网络既能用于对数据要求严格的过程应用（IWLAN）,例如报警信号发送;又能满足一般通信应用

(WLAN)，例如维修和诊断。

　　SCALANCE W 产品的主要优点在于其无线通道的可靠性、金属外壳的防水设计(IP65)以及 SIMATIC 产品的坚固耐用性。为防止未授权的访问，该产品有先进的用户识别验证和数据加密标准机制，并可容易地与现有安全系统进行集成。

### 1. 无线网络

　　无线传输技术与铜缆、光缆有线传输相比，无线传输技术使用的是无线电波。根据环境条件以及所安装的无线电系统结构，电磁波的传播特性有很大的不同。

　　SIMATIC NET 模块采用分集天线技术（在天线之间切换）以及高质量的接收器和容错调制等技术，以增强信号的质量，防止无线电通信中断。为了保证可靠的无线电连接，可在网络接入点激活数据存储，这也相当于可靠的有线连接。工业移动通信采用不同的无线电网络，例如，WLAN、GSM，并且相互之间能够协同。其不同之处主要表现在不同的频段用于不同的应用，以及最大允许传输功率和特定传输技术的选择上。

### 2. 工业移动通信网络的解决方案

　　使用移动数据终端，可实现从公司管理级到生产级的连续信息流。使用 SIEMENS 公司 SINEMA E 软件，借助于仿真功能，可简化 IWLAN 的规划和组态，也可清晰地可视化其无线属性和设备属性，从而降低组态和调试的费用，避免组态错误。这意味着可随时随地、快速、容易而安全地提供信息，并且更具灵活性和移动性。

　　SCALANCE W 在 SIMATIC 自动化系统通信中的应用如图 8-6 所示。

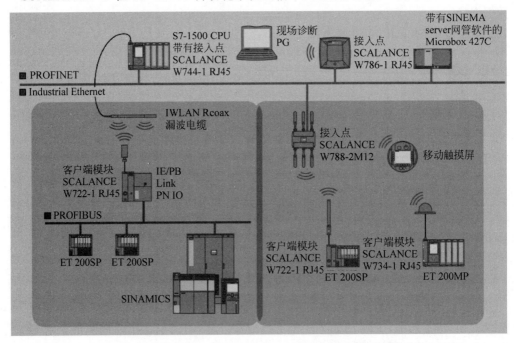

图 8-6　SCALANCE W 在 SIMATIC 自动化系统通信中的应用

## 8.13.3　SCALANCE W 的特点

SCALANCE W 具有如下特点。

### 1. 可靠性

借助于冗余机制和封包重复法(Packet Repetition),SCALANCE W 网络接入点能提供可全靠的无线连接,并可耐受工业区域的干扰。专用数据传输速率使调度无线通信成为可能,从而可防止数据通信的访问延时。

通过"专用数据传输速率"功能,可决定数据分组的传输时间和净比特率,并为节点提供了循环无线通信。在无线环境下,也能够满足实时要求。

冗余网络解决方案也可无线实施。无线通道的冗余设计在数秒内即可完成交换,因此封包重复以及无线通道中的干扰不会影响到应用。

交换介质 C-PLUG 可保存组态数据,无需专业人员即可在短时间内完成设备更换,从而缩短停机时间,节省培训成本。

借助"快速漫游"功能,可实现移动站的快速传送,以及 PROFINET 进行无中断通信。另外,PROFINET IO 设备之间也可实现实时无线操作。

### 2. 结构坚固,工业适用性提高

SCALANCE W 产品可在−20～60℃的温度范围内正常使用,或用在含尘和/或有水的场合。另配有金属外壳以及耐冲击和抗振保护,使之还可用于苛刻的工况环境。天线、电源和布线等附件均采用这种设计理念,适用于工业应用。

电源和数据都使用一根 Power-over-Ethernet(以太网供电)电缆传送,从而节省了投资和维护成本。

### 3. 数据安全性

SCALANCE W 除了支持普通无线产品的安全特点,还支持具有工业特点的信息安全技术。丰富的身份验证功能如 WPA2 和 WPA-Auto-PSK,数据加密技术如 TKIP 和 AES,RADI-US 的验证方法,以及通过 SCALANCE S 与 SCALANCE W 相结合的安全 VPN 通道,可以满足工业用户的安全需求。

### 4. 支持 PROFIsafe,实现故障安全无线通信

在 SIMATIC S7 控制器、PROFIBUS 和 PROFIsafe 的标准自动化系统中融合了安全工程与组态的理念。PROFINET 扩展了支持 PROFIsafe 的安全部件,提供完善的系列产品,包括故障安全型控制器、故障安全 I/O 以及相应的工程与组态环境。在通过 PROFIsafe 数据连续编号传输消息、时间监控以及使用密码或优化 CRC 备份进行认证监控时,PROFIsafe 可防止如地址损坏、丢失、延时等故障。

SIEMENS 公司的 SCALANCE W 工业无线局域网同样支持故障安全通信协议 PROFIsafe,IWLAN 通过 PROFIsafe 保障现场设备和人身安全。

## 习题

1. PROFINET 可以提供哪些解决方案？
2. PROFINET 是什么？
3. PROFINET 包括哪几种通信？
4. PROFINET 定义了哪些设备类型？
5. PROFINET 具有哪些特性？
6. 连接 PROFINET 现场设备的过程涉及哪几个关键步骤？
7. PROFINET 提供了哪几种运行模式？
8. PROFINET 循环数据交换具有哪些特征？
9. PROFINET 循环数据交换的基本过程是什么？
10. 非循环数据通信的典型使用情况有哪些？
11. PROFINET IRT 的应用场景有哪些？
12. PROFINET 控制器必须支持哪些功能？
13. 画出 PROFINET 系统结构图。
14. ROFINET IRT 具有哪些优点？
15. 什么是 PROFINET IRT 通信？
16. 工业无线以太网的主要特点有哪些？
17. 工业无线以太网的应用场景有哪些？
18. SCALANCE X 工业以太网交换机具有哪些优势？
19. SCALANCE W 有什么特点？

第 9 章

# EtherCAT 工业以太网

EtherCAT 是由德国 BECKHOFF 公司于 2003 年提出的实时工业以太网技术。它具有高速和高数据有效率的特点,支持多种设备连接拓扑结构。EtherCAT 是一种全新的、高可靠的、高效率的实时工业以太网技术,并于 2007 年成为国际标准,由 EtherCAT 技术协会(EtherCAT Technology Group,ETG)负责推广 EtherCAT 技术。

EtherCAT(Ethernet for Control Automation Technology)工业以太网是一种高性能的工业以太网通信协议,被广泛应用于自动化和控制系统中。本章从 EtherCAT 的基本概念出发,深入探讨了其物理拓扑结构、数据链路层、应用层、系统组成及其在实际应用中的示例,尤其是在 KUKA 机器人上的应用。此外,本章还详细介绍了 EtherCAT 从站控制器的设计与开发,包括 ET1100 从站控制器的特点、基于 ET1100 的从站结构设计、与微控制器的接口电路设计、配置电路设计,以及 EtherCAT 从站的物理层设备和接口电路。最后,本章介绍了 EtherCAT 主站软件的安装和从站的开发调试过程,为读者提供了一个全面的EtherCAT 技术指南。

## 9.1　EtherCAT 概述

EtherCAT 扩展了 IEEE 802.3 以太网标准,满足了运动控制对数据传输的同步实时要求。它充分利用了以太网的全双工特性,并通过 On Fly 模式提高了数据传送的效率。主站发送以太网帧给各个从站,从站直接处理接收的报文,并从报文中提取或插入相关的用户数据。其从站节点使用专用的控制芯片,主站使用标准的以太网控制器。

EtherCAT 工业以太网技术在全球多个领域得到了广泛应用,如机器控制、测量设备、医疗设备、汽车和移动设备以及无数的嵌入式系统中。

EtherCAT 为基于以太网的可实现实时控制的开放式网络。EtherCAT 系统可扩展至65 535 个从站规模,由于具有非常短的循环周期和高同步性能,EtherCAT 非常适合用于伺服运动控制系统中。在 EtherCAT 从站控制器中使用的分布式时钟能确保高同步性和同时性,其同步性能对于多轴系统来说至关重要,同步性使内部的控制环可按照需要的精度和循环数据保持同步。将 EtherCAT 应用于伺服驱动器不仅有助于整个系统实时性能的提升,同时有利于实现远程维护、监控、诊断与管理,使系统的可靠性大大增强。

EtherCAT 作为国际工业以太网总线标准之一,BECKHOFF 公司大力推动 EtherCAT 的发展,EtherCAT 的研究和应用越来越被重视。工业以太网 EtherCAT 技术广泛应用于机床、注塑机、包装机、机器人等高速运动应用场合,物流、高速数据采集等分布范围广、控制要求高的场合。很多厂商(如三洋、松下、库卡等公司)的伺服系统都具有 EtherCAT 总线接口。三洋公司应用 EtherCAT 技术对三轴伺服系统进行同步控制。在机器人控制领域,EtherCAT 技术作为通信系统具有高实时性能的优势。2010 年以来,库卡一直采用 EtherCAT 技术作为库卡机器人控制系统中的通信总线。

国外很多企业厂商针对 EtherCAT 已经开发出了比较成熟的产品,例如,美国 NI、日本松下、库卡等自动化设备公司都推出了一系列支持 EtherCAT 驱动设备。国内的 EtherCAT 技术研究也取得了较大的进步,基于 ARM 架构的嵌入式 EtherCAT 从站控制器的研究开发也日渐成熟。

实时以太网 EtherCAT 具有高速的信息处理与传输能力,不但能满足高精度实时采样数据的实时处理与传输要求,提高系统的稳定性与可靠性,更有利于电力系统的经济运行。

EtherCAT 工业以太网的主要特点如下:

(1) 完全符合以太网标准。普通以太网相关的技术都可以应用于 EtherCAT 网络中。EtherCAT 设备可以与其他的以太网设备共存于同一网络中。普通的以太网卡、交换机和路由器等标准组件都可以在 EtherCAT 中使用。

(2) 支持多种拓扑结构,如总线型、星形、树形。可以使用普通以太网使用的电缆或光缆。

(3) 广泛的适用性。任何带有普通以太网控制器的设备有条件作为 EtherCAT 主站,比如嵌入式系统、普通的 PC 和控制板卡等。

(4) 高效率、刷新周期短。EtherCAT 从站对数据帧的读取、解析和过程数据的提取与插入完全由硬件来实现,这使得数据帧的处理不受 CPU 的性能软件的实现方式影响,时间延迟极小、实时性很高。同时 EtherCAT 可以达到小于 $100\mu s$ 的数据刷新周期。

(5) 同步性能好。EtherCAT 采用高分辨率的分布式时钟使各从站节点间的同步精度能够远小于 $1\mu s$。

(6) 无从属子网。复杂的节点或只有 $n$ 位的数字 I/O 都能被用作 EtherCAT 从站。

(7) 拥有多种应用层协议接口来支持多种工业设备行规。如 COE(CANopen over EtherCAT)用来支持 CANopen 协议;SoE(SERCOE over EtherCAT)用来支持 SERCOE 协议;EOE(Ethernet over EtherCAT)用来支持普通的以太网协议;FOE(File over EtherCAT)用于上传和下载固件程序或文件;AOE(ADS over EtherCAT)用于主-从站之间非周期的数据访问服务。对多种行规的支持使得用户和设备制造商很容易从其他现场总线向 EtherCAT 转换。

快速以太网全双工通信技术构成主-从式的环形结构如图 9-1 所示。

这个过程利用了以太网设备独立处理双向传输(TX 和 RX)的特点,并运行在全双工模式下,发出的报文又通过 RX 线返回到控制单元。

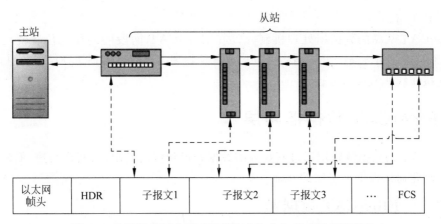

图 9-1　快速以太网全双工通信技术构成主-从式的环形结构

报文经过从站节点时,从站识别出相关的命令并做出相应的处理。信息的处理在硬件中完成,延迟时间为 $100\sim500\mathrm{ns}$,这取决于物理层器件,通信性能独立于从站设备控制微处理器的响应时间。每个从站设备有最大容量为 64KB 的可编址内存,可完成连续的或同步的读写操作。多个 EtherCAT 命令数据可以被嵌入到一个以太网报文中,每个数据对应独立的设备或内存区。

从站设备可以构成多种形式的分支结构,独立的设备分支可以放置于控制柜中或机器模块中,再用主线连接这些分支结构。

## 9.2　EtherCAT 物理拓扑结构

EtherCAT 采用了标准的以太网帧结构,几乎适用所有标准以太网的拓扑结构都是适用的,也就是说可以使用传统的基于交换机的星形结构,但是 EtherCAT 的布线方式更为灵活,由于其主-从的结构方式,无论多少节点都可以一条线串接起来,无论是菊花链形还是树形拓扑结构,可任意选配组合。布线也更为简单,布线只需要遵从 EtherCAT 的所有的数据帧都会从第一个从站设备转发到后面连接的节点。数据传输到最后一个从站设备又逆序将数据帧发送回主站。这样的数据帧处理机制允许在 EtherCAT 同一网段内,只要不打断逻辑环路都可以用一根网线串接起来,从而使得设备连接布线非常方便。

传输电缆的选择同样灵活。与其他的现场总线不同的是,不需要采用专用的电缆连接头,对于 EtherCAT 的电缆选择,可以选择价格低廉的标准超五类以太网电缆,采用 100BASE-TX 模式无交叉地传送信号,并且可以通过交换机或集线器等实现不同的光纤和铜电缆以太网连线的完整组合。

在逻辑上,EtherCAT 网段内从站设备的布置构成一个开口的环形总线。在开口的一端,主站设备直接或通过标准以太网交换机插入以太网数据帧,并在另一端接收经过处理的数据帧。所有的数据帧都被从第一个从站设备转发到后续的节点。最后一个从站设备将数据帧返回到主站。

  EtherCAT 从站的数据帧处理机制允许在 EtherCAT 网段内的任一位置使用分支结构,同时不打破逻辑环路。分支结构可以构成各种物理拓扑以及各种拓扑结构的组合,从而使设备连接布线非常灵活方便。

## 9.3  EtherCAT 数据链路层

  EtherCAT 的数据链路层通过其高效的数据处理和传输机制,为实现高速、低延迟的实时工业自动化通信提供了坚实的基础。

### 9.3.1  EtherCAT 数据帧

  EtherCAT 数据是遵从 IEEE 802.3 标准,直接使用标准的以太网帧数据格式传输,不过 EtherCAT 数据帧是使用以太网帧的保留字 0x88A4。EtherCAT 数据报文是由两字节的数据头和 44~1498 字节的数据组成,一个数据报文可以由一个或者多个 EtherCAT 子报文组成,每个子报文映射到独立的从站设备存储空间。

### 9.3.2  寻址方式

  EtherCAT 的通信由主站发送 EtherCAT 数据帧读写从站设备的内部的存储区来实现,也就是从站存储区中读数据和写数据。在通信的时候,主站首先根据以太网数据帧头中的 MAC 地址来寻址所在的网段,寻址到第一个从站后,网段内的其他从站设备只需要依据 EtherCAT 子报文头中的 32 地址去寻址。在一个网段中,EtherCAT 支持使用两种方式:设备寻址和逻辑寻址。

### 9.3.3  通信模式

  EtherCAT 的通信方式分为周期性过程数据通信和非周期性邮箱数据通信。

**1. 周期性过程数据通信**

  周期性过程数据通信主要用在工业自动化环境中实时性要求高的过程数据传输场合。进行周期性过程数据通信时,需要使用逻辑寻址,主站是使用逻辑寻址的方式完成从站的读、写或者读写操作。

**2. 非周期性邮箱数据通信**

  非周期性过程数据通信主要用在对实时性要求不高的数据传输场合,在参数交换、配置从站的通信等操作时,可以使用非周期性邮箱数据通信,并且可以双向通信。在从站到从站通信时,主站是作为类似路由器功能来管理。

### 9.3.4  存储同步管理器 SM

  存储同步管理 SM 是 ESC 用来保证主站与本地应用程序数据交换的一致性和安全性的工具,其实现机制是在数据状态改变时产生中断信号来通知对方。EtherCAT 定义了两种同步管理器(SM)运行模式:缓存模式和邮箱模式。

### 1．缓存模式

缓存模式使用了 3 个缓存区,允许 EtherCAT 主站的控制权和从站控制器双方在任何时候都可访问数据交换缓存区。接收数据的那一方随时可以得到最新的数据,数据发送那一方也随时可以更新缓存区里的内容。假如写缓存区的速度比读缓存区的速度快,则旧数据就会被覆盖。

### 2．邮箱模式

邮箱模式通过握手的机制完成数据交换,这种情况下只有一端完成读或写数据操作后另一端才能访问该缓存区,这样数据就不会丢失。数据发送方首先将数据写入缓存区,接着缓存区被锁定为只读状态,一直等到数据接收方将数据读走。这种模式通常用在非周期性的数据交换上,分配的缓存区也叫作邮箱。邮箱模式通信通常是使用两个 SM 通道,一般情况下主站到从站通信使用 SM0,从站到主站通信使用 SM1,它们被配置成为一个缓存区方式,通过握手机制来避免数据溢出。

## 9.4　EtherCAT 应用层

应用层(Application Layer,AL)处于 EtherCAT 协议的最高层,是直接面向控制任务的一层,它为控制程序访问网络环境提供手段,同时为控制程序提供服务。应用层不包括控制程序,它只是定义了控制程序和网络交互的接口,使符合此应用层协议的各种应用程序可以协同工作。EtherCAT 协议结构如图 9-2 所示。

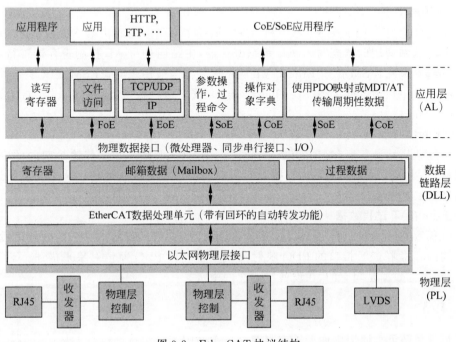

图 9-2　EtherCAT 协议结构

### 9.4.1　通信模型

EtherCAT 应用层区分主站与从站，主站与从站之间的通信是由主站开始的。从站之间的通信是由主站作为路由器来实现的。不支持两个主站之间的通信，但是两个具有主站功能的设备并且其中一个具有从站功能时仍可实现通信。

EtherCAT 通信网络仅由一个主站设备和至少一个从站设备组成。系统中的所有设备必须支持 EtherCAT 状态机和过程数据（Process Data）的传输。

### 9.4.2　从站

#### 1. 从站设备分类

从站应用层可分为不带应用层处理器的简单设备与带应用层处理器的复杂设备。

#### 2. 简单从站设备

简单从站设备设置了一个过程数据布局，通过设备描述文件来描述。在本地应用中，简单从站设备要支持无响应的 ESM 应用层管理服务。

#### 3. 复杂从站设备

复杂从站设备支持 EtherCAT 邮箱、COE 目标字典、读写对象字典数据入口的加速 SDO 服务以及读对象字典中已定义的对象和紧凑格式入口描述的 SDO 信息服务。

为了传输过程数据，复杂从站设备支持 PDO 映射对象和同步管理器 PDO 赋值对象。复杂从站设备要支持可配置过程数据，可通过写 PDO 映射对象和同步管理器 PDO 赋值对象来配置。

#### 4. 应用层管理

应用层管理包括 EtherCAT 状态机，ESM 描述了从站应用的状态及状态变化。由应用层控制器将从站应用的状态写入 AL 状态寄存器，主站通过写 AL 控制寄存器进行状态请求。从逻辑上来说，ESM 位于 EtherCAT 从站控制器与应用之间。ESM 定义了 4 种状态：初始化状态（Init）、预运行状态（Pre-Operational）、安全运行状态（Safe-Operational）、运行状态（Operational）。

#### 5. EtherCAT 邮箱

每个复杂从站设备都有 EtherCAT 邮箱。EtherCAT 邮箱数据传输是双向的，可以从主站到从站，也可以从站到主站。支持双向多协议的全双工独立通信。从站与从站通信通过主站进行信息路由。

#### 6. EtherCAT 过程数据

在过程数据通信方式下，主-从站访问的是缓冲型应用存储器。对于复杂从站设备，过程数据的内容将由 CoE 接口的 PDO 映射及同步管理器 PDO 赋值对象来描述。对于简单从站设备，过程数据是固有的，在设备描述文件中定义。

### 9.4.3　主站

主站与从站进行通信以提供各种服务。在主站中为每个从站设置了从站处理机（Slave

Handler),用来控制从站的状态机(ESM);同时每个主站也设置了一个路由器,支持从站与从站之间的邮箱通信。

主站支持从站处理机通过 EtherCAT 状态服务来控制从站的状态机,从站处理机是从站状态机在主站中的映射。从站处理机通过发送 SDO 服务去改变从站状态机状态。

路由器将客户从站的邮箱服务请求路由到服务从站;同时,将服务从站的服务响应路由到客户从站。

## 9.4.4　EtherCAT 设备行规

EtherCAT 设备行规包括以下几种。

### 1. CANopen over EtherCAT(CoE)

CANopen 最初是为基于 CAN 总线的系统所制定的应用层协议。EtherCAT 协议在应用层支持 CANopen 协议,并作了相应的扩充,其主要功能有:

(1) 使用邮箱通信访问 CANopen 对象字典及其对象,实现网络初始化。

(2) 使用 CANopen 应急对象和可选的事件驱动 PDO 消息,实现网络管理。

(3) 使用对象字典映射过程数据,周期性传输指令数据和状态数据。

CoE 协议完全遵从 CANopen 协议,其对象字典的定义也相同,针对 EtherCAT 通信扩展了相关通信对象 0x1C00~0x1C4F,用于设置存储同步管理器的类型、通信参数和 PDO 数据分配。

(1) 应用层行规。

CoE 完全遵从 CANopen 的应用层行规,CANopen 标准应用层行规主要有:

① CiA 401 I/O 模块行规。

② CiA 402 伺服和运动控制行规。

③ CiA 403 人机接口行规。

④ CiA 404 测量设备和闭环控制。

⑤ CiA 406 编码器。

⑥ CiA 408 比例液压阀等。

(2) CiA 402 行规通用数据对象字典。

数据对象 0x6000~0x9FFF 为 CANopen 行规定义数据对象,一个从站最多控制 8 个伺服驱动器,每个驱动器分配 0x800 个数据对象。第一个伺服驱动器使用 0x6000~0x67FF 的数据字典范围,后续伺服驱动器在此基础上以 0x800 偏移使用数据字典。

### 2. Servo Drive over EtherCAT(SoE)

IEC 61491 是国际上第一个专门用于伺服驱动器控制的实时数据通信协议标准,其商业名称为 SERCOS(Serial Real-time Communication Specification)。EtherCAT 协议的通信性能非常适合数字伺服驱动器的控制,应用层使用 SERCOS 应用层协议实现数据接口,可以实现以下功能:

(1) 使用邮箱通信访问伺服控制规范参数(IDN),配置伺服系统参数。

（2）使用 SERCOS 数据电报格式配置 EtherCAT 过程数据报文，周期性传输伺服指令数据和伺服状态数据。

### 3. Ethernet over EtherCAT（EoE）

除了前面描述的主-从站设备之间的通信寻址模式外，EtherCAT 也支持 IP 标准的协议，比如 TCP/IP、UDP/IP 和所有其他高层协议（HTTP 和 FTP 等）。EtherCAT 能分段传输标准以太网协议数据帧，并在相关的设备完成组装。这种方法可以避免为长数据帧预留时间片，大大缩短周期性数据的通信周期。此时，主站和从站需要相应的 EoE 驱动程序支持。

### 4. File Access over EtherCAT（FoE）

该协议通过 EtherCAT 下载和上传固定程序和其他文件，其使用与 TFTP（Trivial File Transfer Protocol，简单文件传输协议）类似的协议，不需要 TCP/IP 的支持，实现简单。

## 9.5 EtherCAT 系统组成

EtherCAT 是一种高性能的工业以太网通信协议，被广泛应用于自动化和控制系统中。它以高速、高效和低延迟的特性而著名，特别适合于需要快速和同步通信的应用，如运动控制。

EtherCAT 系统提供了一个高性能、灵活且可靠的工业自动化通信解决方案。通过其独特的通信机制和高效的数据处理，EtherCAT 能够满足各种自动化应用的需求，从简单的 I/O 控制到复杂的运动控制系统。

### 9.5.1 EtherCAT 网络架构

EtherCAT 网络是主-从站结构网络，各网段可以由一个主站和一个或者多个从站组成。主站是网络的控制中心，也是通信的发起者。一个 EtherCAT 网段可以被简化为一个独立的以太网设备，从站可以直接处理接收的报文，并从报文中提取或者插入相关数据。然后将报文依次传输到下一个 EtherCAT 从站，最后一个 EtherCAT 从站返回经过完全处理的报文，依次逆序传递回到第一个从站并且最后发送给控制单元。整个过程充分利用了以太网设备全双工双向传输的特点。如果所有从设备需要接收相同的数据，那么只需要发送一个短数据包，所有从设备接收数据包的同一部分便可获得该数据，刷新 12 000 个数字输入和输出的数据耗时仅为 $300\mu s$。对于非 EtherCAT 的网络，需要发送 50 个不同的数据包，充分体现了 EtherCAT 的高实时性，所有数据链路层数据都是由从站控制器的硬件来处理的。EtherCAT 的周期时间短，是因为从站的微处理器不需处理 EtherCAT 以太网的封包。

EtherCAT 是一种实时工业以太网技术，它充分利用了以太网的全双工特性。使用主-从模式介质访问控制（MAC），主站发送以太网帧给主-从站，从站从数据帧中抽取数据或将数据插入数据帧。主站使用标准的以太网接口卡，从站使用专门的 EtherCAT 从站控制器

(EtherCAT Slave Controller,ESC),EtherCAT物理层使用标准的以太网物理层器件。

从以太网的角度来看,一个EtherCAT网段就是一个以太网设备,它接收和发送标准的ISO/IEC 8802-3以太网数据帧。但是,这种以太网设备并不局限于一个以太网控制器及相应的微处理器,它可由多个EtherCAT从站组成,EtherCAT系统运行如图9-3所示,这些从站可以直接处理接收的报文,并从报文中提取或插入相关的用户数据,然后将该报文传输到下一个EtherCAT从站。最后一个EtherCAT从站发回经过完全处理的报文,并由第一个从站作为响应报文将其发送给控制单元。实际上只要RJ45网口悬空,ESC就自动闭合(close)而产生了回环(LOOP)。

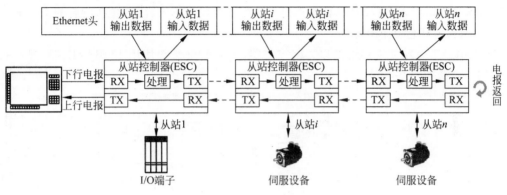

图9-3　EtherCAT系统运行

实时以太网EtherCAT技术采用了主-从介质访问方式。在基于EtherCAT的系统中,主站控制所有的从站设备的数据输入与输出。主站向系统中发送以太网帧后,EtherCAT从站设备在报文经过其节点时处理以太网帧,嵌入在每个从站中的现场总线存储管理单元(FMMU)在以太网帧经过该节点时读取相应的编址数据,并同时将报文传输到下一个设备。同样,输入数据也是在报文经过时插入报文中。当该以太网帧经过所有从站并与从站进行数据交换后,由EtherCAT系统中最末一个从站将数据帧返回。

在整个过程中,报文只有几纳秒的时间延迟。由于发送和接收的以太帧压缩了大量的设备数据,所以可用数据率可达90%以上。

EtherCAT支持各种拓扑结构,如总线型、星形、环形等,并且允许EtherCAT系统中出现多种结构的组合。支持多种传输电缆,如双绞线、光纤等,以适应于不同的场合,提升布线的灵活性。

EtherCAT支持同步时钟,EtherCAT系统中的数据交换完全是基于纯硬件机制,由于通信采用了逻辑环结构,因此主站时钟可以简单、精确地确定各个从站传播的延迟偏移。分布时钟均基于该值进行调整,在网络范围内使用精确的同步误差时间基。

## 9.5.2　EtherCAT主站组成

EtherCAT无须使用昂贵的专用有源插接卡,只需使用无源的NIC(Network Interface

Card)或主板集成的以太网 MAC 设备即可。EtherCAT 主站很容易实现,尤其适用于中小规模的控制系统和有明确规定的应用场合。使用 PC 计算机构成 EtherCAT 主站时,通常是用标准的以太网卡作为主站硬件接口,网卡芯片集成了以太网通信的控制器和收发器。

EtherCAT 使用标准的以太网 MAC,不需要专业的设备,EtherCAT 主站很容易实现,只需要一台 PC 或其他嵌入式计算机即可实现。

由于 EtherCAT 映射不是在主站产生,而是在从站产生。该特性进一步减轻了主机的负担。因为 EtherCAT 主站完全在主机中采用软件方式实现。EtherCAT 主站的实现方式是使用倍福公司或者 ETG 社区样本代码。软件以源代码形式提供,包括所有的 EtherCAT 主站功能,甚至还包括 EoE。

EtherCAT 主站使用标准的以太网控制器,传输介质通常使用 100BASE-TX 规范的 5 类 UTP 线缆,如图 9-4 所示。

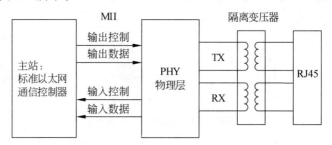

图 9-4 EtherCAT 物理层连接原理图

在基于 PC 的主站中,通常使用网络接口卡(NIC),其中的网卡芯片集成了以太网通信控制器和物理数据收发器。而在嵌入式主站中,通信控制器通常嵌入到微控制器中。

## 9.5.3 EtherCAT 从站组成

EtherCAT 从站设备主要完成 EtherCAT 通信和控制应用两大功能,是工业以太网 EtherCAT 控制系统的关键部分。

从站通常分为四大部分:EtherCAT 从站控制器(ESC)、从站控制微处理器、物理层 PHY 器件和电气驱动等其他应用层器件。

从站的通信功能是通过从站 ESC 实现的。EtherCAT 通信控制器 ECS 使用双端口存储区实现 EtherCAT 数据帧的数据交换,各个从站的 ESC 在各自的环路物理位置通过顺序移位读写数据帧。报文经过从站时,ESC 从报文中提取要接收的数据存储到其内部存储区,要发送的数据又从其内部存储区写到相应的子报文中。数据报文的读取和插入都是由硬件自动来完成,速度很快。EtherCAT 通信和完成控制任务还需要从站微控制器主导完成。通常是通过微控制器从 ESC 读取控制数据,从而实现设备控制功能,将设备反馈的数据写入 ESC,并返回给主站。由于整个通信过程数据交换完全由 ESC 处理,因此与从站设备微控制器的响应时间无关。从站微控制器的选择不受到功能限制,可以使用单片机、DSP

和 ARM 等。

从站使用物理层的 PHY 芯片来实现 ESC 的 MII 物理层接口,同时需要隔离变压器等标准以太网物理器件。

从站不需要微控制器就可以实现 EtherCAT 通信,EtherCAT 从站设备只需要使用一个价格低廉的从站控制器芯片 ESC。从站的实施可以通过 I/O 接口实现的简单设备加 ESC、PHY、变压器和 RJ45 接头。微控制器和 ESC 之间使用 8 位或 16 位并行接口或串行 SPI 接口。从站要求的微控制器性能取决于从站的应用,EtherCAT 协议软件在其上运行。ESC 采用德国 BECKHOFF 公司提供的从站控制专用芯片 ET1100 或者 ET1200 等。通过 FPGA,也可实现从站控制器的功能,这种方式需要购买授权以获取相应的二进制代码。

EtherCAT 从站设备同时实现通信和控制应用两部分功能,其结构如图 9-5 所示。

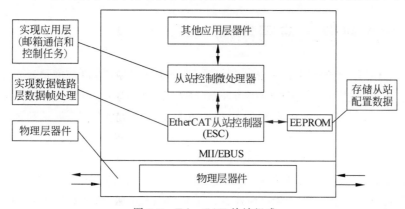

图 9-5　EtherCAT 从站组成

EtherCAT 从站由以下 4 部分组成。

### 1. EtherCAT 从站控制器 ESC

EtherCAT 从站通信控制器芯片 ESC 负责处理 EtherCAT 数据帧,并使用双端口存储区实现 EtherCAT 主站与从站本地应用的数据交换。各个从站 ESC 按照各自在环路上的物理位置顺序移位读写数据帧。在报文经过从站时,ESC 从报文中提取发送给自己的输出命令数据并将其存储到内部存储区,输入数据从内部存储区又被写到相应的子报文中。数据的提取和插入都是由数据链路层硬件完成的。

ESC 具有 4 个数据收发端口,每个端口都可以收发以太网数据帧。

ESC 使用两种物理层接口模式: MII 和 EBUS。

MII 是标准的以太网物理层接口,使用外部物理层芯片,一个端口的传输延时约为 500ns。

EBUS 是德国 BECKHOFF 公司使用 LVDS(Low Voltage Differential Signaling)标准定义的数据传输标准,可以直接连接 ESC 芯片,不需要额外的物理层芯片,从而避免了物理层的附加传输延时,一个端口的传输延时约为 100ns。EBUS 最大传输距离为 10m,适用于距离较近的 I/O 设备或伺服驱动器之间的连接。

**2. 从站控制微处理器**

微处理器负责处理 EtherCAT 通信和完成控制任务。微处理器从 ESC 读取控制数据，实现设备控制功能，并对设备的反馈数据进行采样，然后写入 ESC，由主站读取。通信过程完全由 ESC 处理，与设备控制微处理器响应时间无关。从站控制微处理器性能选择取决于设备控制任务，可以使用 8 位、16 位的单片机及 32 位的高性能处理器。

**3. 物理层器件**

从站使用 MII 接口时，需要使用物理层芯片 PHY 和隔离变压器等标准以太网物理层器件。使用 EBUS 时不需要任何其他芯片。

**4. 其他应用层器件**

针对控制对象和任务需要，微处理器可以连接其他控制器件。

# 9.6 KUKA 机器人应用案例

德国 Acontis 公司提供的 EtherCAT 主站是全球应用最广、知名度最高的商业主站协议栈，在全球已有超过 300 家用户使用 Acontis EtherCAT 主站，其中包括众多世界知名的自动化企业。Acontis 公司提供完整的 EtherCAT 主站解决方案，其主站跨硬件平台和实时操作系统。

德国 KUKA 机器人是 Acontis 公司最具代表性的用户之一，KUKA 机器人 C4 系列产品全部采用 Acontis 公司的解决方案。C4 系列机器人采用 EtherCAT 总线方式进行多轴控制，控制器采用 Acontis 公司的 EtherCAT 主站协议栈；KUKA 机器人控制器采用多核 CPU，分别运行 Windows 操作系统和 VxWorks 操作系统，图形界面运行在 Windows 操作系统上，机器人控制软件运行在 VxWorks 实时操作系统上，Acontis 提供的软件 VxWIN 控制和协调两个操作系统；控制器的组态软件中集成了 Acontis 提供的 EtherCAT 网络配置及诊断工具 EC-Engineer；另外，KUKA 机器人还采用的 Acontis 提供的两个扩展功能包：热插拔和远程访问功能包。

KUKA 机器人控制器同时支持多路独立 EtherCAT 网络，除了机器人本体专用的 KCB（KUKA Control Bus，库卡控制总线）网络外，控制器还利用 Acontis 公司 EtherCAT 主站支持 VLAN 功能，从一个独立网卡连接出其他 3 路 EtherCAT 网络，分别是连接示教器的 EtherCAT 网络 KOI，扩展网络 KEB 以及内部网络 KSB。KCB 网络循环周期为 $125\mu s$，是本体控制专用网络，以确保本体控制的实时性。KUKA 机器人控制器多路独立 EtherCAT 网络，如图 9-6 所示。同一个控制器支持多路独立 EtherCAT 网络（多个实例），利用了 Acontis 公司的 EtherCAT 主站可支持最多 10 个实例的特性。

除了主站协议栈，KUKA 机器人在其操作界面中使用 Acontis 公司提供的网络配置及诊断工具 EC-Engineer 的软件开发包 SDK，无缝集成了 Acontis 网络配置及诊断工具所有功能。用户在 KUKA 的操作界面直接进行 EtherCAT 网络配置及在工作状态下的网络诊

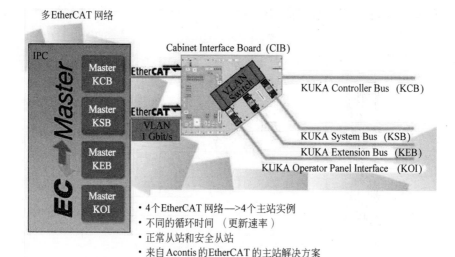

图 9-6 KUKA 机器人控制器多路独立 EtherCAT 网络

断，提高了控制软件的可用性及用户体验。此外，KUKA 机器人选用了 Acontis 公司提供的两个主站功能扩展包：Hot Connect 和 Remote API。

# 9.7 EtherCAT 从站控制器概述

本节讲述的内容主要包括 BECKHOFF 公司的 EtherCAT 从站控制器 ET1100 和 ET1200 实现，功能固定的二进制配置 FPGA（ESC20）和可配置的 FPGA IP 核（ET1810/ET1815）。

EtherCAT 从站控制器主要特征如表 9-1 所示。

表 9-1　EtherCAT 从站控制器主要特征

| 特　　征 | ET1200 | ET1100 | IP Core | ESC20 |
|---|---|---|---|---|
| 端口 | 2～3<br>（每个 EBUS/MII，<br>最大 1 个 MII） | 2～4<br>（每个 EBUS/MII） | 1～3 MII/<br>1～3 RGMII/<br>1～2 RMII | 2 MII |
| FMMUs | 3 | 8 | 0～8 | 4 |
| 同步管理器 | 4 | 8 | 0～8 | 4 |
| 过程数据 RAM | 1KB | 8KB | 0～60KB | 4KB |
| 分布式时钟 | 64 位 | 64 位 | 32/64 位 | 32 位 |
| 过程数据接口 | | | | |
| 数字 I/O | 16 位 | 32 位 | 8～32 位 | 32 位 |
| SPI 从站 | 是 | 是 | 是 | 是 |
| 8/16 位微控制器 | — | 异步/同步 | 异步 | 异步 |
| 片上总线 | — | — | 是 | — |

EtherCAT 从站控制器功能框图如图 9-7 所示。

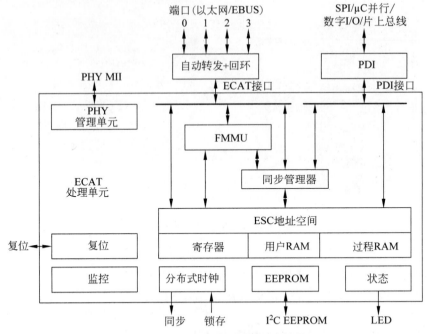

图 9-7 EtherCAT 从站控制器功能框图

## 9.7.1 EtherCAT 从站控制器功能块

EtherCAT 从站控制器(EtherCAT Slave Controller,ESC)是实现 EtherCAT 通信协议在从站设备上的关键硬件组件。它负责处理 EtherCAT 通信协议的各种功能,使从站设备能够高效地参与到 EtherCAT 网络中。ESC 内部包含多个功能块,这些功能块共同协作,以确保实现快速、可靠的数据交换和通信。

EtherCAT 从站控制器功能块共同确保了 EtherCAT 从站控制器能够高效、准确地处理 EtherCAT 网络中的通信任务,满足工业自动化应用中对实时性和可靠性的高要求。ESC 的设计和实现是 EtherCAT 技术能够提供卓越性能的关键因素之一。

### 1. EtherCAT 接口(以太网/EBUS)

EtherCAT 接口或端口将 EtherCAT 从站控制器连接到其他 EtherCAT 从站和主站。MAC 层是 EtherCAT 从站控制器的组成部分。物理层可以是以太网或 EBUS。EBUS 的物理层完全集成到 ASIC 中。对于以太网端口,外部以太网 PHY 连接到 EtherCAT 从站控制器的 MII/RGMII/RMII 端口。通过全双工通信,EtherCAT 的传输速度固定为 100Mb/s。链路状态和通信状态将报告给监控设备。EtherCAT 从站支持 2~4 个端口,逻辑端口编号为 0、1、2 和 3。

### 2. EtherCAT 处理单元

EtherCAT 处理单元(EPU)接收、分析和处理 EtherCAT 数据流,在逻辑上位于端口 0

和端口 3 之间。EtherCAT 处理单元的主要用途是启用和协调对内部寄存器和 EtherCAT 从站控制器存储空间的访问，可以从 EtherCAT 主站或通过 PDI 从本地应用程序对其寻址。EtherCAT 处理单元除了自动转发、回环功能和 PDI 外，还包含 EtherCAT 从站的主要功能块。

### 3. 自动转发

自动转发(Auto-Forwarder)接收以太网帧，执行帧检查并将其转发到环回功能。接收帧的时间戳由自动转发生成。

### 4. 回环功能

如果端口没有链路，或者端口不可用，又或者该端口的环路关闭，则回环功能将以太网帧转发到下一个逻辑端口。端口 0 的回环功能可将帧转发到 EtherCAT 处理单元。环路设置可由 EtherCAT 主站控制。

### 5. FMMU

FMMU(现场总线存储管理单元)用于将逻辑地址按位映射到 ESC 的物理地址。

### 6. 同步管理器 SM

同步管理器 SM(Syncmanager)负责 EtherCAT 主站与从站之间的一致数据交换和邮箱通信，可以为每个同步管理器配置通信方向。

### 7. 监控单元

监控单元包含错误计数器和 WDT。WDT 用于检测通信并在发生错误时返回安全状态，错误计数器用于错误检测和分析。

### 8. 复位单元

集成的复位控制器可检测电源电压并控制外部和内部复位，仅限 ET1100 和 ET1200 ASIC。

### 9. PHY 管理单元

PHY 管理单元通过 MII 管理接口与以太网 PHY 通信。PHY 管理单元可由主站或从站使用。ESC 自身就使用 MII 管理接口，用于在使用增强的链路检测机制接收错误后可选择地重新启动自协商，以及可选择的 MI 链路检测和配置功能。

### 10. 分布式时钟

分布式时钟(DC)允许精确地同步生成输出信号和输入采样，以及事件时间戳。同步性可能会跨越整个 EtherCAT 网络。

### 11. 存储单元

EtherCAT 从站具有高达 64KB 的地址空间。第一个 4KB 块(0x0000~0x0FFF)用于寄存器和用户存储器。地址 0x1000 以后的存储空间用作过程存储器(最大 60KB)。过程存储器的大小取决于设备。ESC 地址范围可由 EtherCAT 主站和附加的微控制器直接寻址。

### 12. 过程数据接口(PDI)或应用程序接口

取决于 ESC，有以下几种 PDI：

(1) 数字 I/O(8～32 位,单向/双向,带 DC 支持);

(2) SPI 从站;

(3) 8 位/16 位微控制器(异步或同步);

(4) 片上总线(例如,Avalon、PLB 或 AXI,具体取决于目标 FPGA 类型和选择方式);

(5) 一般用途 I/O。

### 13. SII EEPROM

EtherCAT 从站信息(ESI)的存储需要使用一个非易失性存储器,通常是 $I^2C$ 串行接口的 EEPROM。如果 ESC 的实现为 FPGA,则 FPGA 配置代码中需要第二个非易失性存储器。

### 14. 状态/LED

状态块提供 ESC 和应用程序状态信息。它控制外部 LED,如应用程序运行 LED/错误 LED 和端口链接/活动 LED。

## 9.7.2　EtherCAT 协议

EtherCAT 使用标准 IEEE 802.3 以太网帧,因此可以使用标准网络控制器,主站侧不需要特殊硬件。

EtherCAT 具有一个保留的 EtherType 0x88A4,可将其与其他以太网帧区分开来。因此,EtherCAT 可以与其他以太网协议并行运行。

EtherCAT 不需要 IP 协议,但可以封装在 IP/UDP 中。EtherCAT 从站控制器以硬件方式处理帧。

EtherCAT 帧可被细化为 EtherCAT 帧头与一个或多个 EtherCAT 数据报。至少有一个 EtherCAT 数据报必须在帧中。ESC 仅处理当前 EtherCAT 报头中具有类型 1 的 EtherCAT 帧。尽管 ESC 不评估 VLAN 标记内容,但 ESC 也支持 IEEE 802.1Q VLAN 标记。

如果以太网帧大小低于 64B,则必须添加填充字节,直到达到此大小;否则,EtherCAT 帧将会与所有 EtherCAT 数据报加 EtherCAT 帧头的总和一样大。

### 1. EtherCAT 报头

带 EtherCAT 数据的以太网帧如图 9-8 所示,显示了如何组装包含 EtherCAT 数据的以太网帧。EtherCAT 帧头如表 9-2 所示。

表 9-2　EtherCAT 帧头

| 名称 | 数据类型 | 值/描述 |
| --- | --- | --- |
| 长度 | 11 位 | EtherCAT 数据报的长度(不包括 FCS) |
| 保留 | 1 位 | 保留,0 |
| 类型 | 4 位 | 协议类型。ESC 只支持(Type=0x1)EtherCAT 命令 |

EtherCAT 从站控制器忽略 EtherCAT 报头长度字段,它们取决于数据报长度字段。必须将 EtherCAT 从站控制器通过 DL 控制寄存器 0x0100[0]配置为转发非 EtherCAT 帧。

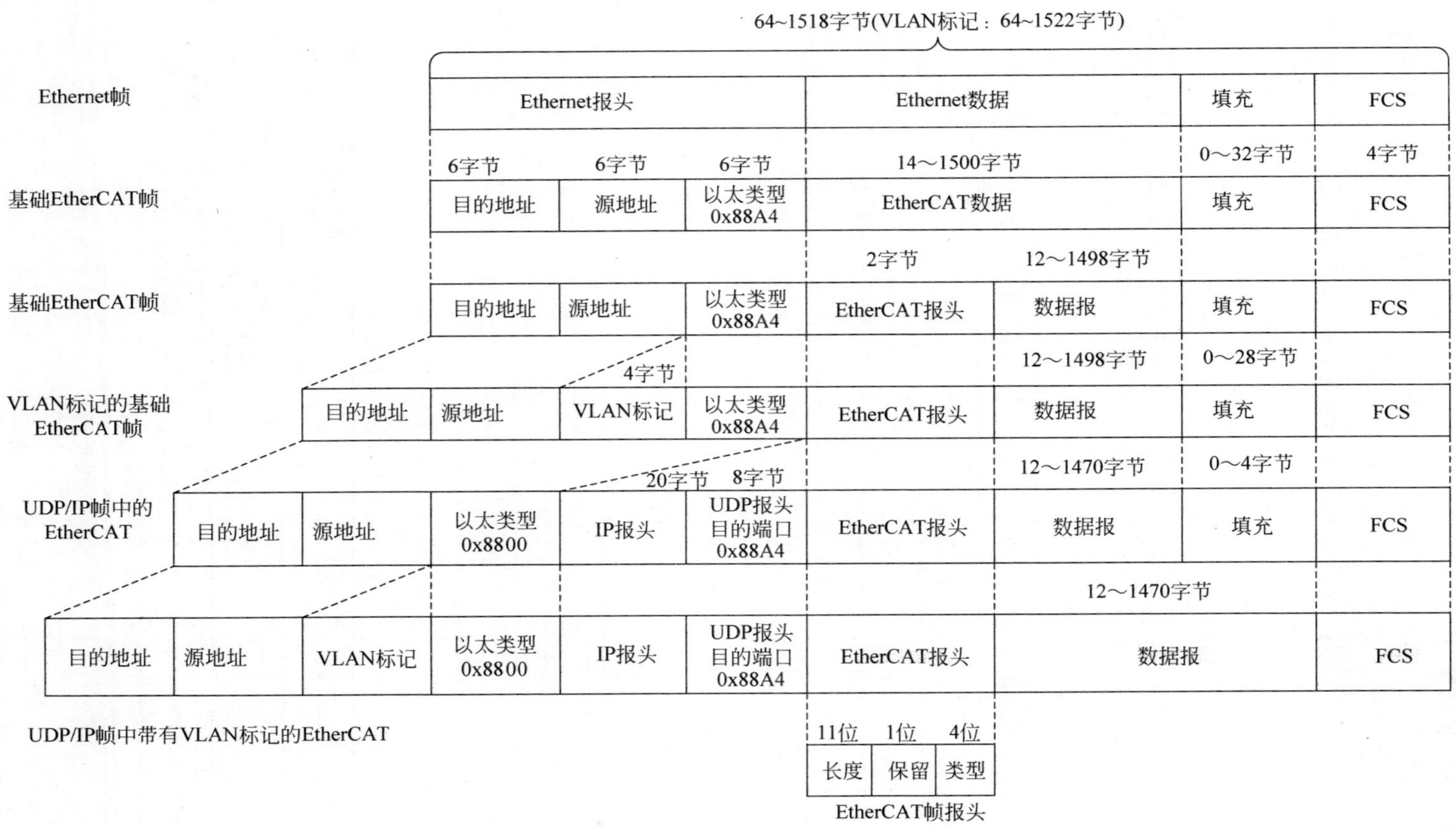

64~1518字节(VLAN标记：64~1522字节)

| | Ethernet报头 | | | Ethernet数据 | 填充 | FCS |
|---|---|---|---|---|---|---|
| | 6字节 | 6字节 | | 14~1500字节 | | 4字节 |
| Ethernet帧 | 目的地址 | 源地址 | 以太类型 0x88A4 | | | |
| 基础EtherCAT帧 | | | | EtherCAT数据 | 0~32字节 填充 | FCS |
| | | | | 2字节 | 12~1498字节 | |
| 基础EtherCAT帧 | 目的地址 | 源地址 | 以太类型 0x88A4 | EtherCAT报头 | 数据报 | FCS |
| | | | 4字节 | | 12~1498字节 | 0~28字节 填充 |
| VLAN标记的基础 EtherCAT帧 | | 源地址 | VLAN标记 | 以太类型 0x88A4 | EtherCAT报头 | 数据报 | 填充 | FCS |
| | | | 20字节 | 8字节 | | 12~1470字节 | 0~4字节 填充 |
| UDP/IP帧中的 EtherCAT | 目的地址 | 源地址 | 以太类型 0x8800 | IP报头 | UDP报头 目的端口 0x88A4 | EtherCAT报头 | 数据报 | FCS |
| | | | | | | 12~1470字节 | | |
| UDP/IP帧中带有 VLAN标记的EtherCAT | 目的地址 | 源地址 | VLAN标记 | 以太类型 0x8800 | IP报头 | UDP报头 目的端口 0x88A4 | EtherCAT报头 | 数据报 | FCS |

EtherCAT帧报头

| 11位 | 1位 | 4位 |
|---|---|---|
| 长度 | 保留 | 类型 |

图9-8　带EtherCAT数据的以太网帧

### 2. EtherCAT 数据报

EtherCAT 数据报如图 9-9 所示,显示了 EtherCAT 数据报的结构。EtherCAT 数据报描述如表 9-3 所示。

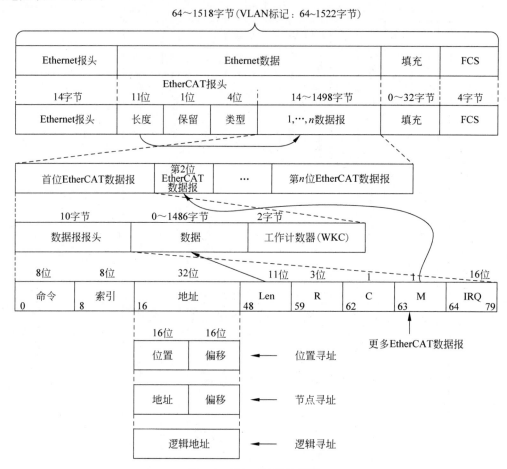

图 9-9　EtherCAT 数据报

**表 9-3　EtherCAT 数据报描述**

| 名　　称 | 数 据 类 型 | 值/描述 |
| --- | --- | --- |
| Cmd | 字节 | EtherCAT 命令类型 |
| Idx | 字节 | 索引是主站用于标识重复/丢失数据报的数字标识符。EtherCAT 从站不应更改它 |
| Address | 字节[4] | 地址(自动递增,配置的站地址或逻辑地址) |
| Len | 11 位 | 此数据报中后续数据的长度 |
| R | 3 位 | 保留,0 |
| C | 1 位 | 循环帧<br>0:帧没有循环;<br>1:帧已循环一次 |

续表

| 名　　　称 | 数 据 类 型 | 值/描述 |
|---|---|---|
| M | 1 位 | 更多 EtherCAT 数据报<br>0：最后一个 EtherCAT 数据报；<br>1：随后将会有更多 EtherCAT 数据报 |
| IRQ | 字 | 结合了逻辑 OR 的所有从站的 EtherCAT 事件请求寄存器 |
| Data | 字节[n] | 读/写数据 |
| WKC | 字 | 工作计数器 |

### 3. EtherCAT 寻址模式

一个段内支持 EtherCAT 设备的两种寻址模式：设备寻址和逻辑寻址，其中设备寻址模式又分为自动递增寻址、配置的站地址和广播。

EtherCAT 设备最多可以有两个配置的站地址，一个由 EtherCAT 主站分配（配置的站地址，Configured Station Address），另一个存储在 SII EEPROM 中，可由从站应用程序（配置的站点别名地址，Configured Station Alias address）进行更改。配置的站点别名地址的 EEPROM 设置仅在上电或复位后的第一次 EEPROM 加载时被接管。

EtherCAT 寻址模式如表 9-4 所示。

表 9-4　EtherCAT 寻址模式

| 模　　式 | | 名称 | 数据类型 | 值/描述 |
|---|---|---|---|---|
| 设备寻址 | 自动递增寻址 | 位置 | 字 | 每个从站增加的位置。如果 Position＝0，则从站被寻址 |
| | | 偏移 | 字 | ESC 的本地寄存器或存储器地址 |
| | 配置的站地址 | 地址 | 字 | 如果地址匹配配置的站地址或配置的站点别名（如果已启用），则从站被寻址 |
| | | 偏移 | 字 | ESC 的本地寄存器或存储器地址 |
| | 广播 | 位置 | 字 | 每个从站增加位置（不用于寻址） |
| | | 偏移 | 字 | ESC 的本地寄存器或存储器地址 |
| 逻辑地址 | | 地址 | 双字 | 逻辑地址（由 FMMU 配置）<br>如果 FMMU 配置与地址匹配，则从站被寻址 |

### 4. 工作计数器

每个 EtherCAT 数据报都以一个 16 位工作计数器（WKC）字段结束。工作计数器计算此 EtherCAT 数据报成功寻址的设备数量。成功意味着 ESC 已被寻址并且可以访问所寻址的存储器（例如，受保护的 SyncManager 缓冲器）。EtherCAT 从站控制器硬件递增工作计数器。每个数据报应具有主站计算的预期工作计数器值。主站可以通过将工作计数器与期望值进行比较来校验 EtherCAT 数据报的有效处理。

### 5. EtherCAT 命令类型

EtherCAT 命令类型如表 9-5 所示，其中列出了所有支持的 EtherCAT 命令类型。对于读写（ReadWrite）操作，读操作在写操作之前执行。

表 9-5　EtherCAT 命令类型

| 命令 | 缩写 | 名　称 | 描　述 |
|---|---|---|---|
| 0 | NOP | 无操作 | 从站忽略命令 |
| 1 | APRD | 自动递增读取 | 从站递增地址。如果接收的地址为零,从站将读取数据放入 EtherCAT 数据报 |
| 2 | APWR | 自动递增写入 | 从站递增地址。如果接收的地址为零,那么从站将数据写入存储器位置 |
| 3 | APRW | 自动递增读写 | 从站递增地址。从站将读取数据放入 EtherCAT 数据报,并在接收到的地址为零时将数据写入相同的存储单元 |
| 4 | FPRD | 配置地址读取 | 如果地址与其配置的地址之一相匹配,则从站将读取的数据放入 EtherCAT 数据报 |
| 5 | FPWR | 配置地址写入 | 如果地址与其配置的地址之一相匹配,将数据写入存储器位置 |
| 6 | FPRW | 配置地址读写 | 如果地址与其配置的地址之一相匹配,则从站将读取数据放入 EtherCAT 数据报并将数据写入相同的存储器位置 |
| 7 | BRD | 广播读取 | 所有从站将存储区数据和 EtherCAT 数据报数据的逻辑或放入 EtherCAT 数据报。所有从站增加位置字段 |
| 8 | BWR | 广播写入 | 所有从站都将数据写入内存位置。所有从站增加位置字段 |
| 9 | BRW | 广播读写 | 所有从站将存储区数据和 EtherCAT 数据报数据的逻辑或放入 EtherCAT 数据报,并将数据写入存储单元。通常不使用 BRW。所有的从站增加位置字段 |
| 10 | LRD | 逻辑内存读取 | 如果接收的地址与配置的 FMMU 读取区域之一匹配,则从站将读取数据放入 EtherCAT 数据报 |
| 11 | LWR | 逻辑内存写入 | 如果接收的地址与配置的 FMMU 写入区域之一匹配,则从站将数据写入存储器位置 |
| 12 | LRW | 逻辑内存读写 | 如果接收到的地址与配置的 FMMU 读取区域之一匹配,则从站将读取数据放入 EtherCAT 数据报。如果接收的地址与配置的 FMMU 写入区域之一匹配,则从站将数据写入存储器位置 |
| 13 | ARMW | 自动递增多次读写 | 从站递增地址。如果接收的地址为零,从站将读取数据放入 EtherCAT 数据报,否则从站将数据写入存储器位置 |
| 14 | FRMW | 配置多次读写 | 如果地址与配置的地址之一相匹配,则从站将读取的数据放入 EtherCAT 数据报,否则从站将数据写入存储器位置 |
| 15～255 | | 保留 | |

## 6. UDP/IP

EtherCAT 从站控制器评估如表 9-6 所示的头字段,这些字段用于检测封装在 UDP/IP 中的 EtherCAT 帧。

表 9-6　EtherCAT UDP/IP 封装

| 字　段 | EtherCAT 预期值 | 字　段 | EtherCAT 预期值 |
|---|---|---|---|
| 以太类型 | 0x0800(IP) | IP 协议 | 0x11(UDP) |
| IP 版本 | 4 | UDP 目的端口 | 0x88A4 |
| IP 报头长度 | 5 | | |

如果未评估 IP 和 UDP 头字段,则不检查其他所有字段,并且不检查 UDP 校验和。

由于 EtherCAT 帧是即时处理的,因此在修改帧内容时,ESC 无法更新 UDP 校验和。相反,EtherCAT 从站控制器可清除任何 EtherCAT 帧的 UDP 校验和(不管 DL 控制寄存器 0x0100[0]如何设置),这表明校验和未被使用。如果 DL 控制寄存器 0x0100[0]=0,则在不修改非 EtherCAT 帧的情况下转发 UDP 校验和。

## 9.7.3　帧处理

ET1100、ET120、IP Core 和 ESC20 从站控制器仅支持直接寻址模式:既没有为 EtherCAT 从站控制器分配 MAC 地址,也没有为其分配 IP 地址,它们可使用任何 MAC 或 IP 地址处理 EtherCAT 帧。

在这些 EtherCAT 从站控制器之间或主站和第一个从站之间无法使用非托管交换机,因为源地址和目标 MAC 地址不由 EtherCAT 从站控制器评估或交换。使用默认设置时,仅修改源 MAC 地址,因此主站可以区分传出帧和传入帧。

这些帧由 EtherCAT 从站控制器即时处理,即它们不存储在 EtherCAT 从站控制器之内。当比特通过 EtherCAT 从站控制器时,读取和写入数据。最小化转发延迟以实现快速的循环。转发延迟由接收 FIFO 大小和 EtherCAT 处理单元延迟定义。可省略发送 FIFO 以减少延迟时间。

EtherCAT 从站控制器支持 EtherCAT、UDP/IP 和 VLAN 标记,处理包含 EtherCAT 数据报的 EtherCAT 帧和 UDP/IP 帧。具有 VLAN 标记的帧由 EtherCAT 从站控制器处理,忽略 VLAN 设置并且不修改 VLAN 标记。

### 1. 循环控制和循环状态

EtherCAT 从站控制器的每个端口可以处于两种状态之一:打开或关闭。

如果端口处于打开状态,则会在此端口将帧传输到其他 EtherCAT 从站控制器,并接收来自其他 EtherCAT 从站控制器的帧。关闭的端口不会与其他 EtherCAT 从站控制器交换帧,而是将帧从内部转发到下一个逻辑端口,直到到达一个打开的端口。

每个端口的循环状态可由主设备控制(EtherCAT 从站控制器 DL 控制寄存器 0x0100)。EtherCAT 从站控制器支持 4 种循环控制设置,包括两种手动配置和两种自动模式。

(1)手动打开。

无论链接状态如何,端口都是打开的。如果没有链接,则传出的帧将丢失。

(2)手动关闭。

无论链接状态如何,端口都是关闭的。即使存在与传入帧的链接,也不会在此端口发送或接收任何帧。

(3)自动。

每个端口的环路状态由端口的链接状态决定。如果有链接,则循环打开,并在没有链接的情况下关闭循环。

（4）自动关闭（手动打开）。

根据链接状态关闭端口，即如果链路丢失，则将关闭循环（自动关闭）。如果建立了链接，循环将不会自动打开，而是保持关闭（关闭等待状态）。通常情况下，必须通过将循环配置再次写入 EtherCAT 从站控制器的 DL 控制寄存器 0x0100 来明确地打开端口。该写访问必须通过不同的开放端口进入 ESC。

打开端口还有一个额外的回退选项：如果在自动关闭模式下从关闭端口的外部链路接收到有效的以太网帧，则在正确接收 CRC 后也会打开它。帧的内容不会被评估。

自动闭环状态转换如图 9-10 所示。

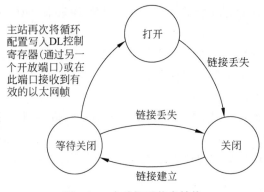

主站再次将循环配置写入DL控制寄存器（通过另一个开放端口）或在此端口接收到有效的以太网帧

图 9-10　自动闭环状态转换

如果端口可用，则认为端口处于打开状态，即在配置中启用了该端口，并满足了以下条件之一：

（1）DL 控制寄存器中的循环设置为自动，端口处有活动链接。

（2）DL 控制寄存器中的循环设置为自动关闭，端口处有活动链接，并且在建立链接后再次写入 DL 控制寄存器。

（3）DL 控制寄存器中的循环设置为自动关闭，并且端口处有活动链接，并且在建立链接后在此端口接收到有效帧。

（4）DL 控制寄存器中的循环设置始终打开。

如果满足下列条件之一，则认为端口已关闭：

（1）配置中的端口不可用或未启用。

（2）DL 控制寄存器中的循环设置为"自动"，端口处没有活动链接。

（3）DL 控制寄存器中的循环设置为自动关闭，端口处没有活动链接，或者在建立链接后未再次写入 DL 控制寄存器。

（4）DL 控制寄存器中的循环设置始终关闭。

如果所有端口都关闭（手动或自动），端口 0 将作为恢复端口打开。虽然 DL 状态寄存器反映了正确的状态，但仍可以通过此端口进行读写。这可用于修正 DL 控制寄存器的设置。

环路控制和环路/链路状态寄存器描述如表 9-7 所示。

表 9-7　环路控制和环路/链路状态寄存器描述

| 寄 存 地 址 | 名　　称 | 描　　述 |
|---|---|---|
| 0x0100[15:8] | ESC DL 控制 | 循环控制/循环设置 |
| 0x0110[15:4] | ESC DL 状态 | 循环和链接状态 |
| 0x0518～0x051B | PHY Port 状态 | PHY 链接状态管理 |

**2. 帧处理顺序**

EtherCAT 从站控制器的帧处理顺序取决于端口数(使用逻辑端口号)。

经过包含 EtherCAT 处理单元的 EtherCAT 从站控制器的方向称为"处理"方向,不经过 EtherCAT 处理单元的其他方向称为"转发"方向。

未实现的端口与关闭端口的行为类似,帧被转发到下一个端口。

**3. 永久端口和桥接端口**

EtherCAT 从站控制器的 EtherCAT 端口通常是永久端口,可在上电后直接使用。永久端口初始化配置为自动模式,即在建立链接后是打开的。此外,一些 EtherCAT 从站控制器支持 EtherCAT 桥接端口(端口 3)这些端口会在 SII EEPROM 中配置,如 PDI 接口。如果成功加载 EEPROM,则此桥接端口变得可用,并且初始化为关闭,即必须由 EtherCAT 主站明确打开(或设置为自动模式)。

**4. 寄存器写操作的镜像缓冲区**

EtherCAT 从站控制器具有用于对寄存器(0x0000~0x0F7F)执行写操作的镜像缓冲区。在一个帧期间,写入数据被存储在镜像缓冲区中。如果正确接收帧,则将镜像缓冲区的值传送到有效寄存器;否则,镜像缓冲区的值不会被接管。由于这种行为,寄存器在收到 EtherCAT 帧的 FCS 后不久就会获取新值。在正确接收帧后,同步管理器也会更改缓冲区。

用户和过程内存没有镜像缓冲区。对这些区域的访问会直接生效。如果将同步管理器配置为用户存储器或过程存储器,则写入数据将被放入存储器中,但如果发生错误,那么缓冲区将不会更改。

**5. 循环帧**

EtherCAT 从站控制器包含一种防止循环帧的机制。这种机制对于实现正确的 WDT 功能非常重要。

循环帧如图 9-11 所示。这是从站 1 和从站 2 之间链路故障的示例网络。

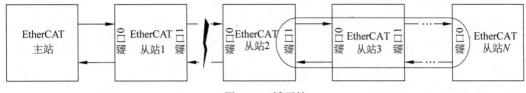

图 9-11　循环帧

从站 1 和从站 2 都检测到链路故障并关闭其端口(从站 1 的端口 1 和从站 2 的端口 0)。当前通过从站 2 右侧环的帧可能开始循环。如果这样的帧包含输出数据,那么它可能会触发 EtherCAT 从站控制器的内置 WDT,因此 WDT 永远不会过期,尽管 EtherCAT 主站不能再更新输出。

为防止出现这种情况,在端口 0 闭环并且端口 0 的循环控制设置为自动或自动关闭(EtherCAT 从站控制器 DL 控制寄存器 0x0100)的从站将在 EtherCAT 处理单元中执行以

下操作:

(1) 如果 EtherCAT 数据报的循环位为 0,则将循环位设置为 1。

(2) 如果循环位为 1,则不处理帧并将其销毁。

该操作导致循环帧被检测和销毁。由于 EtherCAT 从站控制器不存储用于处理的帧,因此帧的片段仍将循环触发链接/活动 LED。然而,该片段不会被处理。

循环帧禁止导致所有帧被丢弃的情况如图 9-12 所示。

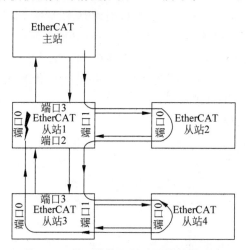

图 9-12    循环帧禁止导致所有帧被丢弃

由于循环帧被禁止,端口 0 不能故意不连接(从属硬件或拓扑)。所有帧在第二次通过自动关闭的端口 0 后将被丢弃,这可以禁止任何 EtherCAT 通信。

由于没有连接任何内容,从站 1 和从站 3 的端口 0 自动关闭。每个帧的循环位在从站 3、从站 1 检测到这种情况并销毁帧时置位。

在冗余操作中,只有一个端口 0 自动关闭,因此通信保持活动状态。

### 6. 非 EtherCAT 协议

如果使用非 EtherCAT 协议,则必须将 EtherCAT 从站控制器的 DL 控制寄存器(0x0100[0])中的转发规则设置为转发非 EtherCAT 协议。否则会被 EtherCAT 从站控制器销毁。

### 7. 端口 0 的特殊功能

与端口 1、端口 2 和端口 3 相比,每个 EtherCAT 的端口 0 具有一些特殊功能:

(1) 端口 0 通向主站,即端口 0 是上游端口,所有其他端口(1~3)是下游端口(除非发生错误且网络处于冗余模式)。

(2) 端口 0 的链路状态影响循环帧位,如果该位被置位且链路为自动关闭的,帧将在端口 0 处丢弃。

(3) 如果所有端口都关闭(自动或手动),则端口 0 循环状态打开。

(4) 使用标准 EBUS 链接检测时,端口 0 具有特殊行为。

## 9.7.4　FMMU

现场总线存储器管理单元(FMMU)通过内部地址映射将逻辑地址转换为物理地址。因此,FMMU 允许对跨越多个从设备的数据段使用逻辑寻址：一个数据报寻址几个任意分布的 EtherCAT 从站控制器内的数据。每个 FMMU 通道将一个连续的逻辑地址空间映射到从站的一个连续物理地址空间。EtherCAT 从站控制器的 FMMU 支持逐位映射,支持的 FMMU 数量取决于 EtherCAT 从站控制器。FMMU 支持的访问类型可配置为读、写或读/写。

## 9.7.5　同步管理器

EtherCAT 从站控制器的存储器可用于在 EtherCAT 主站和本地应用程序(在连接到 PDI 的微控制器上)之间交换数据,而没有任何限制。像这样使用内存进行通信有一些缺点,可以通过 EtherCAT 从站控制器内部的同步管理器来解决：

(1) 不保证数据一致性。信号量必须以软件实现,以便使用协调的方式交换数据。

(2) 不保证数据安全性。安全机制必须用软件实现。

(3) EtherCAT 主站和应用程序必须轮询内存,以便得知对方的访问在何时完成。

同步管理器可在 EtherCAT 主站和本地应用程序之间实现一致且安全的数据交换,并生成中断来通知双方发生数据更改。

### 1. 缓冲模式

缓冲模式允许 EtherCAT 主站和本地应用程序随时访问通信缓冲区。消费者总是获得由生产者写入的最新的缓冲区,并且生产者总是可以更新缓冲区的内容。如果缓冲区的写入速度比读出的速度快,则会丢弃旧数据。

缓冲模式通常用于循环过程数据。

### 2. 邮箱模式

邮箱模式以握手机制实现数据交换,因此不会丢失数据。每一方(EtherCAT 主站或本地应用程序)只有在另一方完成访问后才能访问缓冲区。首先,生产者写入缓冲区。然后,锁定缓冲区的写入直到消费者将其读出。之后,生产者再次获得写访问权限,同时消费者缓冲区被锁定。

邮箱模式通常用于应用程序层协议。

仅当帧的 FCS 正确时,同步管理器才接受由主机引起的缓冲区更改,因此,缓冲区更改将在帧结束后不久生效。

同步管理器的配置寄存器位于寄存器地址 0x0800 处。

EtherCAT 从站控制器具有以下主要功能：

(1) 集成数据帧转发处理单元,通信性能不受从站微处理器性能限制。每个 EtherCAT 从站控制器最多可以提供 4 个数据收发端口；主站发送 EtherCAT 数据帧操作被 EtherCAT 从站控制器称为 ECAT 帧操作。

（2）最大 64KB 的双端口存储器 DPRAM 存储空间，其中包括 4KB 的寄存器空间和 1～60KB 的用户数据区，DPRAM 可以由外部微处理器使用并行或串行数据总线访问，访问 DPRAM 的接口称为物理设备接口（Physical Device Interface，PDI）。

（3）可以不用微处理器控制，作为数字量输入/输出芯片独立运行，具有通信状态机处理功能，最多提供 32 位数字量输入输出。

（4）具有 FMMU 逻辑地址映射功能，提高数据帧利用率。

（5）由存储同步管理器通道 SyncManager(SM) 管理 DPRAM，从而保证应用数据的一致性和安全性。

（6）集成分布时钟（Distribute Clock，DC）功能，为微处理器提供高精度的中断信号。

（7）具有 EEPROM 访问功能，存储 EtherCAT 从站控制器和应用配置参数，定义从站信息接口（Slave Information Interface，SII）。

## 9.8　EtherCAT 从站控制器 ET1100

ET1100 是由 BECKHOFF 公司推出的一款 EtherCAT 从站控制器（ESC），它是实现 EtherCAT 通信协议在从站设备上的关键硬件组件。ET1100 专为高性能的实时以太网通信设计，支持 EtherCAT 协议的所有关键特性，包括高速数据交换、低延迟通信和精确的时间同步。ET1100 的一些主要特性和功能介绍如下。

（1）ET1100 的主要特性。

ET1100 具有如下主要特性：

① 高速通信——ET1100 支持 100Mb/s 的全双工以太网通信，能够实现高速数据交换。

② 低延迟——通过支持"在通过"（on-the-fly）处理机制，ET1100 能够实现极低的通信延迟，从而满足实时控制的需求。

③ 灵活地网络拓扑——ET1100 支持包括总线型、环形、星形和树形等多种网络拓扑结构，提供了网络设计的灵活性。

④ 分布式时钟（Distributed Clocks，DC）——ET1100 内置支持分布式时钟功能，可以实现网络中所有设备的高精度时间同步。

（2）ET1100 的核心功能模块。

ET1100 具有如下核心功能模块：

① 物理层接口（PHY）——集成了以太网物理层接口，直接连接到标准的以太网电缆。

② 链路层逻辑——负责处理 EtherCAT 帧的基础处理，包括帧的识别、校验和转发。

③ EtherCAT 数据单元处理器（EPU）——解析 EtherCAT 数据单元，执行数据的读写操作。

④ 同步管理器（SyncManager）——管理数据交换的同步，支持不同的同步模式。

⑤ 分布式时钟（DC）——提供高精度的时钟同步功能,确保从站设备能够同步执行任务。

⑥ EEPROM 接口——支持从站设备的自动配置和识别,存储从站的配置信息和参数。

（3）ET1100 的应用领域。

ET1100 适用于各种需要高速、低延迟和高精度同步的工业自动化应用,如运动控制、机器人、传感器集成、I/O 系统等。它通过提供高性能的 EtherCAT 通信能力,使得从站设备能够有效地集成进 EtherCAT 网络中,满足复杂自动化系统的需求。

（4）ET1100 的开发和集成。

ET1100 为设备制造商和系统集成商提供了一个强大的平台,以开发和实现 EtherCAT 从站设备。通过使用 ET1100,开发者可以利用 EtherCAT 技术的所有优势,设计出高性能、高可靠性的从站设备,以满足工业自动化领域的严格要求。

ET1100 是一款高性能的 EtherCAT 从站控制器,通过其丰富的功能和灵活的应用能力,为实现高效的工业以太网通信提供坚实的基础。

## 9.8.1　ET1100 概述

ET1100 是一种 EtherCAT 从站控制器（ESC）。它将 EtherCAT 通信作为 EtherCAT 现场总线和从站之间的接口进行处理。它具有 4 个数据收发端口、8 个 FMMU 单元、8 个 SM 通道、4KB 控制寄存器、8KB 过程数据存储器、支持 64 位的分布时钟功能。

ET1100 可支持多种应用。例如,它可以直接作为 32 位数字量输入/输出站点,且无须使用分布式时钟的外部逻辑,或作为具有多达 4 个 EtherCAT 通信端口的复杂微控制器设计的一部分。

ET1100 的主要特征如表 9-8 所示。

表 9-8　ET1100 的主要特征

| 特　征 | ET1100 |
| --- | --- |
| 端口 | 2～4 个端口（配置为 EBUS 接口或 MII 接口） |
| FMMU 单元 | 8 个 |
| SM | 8 个 |
| RAM | 8KB |
| 分布时钟 | 支持,64 位（具有 SII EEPROM 配置的省电选项） |
| 过程数据接口 | • 32 位数字量输入/输出（单向/双向）<br>• SPI 从站<br>• 8 位/16 位异步/同步微控制器 |
| 电源 | 用于逻辑内核/PLL(5V/3.3～2.5V)的集成稳压器(LDO),用于逻辑内核/PLL 的可选外部电源 |
| I/O | 3.3V 兼容 I/O |

续表

| 特　征 | ET1100 |
| --- | --- |
| 封装 | BAG128 封装（10mm×10mm） |
| 其他特征 | • 内部 1GHz PLL<br>• 外部设备的时钟输出（10MHz、20MHz 和 25MHz） |

EtherCAT 从站控制器 ET1100 的功能框图如图 9-13 所示。

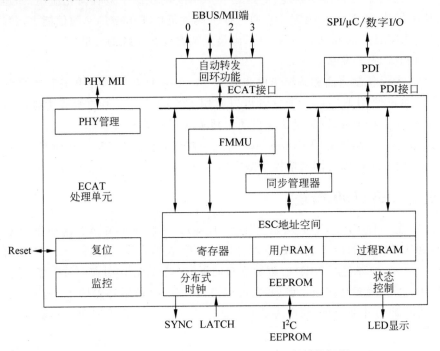

图 9-13　EtherCAT 从站控制器 ET1100 的功能框图

EtherCAT 从站控制器有 64KB 的地址空间。第一个 4KB 的块（0x0000：0x0FFF）专用于寄存器。过程数据 RAM 从地址 0x1000 开始，其大小为 8KB（结束地址为 0x2FFF）。

## 9.8.2　ET1100 引脚介绍

输入引脚不应保持开路/悬空状态。未使用外部或内部上拉/下拉电阻的未用输入引脚（用方向 UI 表示）不应保持在打开状态。如应用允许，应下拉未用的配置引脚。当使用双向数字 I/O 时，应注意 PDI[39:0] 区域中的配置信号。未用的 PDI[39:0] 输入引脚应下拉，所有其他输入引脚可直接连接到 GND。

上拉电阻必须连接到 VCC I/O，而不能连接到不同的电源。否则，只要 VCC I/O 低于另一个电源，ET1100 就可以通过电阻和内部钳位二极管供电。

### 1. ET1100 引脚分布

ET1100 采用 BGA128 封装，其引脚分布如图 9-14 所示，共有 128 个引脚。

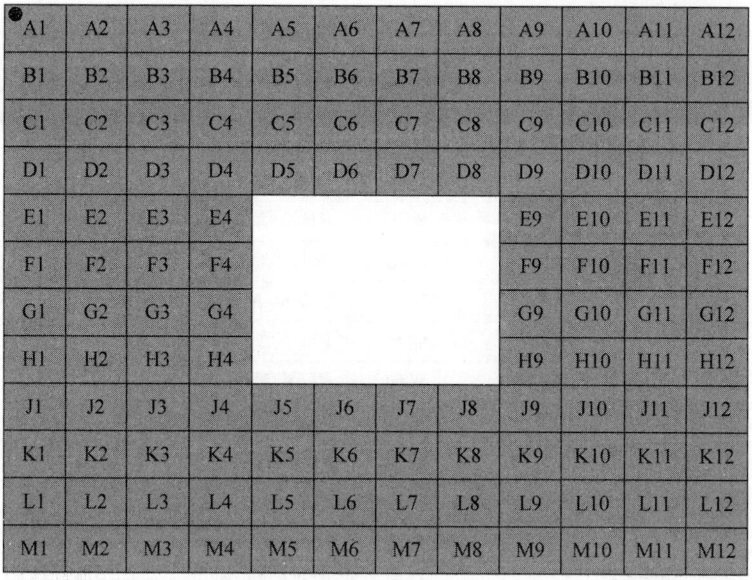

| A1 | A2 | A3 | A4 | A5 | A6 | A7 | A8 | A9 | A10 | A11 | A12 |
| B1 | B2 | B3 | B4 | B5 | B6 | B7 | B8 | B9 | B10 | B11 | B12 |
| C1 | C2 | C3 | C4 | C5 | C6 | C7 | C8 | C9 | C10 | C11 | C12 |
| D1 | D2 | D3 | D4 | D5 | D6 | D7 | D8 | D9 | D10 | D11 | D12 |
| E1 | E2 | E3 | E4 | | | | | E9 | E10 | E11 | E12 |
| F1 | F2 | F3 | F4 | | | | | F9 | F10 | F11 | F12 |
| G1 | G2 | G3 | G4 | | | | | G9 | G10 | G11 | G12 |
| H1 | H2 | H3 | H4 | | | | | H9 | H10 | H11 | H12 |
| J1 | J2 | J3 | J4 | J5 | J6 | J7 | J8 | J9 | J10 | J11 | J12 |
| K1 | K2 | K3 | K4 | K5 | K6 | K7 | K8 | K9 | K10 | K11 | K12 |
| L1 | L2 | L3 | L4 | L5 | L6 | L7 | L8 | L9 | L10 | L11 | L12 |
| M1 | M2 | M3 | M4 | M5 | M6 | M7 | M8 | M9 | M10 | M11 | M12 |

图 9-14　ET1100 的引脚分布

ET1100 引脚信号请参考 ET1100 的数据手册。

## 2. ET1100 的引脚功能

ET1100 的引脚功能描述如表 9-9 所示。

表 9-9　ET1100 的引脚功能描述

| 信　　号 | 类　　型 | 引脚方向 | 描　　述 |
| --- | --- | --- | --- |
| C25_ENA | 配置 | 输入 | CLK25OUT2 使能 |
| C25_SHI[1:0] | 配置 | 输入 | TX 移位：MII TX 信号的移位/相位补偿 |
| CLK_MODE[1:0] | 配置 | 输入 | CPU_CLK 配置 |
| CLK25OUT1/CLK25OUT2 | MII | 输出 | EtherCAT PHY 的 25MHz 时钟源 |
| CPU_CLK | PDI | 输出 | 微控制器的时钟信号 |
| CTRL_STATUS_MOVE | 配置 | 输入 | 将数字 I/O 控制/状态信号移动到最后可用的 PDI 字节 |
| EBUS(3:0)-RX− | EBUS | LI− | EBUS LVDS 接收信号− |
| EBUS(3:0)-RX+ | EBUS | LI+ | EBUS LVDS 接收信号+ |
| EBUS(3:0)-TX− | EBUS | LO− | EBUS LVDS 发送信号− |
| EBUS(3:0)-TX+ | EBUS | LO+ | EBUS LVDS 发送信号+ |
| EEPROM_CLK | EEPROM | 双向 | EEPROM $I^2C$ 时钟 |
| EEPROM_DATA | EEPROM | 双向 | EEPROM $I^2C$ 数据 |
| EEPROM_SIZE | 配置 | 输入 | EEPROM 大小配置 |
| PERR(3:0) | LED | 输出 | 端口接收错误 LED 输出(用于测试) |

续表

| 信　号 | 类　型 | 引脚方向 | 描　述 |
|---|---|---|---|
| GND$_{Core}$ | 电源 | | Core 逻辑地 |
| GND$_{I/O}$ | 电源 | | I/O 地 |
| GND$_{PLL}$ | 电源 | | PLL 地 |
| LINK_MII(3:0) | MII | 输入 | PHY 信号指示链路 |
| LinkAct(3:0) | LED | 输出 | 连接/激活 LED 输出 |
| LINKPOL | 配置 | 输入 | LINK_MII(3:0)极性配置 |
| MI_CLK | MII | 输出 | PHY 管理接口时钟 |
| MI_DATA | MII | 双向 | PHY 管理接口数据 |
| OSC_IN | 时钟 | 输入 | 时钟源(晶体/振荡器) |
| OSC_OUT | 时钟 | 输出 | 时钟源(晶体) |
| P_CONF(3:0) | 配置 | 输入 | 逻辑端口的物理层 |
| P_MODE[1:0] | 配置 | 输入 | 物理端口数和相应的逻辑端口数 |
| PDI[39:0] | PDI | 双向 | PDI 信号,取决于 EEPROM 内容 |
| PHYAD_OFF | 配置 | 输入 | 以太网 PHY 地址偏移 |
| RBIAS | EBUS | | 用于 LVDS TX 电流调节的偏置电阻 |
| Res.[7:0] | 保留 | 输入 | 保留引脚 |
| RESET | 通用 | 双向 | 集电极开路复位输出/复位输入 |
| RUN | LED | 输出 | 运行由 AL 状态寄存器控制的 LED |
| RX_CLK(3:0) | MII | 输入 | MII 接收时钟 |
| RX_D(3:0)[3:0] | MII | 输入 | MII 接收数据 |
| RX_DV(3:0) | MII | 输入 | MII 接收数据有效 |
| RX_ERR(3:0) | MII | 输入 | MII 接收错误 |
| SYNC/LATCH[1:0] | DC | I/O | 分布式时钟同步信号输出或锁存信号输入 |
| TESTMODE | 通用 | 输入 | 为测试保留,连接到 GND |
| TRANS(3:0) | MII | 输入 | MII 接口共享:使能共享端口 |
| TRANS_MODE_ENA | 配置 | 输入 | 使能 MII 接口共享(和 TRANS(3:0)信号) |
| TX_D(3:0)[3:0] | MII | 输出 | MII 发送数据 |
| TX_ENA(3:0) | MII | 输出 | MII 发送使能 |
| V$_{CC_{Core}}$ | 电源 | | Core 逻辑电源 |
| V$_{CC I/O}$ | 电源 | | I/O 电源 |
| V$_{CC PLL}$ | 电源 | | PLL 电源 |

## 9.8.3　ET1100 的 PDI 信号

ET1100 的 PDI 信号描述如表 9-10 所示。

表 9-10　ET1100 的 PDI 信号描述

| PDI | 信　号 | 引脚方向 | 描　述 |
|---|---|---|---|
| 数字 I/O | EEPROM_LOADED | 输出 | PDI 已激活,EEPROM 已装载 |
| | I/O[31:0] | 输入/输出/双向 | 输入/输出或双向数据 |
| | LATCH_IN | 输入 | 外部数据锁存信号 |
| | OE_CONF | 输入 | 输出使能配置 |
| | OE_EXT | 输入 | 输出使能 |
| | OUTVALID | 输出 | 输出数据有效/输出事件 |
| | SOF | 输出 | 帧开始 |
| | WD_TRIG | 输出 | WDT 触发器 |
| SPI | EEPROM_LOADED | 输出 | PDI 已激活,EEPROM 已装载 |
| | SPI_CLK | 输入 | SPI 时钟 |
| | SPI_DI | 输入 | SPI 数据 MOSI |
| | SPI_DO | 输出 | SPI 数据 MISO |
| | SPI_IRQ | 输出 | SPI 中断 |
| | SPI_SEL | 输入 | SPI 芯片选择 |
| 异步微控制器 | CS | 输入 | 芯片选择 |
| | BHE | 输入 | 高位使能(仅 16 位微控制器接口) |
| | RD | 输入 | 读命令 |
| | WR | 输入 | 写命令 |
| | BUSY | 输出 | EtherCAT 设备忙 |
| | IRQ | 输出 | 中断 |
| | EEPROM_LOADED | 输出 | PDI 已激活,EEPROM 已装载 |
| | DATA[7:0] | 双向 | 8 位微控制器接口的数据总线 |
| | ADR[15:0] | 输入 | 地址总线 |
| | DATA[15:0] | 双向 | 16 位微控制器接口的数据总线 |
| 同步微控制器 | ADR[15:0] | 输入 | 地址总线 |
| | BHE | 输入 | 高位使能 |
| | CPU_CLK_IN | 输入 | 微控制器接口时钟 |
| | CS | 输入 | 芯片选择 |
| | DATA[15:0] | 双向 | 16 位微控制器接口的数据总线 |
| | DATA[7:0] | 双向 | 8 位微控制器接口的数据总线 |
| | EEPROM_LOADED | 输出 | PDI 已激活,EEPROM 已装载 |
| | IRQ | 输出 | 中断 |
| | RD/nWR | 输入 | 读/写访问 |
| | TA | 输出 | 传输响应 |
| | TS | 输入 | 传输起始 |

### 9.8.4 ET1100 的物理端口和 PDI 引脚信号

ET1100 有 4 个物理通信端口,分别命名为端口 0 到端口 3,每个端口都可以配置为 MII 接口或 EBUS 接口两种形式。

ET1100 引脚输出经过优化,可实现最佳的数量和特性。为了实现这一点,有许多引脚可以分配通信或 PDI 功能。通信端口的数量和类型可能减少或排除一个或多个可选 PDI。

物理通信端口从端口 0 到端口 3 编号。端口 0 和端口 1 不干扰 PDI 引脚,而端口 2 和端口 3 可能与 PDI[39:16] 重叠,因此限制了 PDI 的选择数量。

端口的引脚配置将覆盖 PDI 的引脚配置。因此,应先配置端口的数量和类型。

ET1100 有 40 个 PDI 引脚,PDI[39:0],它们分为 4 组:

(1) PDI[15:0](PDI 字节 0/1)。

(2) PDI[16:23](PDI 字节 2)。

(3) PDI[24:31](PDI 字节 3)。

(4) PDI[32:39](PDI 字节 4)。

物理端口和 PDI 组合如表 9-11 所示。

表 9-11　物理端口和 PDI 组合

| 端　　口 | 异步微控制器 | 同步微控制器 | SPI | 数字 I/O CTLR_STATUS_MOVE | |
|---|---|---|---|---|---|
| | | | | 0 | 1 |
| 2 个端口(0 和 1) 或 3 个端口(端口 2 为 EBUS 接口) | 8 位或 16 位 | 8 位或 16 位 | SPI+32 位 GPI/O | 32 位 I/O + 控制/状态信号 | |
| 3 个 MII 端口 | 8 位 | 8 位 | SPI+24 位 GPI/O | 32 位 I/O | 24 位 I/O+ 控制/状态信号 |
| 4 个端口,至少 2 个 EBUS 接口 | | | SPI+16 位 GPI/O | 24 位 I/O + 控制/状态信号 | |
| 3 个 MII 接口,1 个 EBUS 接口 | | | SPI+16 位 GPI/O | 24 位 I/O | 16 位 I/O+ 控制/状态信号 |
| 4 个 MII 端口 | | | SPI+8 位 GPI/O | 16 位 I/O | 8 位 I/O+ 控制/状态信号 |

#### 1. MII 信号

ET1100 没有使用标准 MII 接口的全部引脚信号,ET1100 的 MII 接口信号描述如表 9-12 所示。

表 9-12　ET1100 的 MII 接口信号描述

| 信　　号 | 方向 | 描　　述 |
|---|---|---|
| LINK_MII | 输入 | 如果建立了 100Mb/s(全双工)链路,则由 PHY 提供输入信号 |
| RX_CLK | 输入 | 接收时钟 |
| RX_DV | 输入 | 接收数据有效 |
| RX_D[3:0] | 输入 | 接收数据(别名 RXD) |
| RX_ERR | 输入 | 接收错误(别名 RX_ER) |
| TX_ENA | 输出 | 发送使能(别名 TX_EN) |
| TX_D[3:0] | 输出 | 传输数据(别名 TXD) |
| MI_CLK | 输出 | 管理接口时钟(别名 MCLK) |
| MI_DATA | 双向 | 管理接口数据(别名 MDIO) |
| PHYAD_OFF | 输入 | 配置:PHY 地址偏移 |
| LINKPOL | 输入 | 配置:LINK_MII 极性 |

(1) CLK25OUT1/2 信号。

如果使用 25MHz 晶体生成时钟,ET1100 必须为以太网 PHY 提供 25MHz 时钟信号 (CLK25OUT)。如果使用 25MHz 振荡器,则不需要 CLK25OUT,因为以太网 PHY 和 ET1100 可以共享振荡器输出。根据端口配置和 C25_ENA,CLK25OUT 可通过不同引脚 输出,如表 9-13 所示。

表 9-13　CLK25OUT1/2 信号输出

| 配　　置 | C25_ENA=0 | C25_ENA=1 |
|---|---|---|
| 0～2 个 MII | LINK_MII(2)/CLK25OUT1 提供 CLK25OUT(如果使用 4 个端口,PDI [31]/CLK25OUT2 也提供 CLK25OUT) | LINK_MII(2)/CLK25OUT1 和 PDI[31]/ CLK25OUT2 提供 CLK25OUT |
| 3 个 MII | CLK25OUT 不可用,必须使用振荡器 | PDI[31]/CLK25OUT2 提供 CLK25OUT |
| 4 个 MII | PDI[31]/CLK25OUT2 提供 CLK25OUT | |

不应连接未使用的 CLK25OUT 引脚以降低驱动器负载。

CLK25OUT 引脚(如果已配置)在外部或 ECAT 复位期间提供时钟信号,时钟输出仅 在上电复位期间关闭。

(2) MII 连接的示例原理图。

ET1100 与 PHY 连接的示例原理图如图 9-15 所示。

要正确配置 TX 相位偏移、LINK_POL 和 PHY 地址。

### 2. EBUS 信号

EtherCAT 协议自定义了一种物理层传输方式 EBUS。EBUS 传输介质使用低电压差 动信号(Low Voltage Differential Signaling,LVDS),由 ANSI/TIA/EIA～644 "低电压差 动信号接口电路电气特性"标准定义,最远传输距离为 10m。

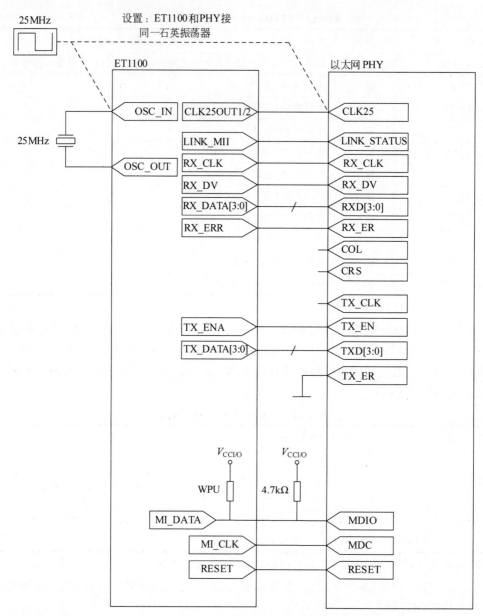

图 9-15　ET1100 与 PHY 连接的示例原理图

EBUS 可以满足快速以太网 100Mb/s 的数据波特率。它只是简单地封装以太网数据帧，所以可以传输任意以太网数据帧，而不只是 EtherCAT。

### 9.8.5　ET1100 的 MII 接口

ET1100 使用 MII 接口时，需要外接以太网物理层 PHY 芯片。为了降低处理/转发时延,ET1100 的 MII 接口省略了发送 FIFO。因此,ET1100 对以太网物理层芯片有一些附加的功能要求。ET1100 选配的以太网 PHY 芯片应该满足以下基本功能和附加要求。

**1. MII 接口的基本功能**

MII 接口的基本功能如下:

(1) 遵从 IEEE 802.3 100BaseTX 或 100BaseFX 规范。

(2) 支持 100Mb/s 全双工链接。

(3) 提供一个 MII 接口。

(4) 使用自动协商。

(5) 支持 MII 管理接口。

(6) 支持 MDI/MDI-X 自动交叉。

**2. MII 接口的附加条件**

MII 接口的附加条件如下:

(1) PHY 芯片和 ET1100 使用同一个时钟源。

(2) ET1100 不使用 MII 接口检测或配置连接,PHY 芯片必须提供一个信号指示是否建立了 100Mb/s 的全双工连接。

(3) PHY 芯片的连接丢失响应时间应小于 $15\mu s$,以满足 EtherCAT 的冗余性能要求。

(4) PHY 的 TX_CLK 信号和 PHY 的输入时钟之间的相位关系必须固定,最大允许 5ms 的抖动。

(5) ET1100 不使用 PHY 的 TX_CLK 信号,以省略 ET1100 内部的发送 FIFO。

(6) TX_CLK 和 TX_ENA 及 TX_D[3:0]之间的相移由 ET1100 通过设置 TX 相位偏移补偿,可以使 TX_ENA 及 TX_D[3:0]延迟 0ns、10ns、20ns 或 30ns。

在上述条件中,时钟源最为重要。ET1100 的时钟信号包括 OSC_IN 和 OSC_OUT。时钟源的布局对系统设计的电磁兼容性能有很大的影响。

ET1100 通过 MII 接口与以太网 PHY 连接。ET1100 的 MII 接口通过不发送 FIFO 进行了优化,以实现低的处理和转发延迟。为了实现这一点,ET1100 对以太网 PHY 有额外的要求,这些要求可由 PHY 供应商轻松实现。

**3. PHY 地址配置**

ET1100 使用逻辑端口号(或 PHY 地址寄存器的值)加上 PHY 地址偏移量来对以太网 PHY 进行寻址。通常,以太网 PHY 地址应与逻辑端口号相对应,因此使用 PHY 地址 0~3。

可以应用 16 位的 PHY 地址偏移,通过在内部对 PHY 地址的最高有效位取反,将 PHY 地址移动到 16~19 位。

如果不能使用这两种方案,则 PHY 应该配置为使用实际 PHY 地址偏移量 1,即 PHY 地址 1~4。ET1100 的 PHY 地址偏移配置保持为 0。

### 9.8.6　ET1100 的异步 8/16 位微控制器接口

ET1100 EtherCAT 从站控制器提供了一个异步 8/16 位微控制器接口,这允许 ET1100 与各种微控制器(MCU)或微处理器(MPU)进行通信和数据交换。这种接口设计使 ET1100 能够灵活地集成到各种从站设备中,无论这些设备是基于 8 位还是 16 位的微控制器。

#### 1. 接口

异步微控制器接口采用复用的地址总线和数据总线。双向数据总线数据宽度可以为 8 位或 16 位。EtherCAT 器件的异步微控制器接口如图 9-16 所示。

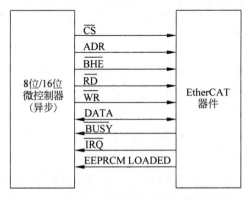

图 9-16　EtherCAT 器件的异步微控制器接口

微控制器信号如表 9-14 所示。

表 9-14　微控制器信号

| 信 号 异 步 | 方　　向 | 描　　述 | 信 号 极 性 |
|---|---|---|---|
| CS | 输入(微控制器→ESC) | 片选 | 典型:激活为低 |
| ADR[15:0] | 输入(微控制器→ESC) | 地址总线 | 典型:激活为高 |
| BHE | 输入(微控制器→ESC) | 字节高电平使能(仅限 16 位微控制器接口) | 典型:激活为低 |
| RD | 输入(微控制器→ESC) | 读命令 | 典型:激活为低 |
| WR | 输入(微控制器→ESC) | 写命令 | 典型:激活为低 |
| DATA[7:0] | 双向(微控制器→ESC) | 用于 8 位微控制器接口的数据总线 | 激活为高 |
| DATA[15:0] | 双向(微控制器→ESC) | 用于 16 位微控制器接口的数据总线 | 激活为高 |
| BUSY | 输出(ESC→微控制器) | EtherCAT 器件繁忙 | 典型:激活为低 |
| IRQ | 输出(ESC→微控制器) | 中断 | 典型:激活为低 |
| EEPROM_LOADED | 输出(ESC→微控制器) | PDI 处于活动状态,EEPROM 已加载 | 激活为高 |

一些微控制器有 READY 信号,与 BUSY 信号相同,只是极性相反。

### 2. 配置

通过将 PDI 控制寄存器 0x0140 中 PDI 类型设为 0x08 选择 16 位异步微控制器接口,将 PDI 类型设为 0x09 选择 8 位异步微控制器接口。通过修改寄存器 0x0150～0x0153,可支持不同的配置。

### 3. 微控制器访问

每次访问 8 位微控制器接口时读取或写入 8 位,16 位微控制器接口支持 8 位和 16 位读或写访问。对于 16 位微控制器接口,最低有效地址位和字节高位使能(BHE)用于区分8 位低字节访问、8 位高字节访问和 16 位访问。

EtherCAT 器件使用小端(Little Endian)字节排序。

### 4. 写访问

写访问从片选(CS)的断言开始。如果没有永久断言,那么地址、字节高使能和写数据在 WR 的下降沿下置位(低电平有效)。一旦微控制器接口不处于 BUSY 状态,在 WR 的上升沿就会完成对微控制器访问。

在内部,写访问在 WR 的上升沿之后执行,实现了快速写访问。然而,紧邻的访问将被前面的写访问延迟(BUSY 长时间有效)。

### 5. 读访问

读取访问从片选(CS)的断言开始。如果没有永久断言,那么地址和 BHE 在 RD 的下降沿之前必须有效,这表示访问的开始。之后,微控制器接口将显示 BUSY 状态,如果它不是正在执行先前的写访问,则会在读数据有效时释放 BUSY 信号。读数据将保持有效,直到 ADR、BHE、RD 或 CS 发生变化。在 CS 和 RD 被断言时,将驱动数据总线。CS 被置位时将驱动 BUSY。

### 6. EEPROM_LOADED

EEPROM_LOADED 信号表示微控制器接口可操作。因在加载 EEPROM 之前不会驱动 PDI 引脚,可通过连接下拉电阻实现正常功能。

## 9.9　基于 ET1100 的 EtherCAT 从站总体结构

EtherCAT 从站以 ST 公司生产的 ARM Cortex-M4 微控制器 STM32F407ZET6 作为核心,搭载相应外围电路构成。

STM32F407ZET6 内核的最高时钟频率可以达到 168MHz,而且还集成了单周期 DSP指令和浮点运算单元(FPU),提升了计算能力,可以进行复杂的计算和控制。

STM32F407ZET6 除了具有优异的性能外,还具有如下丰富的内嵌和外设资源:

(1) 存储器——拥有 512KB 的 Flash 和 192KB 的 SRAM;并提供了存储器的扩展接口,可外接多种类型的存储设备。

(2) 时钟、复位和供电管理——支持 1.8～3.6V 的系统供电;具有上电/断电复位、可编程电压检测器等多个电源管理模块,可有效避免供电电源不稳定而导致的系统误动作情况的发生;内嵌 RC 振荡器可以提供高速的 8MHz 的内部时钟。

(3)直接存储器存取(DMA)——16 通道的 DMA 控制器,支持突发传输模式,且各通道可独立配置。

(4)丰富的 I/O 端口——具有 A～G 共 7 个端口,每个端口有 16 个 I/O,所有的 I/O 都可以映射到 16 个外部中断;多个端口具有兼容 5V 电平的特性。

(5)多类型通信接口——具有 3 个 I2C 接口、4 个 USART 接口、3 个 SPI 接口、2 个 CAN 接口、1 个 ETH 接口等。

EtherCAT 从站的外部供电电源为+5V,由 AMS1117 电源转换芯片实现+5～+3.3V 的电压变换。

基于 ET1100 的 EtherCAT 从站总体结构如图 9-17 所示。

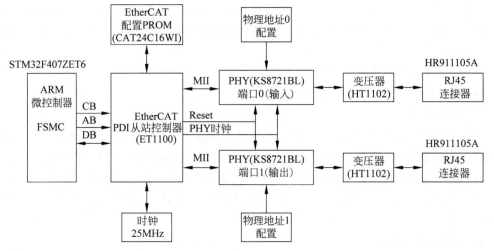

图 9-17　基于 ET1100 的 EtherCAT 从站总体结构

主要由以下 5 部分组成:

(1)微控制器 STM32F407ZET6。

(2)EtherCAT 从站控制器 ET1100。

(3)EtherCAT 配置 PROM CAT24C6WI。

(4)以太网 PHY 器件 KS8721BL。

(5)PULSE 公司以太网数据变压器 H1102。

(6)RJ45 连接器 HR911105A。

## 9.10　微控制器与 ET1100 的接口电路设计

控制器与 ET1100 的接口电路设计是 EtherCAT 从站设备开发中的一个关键步骤。这个接口允许微控制器通过异步 8 位/16 位接口与 ET1100 进行通信。设计时需要考虑信号完整性、电源管理、接口配置等方面。基本的设计指导原则和建议介绍如下：

(1) 电源和地线设计。

共地：确保 ET1100 和微控制器共享同一个地线(GND)，以减少地线电位差引起的信号干扰。

电源滤波：在 ET1100 和微控制器的电源线上加入滤波电容(如 $0.1\mu$F 的旁路电容和 $10\mu$F 的滤波电容)，以提高电源的稳定性和减少噪声。

(2) 数据总线连接。

数据总线：根据微控制器的数据宽度(8 位或 16 位)，将其数据总线($D0\sim D7$ 或 $D0\sim D15$)连接到 ET1100 的相应数据引脚。

方向控制：如果微控制器的数据总线是双向的，可能需要使用方向控制逻辑(如三态缓冲器)来管理数据流向。

(3) 控制信号。

读/写控制：将微控制器的读(nRD)和写(nWR)控制信号连接到 ET1100 的相应控制引脚。

地址选通：如果有必要，使用地址选通(ALE)信号来锁存地址信息。

芯片选择：设计芯片选择(nCS)逻辑，以便在多个设备共享总线时选中 ET1100。

(4) 时序控制。

时序要求：仔细设计接口时序，确保满足 ET1100 的时序要求，包括读写周期时间、地址和数据的建立和保持时间等。

时钟同步：虽然接口是异步的，但可确保微控制器和 ET1100 的操作不会因为时钟偏差而导致数据错误。

(5) 信号完整性。

短距离连接：尽量缩短微控制器与 ET1100 之间的连接距离，以减少信号衰减和电磁干扰(EMI)。

阻抗匹配：对于高速信号，考虑信号线的阻抗匹配，避免反射和失真。

(6) 软件配置。

初始化代码：在微控制器的初始化代码中配置 ET1100 的工作模式、同步管理器和其他相关参数。

驱动开发：开发微控制器的软件驱动，实现对 ET1100 的基本通信功能，如读写寄存器、处理数据包等。

通过遵循上述设计指导原则，可以确保微控制器与 ET1100 之间的接口电路设计既可靠又高效，为 EtherCAT 从站设备的开发奠定了坚实的基础。在实际的设计过程中，还需要参考 ET1100 的数据手册和应用指南，以获得更详细的设计要求和建议。

### 9.10.1　ET1100 与 STM32F4 的 FSMC 接口电路设计

ET1100 与 STM32F407ZET6 的 FSMC 接口电路如图 9-18 所示。

ET1100 使用 16 位异步微处理器 PDI 接口，连接两个 MII 接口，并输出时钟信号给 PHY 器件。

STM32 系列微控制器拥有丰富的引脚及内置功能，可以为用户开发和设计提供大量的选择方案。

STM32 不仅支持 I2C、SPI 等串行数据传输方案，在并行传输领域还开发了一种特殊的解决方案，这是一种新型的存储器扩展技术 FSMC，通过 FSMC 技术，STM32 可以直接并行读写外部存储器，这对于外部存储器的扩展有很独特的作用，同时，FSMC 功能还可以根据从站系统中外部存储器的类型进行不同方式的扩展。

STM32 系列芯片内部集成了 FSMC 机制。FSMC 是 STM32 系列的一种特有的存储控制机制，可以灵活地应用于与多种类型的外部存储器连接的设计中。

FSMC 是 STM32 与外部设备进行并行连接的一种特殊方式，FSMC 模块可以与多种类型的外部存储器相连。FSMC 主要负责把系统内部总线 AHB 转化为可以读写相应存储器的总线型结构，可以设置读写位数为 8 位或者 16 位，也可以设置读写模式是同步或者异步，还可以设置 STM32 读写外部存储器的时序及速度等，非常灵活。

STM32 中的 FSMC 的设置在从站程序中完成，在程序中通过设置相应寄存器数据选择 STM32 的 FSMC 功能，设置地址、数据和控制信号以及时序内容，实现与外部设备之间的数据传输的匹配，这样，STM32 芯片不仅可以使用 FSMC 和不同类型的外部存储器接口，还能以不同的速度进行读写，灵活性更强，可满足系统设计对产品性能、成本、存储容量等多个方面的要求。

### 9.10.2　ET1100 应用电路设计

EtherCAT 从站控制器 ET1100 应用电路如图 9-19 所示。

在图 9-19 中，ET1100 左边是与 STM32F407ZET6 的 FSMC 接口电路、CAT24C16WI EEPROM 存储电路和时钟电路等。FSMC 接口电路包括 ET1100 的片选信号、读写控制信号、中断控制信号、16 位地址线和 16 位数据线。右边为 MII 端口的相关引脚，包括两个 MII 端口引脚、相关 MII 管理引脚和时钟输出引脚等。

MII 端口引脚说明如表 9-15 所示。

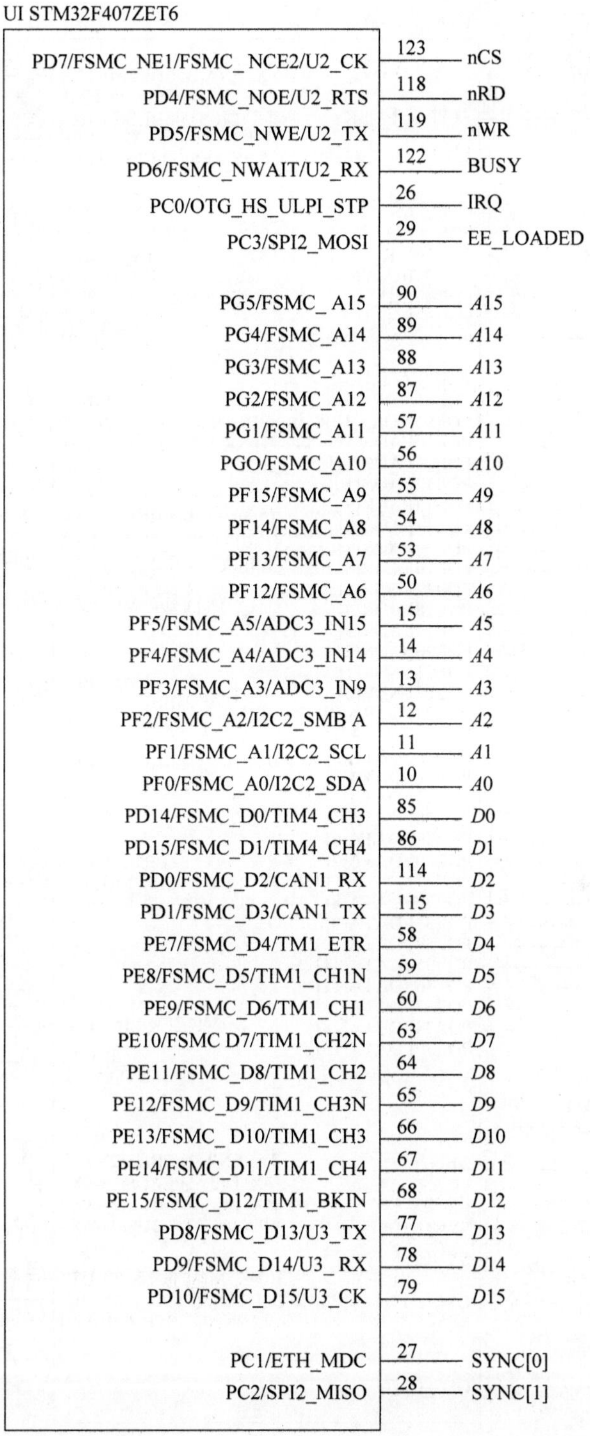

UI STM32F407ZET6

| | | |
|---|---|---|
| PD7/FSMC_NE1/FSMC_NCE2/U2_CK | 123 | nCS |
| PD4/FSMC_NOE/U2_RTS | 118 | nRD |
| PD5/FSMC_NWE/U2_TX | 119 | nWR |
| PD6/FSMC_NWAIT/U2_RX | 122 | BUSY |
| PC0/OTG_HS_ULPI_STP | 26 | IRQ |
| PC3/SPI2_MOSI | 29 | EE_LOADED |
| | | |
| PG5/FSMC_A15 | 90 | A15 |
| PG4/FSMC_A14 | 89 | A14 |
| PG3/FSMC_A13 | 88 | A13 |
| PG2/FSMC_A12 | 87 | A12 |
| PG1/FSMC_A11 | 57 | A11 |
| PGO/FSMC_A10 | 56 | A10 |
| PF15/FSMC_A9 | 55 | A9 |
| PF14/FSMC_A8 | 54 | A8 |
| PF13/FSMC_A7 | 53 | A7 |
| PF12/FSMC_A6 | 50 | A6 |
| PF5/FSMC_A5/ADC3_IN15 | 15 | A5 |
| PF4/FSMC_A4/ADC3_IN14 | 14 | A4 |
| PF3/FSMC_A3/ADC3_IN9 | 13 | A3 |
| PF2/FSMC_A2/I2C2_SMB A | 12 | A2 |
| PF1/FSMC_A1/I2C2_SCL | 11 | A1 |
| PF0/FSMC_A0/I2C2_SDA | 10 | A0 |
| PD14/FSMC_D0/TIM4_CH3 | 85 | D0 |
| PD15/FSMC_D1/TIM4_CH4 | 86 | D1 |
| PD0/FSMC_D2/CAN1_RX | 114 | D2 |
| PD1/FSMC_D3/CAN1_TX | 115 | D3 |
| PE7/FSMC_D4/TM1_ETR | 58 | D4 |
| PE8/FSMC_D5/TIM1_CH1N | 59 | D5 |
| PE9/FSMC_D6/TM1_CH1 | 60 | D6 |
| PE10/FSMC D7/TIM1_CH2N | 63 | D7 |
| PE11/FSMC_D8/TIM1_CH2 | 64 | D8 |
| PE12/FSMC_D9/TIM1_CH3N | 65 | D9 |
| PE13/FSMC_D10/TIM1_CH3 | 66 | D10 |
| PE14/FSMC_D11/TIM1_CH4 | 67 | D11 |
| PE15/FSMC_D12/TIM1_BKIN | 68 | D12 |
| PD8/FSMC_D13/U3_TX | 77 | D13 |
| PD9/FSMC_D14/U3_RX | 78 | D14 |
| PD10/FSMC_D15/U3_CK | 79 | D15 |
| | | |
| PC1/ETH_MDC | 27 | SYNC[0] |
| PC2/SPI2_MISO | 28 | SYNC[1] |

图 9-18 ET1100 与 STM32F407ZET6 的 FSMC 接口电路

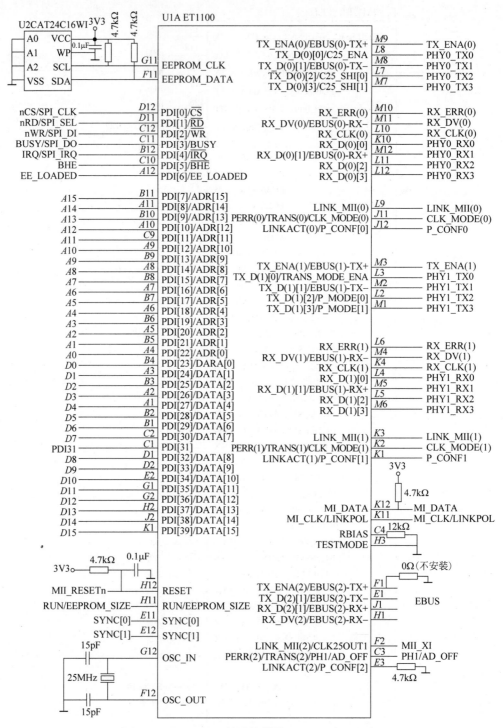

图 9-19 EtherCAT 从站控制器 ET1100 应用电路

表 9-15　MII 端口引脚说明

| 分　类 | 编号 | 名　称 | 引　脚 | 属　性 | 功　能 |
|---|---|---|---|---|---|
| MII 端口 0 | 1 | TX_ENA(0) | M9 | O | 端口 0 MII 发送使能 |
| | 2 | TX_D(0)[0] | L8 | O | 端口 0 MII 发送数据 0 |
| | 3 | TX_D(0)[1] | M8 | O | 端口 0 MII 发送数据 1 |
| | 4 | TX_D(0)[2] | L7 | O | 端口 0 MII 发送数据 2 |
| | 5 | TX_D(0)[3] | M7 | O | 端口 0 MII 发送数据 3 |
| | 6 | RX_ERR(0) | M10 | I | MII 接收数据错误指示 |
| | 7 | RX_DV(0) | M11 | I | MII 接收数据有效指示 |
| | 8 | RX_CLK(0) | L10 | I | MII 接收时钟 |
| | 9 | RX_D(0)[0] | K10 | I | 端口 0 MII 接收数据 0 |
| | 10 | RX_D(0)[1] | M12 | I | 端口 0 MII 接收数据 1 |
| | 11 | RX_D(0)[2] | L11 | I | 端口 0 MII 接收数据 2 |
| | 12 | RX_D(0)[3] | L12 | I | 端口 0 MII 接收数据 3 |
| | 13 | LINK MII(0) | L9 | I | PHY0 指示有效连接 |
| | 14 | LINKACT(0) | J12 | O | LED 输出,链接状态显示 |
| MII 端口 1 | 1 | TX_ENA(1) | M3 | O | 端口 1 MII 发送使能 |
| | 2 | TX_D(1)[0] | L3 | O | 端口 1 MII 发送数据 0 |
| | 3 | TX_D(1)[1] | M2 | O | 端口 1 MII 发送数据 1 |
| | 4 | TX_D(1)[2] | L2 | O | 端口 1 MII 发送数据 2 |
| | 5 | TX_D(1)[3] | M1 | O | 端口 1 MII 发送数据 3 |
| | 6 | RX_ERR(1) | L6 | I | MII 接收数据错误指示 |
| | 7 | RX_DV(1) | M4 | I | MII 接收数据有效指示 |
| | 8 | RX_CLK(1) | K4 | I | MII 接收时钟 |
| | 9 | RX_D(1)[0] | L4 | I | 端口 1 MII 接收数据 0 |
| | 10 | RX_D(1)[1] | M5 | I | 端口 1 MII 接收数据 1 |
| | 11 | RX_D(1)[2] | L5 | I | 端口 1 MII 接收数据 2 |
| | 12 | RX_D(1)[3] | M6 | I | 端口 1 MII 接收数据 3 |
| | 13 | LINK_MII(1) | K3 | I | PHY1 指示有效连接 |
| | 14 | LINKACT(1) | L1 | O | LED 输出,链接状态显示 |
| 其　他 | 1 | CLK25OUT1 | F2 | O | 输出时钟信号给 PHY 芯片 |
| | 2 | M1_CLK | K11 | | MII 管理接口时钟 |
| | 3 | M1_DATA | K12 | | MII 管理接口数据 |

## 9.11　ET1100 的配置电路设计

ET1100 的配置引脚与 MII 引脚与其他引脚复用,在上电时作为输入,由 ETI100 锁存配置信息。上电之后,这些引脚有分配的操作功能,必要时引脚方向也可以改变。RESET 引脚信号指示上电配置完成。ET1100 的配置引脚说明如表 9-16 所示。ET1100 引脚配置电路如图 9-20 所示。

表 9-16    ET1100 配置引脚说明

| 编号 | 名　称 | 引脚 | 属性 | 取值 | 说　明 |
|---|---|---|---|---|---|
| 1 | TRANS_MODE_ENA | $L3$ | I | 0 | 不使用透明模式 |
| 2 | P_MODE[0] | $L2$ | I | 0 | 使用 ET1100 端口 0 和 1<br>端口 0 使用 MII 接口<br>端口 1 使用 MII 接口 |
| 3 | P_MODE[1] | $M1$ | I | 0 | |
| 4 | P_CONF(0) | $J12$ | I | 1 | |
| 5 | P_CONF(1) | $L1$ | I | 1 | |
| 6 | LINKPOL | $K11$ | I | 0 | LINK_MII(x)低有效 |
| 7 | CLK_MODE[0] | $J11$ | I | 0 | 不输出 CPU 时钟信号 |
| 8 | CLK_MODE[0] | $K2$ | I | 0 | |
| 9 | C25_ENA | $L8$ | I | 0 | 不使能 CLK25OUT2 输出 |
| 10 | C25_SHI[0] | $L7$ | I | 0 | 无 MII TX 相位偏移 |
| 11 | C25_SHI[0] | $M7$ | I | 0 | |
| 12 | PHYAD_OFF | $C3$ | I | 0 | PHY 偏移地址为 0 |

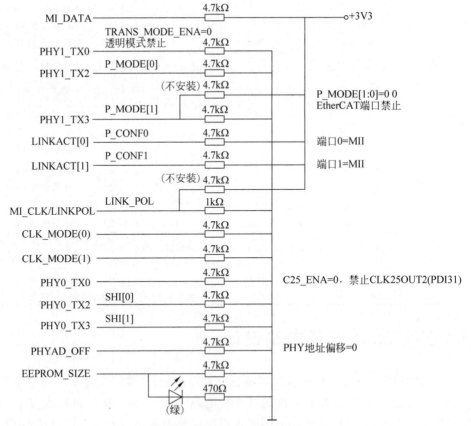

图 9-20    ET1100 引脚配置电路

## 9.12 EtherCAT 从站以太网物理层 PHY 器件

EtherCAT 从站控制器 ET1100 只支持 MII 接口的以太网物理层 PHY 器件,有些 EtherCAT 从站控制器也支持 RMII(Reduced MII)接口。但是由于 RMII 接口 PHY 使用发送 FIFO 缓存区,增加了 EtherCAT 从站的转发延时和抖动,因此不推荐使用 RMII 接口。

ET1100 的 MII 接口经过优化设计,为降低处理和转发延时对 PHY 器件有一些特定要求,大多数以太网 PHY 都能满足特定要求。

另外,为了获得更好的性能,PHY 应满足如下条件:

(1) PHY 检测链接丢失的响应时间小于 $15\mu s$,以满足冗余功能要求。

(2) 接收和发送延时稳定。

(3) 若标准的最大线缆长度为 100m,PHY 支持的最大线缆长度应大于 120m,以保证安全极限。

(4) ET1100 的 PHY 管理接口(Management Interface,MI)的时钟引脚也用作配置输入引脚,因此,不应固定连接上拉或下拉电阻。

(5) 最好具有波特率和全双工的自动协商功能。

(6) 具有低功耗性能。

(7) 3.3V 单电源供电。

(8) 采用 25MHz 时钟源。

(9) 具有工业级的温度范围。

BECKHOFF 公司给出的 ET1100 兼容的以太网物理层 PHY 器件如表 9-17 所示。

表 9-17  ET1100 兼容的以太网物理层 PHY 器件

| 制 造 商 | 器 件 | 物 理 地 址 | 物理地址偏移 | 链接丢失响应时间 | 说 明 |
|---|---|---|---|---|---|
| Broadcom | BCM5221 | 0~31 | 0 | $13\mu s$ | 没有经过硬件测试,依据数据手册或厂商提供数据,要求使用石英振荡器。不能使用 CLK25OUT,以避免级联的 PLL(锁相环) |
| | BCMS222 | 0~31 | 0 | $1.3\mu s$ | |
| | BCM5241 | 0 ~ 7, 8, 16,24 | 0 | $1.3\mu s$ | |
| Micrel | KS8001L | 1~31 | 16 | | PHY 地址 0 为广播地址 |
| | KS8721B KS8721BT KS8721BL KS8721SL KS8721CL | 0~31 | 0 | $6\mu s$ | KS8721BT 和 KS8721BL 经过硬件测试,MDC 具有内部上拉 |
| National Semiconductor | DP83640 | 1~31 | 16 | $250\mu s$ | PHY 地址 0 表示隔离,不使用 SCMII 模式时,配置链接丢失响应时间可达到 $1.3\mu s$ |

## 9.13  10/100BASE-TX/FX 的物理层收发器 KS8721

KS8721 是一款广泛应用于网络通信的物理层收发器，它支持 10/100BASE-TX/FX 以太网标准。这款 PHY 芯片设计用于在以太网设备中实现物理层的功能，包括数据的发送和接收、链路的自动协商等。KS8721 能够与各种微控制器或网络处理器接口，广泛应用于网络交换机、路由器、网卡以及其他网络通信设备中。

### 9.13.1  KS8721 概述

KS8721BL 和 KS8721SL 是 10BASE-T/100BASE-TX/FX 的物理层收发器，通过 MII 口来发送和接收数据，芯片内核工作电压为 2.5V，可满足低电压和低功耗的要求。KS8721SL 包括 10BASE-T 物理介质连接(PMA)、物理介质相关子层(PMD)和物理编码子层(PCS)功能。KS8721BL/SL 同时拥有片上 10BASE-T 输出滤波器，省去了外部滤波器的需要，并且允许使用单一的变压器来满足 100BASE-TX 和 10BASE-T 的需求。

KS8721BL/SL 运用片上的自动协商模式能够自动地设置成为 100Mb/s 或 10Mb/s 和全双工或半双工的工作模式。它们是应用 100BASE-TX/10BASE-T 的理想物理层收发器。

KS8721 具有如下特点：

(1) 单芯片 100BASE-TX/100BASE-FX/10BASE-T 物理层解决方案。

(2) 2.5V CMOS 设计，在 I/O 口上容许 2.5V/3.3V 电压。

(3) 3.3V 单电源供电并带有内置稳压器，电能消耗＜340mW(包括输出驱动电流)。

(4) 完全符合 IEEE 802.3u 标准。

(5) 支持简化的 MII(RMII)接口。

(6) 支持 10BASE-T、100BASE-TX 和 100BASE-FX 并带有远端故障检测。

(7) 支持断电(power-down)和省电(power-saving)模式。

(8) 可通过 MII 串行管理接口或外部控制引脚进行配置。

(9) 支持自动协商和人工选择两种方式，以确定 10Mb/s 或 100Mb/s 的传输速率和全/半双工的通信方式。

(10) 为 100BASE-TX 和 10BASE-T 提供片上内置的模拟前端滤波器。

(11) 为连接、活动、全/半双工、冲突和传输速率提供 LED 输出。

(12) 介质转换器应用支持背靠背(back-to-back)和从光纤到双绞线(FX to TX)。

(13) 支持 MDI / MDI-X 自动交叉。

(14) KS8721BL/SL 为商用温度范围 0～70℃，KS8721BLI/SLI 为工业温度范围 -40～85℃。

(15) 提供 48 引脚 SSOP 和 LQFP 封装。KS8721BL 为 48 引脚 LQFP 封装，KS8721SL 为 48 引脚 SSOP 封装。

### 9.13.2  KS8721 结构和引脚说明

KS8721 结构如图 9-21 所示。

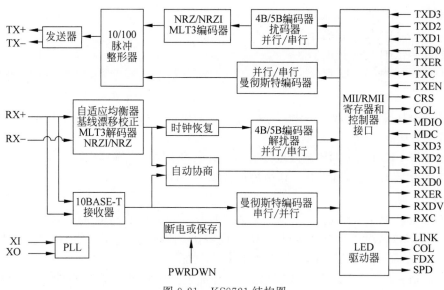

图 9-21 KS8721 结构图

KS8721 引脚说明如下：

MDIO——管理独立接口(MII)数据 I/O。该引脚要求外接一个 4.7kΩ 的上拉电阻。

MDC——MII 时钟输入。该引脚与 MDIO 同步。

RXD3/PHYAD1——MII 接收数据输出。RXD[3..0]这些位与 RXCLK 同步。当 RXDV 有效时,RXD[3..0]通过 MII 向 MAC 提供有效数据。RXD[3..0]在 RXDV 失效时是无效的。复位期间,上拉/下拉值被锁存为 PHYADDR[1]。

RXD2/PHYAD2——MII 接收数据输出。复位期间,上拉/下拉值被锁存为 PHYADDR[2]。

RXD1/PHYAD3——MII 接收数据输出。复位期间,上拉/下拉值被锁存为 PHYADDR[3]。

RXD0/PHYAD4——MII 接收数据输出。复位期间,上拉/下拉值被锁存为 PHYADDR[4]。

VDDIO——数字 I/O 口 2.5V/3.3V 容许电压,3.3V 电源稳压器输入。

GND——地。

RXDV/CRSDV/PCS_LPBK——MII 接收数据有效输出,在复位期间,上拉/下拉值被锁存为 PCS_LPBK。该引脚可选第二功能。

RXC——MII 接收时钟输出,工作频率为 25MHz(100Mb/s)、2.5MHz(10Mb/s)。

RXER/ISO——MII 接收错误输出,在复位期间,上拉/下拉值被锁存为 ISOLATE。该引脚可选第二功能。

GND——地。

VDDC——数字内核唯一的 2.5V 电源。

TXER——MII 发送错误输入。

TXC/REFCLK——MII 发送时钟输出。晶体或外部 50MHz 时钟的输入。当 REFCLK 引脚用于 REF 时钟接口时,通过 10kΩ 电阻将 XI 上拉至 VDDPLL 2.5V,XO 引脚悬空。

TXEN——MII 发送使能输入。

TXD0——MII 发送数据输入。

TXD1——MII 发送数据输入。

TXD2——MII 发送数据输入。

TXD3——MII 发送数据输入。

COL/RMII——MII 冲突检测,在复位期间,上拉值/下拉值被锁存为 RMII select。该引脚可选第二功能。

CRS/RMII-BTB——MII 载波检测输出。在复位期间,当选择 RMII 模式时,上拉/下拉值被锁存为 RMII 背靠背模式。该引脚可选第二功能。

GND——地。

VDDIO——数字 I/O 口 2.5V/3.3V 容许电压,3.3V 电源稳压器输入。

INT♯/PHYAD0——管理接口(MII)中断输出,中断电平由寄存器 1fh 的第 9 位设置。复位期间,锁存为 PHYAD[0]。该引脚可选第二功能。

LED0/TEST——连接/活动 LED 输出。外部下拉使能测试模式,仅用于厂家测试,低电平有效。

PD♯——掉电。1=正常操作,0=掉电,低有效。

LED1/SPD100——此引脚通常用于指示网络连接的速度。当配置为 LED1 时,它可以用来显示以太网连接是否运行在 100Mb/s 速度。如果 LED 亮起,表示连接速度为 100Mb/s;如果熄灭,则表示速度为 10Mb/s。

LED2/DUPLEX——此引脚用于指示网络连接的双工模式。当配置为 LED2 时,它可以显示以太网连接是全双工模式还是半双工模式。LED 亮起通常表示网络连接处于全双工模式。

LED3/NWAYEN——此引脚用于指示是否启用了自动协商功能(NWay 自动协商)。当配置为 LED3 时,如果 LED 亮起,表示 NWay 自动协商功能被启用,允许设备与其连接的设备自动协商网络速度和双工模式。

VDDRX——模拟内核唯一 2.5V 电源。

RX-——接收输入,100FX,100BASE-TX 或 10BASE-T 的差分接收输入引脚。

RX+——接收输入,100FX,100BASE-TX 或 10BASE-T 的差分接收输入引脚。

FXSD/FXEN——光纤模式允许/光纤模式下的信号检测。如果 FXEN=0,FX 模式被禁止。默认值是 0。

GND——地。

GND——地。

REXT——RXET 与 GND 之间外接 6.49kΩ 电阻。

VDDRCV——模拟 2.5V 电压。2.5V 电源稳压器输出。

GND——地。

TX-——发送输出,100FX,100BASE-TX 或 10BASE-T 的差分发送输出引脚。

TX+——发送输出,100FX,100BASE-TX 或 10BASE-T 的差分发送输出引脚。

VDDTX——发送器 2.5V 电源。

GND——地。

GND——地。

XO——晶振反馈,外接晶振时与 XI 配合使用。

XI——晶体振荡器输入,晶振输入或外接 25MHz 时钟。

VDDPLL——模拟 PLL 2.5V 电源。

RST#——芯片复位信号。低有效,要求至少持续 50μs 的脉冲。

KS8721 引脚如图 9-22 所示。

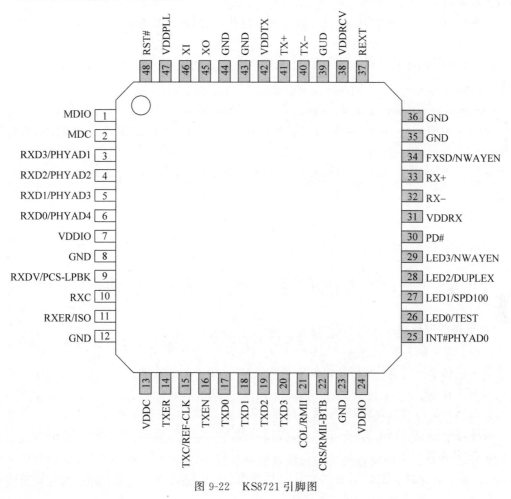

图 9-22 KS8721 引脚图

## 9.14 ET1100 与 KS8721BL 的接口电路

在设计一个基于 ET1100 EtherCAT 从站控制器和 KS8721BL 10/100BASE-TX/FX 物理层(PHY)收发器的网络通信设备时,接口电路的设计是非常关键的。ET1100 主要负责 EtherCAT 通信,而 KS8721BL 则处理以太网物理层的信号转换。这两个芯片之间通常不直接连接,因为它们分别处理不同层次的网络通信。ET1100 通常与微控制器(MCU)或网络处理器接口,而 KS8721BL 则连接到网络介质(如双绞线)。

**1. 微控制器与 ET1100 的接口电路设计要点**

微控制器与 ET1100 的接口电路设计要点如下:

(1) 微控制器与 ET1100 的接口。

数据总线:根据微控制器的数据宽度(8 位或 16 位),将其数据总线连接到 ET1100 的相应数据引脚。

控制信号:设计读/写控制、芯片选择等控制信号,以便微控制器可以正确地与 ET1100 通信。

时序控制:确保接口时序满足 ET1100 的要求,包括读写周期时间、地址和数据的建立和保持时间等。

(2) 微控制器与 KS8721BL 的接口。

MII/RMII 接口:根据所选的接口类型(MII 或 RMII),将微控制器的网络接口引脚连接到 KS8721BL 的相应引脚。

配置和状态信号:设计必要的配置和状态信号,以便微控制器可以配置 KS8721BL 并读取其状态。

(3) KS8721BL 的网络接口。

RJ45 连接器:设计 RJ45 连接器和必要的网络变压器(磁性组件),以连接到外部网络介质。

LED 指示:KS8721BL 支持网络状态 LED 指示,可以设计 LED 电路来显示网络连接和活动状态。

**2. 电源和地线设计**

为 ET1100 和 KS8721BL 分别设计稳定的电源供应,通常是 3.3V;使用旁路电容和滤波电容来提高电源稳定性;确保良好的地线布局,以减少信号干扰。

**3. 软件配置**

在微控制器的初始化代码中,编写配置 ET1100 的代码,包括设置 EtherCAT 通信参数等。同样,编写配置 KS8721BL 的代码,包括设置 MII/RMII 模式、自动协商启用等。

**4. 注意事项**

(1) 信号完整性:考虑信号的布线长度和布局,以保持信号完整性,特别是对于高速信号。

(2) EMI/EMC:设计时考虑电磁兼容性,尽量减少电磁干扰。

(3) 兼容性:确保微控制器、ET1100 和 KS8721BL 之间的兼容性,包括电平兼容和接口类型。

通过遵循这些设计要点和注意事项,可以实现一个稳定高效的 ET1100 与 KS8721BL

的接口电路,为基于 EtherCAT 的网络通信设备提供强大的支持。

　　ET1100 与 KS8721BL 的接口电路如图 9-23 所示。

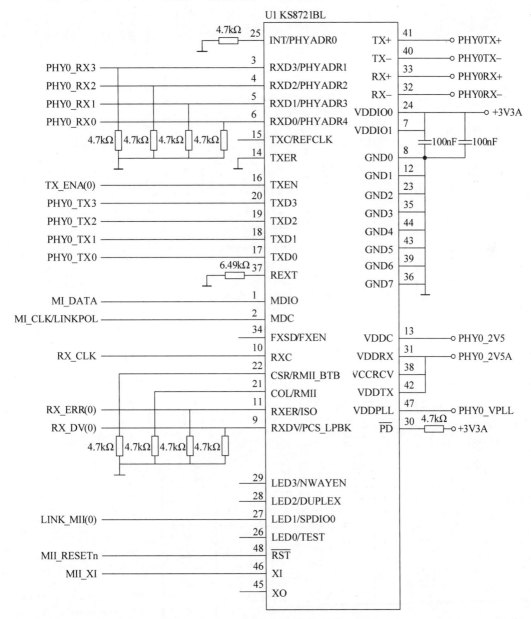

图 9-23　ET1100 与 KS8721BL 的接口电路

　　ET1100 物理端口 0 电路、KS8721BL 供电电路和 EtherCAT 从站控制器供电电路分别如图 9-24、图 9-25 和图 9-26 所示。ET1100 物理端口 1 的电路设计与 LAN9252 物理端口 0 的电路设计完全类似。

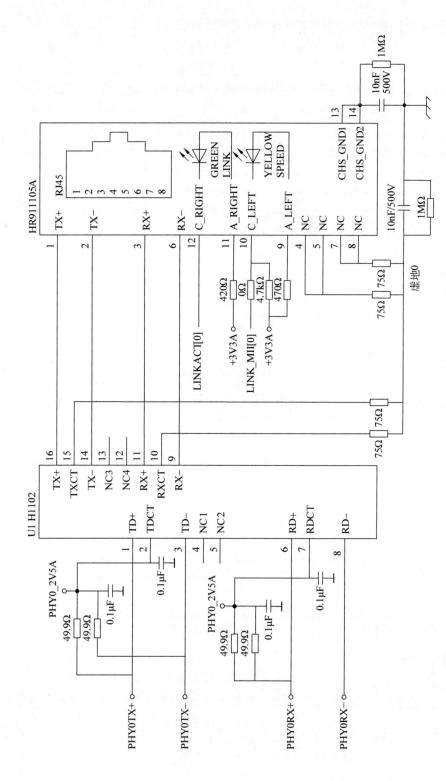

图 9-24 ET1100 物理端口 0 电路

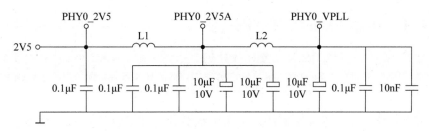

图 9-25　KS8721BL 供电电路

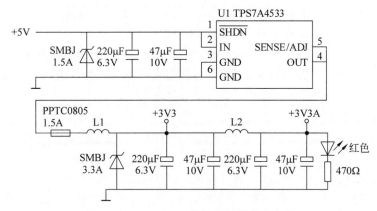

图 9-26　EtherCAT 从站控制器供电电路

## 9.15　EtherCAT 主站软件的安装

安装 TwinCAT 软件，以便将计算机配置为 EtherCAT 主站。安装过程可能会根据软件版本和操作系统的不同而有所变化。

在开始安装之前，应确保你的系统满足以下基本要求：

(1) 操作系统。

TwinCAT 3 通常支持最新的 Windows 操作系统，如 Windows 10 或 Windows 11。请检查具体的系统要求，因为某些功能可能需要特定的 Windows 版本。

(2) 硬件要求。

确保你的计算机具有足够的处理能力、内存和硬盘空间来运行 TwinCAT 3。具体要求请参考 BECKHOFF 的官方文档。

(3) 下载 TwinCAT 3。

访问 BECKHOFF 公司官网：在浏览器中打开 BECKHOFF 公司的官方网站。

找到 TwinCAT 3 下载页面：导航到下载部分，找到 TwinCAT 3 的下载链接。

选择版本：可能会有几个版本可供选择。选择适合你的系统和需求的版本。

下载：单击下载按钮，根据提示完成下载过程。

### 9.15.1 主站 TwinCAT 的安装

在进行 EtherCAT 开发前,首先要在计算机上安装主站 TwinCAT,计算机要装有 Intel 网卡,系统是 32 位或 64 位的 Windows 7 系统。经测试 Windows 10 系统容易出现蓝屏,不推荐使用。

在安装前要卸载 360 等杀毒软件并关闭系统更新。此目录下已经包含 VS2012 插件,不需要额外安装 VS2012。

TwinCAT 的安装顺序如下:

(1) NDP452-KB2901908-x86-x64-ALLOS-ENU.exe。

用于安装 Microsoft. NET Framework,它是用于 Windows 的新托管代码编程模型。它将强大的功能与新技术结合起来,用于构建具有视觉上引人注目的用户体验的应用程序,实现跨技术边界的无缝通信,并且能支持各种业务流程。

(2) vs_isoshell.exe。

安装 VS 独立版,在独立模式下,可以发布使用 Visual Studio IDE 功能子集的自定义应用程序。

(3) vs_intshelladditional.exe。

安装 VS 集成版,在集成模式下,可以发布 Visual Studio 扩展以供未安装 Visual Studio 的客户使用。

(4) TC31-Full-Setup.3.1.4018.26.exe。

安装 TwinCAT 3 完整版。

(5) TC3-InfoSys.exe。

安装 TwinCAT 3 的帮助文档。

### 9.15.2 TwinCAT 安装主站网卡驱动

当 PC 的以太网控制器型号不满足 TwinCAT 3 的要求时,主站网卡可以选择 PCIe 总线网卡,如图 9-27 所示。该网卡的以太网控制器型号为 PC82573,满足 TwinCAT 3 的要求。

图 9-27　PCIe 总线网卡

PCI Express(简称 PCIe)是 Intel 公司提出的新一代总线接口,旨在替代旧的 PCI、PCI-X 和 AGP 总线标准。PCIe 被称为第三代 I/O 总线技术。

PCI Express 采用了目前流行的点对点串行连接,比起 PCI 以及更早期的计算机总线的共享并行架构,每个设备都有自己的专用连接,不需要向整个总线请求带宽,而且可以把数据传输率提高到一个很高的频率,达到 PCI 所不能提供的高带宽。相对于传统 PCI 总线在单一时间周期内只能实现单向传输,PCIe 的双单工连接能提供更高的传输速率和质量,它们之间的差异与半双工和全双工类似。

PCIe 在软件层面上兼容 PCI 技术和设备,支持 PCI 设备和内存模组的初始化,过去的驱动程序、操作系统可以支持 PCIe 设备。

PCIe 接口模式通常用于显卡、网卡等主板类接口卡。

打开 TwinCAT,单击 TWINCAT→Show Realtime Ethernet Compatible Devices...命令,安装主站网卡驱动的选项如图 9-28 所示。

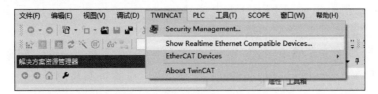

图 9-28　安装主站网卡驱动的选项

选择网卡,单击 Install 按钮,若网卡安装成功,则会显示在安装成功等待使用的列表下,如图 9-29 所示。

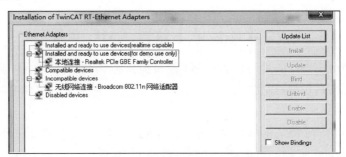

图 9-29　主站网卡驱动安装成功

若安装失败,则检查网卡是否是 TwinCAT 支持的网卡;如果不是,则更换 TwinCAT 支持的网卡。

## 9.16　EtherCAT 从站的开发调试

下面给出建立并下载一个 TwinCAT 测试工程的实例。

主站采用已安装 Windows 7 系统的 PC。因为 PC 原来的 RJ45 网口不兼容 TwinCAT

支持的网卡以太网控制器型号,所以需要内置如图 9-27 所示的 PCIe 总线网卡。

EtherCAT 主站与从站的测试连接如图 9-30 所示。EtherCAT 主站的 PCIe 网口与从站的 RJ45 网口相连。

图 9-30　EtherCAT 主站与从站的测试连接

EtherCAT 从站开发板采用的是由 ARM 微控制器 STM32F407 和 EtherCAT 从站控制器 ET1100 组成的硬件系统。STM32 微控制器程序、EEPROM 中烧录的 XML 文件是在 EtherCAT 从站开发板的软件和 XML 文件基础上修改后的程序和 XML 文件。

STM32 微控制器程序、EEPROM 中烧录的 XML 文件和 TwinCAT 软件目录下的 XML 文件,三者必须对应,否则通信会出错。

在该文档所在文件夹中,有名为 FBECT_PB_IO 的子文件夹,该子文件夹中有一个名为 FBECT_ET1100. xml 的 XML 文件和一个 STM32 工程供实验使用。

## 9.16.1　烧写 STM32 微控制器程序

安装 Keil MDK 开发环境,烧写 STM32 微控制器程序,注意烧写完成后重启从站开发板电源。

## 9.16.2　TwinCAT 软件目录下放置 XML 文件

对于每个 EtherCAT 从站的设备描述,必须提供所谓的 EtherCAT 从站信息(ESI)。这是以 XML 文件(可扩展标记语言)的形式实现的,它描述了 EtherCAT 的特点以及从站的特定功能。

可扩展标记语言(eXtensible Markup Language,XML)是 W3C(World Wide Web Consortium,万维网联盟)于 1998 年 2 月发布的标准,是基于文本的元语言,用于创建结构化文档。XML 提供了定义元素,并定义它们的结构关系的能力。XML 不使用预定义的"标签",非常适用于说明层次结构化的文档。

根据 DTD(Document Type Definition,文档类型定义)或 XML Schema 设计的文档,可以详细定义元素与属性值的相关信息,以达到数据信息的统一性。

EtherCAT 从站设备的识别、描述文件格式采用 XML 设备描述文件。第一次使用从站设备时,需要添加从站的设备描述文件。EtherCAT 主站才能将从站设备集成到 EtherCAT 网络中,完成硬件组态。

EtherCAT 从站控制器芯片有 64KB 的 DPRAM 地址空间,前 4KB 的空间为配置寄存器区,从站系统运行前要对寄存器进行初始化,其初始化命令存储在配置文件中,EtherCAT 配置文件采取 XML 格式。在从站系统运行前,要将描述 EtherCAT 从站配置信息的 XML 文件烧录进 EtherCAT 从站控制器的 EEPROM 中。

在安装 TwinCAT 后,将工程中的 XML 文件复制到目录"C:\TwinCAT\3.1\Config\Io\EtherCAT"下,若该目录下已有其他 XML 文件则删除,工程 XML 文件存放路径如图 9-31 所示。

图 9-31　工程 XML 文件存放路径

## 9.16.3　建立一个工程

在 TwinCAT 3 中创建一个新的工程(Project)是进行任何自动化项目开发的第一步。以下是创建新工程的基本步骤,这些步骤将帮助你开始使用 TwinCAT 3 进行开发。

### 1. 打开已安装的 TwinCAT 软件

打开"开始"菜单,然后单击 TwinCAT XAE(VS2012)。进入 VS2012 开发环境,TwinCAT 主站界面如图 9-32 所示。

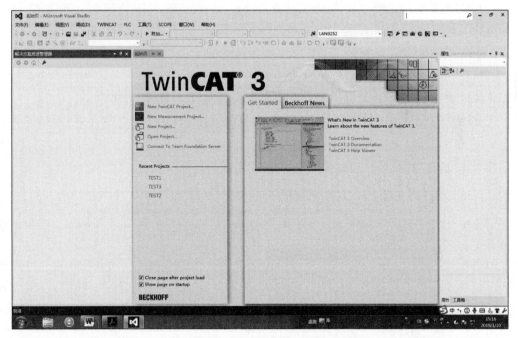

图 9-32　TwinCAT 主站界面

### 2. 建立一个新工程

单击"文件"→"新建"→"项目"→TwinCAT Project→"修改工程名"→"确定",具体操作的界面分别如图 9-33 和图 9-34 所示。

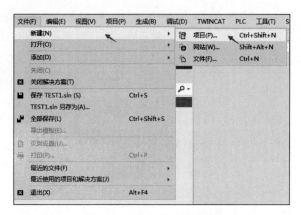

图 9-33　建立新工程步骤

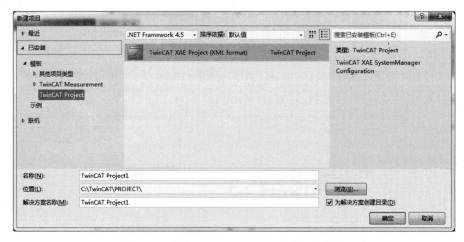

图 9-34　选择 TwinCAT Project 及工程位置

在单击"确定"按钮后出现如图 9-35 所示的界面。

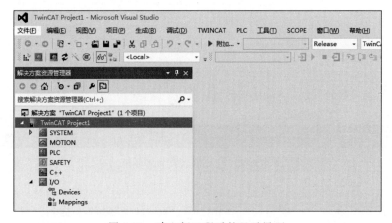

图 9-35　建立新工程后的显示界面

### 3. 扫描从站设备

通过网线与计算机主站连接，打开从站开发板电源，然后右击 Devices，在弹出的快捷菜单中选择 Scan 命令，扫描连接的从站设备，具体操作如图 9-36～图 9-40 所示。

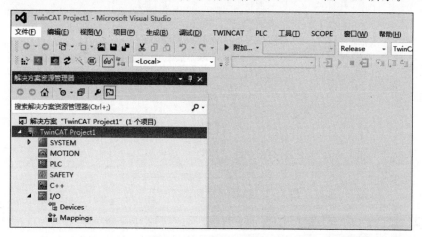

图 9-36　扫描从站设备

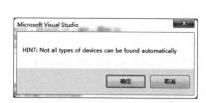

图 9-37　从站设备扫描提示

图 9-38　扫描到的从站设备

图 9-39　扫描从站设备

图 9-40　自由运行模式选择

如果扫描不到从站设备，则关闭 TwinCAT 并重新启动，或拔下从站开发板与 PC 主站的连接网线重新尝试。

扫描到从站设备的显示界面如图 9-41 所示。

双击 Box 1，单击 Online 标签，可以看到从站处于 OP 状态，如图 9-42 所示。

图 9-41　扫描到从站设备显示界面

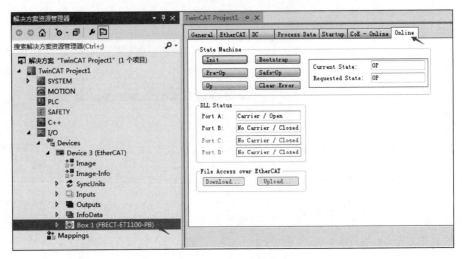

图 9-42　检查从站状态

## 习题

1. 说明 EtherCAT 的物理拓扑结构。

2. 说明 EtherCAT 数据链路层的组成。

3. 说明 EtherCAT 应用层的功能。

4. EtherCAT 设备行规包括哪些内容?

5. 简述 EtherCAT 网络。

6. EtherCAT 从站控制器功能块是什么?

7. EtherCAT 从站分为哪几部分?

8. ET1100 的主要特性是什么？

9. ET1100 具有哪些核心功能模块？

10. 说明 EtherCAT 从站控制器(ESC)ET1100 的 MII 接口的基本功能。

11. 画出 ET1100 引脚的配置电路，说明其作用。

12. EtherCAT 从站的 PHY 器件应满足哪些条件？

13. 物理层收发器 KS8721 有哪些特点？

14. 画出 ET1100 与 KS8721BL 的接口电路图。

# 第 10 章

# 物联网与无线传感器网络

物联网(Internet of Things,IoT)是新一代信息技术的重要组成部分,作为物联网神经末梢的无线传感器网络也日益凸显出其重要作用。随着无线通信、传感器、嵌入式计算机及微机电技术的飞速发展和相互融合,具有感知能力、计算能力和通信能力的微型传感器开始在各领域得到应用。由大量具有微处理能力的微型传感器节点构建的无线传感器网络(Wireless Sensor Network,WSN)可以通过各类高度集成化的微型传感器密切协作,实时监测、感知和采集各种环境或监测对象的信息,以无线方式传送,并以自组织多跳的网络方式传送到用户终端,从而实现物理世界、计算机世界及人类社会的连通。

本章全面探讨了物联网(IoT)和无线传感器网络(WSN)的关键技术、架构、标准及其在现代通信中的应用。本章内容涵盖了从物联网的基本概念到无线传感器网络的体系结构,再到蓝牙、ZigBee 和 Wi-Fi 等无线技术的具体应用。

本章主要讲述如下内容:

(1) 深入讨论了物联网,涉及其定义、特点、基本原理、技术架构、应用模式、普遍应用,特别关注工业物联网(IIoT)。这一部分为读者提供了对物联网如何连接和管理设备的全面理解,并讨论了物联网如何通过不同的技术实现智能化。

(2) 讲述了无线传感器网络,介绍了 WSN 的特点、体系结构、关键技术和 IEEE 802.15.4通信标准。

(3) 讲述了蓝牙通信技术,特别是低功耗蓝牙(BLE)和多协议 SoC 芯片。

(4) 深入了解 ZigBee 无线传感器网络,包括其通信标准和开发技术。

(5) 介绍了 W601 Wi-Fi MCU 芯片及其在物联网应用中的实例。

通过对本章内容的学习,读者可以获得对物联网和无线传感器网络领域的深入理解,包括这些技术的基本原理、关键特性和应用场景。此外,本章还涵盖了蓝牙、ZigBee 和 Wi-Fi等关键无线通信技术,它们在实现物联网和无线传感器网络方面发挥着重要作用。通过对这些技术的探讨,读者能够了解如何设计和部署具有高效通信能力的智能系统。

## 10.1　物联网

物联网是一种通过将传感器、软件和其他技术嵌入到物理对象中,使这些对象能够连接并交换数据的技术。这些设备通过互联网或其他通信网络相互连接,实现智能识别、定位、跟踪、监控和管理的目的。

## 10.1.1　物联网的定义

物联网一词,国内外普遍公认的是 MIT Auto-ID(美国麻省理工学院自动识别中心)Ashton 教授 1099 年在研究 RFID 时最早提出来的。

2005 年,在突尼斯举行的信息社会世界峰会(WSIS)上,国际电信联盟(ITU)发布了《ITU 互联网报告 2005:物联网》,正式提出了物联网的概念。该报告给出了物联网的正式定义:通过将短距离移动收发器嵌入到各种各样的小工具和日常用品中,我们将会开启全新的人与物、物与物之间的通信方式。

随着网络技术的发展和普及,通信的参与者不仅存在于人与人之间,还存在于人与物或者物与物之间。无线传感器、射频、二维码在人与物、物与物之间建立了通信链路。计算机之间的互联构成了互联网,而物与物和物与计算机之间的互联就构成了物联网。

物联网是指通过传感器、射频识别技术、全球定位系统等技术,实时采集任何需要监控、连接、互动的物体或过程,采集其声、光、热、电、力学、化学、生物和位置等各种需要的信息,通过各种可能的网络接入,实现物与物、物与人的泛在链接,实现对物体和过程的智能化感知、识别和管理。

物联网中的"物"之所以能够被纳入"物联网"的范围,是因为它们具有接收信息的接收器;具有数据传输通路;有的物体需要一定的存储功能或者相应的操作系统;部分专用物联网中的物体有专门的应用程序;可以发送或接收数据;传输数据时遵循物联网的通信协议;物体接入网络时需要具有在世界网络中可被识别的唯一编号。

欧盟对物联网的定义:物联网是一个动态的全球网络基础设施,它具有基于标准和互操作通信协议的自组织能力,其中物理的和虚拟的"物"具有身份标识、物理属性、虚拟的特性和智能的接口,并与信息网络无缝整合。物联网将与媒体互联网、服务互联网和企业互联网共同构成未来互联网。

物联网的发展是继计算机、互联网与移动通信网之后的又一次信息产业浪潮,是一个全新的技术领域。物联网针对无处不在的终端设备、设施和系统,包括具有感知能力的传感器、用户终端、视频监控设施、物流系统、电网系统、家庭智能设备等,通过全球定位系统、红外传感器、激光扫描器、射频识别(RFID)技术、气体感应器等各种装置与技术,提供安全可控乃至智能化的实时远程控制、在线监控、调度指挥、实时跟踪、报警联动、应急管理、安全保护、在线升级、远程维护、统计报表和决策支持等管理和服务功能,实现对万物的高效、安全、环保、自动、智能、节能、透明、实时的"管、控、营"一体化。物联网不仅为人们提供智能化的工作与生活环境,变革人们的生活、工作与学习方式,而且可以提高社会和经济效益。目前,许多国家和地区(包括美国、欧盟、中国、日本、韩国和新加坡等)以及科研机构(如 MIT)都认为,物联网是未来科技发展的核心领域。

## 10.1.2　物联网的特点

物联网要将大量物体接入网络并进行通信活动,对各物体的全面感知是十分重要的。

全面感知是指物联网随时随地地获取物体的信息。要获取物体所处环境的温度、湿度、位置、运动速度等信息,就需要物联网能够全面感知物体的各种需要考虑的状态。物联网中各种不同的传感器如同人体的各种器官,对外界环境进行感知。物联网通过 RFID、传感器、二维码等感知设备对物体各种信息进行感知获取。

物联网具有如下 4 个特点:

(1) 全面感知。

物联网利用传感器、RFID、全球定位系统以及其他机械设备,采集各种动态的信息。

(2) 可靠传输。

物联网通过无处不在的无线网络、有线网络和数据通信网等载体将感知设备感知的信息实时传递给物联网中的"物体"。物体具备的条件为:

① 具有通信能力,如蓝牙、红外线、无线射频等。

② 具有一定的数据存储功能。

③ 具有计算能力,能够在本地对接收的消息进行处理。

④ 具有操作系统,且具有进程管理、内存管理、网络管理和外设管理等功能。

⑤ 遵循物联网的通信协议,如 RFID、ZigBee、Wi-Fi 和 TCP/IP(Transmission Control Protocol/Internet Protocol,传输控制协议/互联网协议)等。

⑥ 有唯一的标识,能唯一代表某个物体在整个物联网中的身份。

(3) 智能应用。

物联网通过数据挖掘、模式识别、神经网络和三维测量等技术,对物体实现智能化的控制和管理,使物体具有"思维能力"。

(4) 网络融合。

物联网没有统一标准,任何网络包括 Internet 网、通信网和专属网络都可融合成一个物联网。物联网是在融合现有计算机、网络、通信、电子和控制等技术的基础上,通过进一步的研究、开发和应用形成自身的技术架构。

## 10.1.3　物联网的基本架构

物联网架构中,可以将其划分分为 3 层:感知层、传输层和应用层,每个层次负责处理不同的任务,以实现整个物联网系统的顺畅运作。

以下是这 3 层的详细介绍。

### 1. 感知层(Perception Layer)

感知层也被称为物理层或传感层,是物联网的最底层。它由各种传感器、摄像头、读卡器等设备组成,负责收集来自物理世界的信息,如温度、湿度、光线、压力、声音、图像等数据。此外,感知层还包括执行器设备,它们用于对环境或其他设备进行物理操作,如打开/关闭开关、调节温度等。

### 2. 传输层(Network Layer)

传输层负责将感知层收集到的数据通过网络传输到数据处理系统或其他设备。这一层涉及各种通信技术和协议,包括有线和无线通信方式,如 Wi-Fi、蓝牙、ZigBee、蜂窝网络(3G/4G/

5G）、LPWAN（如 LoRaWAN、Sigfox）等。传输层确保数据能够安全、可靠地在设备之间传递。

### 3. 应用层（Application Layer）

应用层位于架构的最顶层，根据不同的应用需求提供定制化的解决方案。这一层直接与用户接触，通过软件应用程序将处理后的数据转换为有用的信息，以便用户理解和操作。例如，在智能家居系统中，应用层可能包括用户控制界面、家庭自动化规则和警报系统等。在工业应用中，它可能涉及生产线监控、资产管理和预测性维护等功能。

这种三层架构提供了一个清晰的物联网系统概念模型，它有助于理解不同组件如何协同工作。然而，在实际的物联网解决方案中，还可能包括更多的中间层次，如数据处理层或服务层，以处理数据分析、存储和中间件服务等任务。

物联网应用涉及行业众多，涵盖面宽泛，总体可分为身份相关应用、信息汇聚型应用、协同感知类应用和泛在服务应用。物联网通过人工智能、中间件、云计算等技术，为不同行业提供应用方案。

物联网三层结构模型如图 10-1 所示。

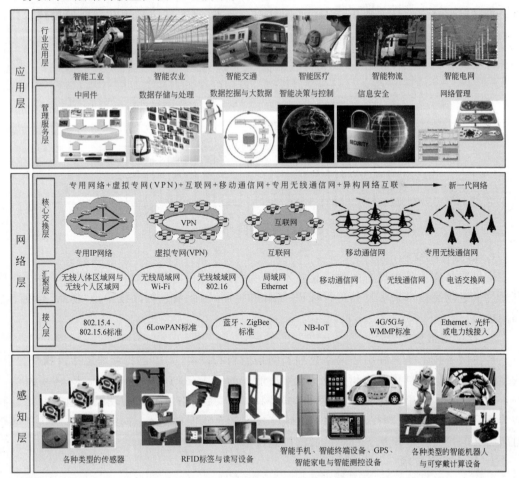

图 10-1　物联网三层结构模型

### 10.1.4　物联网的技术架构

物联网主要解决了物到物、人到物、物到人、人到人的互联，这 4 种类型是物联网基本的通信类型，因此物联网并非是简单的物与物之间的互联网络，单纯地在局部范围之内连接某些物体也不构成物联网。事实上，物联网是一种使物体可以自然连接的互联网。从物联网的技术架构来看，物联网具有如下特征：

(1) 物联网是 Internet 的扩展和延续，因此物联网被认为是 Internet 的下一代网络。

(2) 物联网中的个体(物、人)之间的连接一定是"自然连接"，既要维持物体在物理世界中时间特性的连接，也要维持物体在物理世界中空间特性的连接。

(3) 物联网不仅仅是一个能够连接物体的网络设施，单纯的连接物体的网络不能称为物联网。

物联网很难利用传统的分层模型来描述物联网的概念模型，而需要使用多维模型来刻画物联网的概念模型。物联网由 3 个维度构成，分别为信息物品维、自主网络维和智能应用维。物联网的技术架构如图 10-2 所示，信息物品技术、自主网络技术和智能应用技术构成了物联网的技术架构。

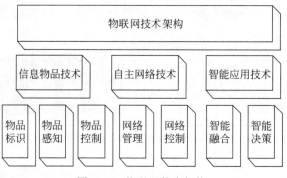

图 10-2　物联网技术架构

#### 1. 信息物品技术

信息物品技术是指现有的数字化技术，分为物品标识、物品感知和物品控制 3 种。物联网通过信息物品技术来对物品进行标识、感知和控制，因此信息物品技术是"物品"与网络之间的接口。

#### 2. 自主网络技术

自主网络技术是一种用于网络管理和网络控制的技术，其中自我管理包括自我配置、自我组网、自我完善、自我保护和自我恢复等功能。为了满足物联网的应用需求，需要将当前的自主网络技术应用在物联网中，使得物联网成为自主网络。网络管理技术包括网络自我完善技术、网络自我配置技术、网络自我恢复技术和自我保护技术；网络控制技术包括基于时间语义的控制技术和基于空间语义的控制技术。

#### 3. 智能应用技术

智能应用技术是物联网应用中特有的技术，其中包括智能融合技术和智能决策技术。

而智能融合技术对收集到的不同类型的数据进行处理,并抽象成数据特征以便进行智能决策。智能决策技术基于数据特征来对物体的行为进行控制和干预。

## 10.1.5　物联网的应用模式

根据物联网的不同用途,可以将物联网的应用分为智能标签、智能监控与跟踪和智能控制3种基本应用模式。

**1. 智能标签**

商品上的二维码、银行卡、校园卡、门禁卡等为生活、办公提供了便利,这些条码和磁卡就是智能标签的载体。智能标签通过磁卡、二维码、RFID等将特定的信息存储到相应的载体中,这些信息可以是用户的身份、商品的编号和账户余额。

**2. 智能监控与跟踪**

物联网的一个常用场景就是利用传感器、视频设备、GPS设备等实现对特定特征(如温度、湿度、气压)的监控和特定目标(如物流商品、汽车和特定人)的跟踪,这种模式就是智能监控与跟踪。

**3. 智能控制**

智能控制就是一种物体自身的智能决策能力,这种决策是根据环境、时间、空间位置、自身状态等一些因素产生的。智能控制是最终体现物联网功能的应用模式,只有包含智能控制,一个连接不同物体的网络才能被称为物联网。智能控制可基于智能网络和云计算平台,根据传感器等感知终端获取的信息产生智能决策,从而实现对物体行为的控制。

## 10.1.6　物联网的应用

当前各大研究机构和解决方案提供商纷纷推出自己的物联网解决方案,其中以IBM的"智慧的地球"为典型代表。根据物联网技术在不同领域的应用,"智慧的地球"战略规划了6个具有代表性的智慧行动方案,包括智慧的电力、智慧的医疗、智慧的城市、智慧的交通、智慧的供应链以及智慧的银行。IBM将"智慧的地球"战略分解为4个关键问题,以保证该战略的有效实施。

(1) 利用新智能(New Intelligence)技术。

(2) 智慧运作(Smart Work),关注开发和设计新的业务流程,形成在灵活、动态流程支持下的智能运作,使人类实现全新的生活和工作方式。

(3) 动态架构(Dynamic Infrastructure),旨在建立一种可以降低成本、具有智能化和安全特性的动态基础设施。

(4) 绿色未来(Green&Beyond),旨在采取行动解决能源、环境和可持续发展的问题,提高效率和竞争力。

企业需要依据研究的技术和标准,在工业、农业、物流、交通、电网、环保、安防、医疗和家居等领域实现物联网的应用,具体如下。

(1) 智能工业:生产过程控制、生产环境监测、制造供应链跟踪、产品全生命周期监测,促进安全生产和节能减排。

（2）智能农业：农业资源利用、农业生产精细化管理、生产养殖环境监控、农产品质量安全管理和产品溯源。

（3）智能物流：建设库存监控、配送管理、安全溯源等现代流通应用系统，建设跨区域、行业、部门的物流公共服务平台，实现电子商务与物流配送一体化管理。

（4）智能交通：交通状态感知和交换、交通诱导与智能化管控、车辆定位与调度、车辆远程监测与服务、车路协同控制、建设开放的综合智能交通平台。

（5）智能电网：电子设施监测、智能变电站、配网自动化、智能用电、智能调度、远程抄表，建设安全、稳定、可靠的智能电力网络。

（6）智能环保：污染源监控、水质监测、空气监测、生态监测，建立智能环保信息采集网络和信息平台。

（7）智能安防：社会治安监控、危化品运输监控、食品安全监控，重要桥梁、建筑、轨道交通、水利设施、市政管网等基础设施的安全监测、预警和应急联动。

（8）智能医疗：药品流通和医院管理，以人体生理和医学参数采集及分析为切入点面向家庭和社区开展远程医疗服务。

（9）智能家居：家庭网络、家庭安防、家电智能控制、能源智能计量、节能低碳、远程教育等。

## 10.1.7　工业物联网

工业物联网（Industrial Internet of Things，IIoT）是物联网在工业领域的应用，是物联网与传统产业的深度融合。随着中国智能制造、德国工业4.0、美国先进制造伙伴计划等一系列国家战略的提出和实施，工业物联网成为全球工业体系创新驱动、转型升级的重要推手。企业将工业物联网应用于研发设计、生产制造、运营管理以及服务运维等全流程的各个环节，令其支持工业资源泛在连接、弹性供给、高效配置，从而构建服务驱动型的新工业生态体系。近年来，得益于云计算、大数据和人工智能技术等技术支撑体系的快速发展，工业物联网进入新阶段，人们逐渐意识到由数据驱动催生的新商业模式所带来的巨大价值，机理模型和数据模型的结合与碰撞为化解复杂系统的不确定性、发掘洞见、企业决策提供了强有力的数据支撑和新的引擎动力。

### 1. 工业物联网的支撑体系

工业物联网的作用或者说价值，依赖于一个完整的支撑体系，包括传感器感知、泛在网络连接、边缘计算、云计算、工业数据建模、大数据分析、人工智能以及工业自动化等。请注意，这里讲的是支撑体系，这些要素的作用是帮助工业物联网搭建框架，输出解决方案并形成闭环，工业物联网和其中某些要素并非包含关系。例如，工业自动化显然是一个非常成熟的领域，它和工业物联网有着密切的关系，在工业物联网项目实施的过程中，有时高度依赖工厂的自动化水平，因为自动化程度高，则信息化水平高，例如，从自动化装备中可以获取生产过程数据和工艺数据，所以自动化装备的数字化改造，很多时候是工业物联网的切入点。

近年来,得益于云计算、大数据和人工智能技术的发展,数据计算、存储及网络成本大大降低,数据分析能力却大大增强,分析手段变得更加丰富。如图 10-3 所示为工业物联网支撑体系。

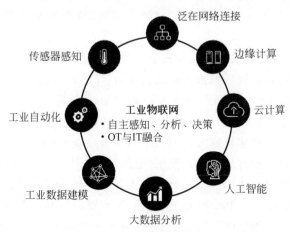

图 10-3 工业物联网支撑体系

### 2. 从业务视角到体系架构

近几年,随着云计算商业模式的成熟以及被企业广泛接受,工业物联网逐步从传统数据中心本地化部署,发展到基于云原生的架构及公有云、私有云和混合云多种部署模式,数据采集的深度从物联网数据拓展到运营数据、运维服务数据,数据采集的广度从工厂级拓展到企业级甚至供应链上下游。工业物联网特性架构如图 10-4 所示。

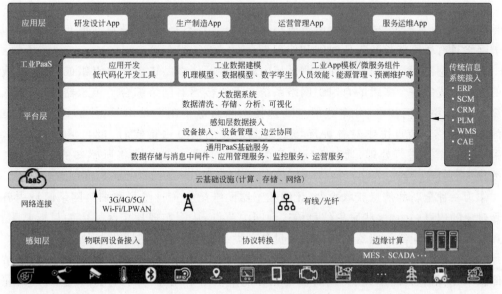

图 10-4 工业物联网特性架构

整个体系架构从下至上，包括感知层、网络连接、平台层和应用层。感知层负责数据采集，是工业物联网体系的数据源泉，利用泛在感知技术对多源设备、异构系统、运营环境、智能产品等各种要素进行信息采集，对异构数据进行协议转换，必要时进行即时处理。工业现场的很多数据有效期很短，一旦处理延误，就会迅速变质，数据价值呈断崖式下跌。

为了解决数据实时性、网络可靠性和安全性等问题，边缘计算应运而生。感知层数据通过有线或无线网络连接到达远端数据中心或云平台，工厂内同时存在 OT 和 IT 网络，需要打通，实现网络互联、数据互通。平台层包括通用 PaaS 和工业 PaaS，通用 PaaS 为工业 PaaS 提供 IT 基础支撑。工业 PaaS 也称为工业物联网操作系统，它提供感知层数据接入能力、数据分析能力、工业数据建模能力并沉淀各种工业 App(Application Program)模板，便于快速开发和上线应用。平台最终通过应用(用例)服务业务场景，得到闭环，客户花钱买用例，而有了平台支持，能够更快、更简单、更容易地部署用例。对于传统企业信息管理系统，如 ERP(Enterprise Resource Planning，企业资源计划)、WMS(Warehouse Management System，仓库管理系统)、CRM(Customer Relationship Management，客户关系管理)等，可能需要与平台打通，以消除信息孤岛，实现数据联动。

## 10.2　无线传感器网络

无线传感器网络(Wireless Seneor Networks，WSN)是当前在国际上备受关注的、多学科高度交叉、知识高度集成的前沿热点研究领域。

无线传感器网络是一种大规模、自组织、多跳、无基础设施支持的无线网络，网络中的节点是同构的，成本较低，体积和耗电量较小，大部分节点不移动，被随意地散布在监测区域，要求网络具有尽可能长的工作时间和使用寿命。

无线传感器网络是由部署在检测区域内的大量廉价微型传感器节点组成，通过无线通信的方式形成的一个多跳的自组织网络系统。无线传感器网络综合了传感器技术、嵌入式计算技术、网络通信技术、分布式信息处理技术和微电子制造技术等，能够通过各类集成化的微型传感器节点协作对各种环境或检测对象的信息进行实时监测、感知和采集，并对采集到的信息进行处理，通过无线自组织网络以多跳中继方式将所感知的信息传送给终端用户。

作为一种全新的信息获取平台，无线传感器网络能够实时监测和采集网络区域内各种监测对象的信息，并将这些采集信息传送到网关节点，从而实现规定区域内的目标监测、跟踪和远程控制。无线传感器网络是由大量各种类型且廉价的传感器节点(如，电磁、气体、温度、湿度、噪声、光强度、压力、土壤成分等传感器)组成的无线自组织网络，每个传感器节点由传感单元、信息处理单元、无线通信单元和能量供给单元等构成。无线传感器网络在农业、医疗、工业、交通、军事、物流以及家庭等众多领域都具有广泛应用，其研究、开发和应用在很大程度上关系到国家安全、经济发展等各个方面。

## 10.2.1 无线传感器网络的特点

无线网络包括移动通信网、无线局域网、蓝牙网络、Ad hoc 等网络,无线传感器网络在通信方式、动态组网以及多跳通信等方面有许多相似之处,同时也存在很大的差别。

无线传感器网络具有如下特点:

(1) 硬件资源有限。

节点由于受价格、体积和功耗的限制,其计算能力、程序空间和内存空间比普通的计算机能力要弱很多。

(2) 电池容量有限。

传感器节点体积微小,通常携带能量十分有限的电池。

(3) 通信能量有限。

传感器网络的通信带宽窄而且经常变化,通信覆盖范围只有几十米到几百米。

(4) 计算能力有限。

传感器节点是一种微型嵌入式设备,要求价格低、功耗小,这些限制必然导致其携带的处理器能力比较弱,存储容量比较小。

(5) 节点数量众多,分布密集。

传感器网络中的节点分布密集,数量巨大,可以达到几百、几千万,甚至更多。

(6) 自组织、动态性网络。

无线传感器网络所应用的物理环境及网络自身具有很多不可预测的因素,因此需要网络节点具有自组织能力。即在无人干预和其他任何网络基础设施的支持的情况下,可以随时随地自动组网,自动进行配置和管理,并使用适合的路由协议实现监测数据的转发。

(7) 以数据为中心的网络。

传感器网络的核心是感知数据,而不是网络硬件。

(8) 多跳路由。

网络中节点通信距离有限,一般在几百米范围内,节点只能与它的邻居直接通信。如果希望与其射频覆盖范围之外的节点进行通信,则需要通过中间节点进行路由。

## 10.2.2 无线传感器网络体系结构

传感器节点由 4 部分组成:传感器模块、处理器模块、无线通信模块和电源模块。传感器模块负责监测区域内的信息采集,并进行数据格式的转换,将原始的模拟信号转换成数字信号,将交流信号转换成直流信号,以供后续模块使用;处理模块又分成两部分,分别是处理器和存储器,它们分别负责处理节点的控制和数据存储的工作;无线通信模块专门负责节点之间的相互通信;电源模块就用来为传感器节点提供能量,一般采用微型电池供电。

无线传感器网络系统通常包括传感器节点、汇聚节点和管理节点,如图 10-5 所示。

大量传感器节点随机部署在监测区域,通过自组织的方式构成网络。传感器节点采集

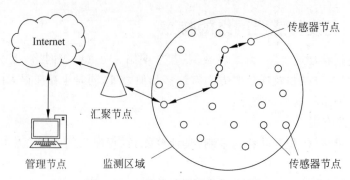

图 10-5　无线传感器网络体系结构

的数据通过其他传感器节点逐跳地在网络中传输,传输过程中数据可能被多个节点处理,经过多跳后路由到汇聚节点,最后通过互联网或者卫星到达数据处理中心。也可能沿着相反的方向,通过管理节点对传感器网络进行管理,发布监测任务以及收集监测数据。

网络协议体系结构是无线传感器网络的"软件"部分,包括网络的协议分层以及网络协议的集合,是对网络及其部件应完成功能的定义与描述。无线传感器网络协议体系结构如图 10-6 所示。

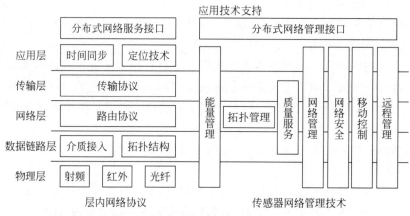

图 10-6　无线传感器网络协议体系结构

分层的网络通信协议结构类似于传统的 TCP/IP 体系结构,由物理层、数据链路层、网络层、传输层和应用层组成。物理层的功能包括信道选择、无线信号的监测、信号的发送与接收等。传感器网络采用的传输介质可以是无线、红外或者光波等。物理层的设计目标是以尽可能少的能量损耗获得较大的链路容量。数据链路层的主要任务是加权物理层传输原始比特的功能,使之对上层显现一条无差错的链路。网络层的主要功能包括分组路由、网络互联等。传输层负责数据流的传输控制,提供可靠高效的数据传输服务。

WSN 节点的典型硬件结构如图 10-7 所示,主要包括电池及电源管理电路、传感器、信号调理电路、A/D 转换器、存储器、微处理器和射频模块等。节点采用电池供电,一旦电源耗尽,节点就失去了工作能力。为了最大限度地节约电源,在硬件设计方面,要尽量采用低功耗器件,在没有通信任务的时候,切断射频部分电源;在软件设计方面,各层通信协议都应该以节能为中心,必要时牺牲其他的一些网络性能指标,以获得更高的电源效率。

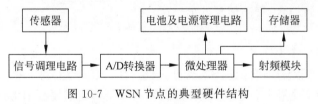

图 10-7 WSN 节点的典型硬件结构

## 10.2.3 无线传感器网络的关键技术

无线传感器网络有着十分广泛的应用前景,可以大胆地预见,将来无线传感器网络将无处不在,完全融入人们的生活。例如,微型传感器网络最终可能将家用电器、个人计算机和其他日常用品同 Internet 相连,实现远距离跟踪;家庭采用无线传感器网络负责安全调控、节电等。但是,我们还应该清楚地认识到,无线传感器网络刚开始发展,它的技术、应用都还远谈不上成熟,国内企业更应该抓住商机,加大投入力度,推动整个行业的发展。

### 1. 拓扑控制

对于无线的自组织的传感器网络而言,网络拓扑控制具有特别重要的意义。通过拓扑控制自动生成的良好的网络拓扑结构,能够提高路由协议和 MAC 协议的效率,可为数据融合、时间同步和目标定位等很多方面奠定基础,有利于节省节点的能量来延长网络的生存期。所以,拓扑控制是无线传感器网络研究的核心技术之一。

### 2. 通信协议

由于传感器节点的计算能力、存储能力、通信能量以及携带的能量都十分有限,因此每个节点只能获取局部网络的拓扑信息,其上运行的网络协议也不能太复杂。同时,传感器拓扑结构动态变化,网络资源也在不断变化,这些都对网络协议提出了更高的要求。传感器网络协议负责使各个独立的节点形成一个多跳的数据传输网络,目前研究的重点是网络层协议和数据链路层协议。网络层的路由协议决定监测信息的传输路径;数据链路层的介质访问控制用来构建底层的基础结构,控制传感器节点的通信过程和工作模式。

### 3. 时间同步

时间同步是需要协同工作的传感器网络系统的一个关键机制。

### 4. 定位技术

位置信息是传感器节点采集数据中不可缺少的部分,没有位置信息的监测消息通常毫无意义,确定事件发生的位置或采集数据的节点位置是传感器网络最基本的功能之一。为了提供有效的位置信息,随机部署的传感器节点必须能够在布置后确定自身位置。由于传感器节点具有资源有限、随机部署、通信易受环境干扰甚至节点失效等特点,因此定位机制必须满足自组织性、健壮性、能量高效、分布式计算等要求。

### 5. 数据管理

传感器网络存在能量约束。减少传输的数据量能够有效节省能量,因此在从各个传感器节点收集数据的过程中,可利用节点的本地计算和存储能力处理数据的融合,去除冗余信息,从而达到节省能量的目的。由于传感器节点的易失效性,因此传感器网络需要数据融合技术对多份数据进行综合,提高信息的准确度。

**6. 网络安全**

无线传感器网络作为任务型的网络,不仅要进行数据的传输,而且要进行数据采集和融合、任务的协同控制等。如何保证任务执行的机密性、数据产生的可靠性、数据融合的高效性以及数据传输的安全性,就成为无线传感器网络安全问题需要全面考虑的内容。

**7. 覆盖与连通**

覆盖问题是无线传感器网络配置首先面临的基本问题,传感器节点可能任意分布在配置区域,它反映了一个无线传感器网络某区域被监测和跟踪的状况。随着无线传感器网络应用的普及,更多的研究工作深入到其网络配置的基本理论方面,其中覆盖与连通问题就是无线传感器网络设计和规划需要面临的基本问题之一。

**8. 软硬件集成技术**

传感器节点是无线传感器网络的基本构成单位,由其组成的硬件平台和具体的应用要求密切相关,因此节点的设计将直接影响到整个无线传感器网络的性能。传感器节点通常是一个微型的嵌入式系统,构成无线传感器网络的基础层支持平台。传感器节点兼顾传统网络节点的终端和路由器双重功能,负责本地信息收集和数据处理,以及对其他节点转发来的数据进行存储、管理和融合等处理,同时与其他节点协作完成一些特定任务。汇聚节点连接无线传感器网络与互联网等外部网络,需要实现两种协议栈之间的通信协议转换。

## 10.2.4　IEEE 802.15.4 无线传感器网络通信标准

IEEE 802.15.4 是一种为低速无线个人区域网(LR-WPAN)定义的通信标准,它特别适合于物联网(IoT)中的无线传感器网络。此标准由电气与电子工程师协会(IEEE)的 802.15 工作组制定,专注于低数据传输速率、低功耗和低成本的无线通信。

IEEE 802.15.4 标准对于实现智能设备间的有效通信至关重要,它支持物联网设备的互联互通,并且是许多物联网应用的基石。

**1. IEEE 802.15.4 标准概述**

IEEE 802.15.4 是短距离无线通信的 IEEE 标准,它是无线传感器网络通信协议中物理层与 MAC 层的一个具体实现。IEEE 802.15.4 标准,即 IEEE 用于低速无线个人局域网(LR-WPAN)的物理层和介质接入控制层规范。该协议支持两种网络拓扑,即单跳星状或当通信线路超过 10m 时的多跳对等拓扑。一个 IEEE 802.15.4 网可以容纳最多 216 个器件。

随着通信技术的迅速发展,人们提出了在人自身几米范围之内通信的需求。为了满足低功耗、低成本的无线网络的要求,IEEE 802.15 小组于 2002 年成立,它的任务是研究制定无线个人局域网(WPANs)标准——IEEE 802.15.4。该标准规定了在个域网(PAN)中设备之间的无线通信协议和接口。

WPAN 是一种与无线广域网(WWAN)、无线城域网(WMAN)、无线局域网(WLAN)并列但覆盖范围相对较小的无线网络。在网络构成上,WPAN 位于整个网络链的末端,用于实现同一地点终端与终端间的连接,如连接手机和蓝牙耳机等。WPAN 所覆盖的范围一般在 10m 半径内,必须运行于许可的无线频段。WPAN 设备具有价格便宜、体积小、易操作和功耗低等优点。

### 2. 网络组成和拓扑结构

在 IEEE 802.15.4 中,根据设备所具有的通信能力,可以分为全功能设备(Full-Function Device,FFD)和精简功能设备(Reduced-Function Device,RFD)。与 RFD 相比,FFD 在硬件功能上比较完善,如 FFD 采用主电源保证充足的能耗,而 RFD 采用电池供电。在通信功能上,FFD 设备之间以及 FFD 设备与 RFD 设备之间都可以通信。RFD 设备之间不能直接通信,只能与 FFD 设备通信,或者通过一个 FFD 设备向外转发数据。

IEEE 802.15.4 网络根据应用的需要可以组织成两种拓扑结构:星形网络拓扑结构和点对点网络拓扑。在星形结构中,整个网络的形成以及数据的传输由中心的网络协调者集中控制,所有设备都与中心设备 PAN 协调器通信。各个终端设备(FFD 或 RFD)直接与网络协调者进行关联和数据传输。网络中的设备可以采用 64 位的地址直接进行通信,也可以通过关联操作由网络协调器分配 16 位网内地址进行通信。

### 3. 协议栈架构

IEEE 802.15.4 标准的网络协议栈基于开放系统互联模型,每一层都实现一部分通信功能,并向高层提供服务。

IEEE 802.15.4 标准只定义了 PHY 层和数据链路层的 MAC 子层。PHY 层由射频收发器以及底层的控制模块构成。MAC 子层为高层访问物理信道提供点到点通信的服务接口。

IEEE 802.15.4 标准适于组建低速率的、短距离的无线局域网。

### 4. 物理层规范

IEEE 802.15.4 物理层通过射频硬件和软件在 MAC 子层和射频信道之间提供接口,将物理层的主要功能分为物理层数据服务和物理层管理服务。物理层数据服务从无线物理信道上收发数据,物理层管理服务维护一个由物理层相关数据组成的数据库,主要负责射频收发器的激活和休眠、信道能量检测、链路质量指示、空闲信道评估、信道的频段选择、物理层信息库的管理等。

### 5. MAC 层规范

在 IEEE 802 系列标准中,OSI 参考模型的数据链路层进一步划分为介质访问控制(MAC)子层和逻辑链路控制(LLC)子层。MAC 子层使用物理层提供的服务实现设备之间的数据帧传输,而 LLC 子层在 MAC 子层的基础上,在设备间提供面向连接和非连接的服务。MAC 子层就是用来解决如何共享信道问题的。

（1）MAC 子层的主要功能。

MAC 子层具有如下主要功能：

① 如果设备是协调器，就需要产生网络信标。

② 信标的同步。

③ 支持个域网络（PAN）的关联（association）和取消关联（disassociation）操作。

④ 支持无线信道通信安全。

⑤ 使用 CSMA-CA 机制访问物理信道。

⑥ 支持时槽保障（Guaranteed Time Slot，GTS）机制。

⑦ 支持不同设备的 MAC 层间可靠传输。

⑧ 协调器产生并发送信标帧，普通设备根据协调器的信标帧与协议期同步。

（2）MAC 层帧分类。

IEEE 802.15.4 网络共定义了 4 种类型的帧：信标帧、数据帧、确认帧和 MAC 命令帧。

（3）MAC 层服务规范。

IEEE 802.15.4 标准 MAC 子层规范给出 3 种数据传输模式，即协调点到普通节点、普通节点到协调点及协调点（普通节点）到协调点（普通节点）的数据传输。同时，标准也规范了数据通信的 3 种方式：直接传输、间接传输和时槽保障（GTS）传输。

（4）MAC 层安全规范。

IEEE 802.15.4 提供的安全服务是在应用层已经提供密钥的情况下的对称密钥服务。密钥的管理和分配都由上层协议负责。这种机制提供的安全服务基于这样一个假定，即密钥的产生、分配和存储都在安全方式下进行。

## 10.2.5　无线传感器网络的应用

作为一种新型网络，无线传感器网络在军事、工业、农业、交通、土木建筑、安全、医疗、家庭和办公自动化等领域都有着广泛的用途，其在国家安全、经济发展等方面发挥了巨大作用。随着无线传感器网络的不断快速发展，它还将被拓展到越来越多新的应用领域。

### 1．智能交通

埋在街道或道路边的传感器以较高分辨率收集交通状况的信息，即所谓的"智能交通"，它还可以与汽车进行信息交互，比如，道路状况危险警告或前方交通拥塞等。

### 2．智能农业

无线传感器网络可以应用于农业，即将温度/土壤组合传感器放置在农田中，以计算出精确的灌溉量和施肥量。

### 3．医疗健康

利用无线传感器网络技术，通过让病人佩戴具有特殊功能的微型传感器，医生可以使用智能手机等设备，随时查询病人的健康状况或接收报警消息。另外，利用这种医护人员和病人之间的跟踪系统可以及时地救治伤患。

#### 4. 工业监控

利用无线传感器网络对工业生产过程中环境状况、人员活动等敏感数据和信息进行监控，可以减少生产过程中人力和物力的损失，进而保证工厂工人或者公共财产的安全。

#### 5. 军事应用

无线传感器最早是面向军事应用的。使用无线传感器网络采集的部队、武器装备和军用物资供给等信息，并通过汇聚节点将数据送至指挥所，再转发到指挥部，最后融合来自各战场的数据，形成军队完备的战区态势图。

#### 6. 灾难救援与临时场合

在很多地震、水灾、强热带风暴等自然灾害袭击后，无线传感器网络就可以帮助抢险救灾，从而达到减少人员伤亡和财产损失的目的。

#### 7. 家庭应用

无线传感器网络在家庭及办公自动化方面具有巨大的潜在应用前景。利用无线传感器网络将家庭中的各种家电设备联系起来，可以组建一个家庭智能化网络，使它们可以自动运行，相互协作，为用户提供尽可能的舒适度和便利性。

## 10.3 蓝牙通信技术

互联网得以快速发展的关键之一是解决了"最后一公里"的问题，物联网得以快速发展的关键之一是解决了"最后一百米"的问题。在"最后一百米"的范围内，可连接的设备密度远远超过了"最后一公里"，特别是在智能家居、智慧城市、工业物联网等领域。围绕着物联网"最后一百米"的技术解决方案，业界提出了多种中短距离无线标准，随着技术的不断进步，这些无线标准正在向实用落地不断迈进。低功耗蓝牙的标准始终在围绕物联网发展的需求而不断升级迭代，自蓝牙 4.0 开始，蓝牙技术进入了低功耗蓝牙时代，在智能可穿戴设备领域，低功耗蓝牙已经是应用最广泛的技术标准之一，并在消费物联网领域大获成功。低功耗蓝牙在点对点、点对多点、多角色、长距离通信、复杂 Mesh（网格）网络、蓝牙测向等方面不断增加的新特性，低功耗蓝牙标准在持续拓展物联网的应用场景及边界，获得了令人瞩目的发展。

Nordic 推出了采用双核处理器架构的无线多协议 SoC 芯片 nRF5340，该芯片不仅支持功耗蓝牙 5.x，还支持蓝牙 Matter、Mesh、ZigBee、Thread、IEEE 802.15.4、ANT、NFC 等协议和 2.4GHz 私有协议，使得采用 nRF5340 开发的产品具有极大的灵活性和平台通用性。

对于物联网开发人员而言，选择一个好的平台是十分重要的，好的平台可以使开发的产品具有更多的灵活性，并提供了进行创新的基础与支撑条件，使开发的产品在无线通信可靠性、功耗效率和用户体验等方面得到重要提升。

### 10.3.1 蓝牙通信技术概述

蓝牙是一种支持设备短距离通信（一般在 10m 内）的无线电技术。能在移动电话、掌上数字助理(Personal Digital Assistant,PDA)、无线耳机、笔记本计算机、相关外设等众多设备之间进行无线信息交换。利用"蓝牙"技术,能够有效地简化移动通信终端设备之间的通信,也能够成功地简化设备与 Internet 之间的通信,从而使数据传输变得更加迅速、高效,为无线通信拓宽道路。蓝牙采用分散式网络结构以及快跳频和短包技术,支持点对点及点对多点通信,工作在全球通用的 2.4GHz ISM(Industry、Science、Medicine,即工业、科学、医学)频段。其数据传输速率为 1Mb/s。采用时分双工传输方案实现全双工传输。

## 10.3.2　无线多协议 SoC 芯片

SoC 芯片是一种集成电路的芯片,可以有效地降低电子/信息系统产品的开发成本,缩短开发周期,提高产品的竞争力,是未来工业界将采用的最主要的产品开发方式。下面讲述无线多协议 SoC 芯片。

### 1. 无线多协议 SoC 芯片简介

Nordic 是中短距离无线应用的领跑者,是低功耗蓝牙技术和标准的创始者之一,其超低功耗无线技术已成为业界的标杆。按照产品发展的脉络,Nordic 的低功耗蓝牙芯片分为 nRF51 系列、nRF52 系列、nRF53 系列。

(1) nRF51 系列芯片是 Nordic 早期推出的 SoC 芯片,采用 Arm Cortex-M0 内核处理器架构,支持低功耗蓝牙 4.0 及以上的特性,由于性能稳定、性价比高,目前在市面上还有较多用户在使用,该系列的代表芯片是 nRF51822。

(2) nRF52 系列芯片采用 Arm Cortex-M4 内核处理器架构,支持低功耗蓝牙 5.0 及以上的特性,功耗效率更优。

(3) nRF53 系列芯片是高端无线多协议 SoC 芯片,采用双 Arm Cortex-M33 内核处理架构,即一个内核用于处理无线协议,另一个内核用于应用开发。双核处理器高效协同工作,在性能与功耗方面得到完美的结合,同时 nRF53 系列芯片还具备高性能、低功耗、可扩展宽工作温度等优势,可广泛用于智能家居、室内导航、专业照明、工业自动化、可穿戴设备以及其他复杂的物联网应用。该系列的代表芯片是 nRF5340。

### 2. 无线多协议 SoC 芯片的未来发展路线图

Nordic 致力于超低功耗中短距离无线技术的应用市场,目前已有规格齐全的芯片型号,可满足不同应用场景的需要,并兼顾资源配置和性价比。在不久的将来,nRF53、nRF54 都会陆续推出新的芯片型号,在功耗、射频、安全加密等性能上会有更大的提升。

## 10.3.3　nRF5340 芯片及其主要特性

nRF5340 是全球首款配备两个 Arm Cortex-M33 处理器的无线 SoC。

### 1. nRF5340 芯片

nRF5340 是 Nordic 推出的高端多协议系统级(SoC)芯片,是基于 Nordic 经过验证并在全球范围得到广泛采用的 nRF51 和 nRF52 系列无线多协议 SoC 芯片构建的,同时引入了具有先进安全功能的全新灵活双核处理器硬件架构,是世界上第一款配备双 Arm Cortex-M33 处理器的无线多协议 SoC 芯片。nRF5340 外形如图 10-8 所示,支持低功耗蓝牙 5.3、蓝牙 Mesh 网络、NFC、Thread、ZigBee 和 Matter,具备高性能、低功耗、可扩展、耐热性高等优势,可广泛用于智能家居、室内导航、专业照明、工业自动化、高端可穿戴设备,以及其他复杂的物联网应用。

图 10-8 nRF5340 外形

nRF5340 带有 512KB 的 RAM,可满足下一代高端可穿戴设备的需求;可通过高速 SPI、QSPI、USB 等接口与外设连接,同时可最大限度地减少功耗。其中的 QSPI 接口,能够以 96MHz 的时钟频率与外部存储器连接;高速 SPI 接口能够以 32MHz 的时钟频率连接显示器和复杂传感器。

nRF5340 采用双核处理器架构,包括应用核处理器和网络核处理器。

**2. nRF5340 的主要特性**

nRF5340 的主要特性如下:

(1) 采用双核处理器架构。nRF5340 包含两个 Arm Cortex-M33 处理器,其中的网络核处理器用于处理无线协议和底层协议栈,应用核处理器用于开发应用及功能;双核处理器架构兼顾高性能和高效率,可进一步优化性能和效率,达到最优;低功耗蓝牙协议栈的主机(Host)和控制器(Controller)分别运行在不同的处理器上,效率更高。

(2) 支持多协议。nRF5340 支持低功耗蓝牙 5.3 及更高版本;支持蓝牙 Mesh、Thread、ZigBee、NFC、ANT、IEEE 802.15.4 和 2.4GHz 等协议。

(3) 优化了射频功耗。在 TX 的峰值功耗降低 30%,即 0dBm 时,TX 的电流约为 3.2mA,RX 的电流约为 2.6mA;RX 的灵敏度为 −97.5dBm;在 +3～−20dBm 的范围内,能够以 1dB 为单位调整 TX 的发射功率。

(4) 高安全性。采用 Arm TrustZone 和安全密钥存储;可设置 Flash、RAM、GPIO 和外设的安全属性;采用 Arm CryptoCell-312,实现了硬件加速加密;具有独立的密钥存储单元。

(5) 全合一。采用全新的芯片系列、双核处理器架构、最高级别的安全加密技术,工作温度可以达到 105℃,具有更大的存储空间和内存、更高的运行效率,并且功耗更优。

(6) 专为 LE 音频设计。支持同步频道、LC3,采用低抖动音频 PLL 时钟源。

(7) 运行效率更高。CPU 运行在时钟频率 64MHz 时,无论网络处理器还是应用核处理器,nRF5340 的运算性能均高于 nRF52840。

## 10.3.4 nRF5340 的开发工具

nRF5340 的开发工具包括 nRF Connect SDK 软件开发平台和 nRF5340 DK。

### 1. nRF Connect SDK 软件开发平台

nRF Connect SDK(NCS)是 Nordic 最新的软件开发平台,该平台支持 Nordic 所有产品线,集成了 Zephyr RTOS、低功耗蓝牙协议栈、应用示例和硬件驱动程序,统一了低功耗蜂窝物联网和低功耗中短距离无线应用开发。nRF Connect SDK 可以在 Windows、macOS 和 Linux 上运行,由 GitHub 提供源代码管理,并提供免费的 SES(SEGGER Embedded Studio,SEGGER 嵌入式工作室)综合开发编译环境支持。

SES 是 SEGGER 公司开发的一个跨平台 IDE(支持 Windows、Linux、macOS)。从用户体验上来看,SES 是优于 IAR EW 和 Keil MDK 的。同时,使用 Nordic 的 BLE 芯片可以免费使用这个 IDE,没有版权的纠纷。

### 2. nRF5340 DK(Development Kit)

nRF5340 DK 是用于开发 nRF5340 的开发板,如图 10-9 所示,该开发板包含了开发工作所需的硬件组件及外设。nRF5340 DK 支持使用多种无线协议,配有一个 SEGGER 的 J-Link 调试器,可对 nRF5340 DK 上的 nRF5340 或基于 Nordic 的 SoC 芯片的外部目标板进行全面的编程和调试。

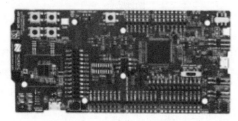

图 10-9 nRF5340 开发板

开发者可通过 nRF5340 DK 的连接器和扩展接口使用 nRF5340 的模拟接口、数字接口及 GPIO,该开发板上配置了 4 个按钮和 4 个 LED,可简化 nRF5340 的输入和输出设置,并且可由开发者编程控制。

在实际使用时,nRF5340 DK 既可以通过 USB 供电,也可以通过 1.7~5.0V 的外部电源供电。

## 10.3.5　低功耗蓝牙芯片 nRF51822 及其应用电路

Nordic 低功耗蓝牙(BLE)4.0 芯片 nRF51822 内含一颗 Cortex-M0 CPU,拥有 256KB/128KB Flash 和 32KB/16KB RAM,为低功耗蓝牙产品应用提供了性价比最高的单芯片解决方案,是超低功耗与高性能的完美结合。nRF51822 低功耗蓝牙模块外形如图 10-10 所示。

nRF51822 低功耗蓝牙模块的原理图如图 10-11 所示。

图 10-11 右边方框内的电路为阻抗匹配网

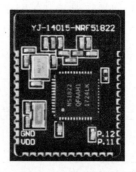

图 10-10 nRF51822 低功耗蓝牙模块外形

络部分电路,将 nRF51822 的射频差分输出转为单端输出 50Ω 标准阻抗,相应的天线也应该是 50Ω 阻抗,这样才能确保功率最大化地传输到空间。

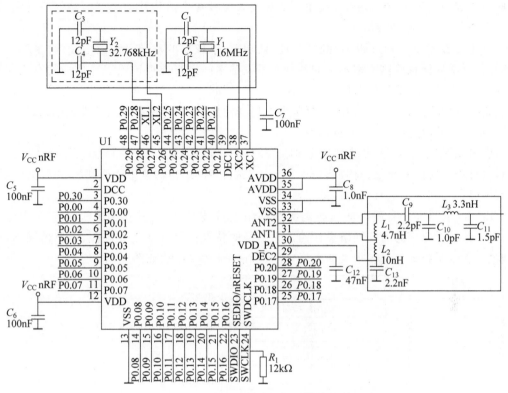

图 10-11 nRF51822 低功耗蓝牙模块的原理图

## 10.4 ZigBee 无线传感器网络

无线传感器网络(Wireless Sensor Network,WSN)采用微小型的传感器节点获取信息,节点之间具有自动组网和协同工作能力,网络内部采用无线通信方式,采集和处理网络中的信息,并发送给观察者。目前 WSN 使用的无线通信技术过于复杂,非常耗电,成本很高。而 ZigBee 是一种短距离、低成本、低功耗、低复杂度的无线网络技术,在无线传感器网络应用领域极具发展潜力。

无线传感器网络有着十分广泛的应用前景,在工业、农业、军事、环境、医疗、数字家庭、绿色节能、智慧交通等传统和新兴领域都具有巨大的应用价值,无线传感器网络将无处不在,将完全融入我们的生活。

### 10.4.1 ZigBee 无线传感器网络通信标准

下面讲述 ZigBee 无线传感器网络通信标准。

#### 1. ZigBee 标准概述

ZigBee 技术在 IEEE 802.15.4 的推动下,不仅在工业、农业、军事、环境、医疗等传统领域取得了成功的应用,在未来,其应用可能涉及人类日常生活和社会生产活动的所有领域,真正实现无处不在的网络。

ZigBee 技术是一种近距离、低复杂度、低功耗、低成本的双向无线通信技术,主要用于在距离短、功耗低且传输速率不高的各种电子设备之间进行数据传输以及典型的有周期性数据、间歇性数据和低反应时间数据传输的应用,因此非常适用于家电和小型电子设备的无线控制指令传输。其典型的传输数据类型有周期性数据(如传感器)、间歇性数据(如照明控制)和重复低反应时间数据(如鼠标)。

它采用跳频技术,使用的频段分别为 2.4GHz(ISM)、868MHz(欧洲)及 915MHz(美国),而且均为免执照频段,有效覆盖率10~275m。当网络传输速率降低到 28kb/s 时,传输范围可以扩大到 334m,具有更高的可靠性。

ZigBee 标准是一种新兴的短距离无线网络通信技术,它是基于 IEEE 802.15.4 协议栈,主要针对低速率的通信网络设计的。它本身的特点使得其在工业监控、传感器网络、家庭监控、安全系统等领域有很大的发展空间。ZigBee 体系结构如图 10-12 所示。

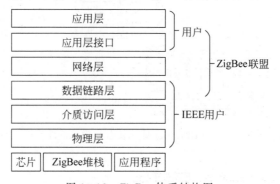

图 10-12  ZigBee 体系结构图

## 2. ZigBee 协议框架

ZigBee 堆栈是在 IEEE 802.15.4 标准基础上建立的,定义了协议的 MAC 和 PHY 层。ZigBee 设备应该包括 IEEE 802.15.4 的 PHY 和 MAC 层,以及 ZigBee 堆栈层:网络层(NWK)、应用层和安全服务提供层。

完整的 ZigBee 协议栈由物理层、介质访问控制层、网络层、安全层和高层应用规范组成,如图 10-13 所示。

| 应用层 | 应用层 | 用户 |
|---|---|---|
| ZigBee 平台通信栈 | 应用程序接口 | ZigBee 联盟平台 |
| | 安全层(128b加密) | |
| | 网络层(星形/Mesh/树形) | |
| 硬件实现 | MAC 子层 | IEEE 802.15.4 |
| | 物理层 868MHz/915MHz/2.4GHz | |

图 10-13  ZigBee 协议栈

ZigBee 协议栈的网络层、安全层和应用程序接口等由 ZigBee 联盟制定。物理层和 MAC 子层由 IEEE 802.15.4 标准定义。在 MAC 子层上面提供与上层的接口，可以直接与网络层连接，或者通过中间子层 SSCS 和 LLC 实现连接。ZigBee 联盟在 IEEE 802.15.4 基础上定义了网络层和应用层。其中，安全层主要实现密钥管理、存取等功能。应用程序接口负责向用户提供简单的应用程序接口（API），包括应用子层支持（Application Sub-layer Support，APS）、ZigBee 设备对象（ZigBee Device Object，ZDO）等，以实现应用层对设备的管理。

### 3. ZigBee 网络层规范

协调器也称为全功能设备（FFD），相当于蜂群结构中的蜂后，是唯一的，是 ZigBee 网络启动或建立网络的设备。

路由器相当于雄蜂，数目不多，需要一直处于工作状态，需要主干线供电。

末端节点则相当于数量最多的工蜂，也称为精简功能设备（RFD），只能传送数据给 FFD 或从 FFD 接收数据，该设备需要的内存较少（特别是内部 RAM）。

### 4. ZigBee 应用层规范

ZigBee 协议栈的层结构包括 IEEE 802.15.4 介质访问控制（MAC）层和物理（PHY）层，以及 ZigBee 网络层。每一层通过提供特定的服务完成相应的功能。其中，ZigBee 应用层包括 APS 子层、ZDO 子层（包括 ZDO 管理层）以及用户自定义的应用对象。

ZigBee 应用层有 3 个组成部分，即应用支持子层（Application Support Sub-Layer，APS）、应用框架（Application Framework，AF）、ZigBee 设备对象（ZigBee Device Object，ZDO）。它们共同为各应用开发者提供统一的接口，规定了与应用相关的功能，如端点（EndPoint）的规定，绑定（Binding）、服务发现和设备发现等。

## 10.4.2 ZigBee 开发技术

随着集成电路技术的发展，无线射频芯片厂商采用片上系统（System on Chip，SoC）的方法，对高频电路进行了高度集成，大大地简化了无线射频应用程序的开发。其中最具代表性的是 TI 公司开发的 CC2530 无线微控制器，该产品为 2.4GHz、IEEE 802.15.4/ZigBee 片上系统提供了解决方案。

TI 公司提供完整的技术手册、开发文档、工具软件，使得普通开发者开发无线传感器网络应用成为可能。TI 公司不仅提供了实现 ZigBee 网络的无线微控制器，而且免费提供了符合 ZigBee 2007 协议规范的协议栈 Z-Stack 和较为完整的开发文档。因此，CC2530＋Z-Stack 成为目前 ZigBee 无线传感器网络开发的最重要技术之一。

### 1. CC2530 无线片上系统概述

CC2530 无线片上系统微控制器是用于 IEEE 802.15.4、ZigBee 和 RF4CE 应用的一个真正的片上系统（SoC）解决方案。它能够以非常低的总的材料成本建立强大的网络节点。CC2530 结合了领先的 2.4GHz 的 RF 收发器的优良性能，业界标准的增强型 8051 微控制器，系统内可编程 Flash，8KB RAM 和许多其他强大的功能。根据芯片内置 Flash 的不同容量,CC2530 有 4 种不同的型号:CC2530F32、CC2530F64、CC2530F128、CC2530F256。CC2530 具有不同的运行模式,使得它尤其适合超低功耗要求的系统。运行模式之间的转换时间短进一步确保了低能源消耗。

**2. CC2530 引脚功能**

CC2530 芯片采用 QFN40 封装,共有 40 个引脚,可分为 I/O 引脚、电源引脚和控制引脚,CC2530 外形和引脚如图 10-14 所示。

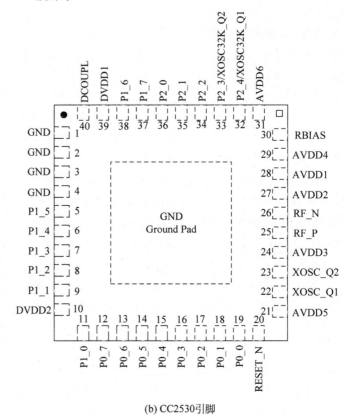

(a) CC2530外形　　　　　　(b) CC2530引脚

图 10-14　CC2530 外形和引脚

(1) I/O 端口引脚功能。

CC2530 芯片有 21 个可编程 I/O 引脚,P0 和 P1 是完整的 8 位 I/O 端口,P2 只有 5 个可以使用的位。

(2) 电源引脚功能。

AVDD1~AVDD6:为模拟电路提供 2.0~3.6V 工作电压。

DCOUPL:提供 1.8V 的去耦电压,此电压不为外电路使用。

DVDD1,DVDD2:为 I/O 口提供 2.0~3.6V 电压。

GND:接地。

（3）控制引脚功能。

RESET_N：复位引脚,低电平有效。

RBIAS：为参考电流提供精确的偏置电阻。

RF_N：RX 期间负 RF 输入信号到 LNA。

RF_P：RX 期间正 RF 输入信号到 LNA。

XOSC_01：32MHz 晶振引脚 1。

XOSC_02：32MHz 晶振引脚 2。

### 3. CC2530 芯片内部结构

CC2530 芯片的内部结构如图 10-15 所示。

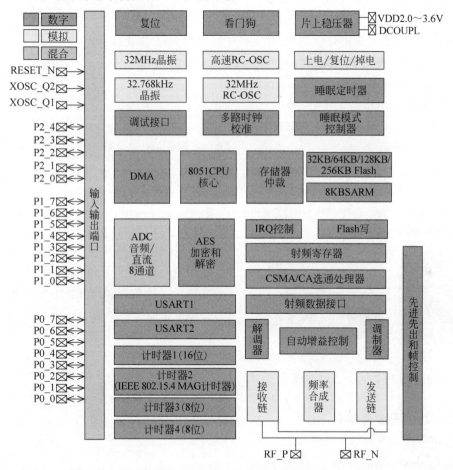

图 10-15　CC2530 芯片的内部结构

内含模块大致可以分为 4 部分：CPU 和内存相关的模块、外设、时钟和电源管理相关的模块以及射频相关的模块。CC2530 在单个芯片上整合了 8051 兼容微控制器、ZigBee 射频（RF）前端、内存和 Flash 等,还包含串行接口（UART）、模/数转换器（ADC）、多个定时器（Timer）、AES128 安全协处理器、看门狗定时器（Watchdog Timer）、32kHz 晶振的休眠模式定时器、上电复位电路(Power On Reset)、掉电检测电路(Brown Out Detection)以及21个可编程 I/O 口等外设接口单元。

CC2530 的基本配置：

(1) 高性能、低功耗、带程序预取功能的 8051 微控制器内核。

(2) 32KB/64KB/128KB/256KB 的系统可编程 Flash。

(3) 在所有模式都带记忆功能的 8KB RAM。

(4) 2.4GHz IEEE 802.15.4 兼容 RF 收发器。

(5) 优秀的接收灵敏度和强大的抗干扰性。

(6) 精确的数字接收信号强度指示/链路质量指示支持。

(7) 最高达 4.5dBm 的可编程输出功率。

(8) 集成 AES 安全协处理器,硬件支持的 CSMA/CA 功能。

(9) 具有 8 路输入和可配置分辨率的 12 位 ADC。

(10) 强大的 5 通道 DMA。

(11) IR 发生电路。

(12) 带有两个强大的支持几组协议的 UART。

(13) 一个遵循 IEEE 802.15.4 标准的 MAC 定时器,一个常规的 16 位定时器和两个 8 位定时器。

(14) 看门狗定时器,具有捕获功能的 32kHz 睡眠定时器。

(15) 较宽的电压工作范围(2.0～3.6V)。

(16) 具有电池监测和温度感测功能。

(17) 在休眠模式下仅 0.4pA 的电流损耗,外部中断或 RTC 能唤醒系统。

(18) 在待机模式下低于 1μA 的电流损耗,外部中断能唤醒系统。

(19) 调试接口支持,强大和灵活的开发工具。

(20) 仅需很少的外部元件。

CC2530 无线模块如图 10-16 所示。

(a) PCB天线　　　　　(b) 外置天线

图 10-16　CC2530 无线模块

### 4. CC2530 的应用领域

CC2530 应用领域如下：

(1) 2.4GHz IEEE 802.15.4 系统。

(2) RF4CE 远程控制系统(需要大于 64KB Flash)。

(3) ZigBee 系统(需要 256KB Flash)。

(4) 家庭/楼宇自动化。

(5) 照明系统。

(6) 工业控制和监控。

（7）低功耗无线传感器网络。

（8）消费型电子产品。

（9）医疗保健。

### 10.4.3　CC2530 的开发环境

#### 1. IAR Embedded Workbench for 8051

IAR 嵌入式集成开发环境是 IAR 系统公司设计用于处理器软件开发的集成软件包，包含软件编辑、编译、连接、调试等功能，它包含用于 IAR Embedded Workbench for ARM（ARM 软件开发的集成开发环境）、用于 IAR Embedded Workbench for AVR（Atmel 单片机软件开发的集成开发环境）、用于兼容 8051 处理器软件开发的集成开发环境（IAR Embedded Workbench for 8051），可用于 TI 公司的 CC24XX 及 CC25XX 家族无线单片机底层软件开发、ZigBee 协议的移植、应用程序的开发等。

#### 2. SmartRF Flash Programmer

SmartRF Flash Programmer 用于无线单片机 CC2530 的程序烧写，或用于 USB 接口的 MCU 固件编程、读写 IEEE 地址等。配合 SmartRF 仿真器即可对 CC2530 开发板进仿真。

## 10.5　W601 Wi-Fi MCU 芯片及其应用实例

2018 年初，北京联盛德（Winner Micro）微电子公司推出了新一代 IoT Wi-Fi 芯片 W600，上市伊始就以其优异的性价比优势迅速获得智能硬件领域的认可并取得了骄人的业绩。

目前市面上智能家电产品普遍采用主控 MCU＋Wi-Fi 模块的双芯片系统架构，MCU 负责实现和处理产品应用流程；Wi-Fi 模块负责处理联网通信和云端交互功能。单芯片 W601 既能够满足小家电领域 MCU 的应用需求，也能够满足 Wi-Fi 模块的无线通信功能需求，让智能家电方案更加优化，既提高了系统集成度、减少主板面积和器件，又降低了系统成本，甚至可以说花一颗 MCU 的钱，免费增加了智能化功能。

本节讲述北京联盛德微电子公司推出的具有 Cortex-M3 内核的 Wi-Fi 和蓝牙 SoC 系列芯片及其应用。

### 10.5.1　W601/W800/W801/W861 概述

W601/W800/W801/W861 是北京联盛德微电子公司推出的具有 Cortex-M3 内核的 Wi-Fi 和蓝牙 SoC 系列芯片，简单介绍如下。

（1）W601——智能家电 Wi-Fi MCU 芯片。

W601 Wi-Fi MCU 是一款支持多功能接口的 SoC 芯片。可作为主控芯片应用于智能家电、智能家居、智能玩具、医疗监护、工业控制等物联网领域。该 SoC 芯片集成 Cortex-M3 内核，内置 Flash，支持 SDIO、SPI、UART、GPIO、RC、PWM、I2S、7816、LCD、ADC 等丰富的接口,支持多种硬件加解密协议,如 PRNG/SHA1/MD5/RC4/DES/3DES/AES/CRC/RSA 等;支持 IEEE 802.11b/g/n 国际标准。

(2) W800——安全物联网 Wi-Fi/蓝牙 SoC 芯片。

W800 芯片是一款安全 IoT Wi-Fi/蓝牙双模 SoC 芯片。支持 2.4GHz IEEE 802.11b/g/n Wi-Fi 通信协议;支持 BLE4.2 协议。芯片集成 32 位 CPU 处理器,内置 UART、GPIO、SPI、I2C、I2S、7816 等数字接口;支持 TEE(Trusted Execution Environment,可信执行环境)安全引擎,支持多种硬件加解密算法,内置 DSP、浮点运算单元,支持代码安全权限设置,内置 2MB Flash,支持固件加密存储、固件签名、安全调试、安全升级等多项安全措施,保证产品安全特性;适用于用于智能家电、智能家居、智能玩具、无线音视频、工业控制、医疗监护等广泛的物联网领域。

(3) W801——IoT Wi-Fi/BLE SoC 芯片。

W801 芯片是一款安全 IoT Wi-Fi/蓝牙双模 SoC 芯片。芯片提供丰富的数字功能接口。支持 2.4GHz IEEE 802.11b/g/nWi-Fi 通信协议;支持 BT/BLE 双模工作模式,支持 BT/BLE 4.2 协议。芯片集成 32 位 CPU 处理器,内置 UART、GPIO、SPI、I2C、I2S(Inter-IC Sound,集成电路内置音频总线)、7816、SDIO(Secure Digital Input and Output,安全数字输入/输出)、ADC、PSRAM(Pseudo Static Random Access Memory,伪静态随机存储器)、LCD、TouchSensor(触摸感应器)等数字接口;支持 TEE 安全引擎,支持多种硬件加解密算法,内置 DSP、浮点运算单元与安全引擎,支持代码安全权限设置,内置 2MB Flash,支持固件加密存储、固件签名、安全调试、安全升级等多项安全措施,可保证产品的安全特性;适用于用于智能家电、智能家居、智能玩具、无线音视频、工业控制、医疗监护等广泛的物联网领域。

(4) W861——大内存 Wi-Fi/蓝牙 SoC 芯片。

W861 芯片是一款安全 IoT Wi-Fi/蓝牙双模 SoC 芯片。芯片提供大容量 RAM 和 Flash 空间,支持丰富的数字功能接口。支持 2.4GHz IEEE 802.11b/g/n Wi-Fi 通信协议;支持 BLE 4.2 协议。芯片集成 32 位 CPU 处理器,内置 UART、GPIO、SPI、I2C、I2S、7816、SDIO、ADC、LCD、TouchSensor 等数字接口;内置 2MB Flash,2MB 内存;支持 TEE 安全引擎,支持多种硬件加解密算法,内置 DSP、浮点运算单元与安全引擎,支持代码安全权限设置,支持固件加密存储、固件签名、安全调试、安全升级等多项安全措施,保证产品安全特性;适用于用于智能家电、智能家居、智能玩具、无线音视频、工业控制、医疗监护等广泛的物联网领域。

本节以 W601 Wi-Fi MCU 芯片为例,讲述该系列芯片的应用。

W601 Wi-Fi MCU 芯片的外形如图 10-17 所示。

W601 主要具有如下优势:

(1) 具有 Cortex-M3 内核,拥有强劲的性能、更高的代码密度、位带操作、可嵌套中断、低成本、

图 10-17　W601 Wi-Fi MCU 芯片的外形

低功耗,高达 80MHz 的主频,非常适合物联网场景的应用。

（2）该芯片最大的优势就是集成了 Wi-Fi 功能,单芯片方案可代替了传统的 Wi-Fi 模组＋外置 MCU 方案,并且采用 QFN68 封装,7mm×7mm,可以大大缩小产品体积。

（3）具有丰富的外设,拥有高达 288KB 的片内 SRAM 和 1MB 的片内 Flash,并且支持 SDIO、SPI、UART、GPIO、I2C、PWM、I2S、7861、LCD 和 ADC 等外设。

W601 内嵌了 Wi-Fi 功能,对于 Wi-Fi 应用场景来说,该国产芯片是个非常不错的选择,既可以降低产品体积,又可以降低成本。

### 1．W601 特征

W601 具有如下特征：

（1）芯片外观。

W601 为 QFN68 封装。

（2）芯片集成程度。

① 集成 32 位嵌入式 Cortex-M3 处理器,工作频率 80MHz。

② 集成 288KB 数据存储器。

③ 集成 1MB Flash。

④ 集成 8 通道 DMA 控制器,支持任意通道分配给硬件使用或是软件使用,支持 16 个硬件申请,支持软件链表管理。

⑤ 集成 2.4GHz 射频收发器,满足 IEEE 802.11 规范。

⑥ 集成 PA/LNA/TR-Switch。

⑦ 集成 10 比特差分 ADC/DAC。

⑧ 集成 32.768kHz 时钟振荡器。

⑨ 集成电压检测电路、LDO、电源控制电路、集成上电复位电路。

⑩ 集成通用加密硬件加速器,支持 PRNG/SHA1/MD5/RC4/DES/3DES/AES/CRC/RSA 等多种加解密协议。

（3）芯片接口。

① 集成 1 个 SDIO 2.0 Device 控制器,支持 SDIO 1 位/4 位/SPI 三种操作模式；工作时钟范围 0～50MHz。

② 集成 2 个 UART 接口,支持 RTS/CTS,波特率范围 1200b/s～2Mb/s。

③ 集成 1 个高速 SPI 设备控制器,工作时钟范围 0～50MHz。

④ 集成 1 个 SPI 主/从接口,主设备工作速率支持 20Mb/s,从设备支持 6Mb/s 数据传输速率。

⑤ 集成一个 IC 控制器,支持 100kb/s、400kb/s 速率。

⑥ 集成 GPIO 控制器。

⑦ 集成 PWM 控制器,支持 5 路 PWM 单独输出或者 2 路 PWM 输入。最高输出频率 20MHz,最高输入频率 20MHz。

⑧ 集成双工 I2S 控制器,支持 32～102kHz I2S 接口编解码。

⑨ 集成 7816 接口，支持 ISO-78117-3T＝0/1 模式，支持 EVM2000 规范，并兼容串口功能。

⑩ 集成 LCD 控制器，支持 8×16/4×20 接口，支持 2.7～3.6V 电压输出。

（4）协议与功能。

① 支持 GB 15629.11—2006、IEEE 802.11 b/g/n/e/i/d/k/r/s/w。

② 支持 WAPI 2.0；支持 Wi-Fi WMM/WMM-PS/WPA/WPA2/WPS；支持 Wi-Fi Direct。

③ 支持 EDCA 信道接入方式；支持 20MHz/40MHz 带宽工作模式。

④ 支持 STBC、GreenField、Short-GI、支持反向传输；支持 RIFS 帧间隔；支持 AMPDU、AMSDU。

⑤ 支持 IEEE 802.11n MCS 0～7、MCS32 物理八层传输速率挡位，传输速率最高可达 150Mb/s；在 2/5.5/11Mb/s 速率发送时支持短前导码（Short Preamble）。

⑥ 支持 HT-immediate 压缩块确认（HT-immediate Compressed Block Ack）、普通确认（Normal Ack）、无确认（No Ack）应答方式；支持 CTS to self；支持 AP 功能；支持同时作为 AP 和 STA 使用。

⑦ 在 BSS 网络中，支持多个组播网络，并且支持各个组播网络的不同加密方式，最多可以支持总和为 32 个的组播网络和入网 STA 加密；BSS 网络支持作为 AP 使用时，支持站点与组的总和为 32 个，IBSS 网络支持 16 个站点。

（5）供电与功耗。

① 3.3V 单电源供电。

② 支持 PS-Poll、U-APSD 功耗管理。

③ SoC 芯片待机电流小于 $10\mu A$。

### 2. W601 芯片结构

W601 芯片结构如图 10-18 所示。

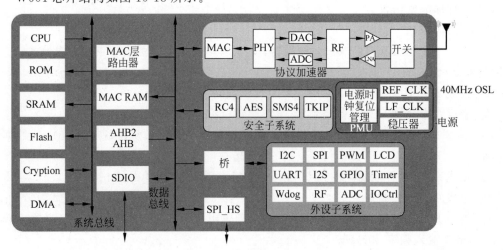

图 10-18　W601 芯片结构图

### 3. W601 引脚定义

W601 引脚定义如图 10-19 所示。

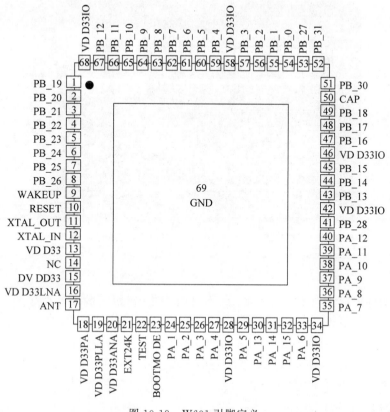

图 10-19 W601 引脚定义

## 10.5.2 ALIENTEK W601 开发板

随着嵌入式行业的高速发展,国内也涌现出了大批芯片厂商,ALIENTEK W601 开发板的主芯片 W601 就是北京联盛德微电子公司推出的一款集 Wi-Fi 与 MCU 于一体的 Wi-Fi 芯片方案,以代替传统的 Wi-Fi 模组＋外置 MCU 方案。它集成了 Cortex-M3 内核,内置 Flash,支持 SDIO、SPI、UART、GPIO、I2C、PWM、I2S、7861、LCD 和 ADC 等丰富的接口,支持多种硬件加解密协议。并支持 IEEE 802.11b/g/n 国际标准。集成射频收发前端 RF、PA 功率放大器、基带处理器等。

### 1. W601 开发板介绍

正点原子新推出的一款 Wi-Fi MCU SoC 芯片的 ALIENTEK W601 开发板。

ALIENTEK W601 开发板的资源如图 10-20 所示。

从图 10-20 可以看出,W601 开发板资源丰富,接口繁多,W601 芯片的绝大部分内部资源都可以在此开发板上验证,同时扩充丰富的接口和功能模块,整个开发板显得十分大气。

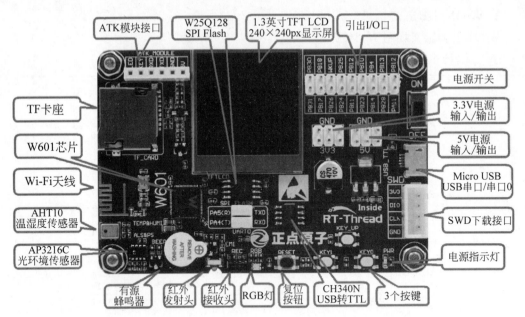

图 10-20　ALIENTEK W601 开发板的资源

开发板的外形尺寸为 53mm×80mm，便于随身携带，板子的设计充分考虑了人性化设计，经过多次改进，最终确定了这样的外观。

下面介绍 ALIENTEK W601 开发板的基本组成。

(1) MCU：W601，QFN68，SRAM：288KB，Flash：1MB。

(2) 外扩 SPI Flash：W25Q128，16MB。

(3) 1 个电源指示灯(蓝色)。

(4) 1 个 SWD 下载接口(仿真器下载接口)。

(5) 1 个 Micro USB 接口(可用于供电、串口通信和串口下载)。

(6) 1 组 5V 电源供应/接入口。

(7) 1 组 3.3V 电源供应/接入口。

(8) 1 个电源开关，控制整个板的电源。

(9) 1 组 I/O 口扩展接口，可自由配置使用方式。

(10) 1 个 TFT LCD 显示屏：1.3 英寸 TFT LCD，240×240px 分辨率。

(11) 1 个 ATK 模块接口，支持蓝牙/GPS/MPU6050/RGB/Lora 等模块。

(12) 1 个 TF 卡座。

(13) 1 个板载 Wi-Fi PCB 天线。

(14) 1 个温湿度传感器：AHT10。

(15) 1 个光环境传感器：AP3216C。

(16) 1 个有源蜂鸣器。

(17) 1 个红外发射头。

(18) 1个红外接收头,并配备一款小巧的红外遥控器。

(19) 1个RGB状态指示灯(红、绿、蓝三色)。

(20) 1个复位按钮。

(21) 3个功能按钮。

(22) 1个USB转TTL芯片CH340N,可用于串口通信和串口下载功能。

**2. 软件资源**

上面详细介绍了 ALIENTEK W601 开发板的硬件资源。接下来,简要介绍一下 ALIENTEK W601 开发板的软件资源。

由于 ALIENTEK W601 开发板是正点原子、RT-Thread 和星通智联推出的一款基于 W601 芯片的开发板,所以这款开发板的软件资料有两份:一份是正点原子提供的基于 W601 的基础裸机学习例程,还有一份就是 RT-Thread 提供的基于 RT-Thread 操作系统的 进阶学习例程。

正点原子提供的基础例程多达 21 个,这些例程全部是基于官方提供的最底层的库编 写。这些例程,拥有非常详细的注释,代码风格统一、循序渐进,非常适合初学者入门。

限于篇幅,ALIENTEK W601 开发板的应用实例此处不再赘述。有兴趣的读者可以参 考作者在清华大学出版社出版的《零基础学电子系统设计——从元器件、工具仪表、电路仿 真到综合系统设计》一书。

# 习题

1. 无线传感器网络有哪些特点?

2. 简述无线传感器网络体系结构。

3. 无线传感器网络的关键技术是什么?

4. 无线传感器网络的应用领域有哪些?

5. 短距离无线通信网络技术有哪几种?

6. 什么是物联网?

7. 物联网有什么特点?

8. 简述物联网的基本架构。

9. 物联网的应用领域有哪些?

10. 什么是工业物联网?

11. CC2530 的应用领域有哪些?

12. 简单介绍 W601 芯片。

# 第 11 章

# 5G 网络

5G 网络是第五代移动通信技术的简称,代表着移动通信技术的最新进展。与前几代移动通信技术相比,5G 网络在速度、容量、延迟和连接性等方面都有显著的改进和提升。5G 网络的设计目标是满足日益增长的数据和通信需求,支持更广泛的应用场景,包括但不限于高速数据传输、大规模物联网部署、高清视频传输、虚拟现实和增强现实体验、自动驾驶汽车以及智能城市和工业自动化。

本章讲述了如下内容:

(1) 5G 网络概述。

5G 网络的发展历程标志着移动通信技术的一次重大进步,它通过先进的技术原理,如高频传输、大规模 MIMO(多输入/多输出)技术等,实现了比 4G 更快的数据传输速度、更低的延迟和更高的连接密度。这些特点使得 5G 网络能够满足包括高清视频流、大规模物联网部署、远程控制等多种应用需求。

(2) 5G 网络的关键应用领域。

5G 网络与边缘计算、工业物联网、自动驾驶和工业控制等技术的结合,展现了其在现代社会中的巨大应用潜力。通过与这些技术的融合,5G 网络能够支撑起更加智能、高效的工业生产和日常生活方式。

(3) 5G 移动通信核心网关键技术。

详细讲述了 5G 移动通信核心网的关键技术,包括网络的整体架构和 5G 核心网的技术细节。这些技术确保了 5G 网络的高效运行,为不同的服务提供了可靠的支持。

(4) "5G+工业互联网"的应用。

5G 技术与工业互联网的结合,被看作是推动新一轮工业数字化转型的关键力量。详细介绍了"5G+工业互联网"的发展状况、典型行业应用、关键技术以及技术融合方案,展示了 5G 在促进工业自动化和智能化方面的巨大潜力。

(5) 基于 5G 多接入边缘计算的云化 PLC 系统。

最后,讲述了基于 5G 多接入边缘计算(MEC)的云化 PLC 系统架构设计与应用,这一部分强调了 5G 在实现工业控制系统中的重要作用,为工业自动化提供了新的技术解决方案。

# 11.1  5G网络概述

5G网络是第五代移动通信技术的简称,它代表了无线通信技术的最新进展。与前几代移动网络技术相比,5G旨在提供更高的数据传输速度、更低的延迟、更高的可靠性和更大的网络容量。这些特性使得5G能够支持各种新兴的应用和服务,包括增强的移动宽带(eMBB)、超可靠低延迟通信(URLLC)和大规模机器类通信(mMTC)。

5G网络的这些特性不仅将推动移动互联网和通信服务的发展,还将加速数字化转型的进程,为工业4.0、自动驾驶、远程医疗、虚拟现实(VR)和增强现实(AR)等领域带来革命性的变化。

## 11.1.1  5G网络的发展历程

5G网络的发展历程标志着无线通信技术的一次重大进步,涉及全球范围内的技术创新、标准制定、试验和商用部署。5G网络的关键发展阶段如下。

### 1. 概念和早期研究(2008—2013年)

尽管4G网络刚开始部署,研究机构、大学和通信公司就已经开始探索下一代网络技术。这个时期主要集中在对5G概念的探讨和早期技术研究上,包括对更高数据传输速率、更低延迟和更广泛的连接需求的预测。

### 2. 技术开发和标准化(2013—2016年)

2013年,国际电信联盟(ITU)启动了IMT-2020项目,旨在定义5G网络的全球标准。与此同时,多个行业联盟和研究组织,如3GPP(第三代合作伙伴计划),开始着手开发5G的关键技术和架构,包括新无线接入技术(New Radio,NR)、大规模MIMO、网络切片等。

### 3. 试验和早期部署(2016—2019年)

随着5G技术标准的逐步成熟,全球范围内的通信运营商和设备制造商开始进行大规模的试验和测试。2018年,3GPP发布了首批5G标准(Release 15),这标志着5G网络从理论研究转向实际部署的重要一步。同年,一些国家开始了5G网络的商用试点。

### 4. 全球商用部署(2019年至今)

2019年,多个国家和地区正式启动了5G商用服务,首批5G智能手机和终端设备也相继上市。自那以后,5G网络的部署在全球范围内迅速扩展,不仅覆盖了大城市和发达地区,也逐渐扩展到了较小的城镇和乡村地区。

### 5. 持续演进和应用拓展(2020年及以后)

随着5G网络覆盖的不断扩大和技术的持续演进,5G开始支持更多的创新应用,包括自动驾驶、远程医疗、智能城市和工业物联网等。3GPP也在不断更新5G标准(如Release 16和Release 17),以引入更多高级功能和性能改进。

5G网络的发展不仅是技术进步的体现,也是全球通信行业合作的结果。未来,随着技术的进一步成熟和应用的不断拓展,5G网络预计将继续深刻改变人们的生活和工作方式。

### 11.1.2  5G 网络的技术原理

5G 网络的技术原理基于一系列先进的通信技术,旨在提供比 4G 更快的速度、更低的延迟和更高的连接密度。这些技术共同工作,以支持 5G 网络对于高速数据传输、大规模设备连接和实时通信的要求。5G 网络的一些关键技术原理如下。

**1. 新无线接入技术(New Radio,NR)**

5G 采用了全新的无线接入技术,称为 New Radio(NR)。NR 设计用于支持更宽的频谱带宽(高达 400MHz 甚至更多),包括在毫米波频段(24GHz 以上)和传统的 sub-6GHz 频段。NR 采用了更高效的编码和调制方案,如 256-QAM(Quadrature Amplitude Modulation,正交调制),以实现更高的数据传输速率。

**2. 大规模多输入/多输出**

大规模多输入/多输出(Massive MIMO)技术通过在基站部署数十甚至数百个天线,同时服务于多个用户,显著增加了网络的容量和频谱效率。这种技术可以在同一时间频率资源上支持更多用户的数据传输,同时提高信号质量和降低干扰。

**3. 网络切片**

网络切片技术允许运营商在同一物理网络基础设施上创建多个虚拟网络,每个虚拟网络都可以依据不同的服务需求提供定制化的网络性能和功能。这使得 5G 网络能够灵活地满足不同应用场景的需求,如增强的移动宽带(eMBB)、超可靠低延迟通信(URLLC)和大规模机器类通信(mMTC)。

**4. 灵活的频谱使用**

5G 技术支持在广泛的频段上运行,包括低频(sub-1GHz)、中频(1~6GHz)和高频(毫米波,24GHz 以上)频段。这种灵活性使得 5G 能够在不同的应用场景中提供最佳的网络性能。

**5. 载波聚合**

载波聚合技术允许网络运营商将多个频段的频谱资源组合起来,作为一个单一的频道来使用,从而增加可用的带宽和提高数据传输速率。5G 进一步扩展了这一技术,支持更宽的聚合带宽和更多的聚合频段。

**6. 边缘计算**

边缘计算将数据处理能力从云中心转移到网络的边缘,更靠近数据的产生源。这有助于减少数据传输延迟,对于需要即时响应的应用(例如,自动驾驶和工业自动化)至关重要。

这些技术原理和创新共同构成了 5G 网络的基础,使其能够满足未来通信的高速度、低延迟和大连接数的需求,为各种新兴的数字应用和服务打开了大门。

**7. 软件定义网络和网络功能虚拟化**

软件定义网络(Software Defined Networking,SDN)和网络功能虚拟化(Network Functions Virtualization,NFV)这两种技术通过软件化和虚拟化网络功能,提高了网络的灵活性和可编程性,可方便地进行网络管理和维护。

以上这些技术的共同作用使得 5G 网络能够提供比 4G 更高的数据传输速率、更低的延迟、更高的网络容量和更好的连接性,可满足未来高速互联网、物联网、虚拟现实等多种应用场景的需求。

## 11.1.3　5G 网络的特点

5G 网络的特点可以从多个维度来概述,主要包括以下几个方面:

(1) 高速数据传输。5G 网络的最显著特点之一是其极高的数据传输速度。理论上,5G 的峰值速度可以达到 20Gb/s,而实际应用中的典型下载速度预计为 1~10Gb/s,这比 4G 网络的速度快得多,为用户提供了更加流畅的高清视频观看、即时文件下载和云服务体验。

(2) 极低延迟。5G 网络的另一个关键特性是其极低的延迟,理论上可达到 1ms 的端到端延迟。这种低延迟对于需要即时响应的应用至关重要,如远程控制、在线游戏、自动驾驶汽车和远程医疗手术等。

(3) 大容量连接。5G 设计支持更密集的网络连接,理论上可以在同一区域内支持百万级别的设备连接。这对于物联网(IoT)设备的广泛部署提供了可能,有助于实现智能城市、智能家居、智能农业等应用的大规模普及。

(4) 网络切片。5G 网络支持网络切片技术,允许运营商在同一物理网络基础设施上提供多个虚拟网络,每个虚拟网络都可以根据不同的服务需求(如 eMBB、URLLC 和 mMTC)提供定制化的网络性能和功能。这增加了网络的灵活性和效率。

(5) 增强的移动宽带(eMBB)。5G 旨在大幅提升移动宽带的速度和质量,使得高清视频传输、高速互联网访问和虚拟现实/增强现实(VR/AR)等应用得到更好的支持。

(6) 超可靠低延迟通信(URLLC)。这一特性专为那些需要极高网络可靠性和极低延迟的应用(如工业自动化、自动驾驶和远程操作等)设计。

(7) 大规模机器类型通信(mMTC)。5G 网络支持大规模的机器到机器通信,适用于大量低功耗设备的连接,这对于物联网(IoT)应用尤为重要。

(8) 灵活的频谱使用。5G 网络可以在广泛的频段上运行,包括传统的低频段、中频段以及高频的毫米波频段。这种灵活性使得 5G 能够在不同的应用场景中提供最佳的网络性能。

5G 网络的这些特点共同构成了其强大的技术优势,为各行各业的数字化转型和创新提供了坚实的基础。

## 11.1.4　5G 网络的应用领域

5G 网络的先进特性,如高速数据传输、低延迟、高可靠性和大连接密度,使其能够支持广泛的应用领域,从而推动社会和经济的数字化转型。5G 网络的主要应用领域如下。

### 1. 增强的移动宽带(eMBB)

5G 通过提供更高的数据传输速率和更好的网络覆盖,显著改善了移动互联网体验。这使得高清视频流、增强现实(AR)和虚拟现实(VR)应用更加流畅,进而为用户提供沉浸式的娱乐和教育体验。

### 2. 超可靠低延迟通信(URLLC)

在需要极低延迟和高可靠性的应用中,5G 发挥着关键作用。这些应用包括自动驾驶汽车、工业自动化、远程医疗手术和紧急响应系统。例如,5G 能够支持车辆之间的实时通信,从而提高自动驾驶系统的安全性和效率。

### 3. 大规模机器类通信(mMTC)

5G 设计用于支持大量的物联网(IoT)设备连接,这对于智能城市、智能家居、智能农业和智能制造等领域至关重要。通过 5G 网络,这些设备可以低成本、低功耗地实现互联,支持数据收集、监控和自动控制功能。

### 4. 工业物联网(IIoT)

5G 通过提供可靠的低延迟连接和网络切片技术,可以满足工业自动化的需求,实现生产线的灵活配置、远程监控和维护,以及无人机和机器人的控制。这有助于提高生产效率、降低成本并增强制造业的竞争力。

### 5. 智能交通系统

5G 可以支持智能交通系统的发展,包括车联网(V2X)通信、交通管理和智能基础设施。这有助于提高道路安全性、减少交通拥堵,并为自动驾驶车辆的广泛部署奠定基础。

### 6. 远程医疗

5G 网络的高速度和低延迟特性使远程医疗成为可能,包括远程诊断、远程手术和患者监测。这对于提高医疗服务的可及性和质量、降低医疗成本具有重要意义。

### 7. 媒体和娱乐

5G 网络将推动媒体和娱乐行业的变革,支持 4K/8K 视频流、互动式和沉浸式媒体应用(如 VR 和 AR)、云游戏等新型服务,为用户提供更加丰富和个性化的在线社交和娱乐体验。

### 8. 智能教育

5G 能够支持高质量的在线教育资源和虚拟课堂,使学生即使在偏远地区也能享受到优质的教育资源。此外,利用 VR 和 AR 技术,5G 可以提供互动式和沉浸式的学习体验,如虚拟实验室和历史场景重现。

### 9. 智慧零售

5G 网络能够支持零售业的数字化转型,通过物联网(IoT)设备实现智能库存管理、顾客行为分析和个性化营销。此外,结合 AR/VR 技术,零售商可以提供虚拟试衣间和互动式购物体验,以提高顾客满意度和购物效率水平。

### 10. 公共安全

5G 网络可以支持更加高效的应急响应和灾难管理。通过实时视频流、无人机监控和大数据分析,应急管理部门可以更快地评估情况、做出决策并协调救援行动。此外,5G 还可以支持智能监控系统和紧急通信网络,以提高公共安全水平。

### 11. 能源管理

5G网络通过支持大规模的传感器网络,可以实现对能源生产、传输和消费的实时监控和优化管理。这对于提高能源效率、促进可再生能源的利用和实现智能电网具有重要意义。

### 12. 环境监测

利用5G网络连接的传感器和设备,可以实时监测空气质量、水质、森林火险等环境指标。这有助于及时发现和应对环境问题,保护自然资源和生态环境。

### 13. 农业科技

5G可以推动智能农业的发展,通过无人机、卫星图像和地面传感器收集农业数据,实现精准农业和智能灌溉。这有助于提高农作物产量、减少资源浪费并降低环境影响。

## 11.1.5 5G网络和边缘计算

5G网络和边缘计算结合起来,正在成为推动数字化转型和实现智能互联世界的重要技术力量。这种结合不仅能够提高数据处理的速度和效率,还能降低延迟,提高数据安全性,从而支持各种新兴的应用场景和业务需求。

当5G网络与边缘计算结合时,它们共同提供了一种强大的数据处理和通信解决方案,具有以下几个优势:

(1)降低延迟。通过在网络边缘处理数据,可以减少数据在网络中的传输距离,从而进一步降低延迟,这对于自动驾驶、远程医疗、实时游戏等对延迟敏感的应用至关重要。

(2)提高带宽效率。边缘计算可以在数据产生的地方进行初步处理,只将需要进一步处理的数据或结果发送到云端,这样可以有效减少网络带宽的占用。

(3)增强数据安全。通过在本地处理敏感数据,边缘计算有助于提高数据安全性和隐私保护,减少数据泄露的风险。

(4)支持离线操作。边缘计算能够在网络连接不稳定或断开的情况下继续进行局部数据处理,保证服务的连续性。

## 11.1.6 5G网络和工业物联网

5G网络与工业物联网(IIoT)的结合,标志着工业领域向更高效、更智能、更自动化的未来迈进了一大步。5G网络的特性,如高速度、低延迟、高可靠性和大连接密度,为工业物联网应用提供了理想的通信基础,从而使得实时数据分析、远程控制、自动化生产和智能维护等成为可能。

### 1. 5G网络对工业物联网的贡献

5G网络对工业物联网的贡献如下:

(1)高速数据传输。5G的高带宽能够支持工业环境中海量数据的快速传输,这对于实时监控、数据分析和决策制定至关重要。

(2)低延迟。5G网络的低延迟特性(理论上可达1ms)使得即时反应成为可能,这对于自动化控制系统、机器人手术和自动驾驶等应用尤为重要。

（3）高可靠性。5G 网络的高可靠性保证了关键工业应用的稳定运行,减少了生产中断的风险,特别是在无人监控或远程操作的场景中。

（4）大规模设备连接。5G 能够支持每平方千米高达百万级的设备连接,这对于实现工业物联网(IIoT),连接大量的传感器、机器人和其他设备至关重要。

**2．工业物联网应用场景**

5G 在工业物联网中的应用场景如下:

（1）智能制造。5G 网络可以支持机器人、自动化设备和生产系统的无缝连接,实现高效、灵活的生产流程,提高生产效率和质量。

（2）远程操作和监控。利用 5G 的低延迟和高可靠性,企业可以实现设备的远程操作和监控,提高生产的灵活性和安全性。

（3）预测性维护。通过分析来自工业设备的实时数据,企业可以预测设备故障,提前进行维护,减少停机时间和维护成本。

（4）物流与供应链优化。5G 网络可以帮助企业实时追踪货物流动,优化库存管理,提高供应链的透明度和效率。

（5）数字孪生技术。结合 5G 网络,数字孪生技术可以实时收集并分析设备和生产过程的数据,用于模拟、预测和优化,进一步提高生产效率。

虽然 5G 网络和工业物联网的结合带来了巨大潜力,但也面临着诸如网络覆盖、安全性、设备兼容性和成本等挑战。为了克服这些挑战,需要跨行业合作,制定统一的标准和规范,同时加大对 5G 基础设施和工业物联网技术的投资。

## 11.1.7　5G 网络和自动驾驶

5G 网络对自动驾驶技术的发展具有重要意义。自动驾驶汽车依赖于大量的传感器、摄像头和雷达系统来收集周围环境的信息,这些信息需要实时处理和分析,以做出驾驶决策。5G 网络的高速度、低延迟和大连接能力为自动驾驶汽车提供了理想的通信基础,使得车辆能够更快、更准确地响应周围环境的变化。

**1．5G 网络对自动驾驶的贡献**

5G 网络对自动驾驶的贡献如下:

（1）低延迟通信。5G 网络的低延迟(理论上可达 1ms)是自动驾驶汽车的关键需求之一。这使得车辆能够实时接收和处理来自其他车辆、基础设施和云端的数据,从而做出快速反应,确保行车安全。

（2）高速数据传输。自动驾驶汽车产生的数据量巨大,5G 的高带宽能够支持这些大量数据的实时传输,包括高清视频、雷达和传感器数据等,这对于车辆精确理解周围环境至关重要。

（3）大规模设备连接。5G 网络支持每平方千米高达百万级的设备连接,这意味着在密集的交通环境中,大量的自动驾驶汽车和智能交通基础设施都可以保持高效的通信,从而实现协同驾驶和智能交通管理。

**2. 自动驾驶的关键应用场景**

5G 在自动驾驶的关键应用场景如下:

(1) 车对车通信(V2V)。通过 5G 网络,自动驾驶汽车可以与周围车辆实时通信,交换位置、速度和行驶意图等信息,从而提高道路安全性和交通流畅性。

(2) 车对基础设施通信(V2I)。汽车可以通过 5G 网络与交通信号灯、路侧单元等基础设施通信,获取交通状况、路况信息等,优化行车路线,提高效率。

(3) 车对行人通信(V2P)。自动驾驶汽车还可以与行人的智能设备进行通信,提前感知行人的行动意图,进一步保障行车安全。

(4) 车对网络通信(V2N)。通过 5G 网络,汽车可以连接到云端,获取更广泛的交通、天气信息,或者接入远程驾驶支持和车辆维护服务。

尽管 5G 网络为自动驾驶带来了巨大的潜力,但在实际推广应用过程中仍面临一些挑战,包括 5G 基础设施的部署成本、网络覆盖的广度和深度、数据安全和隐私保护等问题。此外,自动驾驶还需要面对法律法规、标准化和公众接受度等方面的挑战。

## 11.1.8 5G 网络和工业控制

5G 网络对工业控制系统的影响是深远的,它为实现高度自动化、智能化的工业生产提供了关键的技术支持。5G 的特性,如高速度、低延迟、高可靠性和大连接密度,使其成为工业 4.0 和智能制造领域的重要推动力。5G 网络在工业控制中的几个关键应用如下。

**1. 实时数据处理和分析**

5G 网络的高带宽和低延迟特性使得工业设备能够实时收集、传输和分析数据。这对于实现实时监控、故障预测和维护、生产优化等具有重要意义。通过对生产线上的机器和设备进行实时数据分析,企业可以即时调整生产策略,提高生产效率和产品质量。

**2. 远程控制和自动化**

5G 网络的低延迟和高可靠性为远程控制提供了可能,使得工程师可以从远程中心实时监测和控制生产过程。这不仅降低了对现场操作人员的依赖,还提高了生产的灵活性和安全性。此外,5G 网络能够支撑更多的自动化设备同时高效运行,推动了工业自动化和智能化的进程。

**3. 机器人协同**

在许多高度自动化的生产环境中,机器人扮演着重要角色。5G 网络使得机器人之间以及机器人与中央控制系统之间的通信更加快速和可靠。这种高效的通信能力使得机器人可以更加灵活地协同工作,提高生产效率,同时降低错误率。

**4. 数字孪生技术**

数字孪生技术通过创建物理实体的虚拟副本,使得企业可以在虚拟环境中模拟、分析和优化实际生产过程。5G 网络的高速数据传输能力使得数字孪生技术可以实时反映物理实体的状态,为生产过程的优化提供强大的数据支持。

**5. 工业物联网（IIoT）**

5G网络的大连接能力使得工业物联网（IIoT）的实现成为可能。通过将大量的传感器、设备和机器连接到网络，企业可以实现更加精细和智能的生产控制。这不仅提高了资源利用率，还降低了生产成本。

尽管5G网络为工业控制带来了许多潜在的好处，但其实施和应用也面临一些挑战，包括5G基础设施的建设成本、网络覆盖的广度和深度、数据安全和隐私保护等问题。此外，为了充分利用5G网络的优势，企业可能需要对现有的生产设备和控制系统进行升级改造。

随着5G技术的不断成熟和基础设施的逐步完善，以及相关标准和法规的建立，5G网络在工业控制领域的应用将会越来越广泛。这将进一步推动工业自动化和智能化的发展，为企业提供更高效、更灵活、更智能的生产解决方案。

## 11.1.9　5G网络和智慧工厂

"工业4.0"是德国推动制造业升级的一次大战略，但5G的迅猛发展早已超越了当初德国的"工业4.0"设计蓝图，也启发了美国、中国等多个国家。时至今日，CPS已经淡出人们的视野，但CPS所描绘的未来智能化生产图景，却在5G+ABC的推动下逐渐走入现实。智慧工厂远程工业控制示意图如图11-1所示。

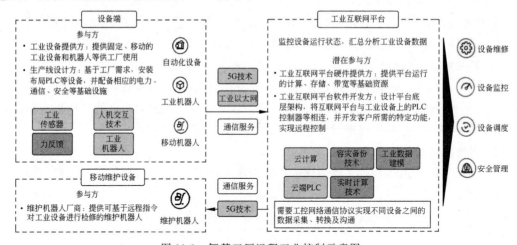

图 11-1　智慧工厂远程工业控制示意图

# 11.2　5G移动通信核心网关键技术

在介绍5G核心网整体架构的基础上，围绕5G核心网的关键技术，深入探讨了网络切片技术、软件定义网络（SDN）、网络功能虚拟化（NFV）、云原生和边缘计算在5G核心网中的相互协同，实现了网络资源的高效管理、灵活配置、快速扩展和个性化服务。通过技术的互补性和创新发展，5G核心网络能够满足多样化的业务需求，支持众多新兴应用。

## 11.2.1 概述

5G网络代表了移动通信技术的第五代标准,是继1G、2G、3G和4G之后的新一代无线通信网络。随着科技的发展,人们对网络速度和质量的要求越来越高,4G网络已经不能满足日趋复杂的需求,从而催生了5G网络的发展。5G网络可满足更高的数据传输速度、更低的延迟、更大的连接设备数量等需求,对科技进步和社会发展具有重要意义。

(1)提供更快的数据传输速度:5G网络的最大下载速度比4G网络快100倍,可以应对高清视频流、复杂网络游戏、大数据分析等高带宽应用。

(2)支持更多设备的连接:5G网络可以同时连接更多的设备,这对于物联网的发展具有非常重要的意义。

(3)提供更低的延迟:在5G网络环境下,信息传输的延迟将大大降低,这将有助于改进包括远程医疗、自动驾驶等在内的许多服务。

(4)助力数字经济和社会的发展:5G将推动新一轮产业变革,引领大规模定制化智能制造、智能交通、智能能源等新兴领域的发展,催发新的社会变革和经济增长点。

5G时代背景下,5G移动核心网通过全面重构平台、架构及功能,以及引入原生适配云平台的设计思路,实现了通信技术的一次巨大飞跃,提供了全面的功能和良好的用户体验。

众多关键技术在5G核心网络中协同作用,如网络切片技术、软件定义网络(SDN)、网络功能虚拟化(NFV)、云原生和边缘计算等多种技术相互补充,共同构建出灵活、高效、可扩展的5G网络。

## 11.2.2 5G网络整体架构

5G的组网架构图如图11-2所示。图11-2呈现了5G核心网在非漫游情况下的架构服务化方式。

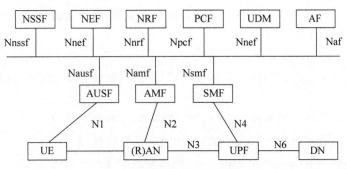

图11-2 5G的组网架构图(服务化方式)

5G的组网架构主要由用户设备(UE)、访问网络(gNB和小型基站)、核心网络(CN)和传输网络构成。5G的网络架构开创了一种新的设计理念,即服务导向架构(Service-Based Architecture,SBA),这是一种服务化的组网架构,各个网络功能不再是固定的链路关系,而是以模块化的服务单元存在,通过标准API实现互联互通,即模块化解耦网元功能,简化接口。特别是 5G 核心网部分,详细呈现了架构服务化、CU 分离化、网络切片化。

其中,5G 核心网架构可面向用户提供数据连接及数据业务等服务,以 SDN 和 NFV 等新技术为基础,控制面网元间的交互建立在服务化接口的基础上。综合 5G 核心网整体架构的特征而言,具体包含:

(1) 服务化网元交互流程。支持按需调用,同时能够重复使用服务。

(2) 承载与控制分离。可独立演进或扩展承载与控制,或进行分布式或集中式灵活部署。

(3) 支持统一的鉴权框架。

(4) 模块化功能设计,网络切片更具灵活性与高效性。

(5) 各网元能够直接交互其他网元,或在中间网元辅助的基础上进行控制面消息路由。

(6) 支持无状态网络功能,即存储与计算资源解耦部署。

(7) 核心网与无线接入间的关联弱,5G 核心网是无关接入并能产生收敛作用的架构,建立在通用接口的基础上,3GPP(the 3rd Generation Partnership Project,第三代合作伙伴项目)与非 3GPP 向 5G 核心网接入。

(8) 支持大量并发接入本地集中部署的业务,用户面功能可在与接入网络临近的位置部署,为本地业务网络和低时延业务的接入提供支持。

(9) 基于流的 QoS,QoS 架构简单,网络处理能力更强。

下面对图 11-2 中的名词进行说明:

(1) 在 5G 服务化网络架构(SBA)中,NSSF(Network Slice Selection Function)和 NEF(Network Exposure Function)是两个关键的网络功能(NF),它们扮演着重要的角色,以支持 5G 网络的灵活性、高效性和创新服务的引入。

① NSSF(Network Slice Selection Function,网络切片选择功能)。

NSSF 是 5G 核心网(5GC)中负责网络切片选择的组件。网络切片是 5G 网络的一个核心特性,它允许运营商创建多个虚拟网络,每个虚拟网络都可以针对特定的服务类型、客户群或运营商需求进行优化。这些切片可以是针对低延迟、大带宽、物联网设备等不同需求设计的。

NSSF 的主要功能包括:

基于用户的服务需求、设备信息、用户位置等因素,决定用户会话应该使用哪个或哪些网络切片。

管理和选择网络切片的策略,确保用户的服务需求得到满足。

在用户移动性管理过程中,支持网络切片的选择和切换。

② NEF(Network Exposure Function,网络开放功能)。

NEF 提供了一个安全的界面,使得 5G 核心网能够向第三方应用程序和服务暴露网络能力和信息。这使得第三方应用能够利用 5G 网络的高级特性,如网络状态信息、事件订阅、位置信息等,从而创建更加丰富和个性化的用户体验。

NEF 的主要功能包括:

提供一个统一的接口,通过它第三方应用程序可以安全地访问网络功能和信息。

支持第三方应用与 5G 网络的交互,例如,请求网络服务质量(QoS)的保证、获取用户位置信息等。

管理和控制第三方应用对网络资源的访问,确保网络资源的有效利用和信息的安全。

通过 NSSF 和 NEF,5G SBA 能够提供高度定制化的网络服务,同时支持新兴的应用场景和业务模式,如自动驾驶、虚拟现实、工业物联网(IIoT)等。

(2) 在 5G 服务化网络架构(SBA)中,NRF(Network Repository Function,网络存储功能)和 PCF(Policy Control Function,策略控制功能)是两个关键的网络功能,它们在 5G 核心网的运行和管理中扮演着重要角色。

① NRF。

NRF 是 5G 核心网中的一个中心注册和发现机制,负责管理网络功能的信息,并支持网络功能之间的服务发现。它类似于传统网络中的域名系统(DNS),但专为服务化架构设计,以支持网络功能的动态发现和交互。

NRF 的主要功能包括:

- 管理网络功能的注册信息,包括它们的服务能力、IP 地址和端口等。
- 提供查询机制,使得网络功能可以根据需要发现其他网络功能的位置和服务能力。
- 支持网络功能的动态注册和注销,适应网络功能的动态变化和扩展。

通过 NRF,5G 核心网能够灵活地管理和调度网络资源,支持网络功能的高效互联和协作。

② PCF。

PCF 在 5G 核心网中负责策略控制,它定义和管理网络策略,以控制网络资源的使用和服务质量(QoS)。PCF 确保网络策略与用户的服务需求、运营商的策略和网络条件相一致。

PCF 的主要功能包括:

- 管理和控制用户的服务质量(QoS)策略,包括数据传输速率、延迟等参数。
- 基于用户的订阅信息、网络状态和服务需求,动态调整服务策略。
- 支持策略和充值控制,确保网络资源的公平和有效使用。
- 与其他网络功能(如 SMF)协作,实施和执行网络策略。

通过 PCF,5G 网络能够提供差异化的服务,满足不同用户和应用的需求,同时优化网络资源的使用和管理。

NRF 和 PCF 是 5G SBA 的重要组成部分,它们通过提供高效的服务发现机制和灵活的策略控制,支持 5G 网络的高度定制化和动态优化。

(3) 在 5G 服务化网络架构(SBA)中,UDM(Unified Data Management,统一数据管理)和 AF(Application Function,应用功能)是两个关键的网络功能,它们在支持 5G 核心网(5GC)的高效运行和提供高级服务中扮演着重要角色。

① UDM(Unified Data Management,统一数据管理)。

UDM 是 5G 核心网中负责统一数据管理的组件。它集中处理用户数据,包括身份信息、订阅数据、认证信息等,支持用户的身份验证、授权和访问控制。UDM 的设计旨在提高数据管理的效率和安全性,支持网络功能之间的高效数据共享和协作。

UDM 的主要功能包括:

- 管理用户的身份信息和订阅数据。
- 支持用户的认证和授权流程。
- 提供用户状态信息,如在线状态和位置信息。
- 支持用户数据的统一访问和管理,确保数据的一致性和安全。

通过 UDM,5G 网络能够高效地管理和保护用户数据,支持多种网络服务和应用的需求。

② AF(Application Function,应用功能)。

AF 代表应用功能,它是 5G 核心网中用于与外部应用程序交互的组件。AF 使得第三方应用能够利用 5G 网络的高级特性,例如,网络切片、服务质量(QoS)保证等,来提供更丰富和个性化的用户体验。

AF 的主要功能包括:

- 作为第三方应用和 5G 核心网之间的接口,支持应用程序对网络服务的请求和配置。
- 允许第三方应用订阅网络事件,例如,用户状态变化、位置更新等。
- 支持网络能力的暴露给第三方应用,例如,允许应用请求特定的服务质量(QoS)或网络切片。

通过 AF,5G 网络能够支持新兴的应用场景和业务模式,如增强现实(AR)、虚拟现实(VR)、远程医疗等,提供更加丰富和定制化的服务。

UDM 和 AF 在 5G 服务化网络架构中起着至关重要的作用,分别支持高效的用户数据管理和强大的应用程序交互能力,共同推动 5G 网络向更高级的服务和应用领域发展。

(4) 在 5G 服务化网络架构(SBA)中,AUSF(Authentication Server Function,鉴权服务器功能)是一个关键的网络功能,主要负责处理用户的认证过程。AUSF 的设计目的是支持 5G 网络中的安全认证机制,确保用户访问网络服务时的身份验证和授权过程既安全又高效。

AUSF 的主要功能包括:

① 处理认证请求。当用户尝试连接到 5G 网络时,AUSF 接收来自初始网络功能(如 AMF)的认证请求,并负责处理这些请求。

② 生成认证向量。AUSF 与用户的归属网络中的认证中心(如 ARPF)协作,生成认证向量和认证信息。这些信息用于验证用户的身份,并确保认证过程的安全。

③ 支持多种认证方法。AUSF 支持 5G 网络中多种认证方法,包括基于 5G AKA(Authentication and Key Agreement,认证和密钥协商)的方法,以及其他可能由网络运营商定义的方法。

④ 安全密钥管理。在认证过程中,AUSF 还负责管理与用户会话相关的安全密钥,这些密钥用于后续的数据加密和保护用户数据的隐私。

⑤ 支持网络切片的认证。AUSF 可以支持针对不同网络切片的特定认证需求,使得

5G网络能够为不同的服务和应用提供定制化的安全保障。

通过 AUSF，5G 网络能够提供一个安全、可靠的认证框架，保护用户数据和通信不被未授权访问和篡改，同时支持 5G 网络的灵活性和多样化服务需求。AUSF 是 5G 安全架构的重要组成部分，与其他网络功能协同工作，确保整个网络的安全性和用户的信任。

（5）在 5G 服务化网络架构（SBA）中，AMF（Access and Mobility Management Function，接入与移动性管理功能）是一个关键的网络功能，主要负责接入和移动性管理。AMF 的设计目的是支持 5G 网络中用户的连接、移动性以及会话的管理，确保用户能够在不同地理位置和不同网络条件下，无缝地接入 5G 网络并保持通信的连续性。

AMF 的主要功能包括：

① 接入管理。AMF 处理用户设备（UE）到 5G 网络的接入请求，包括注册、注销和连接设置等过程。它负责建立和维护 UE 与 5G 网络之间的连接。

② 移动性管理。AMF 管理 UE 在 5G 网络内的移动性，支持 UE 在不同基站（gNB）或不同接入技术之间的无缝切换，确保服务连续性。

③ 会话管理。AMF 与会话管理功能（Session Management Function，SMF）协作，负责建立、修改和释放用户的会话。它通过 SMF 配置用户平面路径，支持数据传输。

④ 安全性。AMF 协同认证服务器功能（AUSF）完成用户的认证过程，确保只有授权的用户可以接入网络。它还负责生成和管理安全密钥，增强数据传输的安全性。

⑤ 网络切片支持。AMF 支持网络切片，可以根据服务需求将用户分配到特定的网络切片中。这支持了 5G 网络的灵活性和服务定制化。

⑥ 紧急服务。AMF 还负责处理紧急呼叫和紧急服务请求，确保用户在紧急情况下可以快速接入网络。

AMF 是 5G 核心网的核心组件之一，通过与其他网络功能（如 SMF、UPF、UDM 等）的协作，实现了复杂的网络管理和服务提供。通过 AMF，5G 网络能够支持大量的用户设备、高速的数据传输以及低延迟的服务，可满足不同场景和应用的需求。AMF 的设计和实现是实现 5G 网络高效运行和优化用户体验的关键。

（6）在 5G 服务化网络架构（SBA）中，SMF 是一个关键的网络功能，主要负责会话管理。SMF 的设计目的是支持 5G 网络中的会话建立、修改和释放，以及 IP 地址分配和用户平面配置。通过 SMF，5G 网络能够提供灵活的数据传输服务，满足不同应用和服务的需求。

SMF 的主要功能包括：

① 会话建立和管理。SMF 负责处理用户设备（UE）的会话请求，包括会话的建立、修改和释放。这包括为 UE 分配 IP 地址、选择合适的用户平面功能（UPF）以及设置用户平面路径。

② 用户平面配置。SMF 与用户平面功能（UPF）协作，配置数据传输的路径和规则。这包括流量转发规则（如 QoS 规则）、数据报文的过滤和路由等。

③ IP 地址管理。SMF 负责为 UE 分配和管理 IP 地址。这可以是基于 IPv4 或 IPv6 的地址，支持 UE 在网络中的数据通信。

④ QoS 管理。SMF 根据服务要求为不同的数据流配置和管理服务质量（QoS）参数。这确保了不同应用和服务可以获得所需的网络资源和性能保障。

⑤ 切换支持。在 UE 进行网络切换（如从一个基站移动到另一个基站）时，SMF 支持会话的平滑切换，从而确保服务的连续性。

⑥ 网络切片支持。SMF 支持网络切片功能，可以根据不同的服务需求，将用户和数据流分配到特定的网络切片中。

SMF 是 5G 核心网中的重要组件，通过与其他网络功能（如 AMF、UPF、PCF 等）的协作，实现了复杂的会话管理和服务提供。SMF 的设计和实现支持了 5G 网络的高效运行，为用户提供了高速、低延迟和高可靠性的数据传输服务。通过灵活的会话管理和用户平面配置，SMF 使得 5G 网络能够满足未来通信和应用的多样化需求。

（7）在 5G 服务化网络架构（SBA）中，UE 指的是用户设备，它是 5G 网络中用户端的设备，用于接入 5G 网络并使用其提供的通信服务。UE 可以是多种形式的终端设备，包括但不限于智能手机、平板电脑、笔记本电脑、穿戴设备、车载设备以及各种物联网（IoT）设备。

UE 在 5G 网络中的角色和功能包括：

① 接入网络。UE 是用户接入 5G 网络的终端点，它通过无线接口与 5G 网络中的基站（称为 gNodeB 或 gNB）通信，实现对网络的接入。

② 移动性管理。UE 支持在不同的地理位置和不同的网络条件下移动，同时保持与网络的连续连接。这包括在不同基站间的无缝切换，以及支持不同接入技术（如 5G、4G、Wi-Fi）之间的切换。

③ 会话管理。UE 参与会话的建立、修改和释放过程，支持数据服务和通信服务的使用。这包括为数据传输和通信配置必要的网络资源和参数。

④ 安全通信。UE 支持 5G 网络的安全协议，包括认证、加密和数据完整性保护，确保用户数据和通信的安全性。

⑤ 服务使用。UE 是用户使用 5G 网络服务的终端设备，支持多种通信服务（如语音、视频、数据服务）和应用（如增强现实/虚拟现实、高清视频流、大数据分析等）。

UE 的设计和功能支持了 5G 网络的核心目标，包括高数据传输速率、低延迟、大连接数、高可靠性和网络切片等。随着 5G 技术的发展和应用的扩展，UE 的类型和功能也在不断演进，以满足不同场景和需求的通信服务。

（8）在 5G 服务化网络架构（SBA）中，RAN（Radio Access Network，无线接入网）和 AN（Access Network，接入网）是关键组件，它们定义了如何将用户设备（如智能手机、物联网设备等）连接到 5G 网络的核心部分。下面分别介绍这两个概念：

① RAN（Radio Access Network，无线接入网）。

RAN 是 5G 网络的无线接入部分，负责管理用户设备与网络之间的无线通信。它包括基站和用户设备（UE）之间的无线连接，以及基站内部的一些功能，如无线信号处理和无线资源管理。在 5G 中，基站通常被称为 gNodeB，它们通过无线电频谱与用户设备通信，将数据传输到网络的其余部分。RAN 是实现 5G 高速数据传输、低延迟和大规模设备连接的关键技术之一。

② AN(Access Network，接入网)。

AN是一个更广泛的概念，它涵盖了所有将用户设备连接到服务提供商核心网络的技术和设备。除了无线接入网(如5G RAN)，AN还可以包括有线接入技术，例如，光纤到户(FTTH)、数字用户线(DSL)等。简言之，AN是用户设备接入网络服务的物理门户，无论是通过无线方式(如5G、4G等)还是有线方式(如光纤)。

在5G服务化网络架构中，作为AN的一个子集，RAN专门负责无线接入部分。5G RAN采用了先进的技术，如大规模MIMO(多输入/多输出)、网络切片等，来提高网络的性能、效率和灵活性。通过这些技术，5G网络能够支持广泛的应用场景，包括增强移动宽带(eMBB)、超可靠低延迟通信(URLLC)和大规模物联网(mMTC)。

RAN和AN是连接用户设备到5G网络核心部分的关键架构，它们确保了用户设备能够无缝接入网络并可享受5G带来的各种服务和优势。

(9) 在5G服务化网络架构(SBA)中，UPF(User Plane Function，用户面功能)和DN(Data Network，数据网络)是两个关键组件，它们在数据传输和网络连接方面发挥着重要作用。下面详细解释这两个概念：

① UPF(User Plane Function，用户面功能)。

UPF是5G核心网络(5GC)中的一个关键功能，负责处理用户数据(即用户面数据)。它是5G网络架构中用户面数据处理和转发的核心。UPF的主要功能包括：

- 数据转发。UPF负责在5G网络内部以及5G网络和外部数据网络之间转发用户数据。这包括数据包的路由和转发，确保数据从源头正确地传输到目的地。
- 数据包处理，包括数据包的加密和解密、压缩和解压缩等。
- 会话管理。UPF支持会话的建立、维护和释放，同时确保数据流符合会话的服务质量(QoS)要求。
- 移动性支持。UPF支持用户在移动过程中的数据连续性，允许用户在不同的接入和核心网络之间移动时，保持数据服务的连续性。

② DN(Data Network，数据网络)。

DN是指用户通过5G网络接入的最终数据网络，这可以是互联网、企业内网或任何其他特定的服务网络。在5G网络架构中，DN是用户想要访问的服务和应用所在的网络。例如，当用户浏览网页或使用在线应用时，这些服务通常托管在互联网上，这时互联网就作为DN。

DN的主要特点包括：

- 目的地网络。DN是用户数据流的最终目的地或起点，取决于数据流的方向。
- 多样性。5G网络可以连接到多种DN，包括公共互联网、专用网络或边缘计算网络，以支持不同的服务和应用需求。
- 接入控制。5G网络通过策略和规则管理用户对DN的接入，确保数据流的安全性和合规性。

在 5G 服务化网络架构中,UPF 和 DN 共同确保用户能够高效、安全地接入所需的数据服务和应用。作为核心网的一部分,UPF 负责处理和转发用户数据,而 DN 则是这些数据的最终目的地或来源。

在上述服务化架构中,每个核心网控制面网元对外提供以其名字命名的服务化接口,如 AMF 对外提供 Namf 接口。从原则上说,每个网元的服务化接口可以被任何外部网元调用。但在 5G 架构中,由于标准化流程、协议设计、安全等的限制,每个特定服务化接口的调用和被调用关系又会被具体化为明确的点对点的连接关系。例如,SMF 的服务化接口会被 AMF、AF 等调用,但根据 Release-15/16 的流程设计,不会被如 AUSF 等流程上不相关的网元调用。为了在体现服务化接口性质的同时又清晰描述这些接口调用约束关系,5G 网络架构同时定义了基于服务化的表现形式,以及基于传统点对点通信的表现形式。

### 11.2.3　5G 核心网的关键技术

#### 1. 网络切片技术

在 5G 网络中,网络切片这项技术至关重要,是以业务场景为基础按需完成网络定制得以实现的基础之一,不同网络切片间能够实现资源的共享或彼此隔离。端到端逻辑子网的网络切片,包含用户平面与控制平面的核心网络、IP 传送网与承载网、无线接入网,需要多个领域协同配合。目前核心网切片标准已经取得了快速进展,基本上实现了 5G 核心网与终端的流程和功能,但在切片管理方面还需要进一步优化。无线接入网络切片把无线网络分成多个独立的虚拟网络,每个网络针对特定的服务类型进行优化配置。承载网络的切片发展相对独立,缺乏与移动网络之间跨专业的联动和打通。如果想要实现定制的 5G 切片和自动化部署,必须建立在切片管理的基础上。网络切片管理的架构如图 11-3 所示。

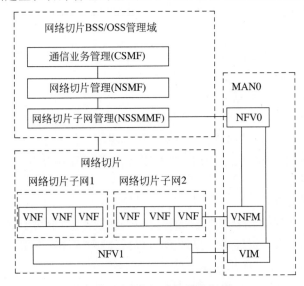

图 11-3　网络切片管理的架构

以标准具体完善程度为根据,对产品功能情况进行了解,通过对应用需要的深入分析,在网上切片部署工作提供过程中,可实现单区域、跨地区间部署工作,立足于核心网层面逐步向无线、数据传输等应用领域发展。在切片服务类型方面,目前已由 uRLLC/mIoT 取代原本的 eMBB 服务,在不断扩大的需求量背景下,其切块系统设计能以运营商设计的产品为根据,开放切块服务能力,同时结合基本生命周期化管理或切块分配管理工作,促进调度管理自动化的实现,面向不同场合合理进行对应方法的选择。运营商与不同用户切块间,可提供 AMF/PCF/UDM/NRF 共享,然而类型不一的切块间,仍旧有差异的 SMF/UPF 存在;与运营商统一管理的缘故,支持管理切片间战略的灵活提供,切片双方使用的用户订单信息一致。公司专用切片场景是共用 AMF/UDM/NRF,在 SMF/UPF/PCF 中不同切片间能够实现独自部署,且切片中也支持相对单一的管理策略部署,所以不同类型的切片可面向不同类型服务间的路由进行独特管理战略的确定。

### 2. 软件定义网络

软件定义网络(SDN)将网络分离成控制层和数据层,实现网络资源的集中控制和统一配置,从而提高网络管理的灵活性和扩展性。在 5G 核心网络中,SDN 用于多种场景,如 SDN 协同网络切片技术,根据不同的业务需求和 QoS 等级动态分配和调整网络资源,实现网络的按需切片,加强了资源利用率;与 NFV(网络功能虚拟化)技术相结合,SDN 可以实现对虚拟网络功能的集中控制和配置,降低了网络运维成本,简化了网络配置和故障排查过程。

在 5G 核心网络中,软件定义网络技术通过其独特的特点和作用为运营商带来显著的优势,这些优势有力地支持了 5G 核心网络的发展和应用。

### 3. 网络功能虚拟化

NFV 表示以虚拟化软件手段为基础实现传统网元间的软硬解耦,在相同的虚拟化基础设施中,不同厂商的软件系统皆可实现工作。NFV 将传统的网络设备功能软件化,部署在通用服务器、存储设备和虚拟化平台之上,以此来降低运营商在 5G 核心网络中的硬件投资成本,提高硬件资源利用率,加快网络功能和服务的迭代更新速度。

### 4. 云原生

云原生技术是指基于容器和微服务技术的软件开发、部署和管理模式,是一种全新的软件开发和部署模式,它可以提高网络的灵活性和可扩展性,同时也可以减少运营成本和网络维护难度。它的出现旨在解决传统应用的可扩展性弹性和可管理性等问题,满足云计算环境下的应用开发和部署要求。

在 5G 核心网络中,云原生技术也得到了广泛的应用。

云原生技术在 5G 核心网络中的应用,可以提高网络的灵活性、可扩展性、动态性、可管理性和安全性等关键要素,有望成为 5G 核心网络的重要支撑技术。

### 5. 边缘计算

边缘计算技术是满足不同应用带来的多样化网络需求的核心技术之一。边缘计算技术通过将计算、存储和应用服务部署在网络边缘,来大幅度降低业务时延,减少对传输网的带宽压力降低传输成本,同时进一步提高内容分发效率提升用户体验。其与 SDN 和 NFV 技术相结合,可以提供个性化服务和资源优化,满足不同场景下的多样化需求。在 5G 核心网中,包含下述支持边缘计算的能力:本地路由,即 5G 核心网通过利用 UPF 进行引导,可使用户流量向本地数据网络传输;流量加速,即 5G 核心网选择向本地数据网络中应用功能引导的业务流量;EC 服务兼容移动性限制要求;支持 QoS 与计费,支持业务和会话连续性。

在 5G 核心网络中,通过 MEC(Mobile Edge Computing,移动边缘计算)的应用,不仅能够促进 E2E 时延的降低,带给用户更优异的体验,同时在本地泄流的基础上能够降低回传网络的开销,从而减少网络成本支出。互联网和移动网在 MEC 的作用下能够实现深度融合。对于设备商和运营商而言,战略意义相当显著。

## 11.3　5G＋工业互联网行业应用

5G 作为信息通信行业演进升级的重要方向,其低时延、高可靠、大带宽特性,与工业互联网高可靠、低时延需求紧密匹配。5G 与工业互联网加速融合创新发展,产业界开展了多维度研究与实践。围绕当前 5G＋工业互联网发展的五大重点行业,从政策、市场、技术、产品、应用等维度分析了当前 5G＋工业互联网的发展现状。

5G＋工业互联网助力传统产业转型升级,推动工业化与信息化在更广范围、更深程度、更高水平上实现融合发展。目前,我国 5G＋工业互联网技术在装备制造、钢铁、采矿、港口、电力五大行业中进行了深入实践。

### 11.3.1　5G＋工业互联网行业发展状况

#### 1. 国家支持政策

2017 年底,国务院出台《关于深化"互联网＋先进制造业"发展工业互联网的指导意见》,这是我国工业互联网发展的纲领性文件,对 5G 在工业互联网的试验应用进行部署。此后,5G＋工业互联网相关支持政策不断加码升级,为行业的发展提供了强有力的政策支持。

在采矿行业,工业和信息化部、国家发展和改革委员会、自然资源部联合发布《有色金属行业智能矿山建设指南》《有色金属行业智能冶炼工厂建设指南》《有色金属行业智能加工工厂建设指南》,提出加快 5G、人工智能、工业互联网等新一代信息通信技术与有色金属行业融合创新发展,切实引导有色金属企业智能升级。

在电力行业,国家发展和改革委员会、国家能源局、中央网信办、工业和信息化部联合编制《能源领域 5G 应用实施方案》,聚焦电厂、电网等,从典型应用场景、应用实施方案等落地角度支持产业实践。

在钢铁行业,工业和信息化部、国家发展和改革委员会、生态环境部联合发布《关于促进钢铁工业高质量发展的指导意见》,提出开展钢铁行业智能制造行动计划,部署推进 5G、工业互联网等技术在钢铁行业的应用。

## 2．市场加大建网投入力度

运营商、设备商、网络服务商、云服务商等产业供给侧加大市场投入，以主流运营商最为突出，网络服务商中出现 5G 边缘云服务提供商等新的细分主体。运营商基于 5G 网络建设运维的优势提出解决方案，成为新市场格局的牵头方。当前，5G＋工业互联网的建网模式主要包括基于 5G 切片技术的虚拟专网模式、基于 UPF/MEC 下沉部署的混合组网模式以及基于频谱资源专享的独立专网模式等。

## 3．技术热点突出布局

企业围绕 5G 网络部署关键技术积极参与国际标准研制，以推动业界达成共识。近年来，随着华为、OPPO、vivo 持续加大研发投入，国内企业的专利年度申请量已经超过欧美企业。5G 虚拟混合组网模式如图 11-4 所示。

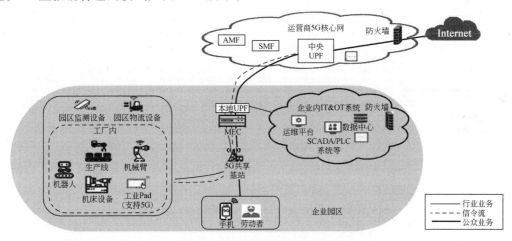

图 11-4　5G 虚拟混合组网模式

工业应用促使 5G 网络技术不断创新。灵活便捷、节约成本的 5G 行业专网建设在工业企业部署 5G 的过程中要求很高，轻量化 5G 核心网成为探索热点，实现方式可基于云原生技术针对标准 5G 核心网功能进行定制化裁剪，目前在港口行业、钢铁行业进行了探索应用。

## 4．行业定制终端产品

5G 工业融合终端现阶段以网关等数据终端形态为主，此外还有具备 5G 通信能力的融合终端设备。在装备制造行业出现的终端形态最多，包括具备 5G 通信能力的 AGV、工业 AR 眼镜、MES 终端、工业相机等融合终端设备。在钢铁行业，有用于环境监测的 5G 智能摄像头、智能传感器等，以及具备 5G 通信能力的智慧天车设备等。在采矿行业，有集成 5G 通信模块的露天矿矿卡、井下掘进机等设备，也有具备 5G 通信能力的井下巡检机器人、智能摄像机、头盔等融合终端，另有瓦斯环境下的防爆基站等终端设备。在港口行业，有具备 5G 通信能力的理货用摄像机、高精度位姿测量仪器等设备。在电力行业，有具备 5G 通信能力的巡线无人机、检修用 AR 眼镜、输变配巡检机器人等终端设备。此外，基于 5G 网络的生产实时性控制平台、环境监测和行为识别平台也在各个行业广泛应用。

### 11.3.2 "5G＋工业互联网"典型行业应用

5G凭借增强移动宽带(eMBB)、海量机器类通信(mMTC)和超可靠低时延通信(URLLC)三大场景、八大关键能力以及更灵活的网络架构,相比于以往任何一代无线通信技术都更能满足工业对于无线连接的需求。2019年,国际通信标准化组织3GPP冻结了Release15(Rel-15)标准,实现了eMBB场景需求,峰值速率为10～20Gb/s,带动了一大批使用机器视觉和高清视频传输技术的5G工业应用的发展。2020年冻结的Rel-16主要侧重URLLC场景,时延得到进一步的降低(端到端时延为5ms,空口时延最低可达0.5ms)。进一步催生了全要素连接工厂、核心控制环节应用等。"5G＋工业互联网"演进标准路标如图11-5所示。

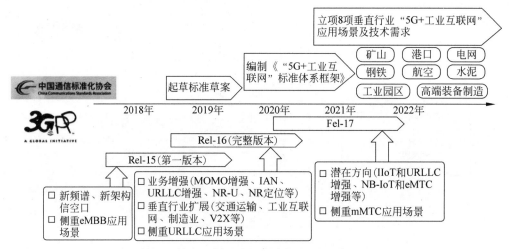

图 11-5　"5G＋工业互联网"演进标准路标

我国"5G＋工业互联网"重点行业主要应用场景图谱如图11-6所示,"5G＋工业互联网"在装备制造行业、钢铁行业、采矿行业、港口行业、电力行业应用场景覆盖范围不断扩大,已涵盖研发设计、生产制造、运营管理、销售配送、产品服务等产品全生命周期,可归纳为远程设备操控、现场辅助装配、环境实时监测等诸多场景。

在装备制造行业,工厂正向大批量、个性化、定制化、柔性化生产等方向转型升级,以移代固柔性生产、机电分离快速迭代、机器换人提质降本增效等需求迫切。5G技术凭借高速率、低时延、大连接的特性,与人工智能、大数据、AR/VR等新一代信息通信技术融合,可推动实现智能工厂的内部整合升级,突破数据传输壁垒和信息交互壁垒,重新定义工业制造的生产组织方式。

在钢铁行业,生产的质量控制、绿色环保等要求是当前急需解决的痛点问题,行业正以工艺优化为切入点,加速向设备运维智能化、生产工艺透明化、供应链协同全局化、环保管理清洁化等方向转型升级。5G技术凭借高速率、低时延、大连接的特性,可与钢铁行业生产流程充分结合,助力生产流程提升质量和效率。

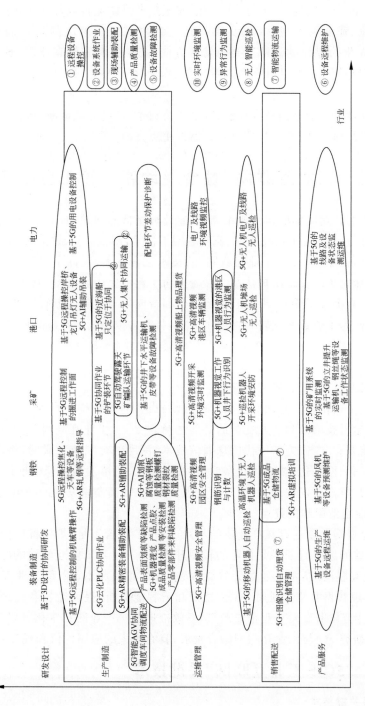

图 11-6 我国"5G＋工业互联网"重点行业主要应用场景图谱

在采矿行业,矿山爆破、矿下采掘等安全性生产、复杂地理环境下矿卡的高效运输等要求都是急需解决的痛点问题,无人化、少人化、安全生产是矿业行业数字化转型的重要方向。

在港口行业,降低人力成本、提高港口运行效率是急需解决的行业痛点问题,自动化、智能化、少人化的智慧运营是重要的发展方向。5G 技术凭借高速率、低时延、大连接的特性,可有效支撑港口的船舶停靠区数字化、作业区无人化、仓储区智能化和管理区智能化。

在电力行业,用电、配电的精准控制、降低人力成本、提高故障诊断效率是急需解决的行业痛点问题,高效、绿色、安全是其数字化转型的重点方向。

## 11.4　"5G＋工业互联网"融合驱动新一轮工业数字化转型

本节针对工业企业面临的运营成本高、信息化程度低等问题,对工业数字化转型进行了深入分析,提出通过 5G 无线化改造、工业互联网等技术,降低企业成本,实现工业数字化转型。在此基础上,提出了"5G＋工业互联网"的技术融合方案,设计了"5G＋工业互联网"的整体架构,并构建完善的安全防护体系。接着探讨了典型应用场景,并基于对"5G＋工业互联网"的未来展望,提出了 5G＋工业互联网的全面智能化与智慧城市的愿景。5G 与工业互联网的深度融合,为工业数字化转型指明了方向,将有力推动我国经济高质量发展。

### 11.4.1　概述

#### 1."5G＋工业互联网"的研究背景

我国正处于工业化和信息化双轮驱动的战略机遇期,加快构建产业数字化发展的新优势,是适应新一轮科技革命和产业变革的必然选择。"5G＋工业互联网"的赋能对制造业跨越式发展非常重要。5G 作为新一代信息通信技术,深度融合工业互联网,将高效支撑工业生产方式的数字化、网络化、智能化转型升级,提质增效、变革发展。积极推进 5G 和工业互联网融合创新,是贯彻新发展理念,构建新发展格局,推动高质量发展的必由之路。

#### 2.目前工业企业面临的痛点

我国工业企业目前普遍存在产业供给不足、IT-OT 融合不足、规模推广困难、安全防护不足等痛点,这些问题阻碍了工业企业的转型升级。而 5G 与工业互联网的融合创新,催生出了"5G＋工业互联网"技术。通过无线化改造,降低布线成本;借助工业互联网平台,打通应用孤岛,实现数据共享;利用 5G 传感器和云智能分析,提升监控和运维水平。可见,"5G＋工业互联网"技术直面工业企业痛点,有效推进我国产业的数字化、网络化、智能化转型。因此,深入研究 5G 与工业互联网融合发展,具有重大的应用价值和现实意义。

### 11.4.2　"5G＋工业互联网"关键技术

#### 1.5G 网络关键技术

5G 作为 IMT-2020 制定的第 5 代移动通信技术,通过引入诸多前沿技术,实现了无线接入网关键能力的大幅提升,可为工业互联网提供高质量的无线通信服务。

(1) 5G网络技术指标。

相比以往的移动通信技术,5G技术在融合工业互联网方面主要具有以下显著特性:

① 高带宽——5G系统峰值数据传输速率达到20Gb/s,极大地满足了工业传感控制、视频监控、机器人远程操控等对带宽的需求。

② 低时延——5G空口时延可降低至1ms量级,大幅减少控制指令的时延,满足复杂互联环境中对实时控制的苛刻需求。

③ 高连接密度——单个基站覆盖连接密度可达百万级设备,充分满足IoT环境中海量异构设备并存的连接需求。

④ 高可靠性——5G系统设计目标可靠性达到99.999%,大幅减少链路中断对生产环境的影响。

(2) 5G网络实现技术。

为实现上述指标的大幅提升,5G在空口接入技术和网络架构上引入了多项原理性创新,主要包括:

① 多输入/多输出(MIMO)——在基站设计中采用大规模天线阵列,可以显著提升系统容量。

② 毫米波通信——利用30~300GHz的毫米波频段,获得宽阔的频谱资源。

③ 新型随机接入——支持海量设备随机接入,减少接入冲突。

④ 新型调制编码——采用新型SCMA、Polar码等技术,提升频谱利用效率。

⑤ 软件定义网络——通过云化和虚拟化技术创新网络架构。

⑥ 移动边缘计算(MEC)——通过MEC服务器提升边缘计算和缓存能力。

⑦ 网络切片——通过NVF(Network Virtual Function,网络虚拟功能)实现网络的逻辑划分。

### 2. 工业互联网平台标准架构

工业互联网平台是为满足制造业数字化、网络化和智能化需求而构建的服务体系。其核心在于基于海量数据采集、汇聚、互联互通和分析,为制造业提供弹性供给和高效配置的工业云平台。工业互联网平台标准架构如图11-7所示。

在该平台上,各类传感器、设备和工具通过物联网技术实现连接,实现设备之间、设备与系统之间的数据传输和交换。通过云计算和边缘计算技术,平台将数据传输至云端或设备端进行存储和处理,实现大规模的数据分析和计算。同时,工业互联网平台结合大数据分析和人工智能,从海量数据中提取有价值的信息,为决策和优化提供智能支持。

这样的工业互联网平台使得制造业具备了"感知、思考、决策、执行"的智能能力,实现了数据驱动的精细化生产管理。从物料采购、生产调度到质量检测、设备维护,各个环节通过数据共享和实时交互,实现高效的协同和决策。最终,工业互联网平台支撑制造资源的泛在连接,实现资源优化配置和产能提升。

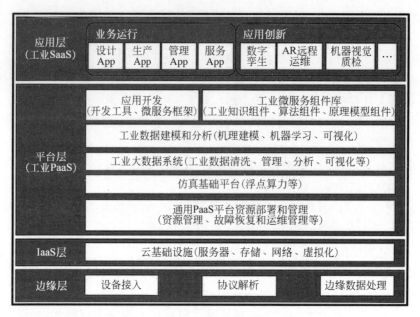

图 11-7　工业互联网平台标准架构

## 11.4.3　"5G＋工业互联网"的技术融合方案

随着工业互联网的蓬勃发展,5G 作为第五代移动通信技术,正逐渐成为工业互联网的重要支撑。通过将 5G 网络与工业互联网技术相融合,产生了一系列创新性的解决方案,为工业生产带来更加高效、更加智能化的成果。

### 1. 5G 双域专网中的 ULCL 和 DNN 分流技术

5G 双域专网是一种将公共 5G 网络与私有 5G 网络相结合的先进网络架构,为工业生产提供个性化、安全可靠的通信服务。在工业场景中,时延和通信可靠性尤为重要,因此 5G 双域专网发挥着关键作用。双域专网如图 11-8 所示。

ULCL 技术是 5G 网络的一个重要特性,它通过对无线资源的优化分配和调度,确保上行数据传输的高可靠性和低时延。在对通信时延要求极高的工业自动化控制和机器人操作等场景中,ULCL 技术能够有效提升通信性能,满足关键业务的需求。ULCL 通过虚拟化技术进行网络切片,将物理网络划分为多个逻辑网络的方式,可为不同工业应用提供定制化的网络服务。ULCL 可根据访问类型,将业务分流到企业专网或公网。对访问内部资源的流量,可在边缘 UPF 进行分流,实现低时延本地处理。ULCL 无须用户感知,可实现省内、跨省的灵活分流,是构建 5G 双域专网的重要手段。

### 2. MEC 边缘计算技术

MEC 边缘计算技术是一种新兴技术,它将计算和数据存储功能从传统核心网络下沉至接近终端用户的边缘节点。通过在接入网边缘部署计算能力,MEC 实现了低时延、高带宽和位置感知的计算服务,为各种应用场景提供了高效且实时的数据处理和决策支持。

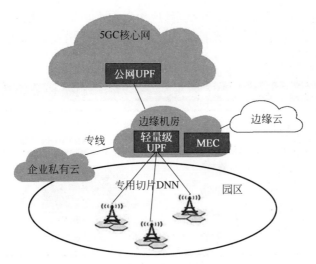

图 11-8 双域专网

在工业应用中,MEC 技术的关键作用在于将数据处理和计算任务下沉到设备附近,降低数据传输延迟,实现实时数据处理和决策,从而为工业生产提供了更高效、更智能的解决方案。

### 3. 工业互联网技术

工业互联网技术涵盖了多种关键技术,其中包括工业以太网和工业 PON(Passive Optical Network,无源光网络)等。

工业以太网是一种广泛应用于工业场景的局域网技术,具备高带宽、低时延和可靠稳定的特点。它为工业自动化控制和数据采集提供了高效可靠的通信基础,以在智慧园区的智能设备之间实现快速数据传输和控制。然而,工业以太网也存在一些缺点。其中,最突出的就是布线距离短和电磁干扰问题。由于传统以太网使用的铜缆在传输数据时会面临信号衰减的问题,因此在较长距离传输时,信号质量可能会下降,并且增加了网络布线的复杂性和成本。同时,在工业环境中存在大量的电气设备和电源线路,它们可能产生电磁干扰,从而影响到工业以太网的传输质量,并可能导致数据传输错误、丢包等问题,进而降低网络的稳定性和可靠性。

相比之下,工业 PON 技术是一种光纤接入技术,通过光分纤技术将网络信号传输到不同的终端设备,实现网络的灵活部署和资源共享。光纤传输能够满足大规模数据传输的需求,支持高速数据传输,使得智慧园区内的各种智能设备能够快速、稳定地进行数据交换和通信。此外,工业 PON 技术采用光分纤技术,使得网络的扩展更加灵活,提高了网络的资源利用率和部署的灵活性。

## 11.4.4 网络架构与安全体系

### 1. "5G＋工业互联网"整体架构

在"5G＋工业互联网"融合中,网络架构扮演着关键角色,连接和支持各种智能化应用和设备。整体架构可以分为感知层、网络层、应用层和平台层 4 个层面，每个层面都在实现工业的数字化转型和智能化升级中发挥着重要作用。"5G＋工业互联网"整体架构如图 11-9所示。

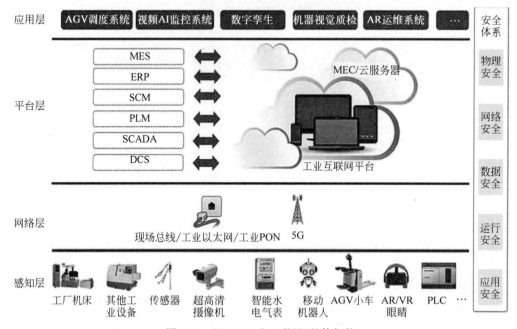

图 11-9 "5G＋工业互联网"整体架构

（1）感知层。

感知层是 5G＋工业互联网的基础，它包含了各类传感器和终端设备。通过这些传感器和设备，工业互联网平台借助网络层可以实时感知和采集现场的各种数据和信息。

（2）网络层。

网络层是将感知层的传感器和终端设备互联的关键环节。在"5G＋工业互联网"中，网络层采用多种技术来实现设备之间的高效通信，其中包括 5G 网络、现场总线、工业以太网和工业 PON 等。5G 网络提供了高速、低延迟、高可靠性的无线传输支撑，为工业设备之间的连接和数据传输提供了强大的基础。同时，现场总线、工业以太网和工业 PON 等有线通信技术也广泛应用于工业自动化领域，为非 5G 终端设备提供稳定可靠的数据传输通道。

（3）应用层。

应用层是"5G＋工业互联网"的智能化体现，包括了各种智能化应用和系统。在工业生产中，各种智能应用不断涌现，如 AGV 调度系统、视频 AI 监控系统、数字孪生、机器视觉质检、AR 运维系统等。这些应用利用感知层采集的数据，并通过网络层传输至应用层进行实时处理和决策。智能化应用的广泛应用提高了生产效率、降低了生产成本，并提供了更高的品质和安全保障。

（4）平台层。

平台层是整个架构的核心,它是工业互联网平台的重要组成部分。工业互联网平台是面向制造业数字化、网络化、智能化需求的服务体系,用于汇聚感知层、网络层和应用层的数据和信息,并提供相应的计算和分析能力。平台层整合了感知 MES、ERP、SCM、PLM、SCADA、DCS 等各类数据,通过 MEC/云服务器为应用提供计算服务能力,这使得"5G＋工业互联网"成为现代制造业数字化转型的重要支撑。

**2. 安全防护体系**

在"5G＋工业互联网"中,安全性是至关重要的考虑因素。由于工业生产涉及重要的数据和信息交换,安全防护机制成为保障"5G＋工业互联网"稳定运行和数据安全的关键手段。安全体系应贯穿感知层、网络层、应用层和平台层各个层面。

（1）物理安全。

物理安全是最基本的安全保障手段,它包括对设备和感知层设施的物理保护。对于传感器、工厂机床和其他工业设备,应采取合适的安装位置和防护措施,避免被未授权人员访问和操作。对于移动机器人和 AGV 小车等设备,应设置有效的防碰撞和紧急停止措施,保障现场的人员安全。

（2）网络安全。

网络安全是防范网络攻击和数据泄露的关键措施。在"5G＋工业互联网"中,网络层的安全性尤为重要。必须采取有效的网络防火墙、数据加密和访问控制等手段,确保网络通信的安全可靠。此外,网络层还需要监测异常行为和入侵威胁,及时发现和应对潜在的安全风险。

（3）数据安全。

数据安全旨在保障"5G＋工业互联网"核心资产的安全性。在应用层和平台层,各类数据被汇聚和分析,因此必须采取措施来保护数据的完整性和隐私。数据加密、权限控制和备份是常用的数据安全措施,可以有效降低数据泄露和丢失的风险。

（4）运行安全。

运行安全是确保"5G＋工业互联网"系统稳定运行的关键环节。必须定期进行系统安全检测和漏洞修复,以防范潜在的安全威胁。同时,建立完善的应急响应机制,以应对突发的安全事件和故障,保障系统的连续运行和生产效率。

（5）应用安全。

应用安全是指保护智能化应用和系统的安全性。在应用层中,各类智能化应用涉及关键的生产数据和决策信息,因此必须采取措施保障应用的完整性和稳定性。对于应用开发和运行过程中的漏洞和风险,及时进行修复和升级,是确保应用安全的关键步骤。

## 11.4.5　5G网络的典型应用场景

5G 与工业互联网融合技术在工业领域带来了全新的可能性,推动了工业生产和管理的智能化、高效化发展。5G 网络的典型应用场景如图 11-10 所示。

图 11-10　5G 网络的典型应用场景

下面介绍几个具有代表性的 5G 网络应用场景。

### 1. 智能制造

5G 的高带宽和低延迟特性为工业生产提供了可靠的通信基础。在智能制造中,工厂设备和机器人可以通过 5G 网络实现实时数据传输和互联互通。通过物联网技术,工业设备之间可以实现数据共享和协同,进一步优化生产流程,提高生产效率和产品质量。5G 还支持大规模设备连接,使得工厂的自动化水平得以提升,为工业生产带来了更大的灵活性和可扩展性。智能制造将进一步推动工业生产向数字化、智能化转型,提升企业的核心竞争力。

### 2. 远程监控与视觉检测

借助 5G 的 MEC 边缘计算技术,监控系统实现了实时远程监控工业设备和生产过程,并在检测到问题时进行实时处理和报警。视觉检测系统部署在 MEC 移动边缘计算服务器中,通过 5G 低延迟的实时数据分析,快速识别设备异常或故障、产品的尺寸或表面缺陷、组装错误等问题,以保证产品质量。一旦发现问题,MEC 服务器立即向工厂操作人员或管理者发送实时警告,使得工作人员能够迅速采取措施,避免问题进一步扩大或传递。

这样的综合应用场景推动着工业生产向着数字化、智能化转型,为工业领域带来了更高的智能化水平。

### 3. 智能物流

物流车辆、无人机和配送机器人等智能设备在 5G 网络的加持下可以实现高效的数据通信和自主导航。实时数据传输和高度自动化的物流流程使得物品追踪、库存管理、配送路线规划等环节更加智能化和精确化。供应链中的不同环节可以实现高度的信息共享,提高供应链的可视程度和响应速度。这些技术的应用将极大地提升物流的效率,降低成本,为各个行业提供更加稳定和高效的供应链体系。

#### 4．数字孪生工厂

数字孪生工厂是将实际工厂的物理过程与虚拟仿真相结合的概念。5G与工业互联网的融合为数字孪生工厂的实现提供了关键技术支持。通过5G网络,工厂的物理过程和虚拟模型可以实现高速、低延迟的数据交互,实时同步工厂的运行状态和虚拟模型的仿真结果。数字孪生工厂技术为企业提供了更准确的生产优化和决策制定依据,提高了工厂的生产效率和资源利用率。

"5G＋工业互联网"作为新一轮工业数字化转型的重要推动力量,必将引领工业发展迈向全新阶段。通过5G技术和工业互联网的融合,工业生产将实现全面智能化,跨行业的融合与创新将推动经济的转型升级。人工智能技术的广泛应用将增强产业竞争力,智慧园区乃至智能城市的发展将提升城市的可持续发展水平。

"5G＋工业互联网"将为工业数字化转型带来深远影响。应当充分认识到其重要性和广阔前景,并积极推动相关技术和政策的发展,以实现工业发展的持续繁荣与社会进步。通过各方共同努力,"5G＋工业互联网"必将成为推动工业转型升级的强大引擎。

## 11.5　基于5G多接入边缘计算的云化PLC系统架构设计与应用

随着工业控制系统对柔性化、扁平化要求的不断提升,以PLC为构建基础的传统工业控制网络在大规模接入、算力提升和部署灵活性方面均受到限制。针对这些问题,融合5G网络和边缘计算技术,设计了基于5G多接入边缘计算的云化PLC系统架构,阐述了该架构的运行机制和所涉及的关键技术;在此基础上,进行PLC系统的云化部署和调试,实现了工业现场、企业数据中心、5G网络和边缘网络的集成;最后,通过在某汽车制造公司产线改造过程中的应用,验证了所提架构的有效性。

### 11.5.1　概述

控制系统是制造业生产过程中的运行中枢和安全壁垒,在全工艺流程的监测、控制和优化,以及保障产品质量等方面均发挥着重要作用,同时也是重大工程与装备安全运行不可或缺的关键组成部分。其中,可编程逻辑控制器(Programmable Logic Controller,PLC)是控制系统的核心。随着控制系统及PLC技术的不断完善与发展,其在工业物联网(IIoT)、智能控制、云制造等领域的应用更加深入和广泛。然而,随着工业控制系统向柔性化、扁平化方向的不断发展,PLC在数据容量、程序容量和下挂设备数量方面的局限,已成为限制工业系统灵活性和扩展性的核心因素。传统工业控制网络解决这一问题的主要方法是增加PLC数量,并采用分布式部署的方法。但这会显著增加用户采购成本和运维成本,而且硬件机柜体积成倍数增加、发生故障时难以及时定位,会增加网络复杂度,加大组态编程和调试工作量。基于 5G 多接入边缘计算的控制技术为解决这些问题提供了新的途径。

5G 技术及以其为基础的工业控制系统在工业互联网和智能制造场景下应用前景十分广阔。在实际应用中,作为工业控制系统核心组件的 PLC 尚未出现进一步的技术变革,主要表现在以下几个方面:

(1) PLC 数据容量、程序容量及下挂设备数量有限。

(2) 部署复杂及集中管理困难问题。

(3) 控制系统网络化融合问题。

(4) 数据大规模连接及算力有限。

针对上述问题,PLC 系统的云化是一个潜在的有效技术手段。云化 PLC 是将常规的专用 PLC 硬件进行功能解耦,利用软件化的方式对控制系统进行架构构建和参数配置,并对相应及组态套件进行软件化定义,通过操作技术(Operation Technology,OT)和信息技术(Information Technology,IT)的融合,实现 PLC 的软件化和智能化部署。

## 11.5.2　基于 5G 多接入边缘计算的云化 PLC 技术

### 1. 5G 多接入边缘计算技术的内涵

5G 无线通信技术及边缘计算技术的出现为工业控制系统部署广域化、灵活化和高性能化提供了有效途径。基于 5G 的多接入边缘计算(Multiaccess Edge Computing,MEC)能够将两者结合,有效利用 5G 传输快速、稳定的优势,在边缘节点提供用户所需服务环境和计算能力,实现应用、服务的本地化以及各类控制器的分布式部署。MEC 的基本思想主要是在核心网络的内部将计算平台节点进行迁移,使计算节点下沉至边缘设备侧,从而更加接近现场的设备,并且可以通过在工业网络现场侧部署大量具有数据运算、存储、通信交换等功能的边缘节点,为大量边缘设备节点提供接入工业互联网的便利条件,进而可以为终端用户提供带宽更高、时延更低、运算更快的数据服务,并大大减轻核心网的网络负荷;同时可依托 MEC 将外部应用接入移动网络内部,使得内容和服务更贴近使用终端,从而改善服务质量。基于 5G 的 MEC 是构建在网络边缘基础设施之上的云平台,可以有效降低工业制造等控制场景下的传输时延,提升设备边缘侧的计算效率,融合增强通信技术(Communication Technology,CT)增值服务、IT 增值服务能力以及平台应用能力,可提供"开放、联动、弹性"的融合服务。

### 2. 基于 5G MEC 的云化 PLC 技术优势

传统基于 PLC 的大型控制系统本身已经是一个分布式的计算系统,但这种分布式仍基于现场总线和局域网。这里提出以 5G MEC 为技术支撑的云化 PLC 技术,其主要思想是将真实存在的物理 PLC 设备转换为能够通过云端配置和部署的虚拟系统,该系统能够充分利用云端网络的资源和计算能力,通过与边缘端的实时通信,增加系统整体融合性和可靠性。

基于 5G MEC 的云化 PLC 技术的优势在于：

（1）柔性的部署与运维。

（2）开放的平台与扁平的架构。

（3）基于无线控制的低时延高可靠特性。

（4）智能化云边协同控制。

（5）低成本、大算力配置与数据隐私。

### 11.5.3　基于 5G MEC 的云化 PLC 系统架构

当前大部分传统工业控制系统仍以 IEC 62264 标准的五层系统架构及其变体为主，即企业层、管理层、操作层、控制层和现场层，各层级系统以及同层级不同工业应用系统之间存在数据标准不一致或者不互通的情况，导致数据难以联动，大大降低了工业数据的系统价值和应用价值。因此，工业控制网络的标准化和扁平化已成为发展的主流趋势。本节基于 5G MEC 技术提出了云化 PLC 系统架构，通过对虚拟 PLC 的云化部署，构建了包含数据交互及执行层、5G 网络传输层、5G 边缘控制层和工业应用层的开放式工业控制与应用系统网络，支持智能制造过程基于数据驱动的柔性化生产，提高工业控制系统部署效率和灵活性。

基于 5G MEC 的云化 PLC 系统架构如图 11-11 所示。

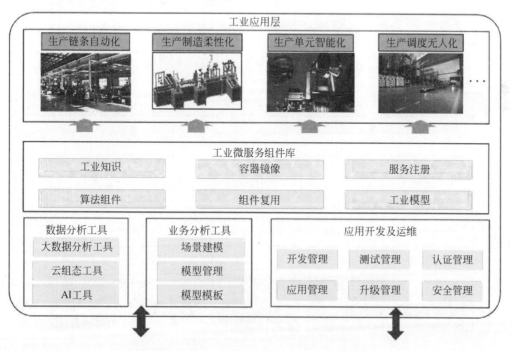

图 11-11　基于 5G MEC 的云化 PLC 系统架构

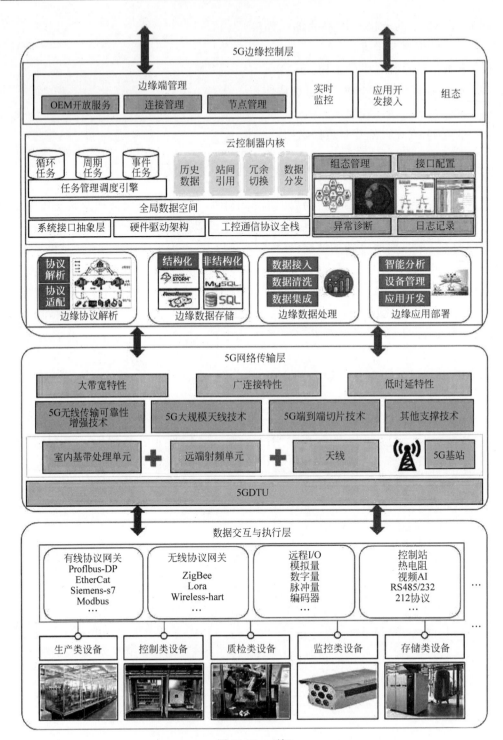

图 11-11 （续）

相较于传统的五层系统架构,本设计所构建的 OT 和 IT 的扁平化四层系统架构的优势在于:原有的五层架构通过网关实现了工业设备之间的互相连接,实现了网络连接与控制逻辑之间的解耦,同时打通了自上而下的数据流。然而基于有线网络实现扁平化架构会受限于组网配置与有线网关端口的物理绑定,难以适应灵活快速的调整,且实现全域的扁平化架构配置较为复杂。

### 1. 数据交互与执行层

数据交互与执行层包括生产、控制、质检、监控等多个不同种类的现场设备和控制系统,实现车间运行现场各类传感器、设备和生产线的数据实时采集、交互和上传。此外,还作为具体工艺动作信息的反馈执行端,完成单机或系统决策的最终执行。针对前面提到的控制系统网络化融合问题,如车间运行现场传感器等众多设备带来的现场网络接入方式多样化,以及各传感器、设备之间协议难以统一等问题,该层通过部署有线/无线协议网关、远程 I/O、PLC 控制器、智能控制器等部件或装备,通过 5G 网关、5G 模组等模块,实现现场多模态设备数据的接入与转换,执行本地回路控制,协议数据转换上传,同时接收上层控制数据,实现对现场多类型设备的主控/辅控业务。数据交互及执行层能够面向多场景多任务,实现异构、多模态数据的采集,确保能够实时、全面获取制造车间生产、物流、检测等过程中的多源信息。基于上层系统的分析决策,具体的机构、设备等物理实体从系统中获取执行指令,完成工艺动作的最终执行操作。因此,数据交互与执行层既是整体系统控制的起点,也是系统操作执行的终点。

### 2. 5G 网络传输层

5G 网络传输层包括 5G 数据传输单元、5G 基站等。该层首先解决传统网络部署复杂的问题,利用 5G 数据传输单元(Data Transfer Unit,DTU)通过有线/无线的方式将串口数据与 IP 数据相互转换;其次通过 5G 基站及相关组件(室内基带处理单元、远端射频单元、天线),结合 5G 无线传输可靠性增强技术、5G 大规模天线技术、5G 端到端切片技术以及其他支撑技术,利用 5G 网络传输大连接、低时延和大带宽的特性,保证大规模现场数据的低时延传输以及反向控制信号的高可靠下达,从而提高运动控制精度,满足制造场景数据采集量大、采集频次高等需求。同时通过该层的构建,利用 5G 无线传输方式减少有线网络带来的束缚,解决部署复杂及集中管理困难问题,将传统的人与人通信拓展到人与机、机与机通信,更好地满足了物联网对多样化终端、通信设备的网络传输需求。

### 3. 5G 边缘控制层

为解决 PLC 数据容量、程序容量及下挂设备数量有限和算力有限的问题,构建 5G 边缘控制层。5G 边缘控制层主要包括边缘数据系统、云控制器内核及边缘端管理等相关组件与应用。该层基于 5G MEC 平台进行搭建,各个组件部署于 5G MEC 平台之上。作为云化 PLC 部署的核心层,其主要功能是针对开放自动化及算力需求,采用开放式的自动化工程设计和分布式部署,实现自动化应用程序与硬件分离。

5G 边缘控制层将传统工业自动化控制软硬件分离,通过打造开放式的云化工业控制核心系统、云控制器内核、边缘端管理系统等相关组件及应用,向上集成 IT 应用,向下集成

OT 工业控制系统,贯通整个基于 5G MEC 的云化 PLC 系统架构体系,是该体系架构的核心层。

### 4．工业应用层

工业应用层包括数据开发工具、业务分析工具、应用开发及运维、工业微服务组件库等组件,通过搭建应用层相关组件,封装现场与边缘侧数据,提供可操作接口,在此基础上按照使用目的与应用场景进行软件构建开发与集成。

将上述工具、组件等部署在云端,可摆脱传统 PLC 网络控制器大量接入、存储与运算能力不足、部署复杂且成本高的问题,实现行业应用的快速开发、部署,并依靠云端提供海量数据存储、高算力支持,实现云化 PLC 系统与应用场景的直接交互,打造生产链条自动化、生产制造柔性化、生产单元智能化、生产调度无人化的工业应用场景。

## 11.5.4　系统运行机制与关键技术

### 1．系统运行机制

基于 5G MEC 的云化 PLC 系统主要包括从企业现场到 5G 基站的数据传输、从 5G 基站到 MEC 平台的数据集成分析、从 MEC 平台到企业数据中心的数据上传及反馈、从企业数据中心到企业现场的决策下发与执行,如图 11-12 所示。

图 11-12　系统运行机制

（1）从企业现场到 5G 基站的数据传输。

现场传感器、执行机构与设备、仪器仪表等产生的控制、温度、视频等各类数据,通过协议网关、远程 I/O、传统 PLC 控制器、智能控制器等通信设备,完成现场控制参数、运行状态、模拟量等的接入与传输;这些采集的现场数据通过 5G 网关、模组等统一输出形式后,通过 5G 无线网络传输至 5G 基站。

（2）从 5G 基站到 MEC 平台的数据集成分析。

5G 基站将数据传至 MEC 平台,MEC 平台负责数据的边缘端集成处理。数据依靠MEC 平台丰富的边缘算力资源、大数据容量、大规模控制任务并发处理、大并发网络连接处理等能力,实现数据的清洗、存储和运算,实现现场数据在边缘侧的实时处理与集成分析。

（3）从 MEC 平台到企业数据中心的数据传输及反馈。

数据在 MEC 平台经过处理后，通过 5G 核心网传输至企业数据中心，其中 5G 核心网主要包括统一数据管理（Unified Data Management，UDM）功能、接入和移动性管理功能（Accessand Mobility management Function，AMF）及会话管理功能（Session Management Function，SMF）。

（4）从企业数据中心到工业现场的决策下发及执行。

数据通过网络从边缘计算平台上传至私有云，通过私有云丰富的资源进行数据的快速处理及大规模存储，实现应用数据的智能预测、决策反馈，将反馈指令通过回传网络下传至边缘计算平台，在 5G 边缘控制层进行控制指令信息的反馈传输，控制指令信息数据信号经由 5G 基站至 5G 网关或模组，再通过协议网关、远程 I/O 等进行数据信号的转换，回传至设备控制单元，实现设备的反馈控制和执行，最终实现基于 5G 多接入边缘计算云化 PLC 系统的整体闭环。

**2. 基于 5G MEC 的云化 PLC 系统关键技术**

将基于 5G MEC 的云化 PLC 系统关键技术分为两类：基础支撑关键技术和核心应用关键技术。其中，基础支撑关键技术的作用是解决前面提到的部署复杂、集中管理困难和控制系统网络化融合问题，实现从底层基础保证基于 5G 网络的数据实时稳定传输；核心应用关键技术的作用是针对前面提到的 PLC 数据容量、程序容量及下挂设备数量有限和数据大规模连接及算力有限的问题，在底层基础技术的基础上实现 PLC 的云化部署，同时利用边缘计算等核心技术，满足不同场景业务的应用实现需求，保证生产、控制的实时化、智能化，以及在工业应用层通过云边协同的分布式智能应用技术实现应用的敏捷部署和云边协同。

目前云化 PLC 的相关理论和技术较为前沿，虽然在先进制造业中有广阔的应用前景，但由于实际场景的复杂性及越来越高的工业安全要求，云化控制器的部署落地、数据的流转等方面仍需要进一步地完善和拓展。

# 习题

1. 5G 网络的关键技术原理有哪些？
2. 5G 网络的特点是什么？
3. 5G 网络的应用领域有哪些？
4. 5G 网络和边缘计算结合有什么优势？
5. 5G 网络在工业控制中有哪几个关键应用？
6. 5G 核心网的关键技术有哪些？
7. 5G 网络的典型应用场景有哪些？

# 第 12 章

# 工业互联网

传统制造企业正在加快智能制造转型的进程，工业互联网迅速在全世界范围内兴起。工业互联网是面向制造业数字化、网络化、智能化需求，构建基于海量数据采集、汇聚、分析的服务体系，支撑制造资源泛在连接、弹性供给、高效配置的工业云网。

本章全面讲述了工业互联网的概念、发展、核心技术及其与智能制造和信息物理系统（CPS）的关系。此外，还探讨了国内外主流的工业互联网平台，为读者提供了一个全方位的视角来理解工业互联网的重要性和实际应用。

本章讲述了如下内容：

(1) 概述了工业互联网的基本概念，为读者介绍了工业互联网的背景和基础知识。

(2) 深入探讨了工业互联网的内涵与特征，包括其诞生、发展历程、整体架构以及与传统互联网的关系。同时，强调了发展工业互联网的重大意义，以及工业互联网的特征。

(3) 详细讲述了工业互联网的核心技术，包括数据集成与边缘处理技术、IaaS 关键技术、云计算、工业大数据、工业数据建模与分析、工业 App 和安全技术。这些技术是实现工业互联网功能和提升其效率的关键。

(4) 对国内外主流的工业互联网平台进行了介绍，包括各个平台的特点和应用范围，提供了一个比较视角，展示了全球在工业互联网领域的发展态势和趋势。

本章为读者提供了对工业互联网全面而深入的理解，从基本概念到核心技术，再到实际应用平台，揭示了工业互联网在推动工业 4.0 和智能制造发展中的关键作用。

## 12.1 工业互联网概述

工业互联网（Industrial Internet）也称为工业物联网（Industrial Internet of Things，IIoT），是指将先进的计算机技术、网络设备和大数据分析技术应用于工业生产领域，以提高生产效率、降低成本、提升产品质量和实现智能制造的一种技术概念和发展趋势。

### 1. 工业互联网的核心组成

工业互联网的核心组成主要包括如下内容：

(1) 智能设备。在工业互联网中，生产设备、传感器和其他终端设备具备数据采集和通信能力,能够实时监测和收集生产过程中的关键数据。

(2)互联网络。通过有线或无线网络连接,实现设备间、设备与系统间的数据交换和通信。

数据处理和分析:采集到的大量数据通过云计算或边缘计算技术进行存储、处理和分析,以提取有价值的信息和知识。

(3)应用系统。基于数据分析结果,通过各种应用系统(如生产管理系统、设备维护系统、质量控制系统等)实现对生产过程的优化和智能控制。

### 2. 工业互联网的关键技术

工业互联网包括如下关键技术:

(1)物联网(IoT)技术——使设备具备联网和数据交换能力的基础技术。

(2)云计算和边缘计算——为数据处理和存储提供灵活、高效的计算资源。

(3)大数据分析——通过算法和模型分析大量数据,挖掘潜在价值和趋势。

(4)人工智能与机器学习——使系统具备自我学习和优化的能力,提高决策的智能化水平。

(5)网络安全——保障数据传输和存储的安全性,防止数据泄露和系统被攻击。

### 3. 工业互联网的应用领域

工业互联网的应用非常广泛,包括但不限于:

(1)智能制造——通过实时数据监测和分析,实现生产过程的智能优化和自动化控制。

(2)预测性维护——通过对设备运行数据的分析,预测设备故障,提前进行维护,减少停机时间。

(3)能源管理——优化能源使用,实现节能减排。

(4)供应链优化——提高供应链的透明度和效率,减少库存和物流成本。

(5)产品质量控制——通过实时监测和分析,提高产品质量和一致性。

### 4. 工业互联网的挑战与机遇

尽管工业互联网带来了巨大的潜力和机遇,但同时面临着一些挑战,如数据安全和隐私保护、设备和系统的兼容性、技术标准的统一等。克服这些挑战,将进一步推动工业互联网的发展,为工业生产和经济发展带来深远的影响。

## 12.1.1 工业互联网的诞生

2012年以来,美国政府将重塑先进制造业核心竞争力上升为国家战略。美国政府、企业及相关组织发布了《先进制造业国家战略计划》《高端制造业合作伙伴计划》等一系列纲领性政策文件,旨在推动建立本土创新机构网络,借助新型信息技术和自动化技术,促进及增强本国企业研发活动和制造技术方面的创新与升级。

在此背景下,深耕美国高端制造业多年的美国通用电气公司(GE)提出了"工业互联网"的新概念。GE公司将工业互联网视为物联网之上的全球性行业开放式应用,是优化工业设施和机器的运行和维护、提升资产运营绩效、实现降低成本目标的重要资产。

工业互联网不仅连接人、数据、智能资产和设备,而且融合了远程控制和大数据分析等模型算法,同时建立针对传统工业设备制造业提供增值服务的完整体系,有着应用工业大数据改善运营成本、运营回报等清晰的业务逻辑。应用工业互联网的企业,正在开始新一轮的工业革命。纵观装备制造行业,建立工业知识储备和软件分析能力已经成为核心技术路径,提供分析和预测服务获得新业务市场则是战略转型的新模式。

## 12.1.2 工业互联网的发展历程

工业互联网的发展历程是一个充满创新和变革的过程,它不仅展现了技术的进步,也反映了工业领域对效率、智能化和可持续发展的不断追求。下面将对工业互联网的发展历程进行更详细的阐述。

### 1. 概念提出阶段

21世纪初,物联网(IoT)的概念首次被提出,这是工业互联网的理论基础。物联网关注的是通过互联网技术连接物理世界中的各种对象,实现智能化管理和控制。这一概念的提出,预示着未来工业领域的重大变革。

2011年,通用电气(GE)首次提出了“工业互联网”的概念,这一概念的提出标志着工业互联网从理论走向实践的开始。GE强调将先进的物理分析技术、智能机器和网络技术结合起来,以提高工业系统的效率和智能水平,这对后续的工业互联网发展产生了深远影响。

### 2. 技术和标准发展阶段

2012—2015年,在这一阶段,云计算、大数据、人工智能等技术快速发展,为工业互联网提供了强大的技术支持。同时,为了保证工业互联网的健康发展,多个国家和组织开始制定相关的技术标准和框架,如工业互联网联盟(IIC)的成立,就是为了推动工业互联网的互操作性和安全性。

### 3. 平台化和生态系统建设阶段

2015年至今,随着技术的进一步成熟和市场需求的增长,越来越多的企业和国家开始构建自己的工业互联网平台,并围绕这些平台形成了丰富的生态系统。这些平台不仅提供了数据收集、分析和应用的能力,还促进了不同行业和领域之间的合作与创新。

### 4. 应用拓展和深化阶段

近年来,工业互联网开始从基础的设备连接和数据收集,向更加复杂和深入的应用领域拓展,如智能制造、数字孪生、供应链管理等。5G、边缘计算等新兴技术的发展,进一步扩大了工业互联网的应用场景,实现了生产过程的高效、灵活和智能化。

### 5. 全球化合作与标准化推进阶段

工业互联网的发展越来越受到全球关注,国际合作和标准的统一将成为未来发展的关键。通过全球化合作,可以共享资源、技术和经验,共同推动工业互联网技术的创新和应用。同时,统一的国际标准有助于提升全球制造业的整体水平,推动全球经济的高质量发展。

工业互联网的发展是一个持续演进的过程,它不仅体现了技术创新的力量,也展现了全球制造业向智能化、网络化、服务化转型的趋势。随着新技术的不断涌现和应用领域的不断拓展,工业互联网将在未来发挥更加重要的作用。

作为当今世界上制造业三大主体的中国、美国和德国,几乎同时提出的三大战略,无论在具体做法和关注点上有何区别,其整体目标是一致的,都是在平台上将人、机器、设备信息进行有效的结合,并且通过工业生产力和信息生产力的融合,最终创造新的生产力,推进工业革命发展进程。

工业互联网和工业4.0平台互联互补、相互增强。工业4.0重在构造面向下一代制造价值链的详细模型;工业互联网重在工业物联网中的跨领域与互操作性。它们的终极目标都是要增强互联网经济时代企业、行业乃至国家的竞争力。

我国的“工业互联网”就是“互联网”+“工业”,其内涵不仅包含利用工业设施物联网和大数据实现生产环节的数字化、网络化和智能化,还包括利用互联网信息技术与工业融合创新,搭建网络云平台,构筑产业生态圈,实现产品的个性化定制。因此,我国的工业互联网内涵更为丰富,通过重塑生产过程和价值体系,推动制造业的服务化发展。

## 12.1.3 工业互联网概念

工业互联网是物联网、云计算、大数据、人工智能等新一代信息技术与制造业深度融合产生的新技术。工业互联网是数字化背景下实现制造业转型升级的重要方式与手段,能够帮助企业实现数字化生产、智能化管理、产业链协同等,构建起全连接、全要素、全产业链、全价值链的新型工业生产制造和服务体系。

当前,工业互联网融合应用向国民经济重点行业广泛拓展,形成虚拟化设计、智能化制造、网络化协同、个性化定制、服务化延伸、数字化管理六大新模式,赋能、赋智、赋值作用不断显现,有力地促进了实体经济提质、降本、增效、绿色、安全和创新发展。

## 12.1.4 工业互联网整体架构

工业互联网平台是面向制造业的数字化、网络化、智能化需求,构建基于海量数据采集、汇聚、分析、共享和应用的服务体系,支撑制造资源泛在连接、弹性供给、高效配置的工业云平台。下面以工业互联网联盟对工业互联网平台架构的理解为例,对工业互联网平台架构(见图12-1)进行介绍。

### 1. 边缘数据是基础

工业互联网边缘层是平台与设备之间的层级。边缘层一方面通过协议解析方式实现多源异构数据的归一化,以便接入海量的设备、系统和产品,另一方面在边缘侧进行一些数据处理和控制,实现底层数据的汇聚处理,并实现数据云边协同和云端集成并举。

### 2. 工业 IaaS 是支撑

工业 IaaS(Infrastructure as a Service)层是基础层,是 PaaS 层和工业 SaaS 层的支撑层,是硬件资源服务层,为工业互联网平台和应用提供存储、网络、虚拟化等基础功能。

### 3. 工业 PaaS 是核心

工业 PaaS(Platform as a Service)层是在 IaaS 层上的一个集成的工业互联网平台层,

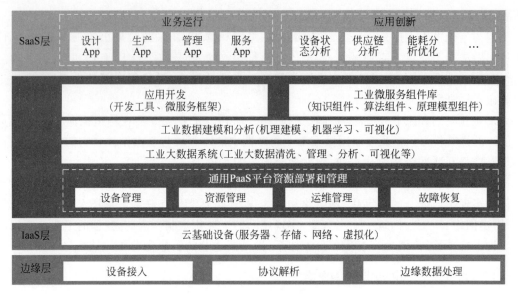

图 12-1　工业互联网平台架构

可进行工业数据清洗、管理、分析和可视化;将数据科学与工业机理结合,帮助制造企业进行工业数据建模和系统分析;构建应用开发环境,借助微服务组件和工业应用开发工具,帮助用户快速构建定制化的工业应用。

### 4. 工业 SaaS 是关键

工业 SaaS(Software as a Service)层是工业互联网的关键,为工业应用提供具体服务。SaaS 层包括业务应用和应用创新两个方面,其中业务应用是基于目前的科学发展现状和工业企业运营状态的工业应用,如智能化生产、协同化设计、服务化营销等;应用创新是站在时代发展的前沿,把握历史脉搏,解决企业发展中遇到的问题,如与 AI 发展相适应的故障诊断维护、设备生命周期预测、机器视觉质量监测等应用。

## 12.1.5　工业互联网与互联网的关系

工业互联网不是互联网在工业中的简单应用,它比互联网具有更为丰富的内涵和外延。工业互联网以网络为基础、平台为中枢、数据为要素、安全为保障,既是工业数字化、网络化、智能化转型的基础设施,又是互联网、物联网、大数据、云计算、人工智能与实体经济深度融合的应用模式,同时也是一种新业态、新产业,将重塑企业形态、供应链和产业链。

在了解工业互联网之前,需要厘清互联网与工业互联网之间的区别和联系。工业互联网是互联网发展到一定阶段的产物。工业互联网首先是工业领域的互联网,是互联网在工业领域的应用;工业互联网以互联网为基础,如工业互联网 IaaS 层与互联网 IaaS 层所依赖的资源——服务器、网络、存储、虚拟化等是相同的,大数据的数据治理方式也是相通的,等等。当然,工业互联网与互联网也有明显的不同,具体如表 12-1 所示。

表 12-1 工业互联网与互联网对比

| 序号 | 对 比 项 | 工业互联网 | 互 联 网 |
|---|---|---|---|
| 1 | 平台定位不同 | 工业互联网是面向生产的产业平台,是打通供应—生产—消费的中间环节 | 互联网是面向消费的实现交易的平台,使产品满足消费者需求 |
| 2 | 服务对象不同 | 面向的对象为制造业企业 | 主要是面向消费类企业 |
| 3 | 应用场景不同 | 工业领域 | 消费领域 |
| 4 | 连接对象不同 | 将所有生产环节中人、机器、物品连接起来,体现为人与物、物与物、人与人的全要素连接 | 主要是通过互联网连接消费者,体现为人与人、人与物的连接 |
| 5 | 商业模式不同 | 工业互联网技术经济门槛较高,投资回报周期长,属于重资产运作 | 互联网平台基本以轻资产为主,可以在较短的时间内实现数量级的收益跃升 |
| 6 | 数据要求不同 | 由于工业领域所收集的数据对产品制造、加工安全等至关重要,所以要求数据全面、准确 | 由于消费领域的数据总体要求是求同存异,求最大公约数,所以对数据全面性要求不高,准确度要求也不高 |
| 7 | 响应要求不同 | 工业互联网需要实时响应来保障生产不间断运行,有时甚至需要精确到毫秒级 | 对响应时间要求很低 |
| 8 | 竞争态势不同 | 工业互联网目前还没有形成绝对的领先企业,竞争趋于白热化 | 互联网横向整合大获成功,资源集中化严重,出现了行业寡头 |
| 9 | 运用手段不同 | 除互联网运用的技术外,工业互联网还深入研究工业机理,建立机理模型,解决工业领域出现的问题 | 运用大数据研究消费偏好等问题,实现现实交易行为 |

## 12.1.6 发展工业互联网的意义

发展工业互联网具有深远的意义和重要的价值,不仅能够推动制造业的转型升级,还能够带动整个经济体的创新和增长。发展工业互联网具有以下几个关键意义。

### 1. 工业互联网是技术发展的新阶段

工业互联网又被称为互联网竞赛的下半场,是新一代网络信息技术与制造业深度融合、IT(信息技术)和 OT(运营技术或操作技术)深度融合的产物,也是工业发展的重要支撑,面向的是生产制造领域。它既是一个网络,也是一个平台、一个系统,是实现工业生产过程中全要素的全面连接和价值总集成。工业互联网是技术发展到一定阶段的产物,是在新的技术条件下实现制造业转型升级和模式探索的新课题。

### 2. 工业互联网是企业竞争的新赛道

工业互联网平台是新型制造生态系统,通过数据采集、边缘智能、工业 PaaS 层和工业App(应用程序)等 ICT 产品,有效整合工业企业的各个制造环节数字资源,优化工业流程、实行智能控制、实现智能制造;同时,工业互联网平台又是供应链企业之间以及企业与用户之间进行分工协作、产品交易、服务保障的重要枢纽。2012 年以来,工业互联网蓬勃兴起并成为主要工业国家抢占国际制造业竞争制高点的必然选择,西方发达国家正掀起新一轮以工业互联网为核心的工业革命浪潮。在西方国家大力发展工业互联网的同时,我国也抓住历史机遇,准确地把握世界技术革命的历史潮流和前进方向,大力推进数字强国战略。

**3. 工业互联网是产业布局的新方向**

作为我国重要的战略性新兴产业,工业互联网是当前备受关注的新基建主要方向之一。经过多年的探索、培育与实践,我国工业与互联网融合已形成一定规模,推动工业互联网发展的技术、网络、平台等加速创新,新产品、新业态、新模式不断涌现。近年来,我国工业产业增加值的增长趋缓,而且因为加速工业化,也出现了高投入、高能耗、高污染、低效益等问题,工业经济缺乏高质量、可持续发展的推动力。在此背景下,确立了推进工业领域实体经济数字化、网络化、智能化转型,赋能中国工业经济实现高质量发展,将工业互联网作为把握住新一轮科技革命和产业革命的重要手段。大中小企业均可借助工业互联网等新兴技术驶入发展新航线。

**4. 工业互联网是规模扩张的窗口期**

“中国制造 2025”的提出,是我国在深入分析国内外发展形势的基础上选择的发展道路,这条道路没有可以借鉴的经验,我们走的是一条具有中国特色的新型工业化道路。

我们现在正处于信息化和工业化融合发展过程的“政策红利”窗口期,应抓住这个机遇,重塑工业的自动化、数字化、网络化,向智能化迈进。

**5. 工业互联网是数字转型的新抓手**

工业互联网平台以智能技术为主要支撑,通过打通供应、设计、生产、流通、消费与服务各环节,构建基于智慧企业平台的海量数据采集、汇聚、分析服务体系,支撑制造资源泛在连接、弹性供给和高效配置,为制造业转型升级提供新的使能工具,正成为全球新一轮产业变革的重要方向——工业数字化转型的新抓手。

# 12.2　工业互联网的内涵与特征

工业互联网是现代工业发展的重要趋势之一,它通过深度融合信息技术(IT)和运营技术(OT),实现工业设备的智能化连接和高效运作,进而推动制造业的数字化、网络化和智能化转型。

## 12.2.1　工业互联网的内涵

工业互联网的准确定义众说纷纭,下面从多个层面剖析和探讨工业互联网的内涵。正如从字面的理解一样,工业互联网的内涵核心在于“工业”和“互联网”。“工业”是基本对象,是指通过工业互联网实现互联互通与共享协同的工业全生命周期活动中所涉及的各类人/机/物/信息数据资源与工业能力;“互联网”是关键手段,是综合利用物联网、信息通信、云计算、大数据等互联网相关技术推动各类工业资源与能力的开放接入,进而支撑由此而衍生出的新型制造模式与产业生态。

可以从构成要素、核心技术和产业应用 3 个角度去认识工业互联网的内涵。

**1．从构成要素角度**

工业互联网是机器、数据和人的融合、工业生产中，各种机器、设备组和设施通过传感器、嵌入式控制器和应用系统与网络连接，构建形成基于"云-网-端"的新型复杂体系架构。随着生产的推进，数据在体系架构内源源不断地产生和流动，通过采集、传输和分析处理，实现向信息资产的转换和商业化应用。人既包括企业内部的技术工人、领导者和远程协同的研究人员等，也包括企业之外的消费者，人员彼此间建立网络连接并频繁交互，进行完成设计、操作、维护以及高质量的服务。

**2．从核心技术角度**

贯穿工业互联网始终的是大数据。从原始的杂乱无章到最有价值的决策信息，经历了产生、收集、传输、分析、整合、管理、决策等阶段，需要集成应用各类技术和各类软硬件，完成感知识别、远近距离通信、数据挖掘、分布式处理、智能算法、系统集成、平台应用等连续性任务。简言之，工业互联网技术是实现数据价值的技术集成。

**3．从产业应用角度**

工业互联网构建了庞大复杂的网络制造生态系统，为企业提供了全面的感知、移动的应用、云端的资源和大数据分析能力，实现了各类制造要素和资源的信息交互和数据集成，释放了数据价值。这有效驱动了企业在技术研发、开发制造、组织管理、生产经营等方面开展全向度创新，实现产业间的融合与产业生态的协同发展。这个生态系统为企业发展智能制造构筑了先进的组织形态，为社会化大协作生产搭建了深度互联的信息网络，为其他行业智慧应用提供了可以支撑多类信息服务的基础平台。

## 12.2.2 工业互联网的特征

工业互联网通过将先进的信息技术和工业系统深度融合，实现了工业生产的智能化和网络化。它不仅改变了生产方式，还为企业提供了新的商业模式和服务方式。工业互联网具有如下特征。

**1．基于互联互通的综合集成**

互联互通包括人与人（比如消费者与设计师）、人与设备（比如移动互联操控）、设备与设备（资源共享）、设备与产品（智能制造）、产品与用户（动态跟踪需求）、用户与厂家（定制服务）、用户与用户（信息共享）、厂家与厂家（制造能力协同）以及虚拟与现实（线上线下）的互联等，简单说就是把传统资源变成"数字化"资源。在此基础上通过传统的纵向集成、现代的横向集成，以及互联网特色的端到端的集成等方式实现综合集成，打破资源壁垒，使这些"数字化"的资源高效地流动运转起来。

对于制造业而言，上述过程的实现需要基于"数字化"资源构建一个复杂的研发链、生产链、供应链、服务链，以及保证这些链条顺畅运转的社会化网络大平台。

**2．海量工业数据的挖掘与运用**

工业互联网时代，企业的竞争力已经不再是单纯的设备技术和应用技术。通过传感器收集数据，进而将经过分析后的数据反馈到原有的设备并更好地进行管理，甚至创造新的商业模式,将成为企业新的核心能力。例如,特斯拉公司就是基于软件和传感器、利用数据分析技术改造原有电池技术的移动互联网公司。

传统企业既要从原有的运营效率中挖掘潜力,更重要的是要站在数据分析和整合的更高层面去创造新的商业模式,跨界的竞争对手有可能携数据分析和大数据应用的利器颠覆原有的产业格局。数据资产的重要程度不仅不亚于原有的设备和生产资料为基础的资产,其作用和意义更具战略性,以数据资产和大数据为基础的业务会成为每一个工业互联网企业的核心。

**3. 商业模式和管理的广义创新**

传统企业的企业家们最关注的是财务绩效或投资收益率,怎样使得工业互联网技术在短期内为企业产生直接可量化的效益,是采用这种新技术的主要动力,也是让更多人接受工业互联网必须实施的关键步骤。在此基础上,企业会逐步考虑用工业互联网技术来重塑原有的商业模式,甚至进一步创造新的商业模式,来颠覆原有的市场格局。这种情况使得更多通过跨界的方式进入原有行业的颠覆者出现。举例来说,自动驾驶汽车的出现,以及和电动车结合出现的新的模式创新,有可能会使汽车行业最终演变成一个彻底的服务行业,而非如今的制造业。商业模式的创新有其自身的演进路径,除了赋予产品新的功能,创造新的模式之外,在整个价值链上也会产生巨大的裂变,甚至产生平台级、系统级的颠覆。

**4. 制造业态更新和新生态形成**

当前互联网已经不是一个行业,而是一个时代,“互联网+一切”(All in Internet),或者“一切+互联网”(All on Internet)是时代大潮。各种因素的综合作用,使业态的更新成为必然,使新生态的形成成为可能。互联网技术对于资源“数字藩篱”的破除,使得共享经济新生态逐渐形成。对于制造业企业而言,以生产性服务业、科技服务业等为典型的制造业服务化已经成为业态更新的重要方向。越来越多的制造企业已经从传统的制造“产品”转型为提供“产品+服务”。

# 12.3 工业互联网核心技术

工业互联网的发展依赖于一系列核心技术的进步和融合,这些技术共同构成了工业互联网的技术基础,使其能够实现设备的智能化连接、数据的高效处理和服务的创新提供。

工业互联网平台的本质是通过构建精准、实时、高效的数据接入、采集、互联体系,建立面向工业大数据存储、集成、访问、分析、挖掘、管理的开发环境,实现工业技术、经验、知识的模型化、标准化、软件化、复用化,不断优化供应链管理、研发设计、生产制造、销售管理、服务运营管理等资源配置效率,形成企业制造领域资源富集、各方参与、共享共赢、协同演进的制造业新生态。

工业互联网平台需要解决多类工业设备接入、多源工业数据集成、海量数据管理与处理、工业数据建模与挖掘、工业应用创新与集成、工业知识累积与迭代实现等一系列问题,涉及一系列关键技术,下面逐一进行介绍。

## 12.3.1　数据集成与边缘处理技术

对工业互联网平台而言,数据连接是第一步,是基础。基于海量工业数据的全面感知,通过端到端的数据深度集成构成网络的边缘层,再通过建模分析,实现智能化的决策与控制指令,形成智能化生产、网络化协同、个性化定制、服务化延伸等新型制造模式。

数据集成与边缘处理技术总体分为 3 个部分:一是数据集成,主要是对多源、异构数据的接入与集成;二是边缘计算,主要是工业领域边缘就近提供的智能服务可以满足行业数字化在敏捷连接、实时业务、数据优化、应用智能、安全与隐私保护等方面的关键需求;三是工业网络,主要是将工业网络用于企业制造领域信号检测、传输、处理、存储、计算、控制等传感器、设备或系统连接服务,实现企业资源汇聚、数据共享、过程控制、智能决策,并能够访问企业外部资源和提供限制性外部访问服务,维护企业的生产、管理和经营高效率运转,实现企业集成管理和控制。

#### 1. 数据集成

工业互联网的数据集成一般有两种方式:云端集成(通过网络对位于边缘的设备、系统等进行连接,通过平台对协议进行转换)和边缘集成(边缘集成协议解析在边缘处完成)。通过大范围、深层次的数据采集,以及异构数据的协议转换与边缘处理,构建工业互联网平台的数据基础。工业数据采集体系架构如图 12-2 所示。一是通过各类通信手段接入不同设备、系统和产品,采集海量数据;二是依托协议转换技术实现多源异构数据的归一化和边缘集成;三是利用边缘计算设备实现底层数据的汇聚处理,并实现数据向云端平台的集成。

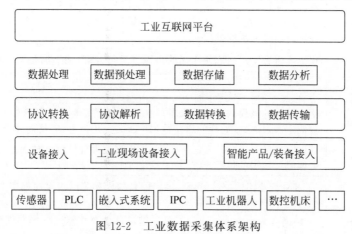

图 12-2　工业数据采集体系架构

#### 2. 边缘计算

(1)边缘计算的概念。

边缘计算(Edge Computing)是相对云计算而言的,其收集并分析数据的行为发生在靠近数据生成的本地设备和网络中,而非必须将数据传输到云端进行计算资源集中化处理。边缘计算又被叫作分布式云计算、雾计算或第四代数据中心。边缘计算主要实现边缘侧物联设备终端的接入、边缘数据采集、协议的转换和适配,以及为满足本地业务存活需求而必须具备的本地容器能力,或本地数据分析与处理能力。

边缘计算的必要性如下:

① 网络流量成本高。如果将边缘侧的所有设备数据都上传到云端处理,由于数据量大、数据发生频率高,对网络带宽、网络流量成本控制、云端存储能力都是一个巨大的挑战。

② 业务实时处理需要。一些应用,特别是工业场景的应用,边缘侧的设备信息需要得到及时响应,如工厂的机械设备发生故障,时延造成设备损坏或生产停机即意味着损失。

③ 信息安全需要。一些边缘设备还涉及个人隐私和信息安全。面对海量数据传输、存储和云计算安全能力的挑战,边缘计算可实现将部分数据分析功能放到应用场景的附近(终端或网关),这种就近提供的智能服务可以满足行业数字化敏捷连接、实时业务、数据优化、应用智能等需求,同时也满足安全与隐私保护等方面的需求。

(2)边缘计算的核心价值。

边缘计算一方面可在集中式云计算模式下,实现超低延时的数据交互与自动反馈,另一方面可在边缘侧对数据进行预处理,包括共性和常用数据的存储和调用等。此外,特定行业对数据安全、隐私保护的要求,也使边缘计算成为实际数字化转型时的重要选择之一。对时延和成本的关注是当前应用边缘计算最主要的动力。边缘计算的核心价值如表 12-2 所示。

表 12-2　边缘计算的核心价值

| 序号 | 价　　值 | 说　　明 |
|---|---|---|
| 1 | 网络时延小 | 现阶段应用边缘计算最主要的动力为时延,尤其针对需要实时交互、实时反馈的场景,从终端到中心云因远距离和多跳网络难以更进一步降低时延,海量数据和高并发也是面临的挑战 |
| 2 | 应用智能高 | 在更靠近数据产生和使用侧的边缘云进行处理,能够满足实时或就近实时的数据分析和处理需求;为边缘云赋予智能化的能力,可以缓解中心云的计算负载,实现自动反馈、智能决策 |
| 3 | 传输成本低 | 集中式云计算模式下终端设备产生的数据都需要回传到云端,远距离的数据传输成本高,且未经处理的原始数据中多是无用信息,容易造成带宽容量的浪费 |
| 4 | 带宽容量省 | 就近在边缘云进行数据的预处理,可以避免大规模流量对骨干网络的冲击,同时大幅降低数据的传输成本 |
| 5 | 隐私安全度高 | ① 部分行业因国家政策、行业特性、数据隐私等因素对数据安全的要求极高,敏感数据不能离开现场。<br>② 部署在客户本地的边缘云可以满足此类行业数据存储和处理在本地完成的需求 |

(3)边缘计算的特点。

边缘计算是在靠近物或数据源头的网络边缘侧,融合网络、计算、存储、应用核心能力的分布式开放平台,就近提供边缘智能服务,满足行业数字化在敏捷连接、实时业务、数据优化、应用智能、安全与隐私保护等方面的需求。边缘计算的特点包括分布式、连接性、数据入口、低延时、融合性、约束性、位置感知、隐私性等,具体如表 12-3 所示。

表 12-3　边缘计算的特点

| 序号 | 特　点 | 内　容 |
|---|---|---|
| 1 | 分布式 | 边缘计算存在于靠近设备的边缘,在实际应用中会部署在设备侧,具备分布式特点。边缘计算产品支持分布式计算与存储、实现分布式资源动态配置、统一调度与统一管理、支持分布式智能和分布式安全管理需求 |
| 2 | 连接性 | 边缘计算所连接的物理对象和应用场景多样,具有多网络、多协议、多接口的连接功能,边缘计算以连接性为基础,借鉴吸收网络领域先进研究成果,如 TSN、SDN 等,与现有各种工业总线互联互通 |
| 3 | 数据入口 | 边缘计算作为物理世界与数字世界的桥梁,是数据的第一入口。可以进行数据全生命周期管理,实现价值创造和应用创新;同时,作为数据第一入口,边缘计算也面临数据实时性、确定性、多样性的挑战 |
| 4 | 低延时 | 边缘计算部署在设备边缘侧,接入实时数据,适于实时和短周期数据分析,支撑本地业务的实时处理与智能化执行,减轻云端负荷,降低网络与云端运营成本,提高边缘业务处理及运行效率,减少网络堵塞,降低时延,提供更好的应用服务 |
| 5 | 融合性 | IT 和 OT 的融合是制造业企业数字化转型的重要手段,也是工业互联网平台的基础功能。边缘计算支持在连接、数据、管理、控制、应用和安全等各方面协同,具有很强的融合性 |
| 6 | 约束性 | 在工业领域的众多应用场景,工作条件与运行环境会涉及众多恶劣条件,如涉水、尘埃、封闭空间、防火、振动等,边缘计算产品还需要考虑软硬件集成和优化,以适应各种条件约束和恶劣条件,支撑工业数字化场景顺利落地 |
| 7 | 位置感知 | 边缘计算在本地部署,具有天然的位置定位信息,设备接入边缘计算产品具有相应的经纬度信息,方便确定位置信息 |
| 8 | 隐私性 | 边缘计算对数据边缘存储、处理,减少数据外流,从而降低数据外泄的可能性,提高数据的私密性 |

（4）云边协同。

① 云边协同关系。

边缘计算与云计算适用于不同的场景,在各自的领域发挥所长。云计算擅长全局性、非实时、长周期的大数据处理与分析,能够在长周期维护业务及决策支撑等领域发挥优势;边缘计算更适用于局部性、实时、短周期的数据处理与分析,能更好地支撑本地业务的实时智能化决策与运行。边缘计算与云计算之间不是替代关系,而是互补协同关系,云边协同将放大边缘计算与云计算的应用价值:边缘计算既靠近边缘单元,更是云端所需高价值数据的采集和初步处理单元,可以更好地支持云端应用;云计算可以将通过大数据分析优化输出的业务模型或规则引擎下发到边缘侧,边缘计算基于新的规则或模型运行。云边协同网络架构如图 12-3 所示。

② 云边协同内涵。

云边协同是涉及 IaaS、PaaS、SaaS 各层面的全面协同,主要包括 6 种协同:资源协同、数据协同、智能协同、应用管理协同、业务管理协同、服务协同。

③ 云边协同架构。

为了支撑上述云边协同的能力与内涵,需要相应的参考架构与关键技术。云边协同架构如图 12-4 所示。

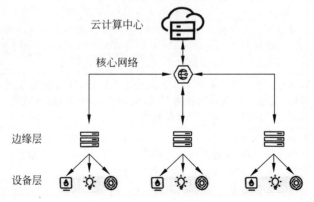

图 12-3　云边协同网络架构

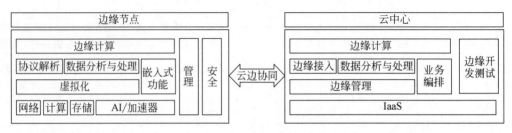

图 12-4　云边协同架构

云边协同参考架构需要考虑连接能力、信息特征、资源约束性、资源、应用与业务的管理和编排等因素。因此,云边协同的总体参考架构应该包括下述模块与能力。

- 边缘侧:应包括基础设施能力、边缘平台能力、管理能力、安全能力、应用与服务能力等。
- 云端:应包括平台能力、边缘开发测试能力等。

(5) 边缘计算的工业应用。

在工业领域,云端固然必不可少,但是仍需要边缘与云端协同工作。单点故障在工业级应用场景中是危险的,不被允许的,因此除了中心云的统一控制外,工业现场的系统也必须具备一定的自治能力,能够自主判断并解决问题。

边缘计算部署在工业现场,天然具有连接边缘与云的桥梁作用。边缘计算可以在工业现场更便捷地处理工厂设备产生的海量数据,同时对设备进行实时监测,及时发现异常情况,更好地实现预测性监控,在提升工厂运行效率的同时预防设备故障问题。边缘计算优化功能涵盖工业应用场景应用的多个层次。

## 12.3.2　IaaS 关键技术

IaaS 技术是一系列技术而非一种技术。工业互联网 IaaS 层基于虚拟化、分布式存储、并行计算、负载调度等技术,实现网络、计算、存储等计算机资源的池化管理。根据需求进行弹性分配,并确保资源使用的安全与隔离,为用户提供完善的云基础设施服务。

### 1. 虚拟化技术

虚拟化技术的核心理念是利用软件或固件管理程序构成虚拟化层,把物理资源映射为虚资源,并在虚拟资源上安装和部署多个虚拟机,以实现用户共享物理资源。虚拟化技术可以对数据中心的各种资源进行虚拟化划分与管理,实现服务器虚拟化、内存虚拟化、桌面虚拟化网络虚拟化等。

(1)虚拟化核心技术。

虚拟化的优势在于:它运行在多台物理服务器上,终端用户根本感觉不到是多台服务器,而感觉到是一台服务器。另外,在同一台物理服务器上可独立运行多台虚拟机,每台虚拟机都有一套自己的虚拟硬件(例如,RAM、CPU、网卡等),可以在这些硬件中加载操作系统和应用程序,且无论实际采用了什么物理硬件组件,操作系统都将它们视为一组一致、标准化的硬件,可以节省硬件、数据中心的空间以及能耗。

从原理上看,所有虚拟技术模拟的都是指令集。虚拟机有许多不同的类型,但是它们有一个共同的主题就是模拟一个指令集的概念。每台虚拟机都有一个用户可以访问的指令集。虚拟机把这些虚拟指令"映射"到计算机的实际指令集。硬分区、软分区、逻辑分区、Solaris Container、VMware、Xen、微软 Virtual Server 2005 等虚拟技术都是同样的原理,只是虚拟指令集所处的位置不同而已。

(2)虚拟化的本质。

虚拟化的本质是分区、隔离、封装和相对于硬件独立,如图 12-5 所示。

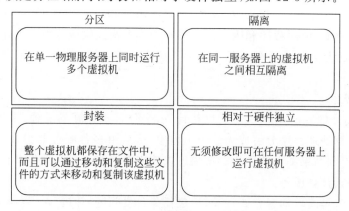

| 分区 | 隔离 |
|---|---|
| 在单一物理服务器上同时运行多个虚拟机 | 在同一服务器上的虚拟机之间相互隔离 |
| 封装 | 相对于硬件独立 |
| 整个虚拟机都保存在文件中,而且可以通过移动和复制这些文件的方式来移动和复制该虚拟机 | 无须修改即可在任何服务器上运行虚拟机 |

图 12-5　虚拟化的本质

(3)虚拟化技术的分类。

虚拟化技术按照虚拟层所处位置的不同,大致可以分为硬件虚拟、逻辑虚拟、软件虚拟和应用虚拟 4 种类型。按照应用的领域不同,可分为服务器虚拟化、存储虚拟化、网络虚拟化、桌面虚拟化等。

### 2. 分布式存储

传统集中存储在应对海量数据时存在能耗、维护费用居高不下的问题,而且扩展性、可靠性、数据安全性难以保证,因此构建低成本、高性能、可扩展、易用的分布式存储系统在大数据时代应运而生。

分布式存储是相对于集中式存储而言的一种数据存储技术,通过网络使这些分散的存储资源构成一个个虚拟的存储设备,对外作为一个整体提供分布式存储系统。分布式存储架构如图 12-6 所示。

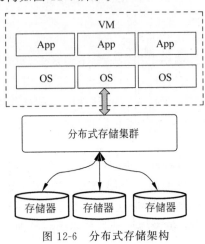

图 12-6 分布式存储架构

将数据存储在不同的物理设备中,摆脱硬件设备的限制,同时扩展性更好,能够快速响应用户需求的变化。在当前的云计算领域,Google 的 GFS(Google File System)和 Hadoop 开发的开源系统 HDFS(Hadoop Distributed File System,Hadoop 分布式文件系统)是比较流行的两种云计算分布式存储系统。Google 的非开源的 GFS 云计算平台可满足大量用户的需求,并行地为大量用户提供服务,使云计算的数据存储技术具有高吞吐率和高传输率的特点。大部分 ICT 厂商采用的都是 HDFS 数据存储技术,未来的发展将集中在超大规模的数据存储、数据加密和安全性保证,以及继续提高 I/O 速率等方面。

## 12.3.3 云计算

云计算是一种基于互联网的计算方式,它允许用户和企业通过网络访问到共享的计算资源(如服务器、存储、应用程序和服务),这些资源可以快速供应并按需使用,具有很高的弹性和可扩展性。云计算的核心概念是将计算资源作为一种服务提供给用户,而不是传统的产品形式。

### 1. 云计算概念

云计算(Cloud Computing)又称为网格计算,是分布式计算的一种,是指通过网络“云”将巨大的数据计算处理程序分解成无数个小程序,然后由多台服务器组成的系统处理和分析这些小程序,得到结果并返给用户。如果可以使用在线账户从其他设备访问信息和数据,那么使用的便是云计算服务。

云计算早期就是简单的分布式计算,解决任务分发问题,并进行计算结果的合并。通过这项技术,可以在很短的时间(几秒)内完成对数以万计的数据的处理,从而提供强大的计算服务。

前面已经详细介绍了虚拟化技术、分布式存储、并行计算和负载调度等技术,它们是云的关键技术,但并非云所独有,是技术发展到一定进程的技术探索与实践。比如,云计算和虚拟化没有必然的联系,实现云计算可以不需要虚拟化,但是目前的云,无论是阿里云还是华为云,要提高资源的利用效率和方便管理,都是需要用虚拟化来实现的。尽管如此,需要强调的是,虚拟化技术只是实现云计算的一种方式而已。

目前云计算越来越普及,行业门槛降低,云计算主要经历了4个阶段才发展到现在这样比较成熟的水平,这4个阶段依次是电厂模式、效用计算、网云计算和云计算。

**2. 云计算架构**

由于云计算分为IaaS、PaaS和SaaS三种类型,不同的厂商又提供了不同的解决方案,目前还没有一个统一的云计算技术体系架构。基于对云计算原理的理解,下面构造一个供参考的云计算体系结构。

云计算推荐架构由5部分组成,分别为应用层、平台层、资源层、用户访问层和管理层。云计算的本质是通过网络提供服务,所以其体系结构以服务为核心。云计算架构如图12-7所示。

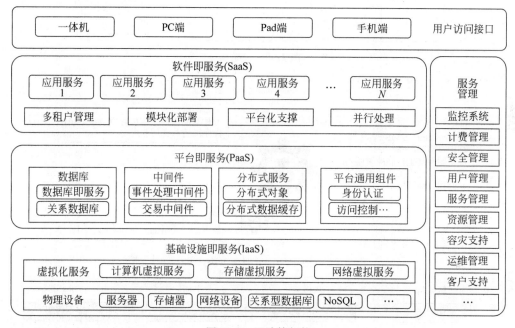

图12-7　云计算架构

云架构分为服务、管理和用户访问层三大部分,如图12-8所示。

(1) 在服务方面。

主要提供用户基于云的各种服务,共包含3个层次:软件即服务,这层的作用是将应用以基于Web的方式提供给客户;平台即服务,这层的作用是将一个应用的开发和部署平台作为服务提供给用户;基础设施即服务,这层的作用是将各种底层的计算(比如虚拟机)和存储等资源作为服务提供给用户。

云服务分类如图12-9所示。

为更直观地分辨出云架构的3种形态和传统架构的区别,进行如图12-10所示的云架构比较。

从用户角度而言,这3层服务之间是独立的,因为它们提供的服务是完全不同的,面对

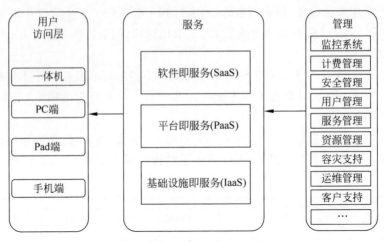

图 12-8　云架构

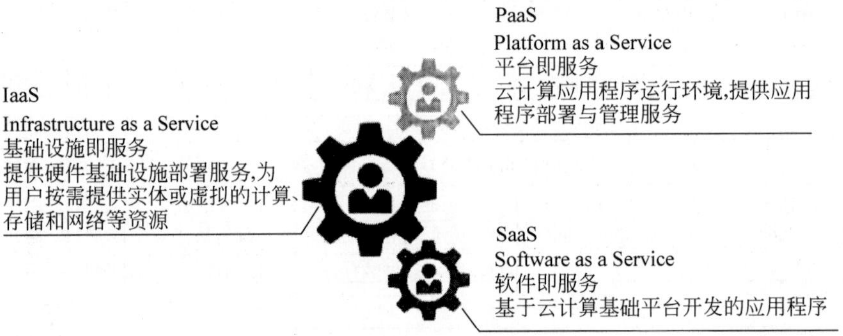

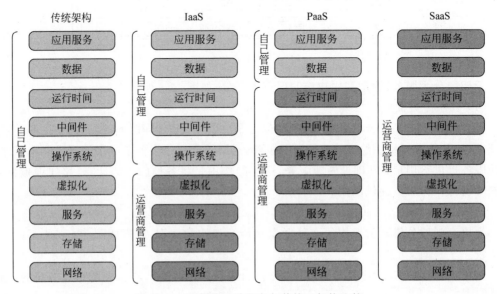

图 12-9　云服务分类

图 12-10　云架构 3 种服务与传统云架构比较

的用户也不尽相同。它们之间的关系主要可以从两个角度进行分析：其一是用户体验角度，从这个角度看，它们之间关系是独立的，因为它们面对不同类型的用户；其二是技术角度，从这个角度看，它们并不是简单的继承关系（SaaS 基于 PaaS，而 PaaS 基于 IaaS），因为首先 SaaS 可以基于 PaaS 或者直接部署于 IaaS 之上，其次 PaaS 可以构建于 IaaS 之上，也可以直接构建在物理资源之上。

（2）在管理方面。

主要以云的管理层为主，功能是确保整个云计算中心能够安全和稳定地运行，并且能够被有效地管理。

（3）在用户访问层。

用户端与云端交互操作的入口，可以完成用户或服务注册、对服务的定制和使用。用户端可以是一体机、PC 端、Pad 端或手机端。用户交互接口向应用提供访问接口，获取用户需求。平台负责提供、管理和分配所有的可用资源，其核心是负载均衡。

## 12.3.4　工业大数据

工业互联网以数字化为基础，以网络化为支撑，以智能化为目标。通过物联网技术对工业制造过程中的人、物、环境和过程实施对象数字化，以数据为生产要素，通过网络实现数据的价值流动，以数据的智能分析为基础，实现智能控制和智能决策，保障工业过程智能优化和智能化运营，以创造经济价值和社会价值。

我们可以从 3 个方面来理解工业大数据：数据是工业的第五生产要素；数据是工业发展的动力源泉；数据是工业数字化转型的引擎。

### 1. 工业大数据的概念

工业大数据是指在工业领域中，围绕典型智能制造模式，从客户需求到销售、订单、计划、研发、设计、工艺、制造、采购、供应、库存、发货和交付、售后服务、运维、报废或回收再制造等整个产品全生命周期的各个环节所产生的各类数据及相关技术和应用的总称。

可以看出，工业大数据是贯穿工业全生命周期的，即需求—供给—售后服务的全过程。在工业大数据的所有环节中，工业大数据以产品数据为核心，除围绕需求—产品—供给的数据之外，还包括工业大数据相关技术和应用。

我们可以归纳工业大数据的范围，即工业领域产品和服务全生命周期的数据，包括数据生产、数据收集、数据存储、数据治理、数据服务、数据安全，甚至是工业互联网平台中的数据。其典型架构如图 12-11 所示。

### 2. 工业大数据的来源

工业数据是指在工业领域信息化、智能化和外部联系等过程中产生的数据。工业大数据是基于工业数据的，先进的大数据技术贯穿于工业设计、工艺、生产、管理、服务等各个环节，运用大数据系统实现具体描述、诊断、预测、决策、控制等智能化功能的模式和结果。工业数据从来源上主要分为信息管理系统数据、机器设备数据和外部数据。

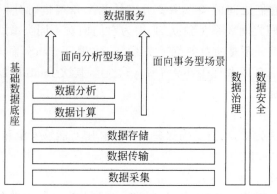

图 12-11　数据架构

## 12.3.5　工业数据建模与分析

建模,即建立模型,是为了理解事物而对事物做出的一种抽象,是对事物的一种无歧义的书面描述,是研究事物的重要手段和前提。建立系统模型的过程称为模型化。数据建模可以看作是"数据集＋目标＋算法＋优化迭代＝数据建模"的过程。

如果说工业 PaaS 是工业互联网平台的核心,那工业 PaaS 的核心又是什么呢? 智能制造从数字化开始,打造全流程数字化模型;这是工业 PaaS 平台的核心。工业互联网平台要想将人、流程、数据和事物结合在一起,必须有足够的工业知识和经验,并把这些以数字化模型的形式沉淀到平台上。

所谓数字化模型,是指将大量工业技术原理、行业知识、基础工艺、模型工具等规则化、软件化、模块化,并封装为可重复使用的组件。具体包括通用类业务功能组件、工具类业务功能组件、面向工业场景类业务功能组件。

### 1. 数字化模型来源

数字化模型既然在工业 PaaS 平台中如此重要,那么这些数字化模型是从哪里来的呢? 常见的数字化模型来源如图 12-12 所示。

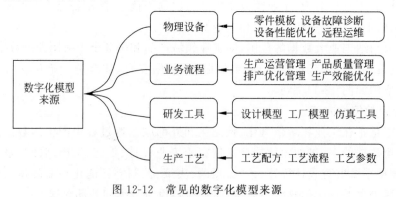

图 12-12　常见的数字化模型来源

**2．数字化模型分类**

（1）机理模型。机理模型是数字化模型的一种，亦称白箱模型，是根据对象、生产过程的内部机制或者物质流的传递机理建立起来的精确数学模型。其优点是参数具有非常明确的物理意义，模型参数易于调整，所得的模型具有很强的适应性。机理模型往往需要大量的参数，如果不能很好地获取这些参数，就会影响模型的模拟效果。

（2）非机理模型。非机理模型（黑箱或灰箱、数据模型）是指不分析实际过程的机理，而是对从实际得到的与过程有关的数据进行梳理统计分析，按误差最小原则归纳出该过程各参数与变量之间的数学关系式，即只考虑输入和输出，与过程机理无关。

**3．数字化模型开发**

所有的技术、知识、经验、方法、工艺都将通过不同的编程语言、编程方式固化成一个个数字化模型。建模工具有 Python 数据抓取、MySQL 数据整理统计、Excel 图表制作、SPSS 数据建模可视化等。这些模型一部分是由具备一定开发能力的编程人员，通过代码化、参数化的编程方式，直接将数字化模型以源代码的形式表示出来，但对模型背后所蕴含的知识、经验了解相对较少；另一部分是由具有深厚工业知识沉淀但不具备直接编程能力的行业专家，将长期积累的知识、经验、方法通过"拖拉拽"等形象、低门槛的图形化编程方式，简易、便捷、高效地固化成一个个数字化模型。数字化建模过程如图 12-13 所示。

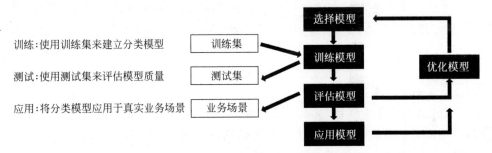

图 12-13　数字化建模过程

数据建模一般包括选择模型、训练模型、评估模型、应用模型和优化模型 5 个阶段。

**4．数字化模型技术架构**

这些技术、知识、经验、方法等被固化成一个个数字化模型沉淀在工业 PaaS 平台上时，主要以两种方式存在：一种是整体式架构，即把一个复杂大型的软件系统直接迁移至平台上；另一种是微服务架构，传统的软件架构不断碎片化成一个个功能单元，并以微服务架构形式呈现在工业 PaaS 平台上，构成一个微服务池。目前两种架构并存，但随着时间的推移，整体式架构会不断地向微服务架构迁移。

## 12.3.6　工业 App

所谓工业 App，是指面向特定工业应用场景，为了解决特定问题、满足特定需要而将工业领域的各种流程、方法、数据、信息、规律、经验、知识等工业技术要素，通过数据建模与分析、结构化整理、系统性抽象提炼，并基于统一的标准封装固化后所形成的一种可高效重用和广泛传播的工业应用程序。工业App是工业技术软件化的重要成果，是一种与原宿主解耦的工业技术经验、规律与知识沉淀、转化和应用的载体。工业App可以调用工业互联网云平台的资源，推动工业技术、经验、知识和最佳实践模型化、软件化。

**1. 工业App的概念**

工业App是基于工业互联网，承载工业知识和经验，满足特定需求的工业应用软件，是工业技术软件化的重要成果。其本质是企业知识和技术诀窍的模型化、模块化、标准化和软件化，能够有效促进知识的显性化、公有化、组织化、系统化，极大地便利了知识的应用和复用。理解工业App要明确以下几点。

① 工业App具有轻量化、可复用等特点。与传统工业软件相比，工业App具有轻量化、定制化、专用化、灵活和复用等特点。用户复用工业App可快速赋能，机器复用工业App可快速优化，工业企业复用工业App可实现对制造资源的优化配置，从而创造和保持竞争优势。

② 工业App不依赖于特殊的平台。工业App所依托的平台，可以是工业互联网平台、公有云或私有云平台，也可以是大型工业软件平台，还可以是通用的操作系统平台。

③ 工业App解决的是具体的工业问题。

④ 工业App是工业技术知识的载体。工业App是一种特殊的工业应用程序，是可运行的工业技术知识的载体，工业App中承载了解决特定问题的具体业务场景、流程、数据与数据流、经验、算法、知识等工业技术要素。每一个工业App都是一些具体工业技术与知识要素的集合与载体。

**2. 工业App的体系架构**

工业App既具有工业属性，又具备软件属性，是工业技术知识与最佳实践的软件形态载体，其核心是工业技术知识，是工业技术与信息技术的融合。图12-14为工业App的参考体系架构。

**3. 工业App的特征**

工业App作为一种新型的工业应用程序，一般具有以下6个典型特征。

① 完整地表达一种或多种特定功能，解决特定问题。每一个工业App都是一个解决特定问题的工业应用程序，是具有一种或多种特定功能的应用程序。

② 特定工业技术的载体。工业App中封装了解决特定问题的流程、逻辑、数据与数据流经验、算法、知识等工业技术。一个工业App是一种或几种特定工业技术的集合与载体。

③ 小轻灵，可组合，可重用。工业App只解决特定的问题，相对来说目标单一，不需要考虑功能普适性，工业App之间耦合度比较低。当然，虽然单个工业App一般小巧灵活，但不同的工业App可以通过一定的逻辑与交互进行组合，以解决更复杂的问题。同时，因为工业App集合与固化了解决特定问题的工业技术，所以工业App可以重复应用到不同的场景，解决相同的问题。

④ 结构化和形式化。工业App是流程与方法、数据与信息、经验与知识等工业技术进

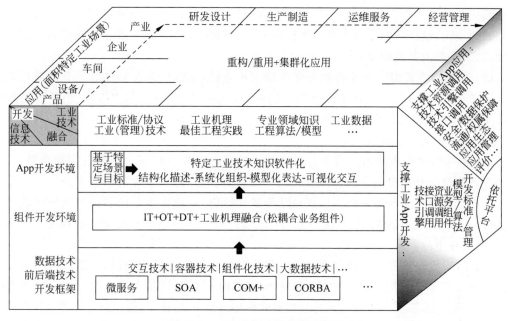

图 12-14　工业 App 参考体系架构

行结构化整理和抽象提炼后的一种显性表达，一般以图形化方式定义这些工业技术及其相互之间的关系，并提供图形化人机交互界面，以及可视的输入/输出。

⑤ 轻代码化。工业 App 的开发主体是具备各类工业知识的开发人员。工业 App 具备轻代码化的特征，方便研发人员快速、简单、快捷地对工业技术知识进行沉淀与积累。

⑥ 平台化可移植。工业 App 集合与固化了解决特定问题的工业技术，因此，工业 App 可以在工业互联网平台中不依赖于特定的环境运行，这样，工业 App 就可以很方便地进行移植。

## 12.3.7　安全技术

工业互联网包括网络、平台、安全三大体系，其中网络体系是基础，平台体系是核心，安全体系是保障。其目的是建设满足工业需求的安全技术体系和管理体系，增强设备、网络、平台、数据和应用的安全保障能力，识别风险，抵御安全威胁，化解各种潜在或显现的安全风险，构建工业智能化发展的安全可信环境。

近年来，工业互联网、5G、云计算和大数据等技术日趋成熟，在此过程中，从单一的工业以太网到工业互联网实质上发生了变化：从相对封闭的工业生产控制网络转变为相对开放的工业互联网平台、从流入工业企业本地孤立的业务系统转变为流向外部的云端平台、从工业企业自身实施优化到依托工业互联网平台优化配置。

工业互联网面临着诸多的安全威胁，主要体现在以下方面。

（1）来自外部网络的渗透。工业互联网会有较多的开放服务，攻击者可以通过扫描发现开放服务，并利用开放服务中的漏洞和缺陷登录到网络服务器获取企业关键资料，同时还可以利用办公网络作为跳板,逐步渗透到控制网络中。通过对办公网络和控制网络一系列的渗透和攻击,最终获取企业重要的生产资料、关键配方,严重的是随意更改控制仪表的开关状态、恶意修改其控制量,造成重大的生产事故。

(2)账号口令破解。企业有对外开放的应用系统(如邮件系统),在登录开放应用系统时需要进行身份认证,攻击者通过弱口令扫描、Sniffer密码嗅探、暴力破解、信任人打探套取等手段获取用户的口令,直接获得系统或应用权限,获取了用户权限就可以调取相关资料,恶意更改相关控制设施。

(3)利用移动介质攻击。当带有恶意程序的移动介质连接到工程师站或操作员站时,移动介质病毒会利用移动介质自运行功能自动启动,对控制设备进行恶意攻击或下发恶意指令。网络病毒在企业各个网络层面自动传播和感染,造成业务系统和控制系统性能的下降,从而影响企业的监测、统筹、决策能力;还会针对特定控制系统或设备恶意更改其实际控制量,造成事故。

(4)PLC程序病毒的威胁。通过对工程师站及编程服务器的控制,感染(替换)相关程序,当PLC程序下发时,恶意程序一起被下发到PLC控制设备上。恶意程序一方面篡改PLC的实际控制流,另一方面将运算好的虚假数据发给PLC输出,防止报警。通过这种方式造成现场设备的压力、温度、液位失控,但监测系统不能及时发现,从而造成重大的安全事故。

(5)利用工业通信协议的缺陷。Modbus、DNP3、OPC等传统工业协议缺乏身份认证、授权以及加密等安全机制,利用中间人攻击捕获和篡改数据,给设备下达恶意指令,影响生产调度,造成生产失控。

(6)利用无线网络入侵。控制网络通过DTU无线设备和IEEE 802.11b协议连接到管理区的网络,收集网络无线信息,侦测WEP安全协议漏洞,破解无线存取设备与客户之间的通信,分析出接入密码,从而成功接入控制网络,控制现场设备,获取机要信息,更改控制系统及设备的控制状态,进而造成重大影响。

(7)其他安全威胁。如窃取、截取、伪造、篡改、拒绝服务攻击、行为否认、非授权访问、传播病毒等。

## 12.4　工业互联网与智能制造

工业互联网和智能制造是当代制造业转型升级的两大关键技术趋势,它们之间存在密切联系且相互促进,共同推动着工业的数字化、网络化和智能化发展。

工业互联网是制造企业IT和OT连接的纽带。工业互联网打破了企业内部的信息孤岛,实现了IT数据和OT数据的跨系统互联互通,促进了各种数据的充分流动和无缝集成,在物联网、传感技术、云计算、大数据、数字孪生等新技术的基础上,实现了工业的自动化、数字化和智能化。

### 1. 工业领域网络连接现状

在工业领域广泛存在各种网络连接技术,这些技术分别针对工业领域的特定场景进行设计,并在特定场景下发挥巨大作用,但在数据的互操作和无缝集成方面,往往不能满足工业互联网日益发展的需求。

我国工厂的 IT 网络主要是基于互联网的网络应用。IT 网络由管理业务数据、支撑管理流程的技术、系统和应用程序组成。这些应用程序包括 ERP、MES、EAM、WMS 等。

OT 网络由管理生产资产、保持顺畅运营的技术、系统和应用程序组成。这些应用程序包括 PLC、PCD、SCADA、SIS、数据历史和网关等。

(1)工业网络连接的"两层三级"。

IT 网络和 OT 网络,在工业互联网和数字化转型之前分属不同的管理者管理,呈现技术异构的"两层"网络;"三级"则是指根据目前工厂管理层级将网络划分为现场级、车间级、工厂级/企业级 3 个层次,各层之间的网络配置和管理策略独立。工厂内"两层三级"网络架构如图 12-15 所示。

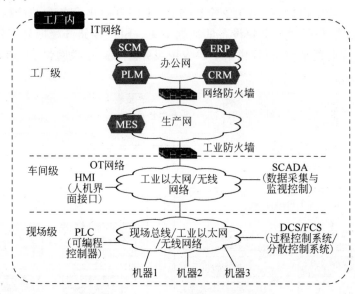

图 12-15　工厂内"两层三级"网络架构

(2)工厂内网络 3 个层次的连接。

① 现场级网络连接。工业现场总线被大量用于连接现场检测传感器、执行器与工业控制器。

② 车间级网络连接。车间级网络通信主要是完成控制器之间、控制器与本地或远程监控系统之间、控制器与运营级之间的通信连接。这部分主流是采用工业以太网通信方式,也有部分厂家采用自有通信协议进行本厂控制器和系统间的通信。当前已有的工业以太网因协议间的互联性和兼容性限制了大规模网络互联。

③ 工厂级网络连接。工厂级的网络通常采用高速以太网以及 TCP/IP 进行网络互联。

(3)工厂内网络连接的问题。

① "两层三级"网络架构严重影响着信息互通的效率。基于大数据分析和边缘计算业

务对现场级实时数据的采集需求,OT 网络中的车间级和现场级将逐步融合(尤其在流程行业),同时 MES 等向车间和现场延伸,推动 IT 网络与 OT 网络的融合。

② 传统工业网络依附于控制系统。传统工业网络基本上依附于控制系统,主要实现控制闭环的信息传输,而新业务对工业生产全流程数据的采集需求,促使工厂内网络将控制信息和过程数据传输并重。

③ "三层两级"架构中间仍是隔离的。为了信息安全,IT 和 OT 两层之间会采用物理防火墙隔离,甚至在 OT 内部即现场和车间还采用一层物理隔离,这导致工厂中的网络仅用于商业信息交互,企业信息网络难以延伸到生产系统,大量的生产数据沉淀、消失在工业控制网络。

**2. 工业互联网将 IT 和 OT 融合**

随着传感技术、物联网、云计算、大数据和人工智能等的发展,OT 与 IT 技术之间的融合正不断深入。在传统模式下,出于安全性考虑,工厂自动化设备是被严格隔离保护起来的。IT 技术的发展,使得对自动化设备的数据采集、分析、存储开始向外部转移,如将数据上传到各种工业互联网平台,再提供给上层应用服务。工业互联网将 IT 和 OT 融合,其架构如图 12-16 所示。

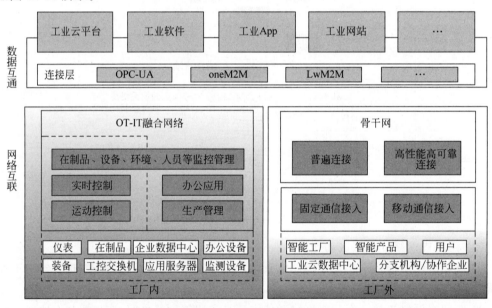

图 12-16　工厂内外网络组网

# 12.5　国内外主流工业互联网平台

工业互联网平台已成为推动制造业数字化转型的关键力量。国内外众多企业和组织开发了各具特色的工业互联网平台,以支持制造业的智能化升级。以下列举了一些主流的工业互联网平台。

### 12.5.1 国内主流工业互联网平台

国内主流工业互联网平台主要有:

(1) 华为 OceanConnect——华为的工业互联网平台,提供设备连接、数据采集、智能分析等服务,支持制造业的智能化升级。

(2) SIEMENS MindSphere——虽然 SIEMENS 是德国公司,但其在中国也极为活跃,MindSphere 是 SIEMENS 的云基础设施和物联网操作系统,提供强大的数据分析和连接能力。

(3) 阿里巴巴工业互联网平台——阿里云提供的工业互联网解决方案,支持设备管理、数据采集和分析等功能,旨在帮助制造企业实现数字化转型。

(4) 工业富联(富士康)——工业富联是富士康科技集团推出的工业互联网平台,专注于智能制造和供应链管理。

(5) 中移物联网——中国移动的工业互联网平台,提供包括设备接入、数据存储、应用开发等一系列服务。

### 12.5.2 国外主流工业互联网平台

国外主流工业互联网平台主要有:

(1) GE Predix——通用电气(GE)开发的工业互联网平台,专注于资产性能管理(APM)、操作优化等领域。

(2) SIEMENS MindSphere——SIEMENS 的开放云平台,支持连接实体世界的设备和数字世界的应用,提供大数据分析和物联网服务。

(3) PTC ThingWorx——PTC 提供的综合性工业创新平台,支持应用开发、连接服务、数据分析等功能。

(4) Rockwell Automation FactoryTalk——罗克韦尔自动化的工业互联网平台,提供数据集成、可视化和分析工具,支持制造业的智能化改造。

(5) Schneider Electric EcoStruxure——施耐德电气的物联网驱动型架构和平台,提供能源管理和自动化解决方案。

这些平台各有侧重,但共同目标都是通过提供先进的数据分析、设备管理和应用开发等服务,帮助制造业企业实现智能化生产和运营优化。随着技术的不断进步,未来还将有更多创新的工业互联网平台出现,为制造业的转型升级提供支持。

## 习题

1. 什么是工业互联网?
2. 工业互联网的关键技术有哪些?
3. 国内外主流工业互联网平台有哪些?

# 参 考 文 献

[1] 李正军,李潇然. 现场总线与工业以太网应用教程[M]. 北京：机械工业出版社,2021.

[2] 李正军. EtherCAT 工业以太网应用技术[M]. 北京：机械工业出版社,2020.

[3] 李正军,李潇然. 现场总线及其应用技术[M]. 3 版. 北京：机械工业出版社,2023.

[4] 李正军,李潇然. 现场总线与工业以太网[M]. 北京：中国电力出版社,2018.

[5] 李正军. 现场总线与工业以太网及其应用技术[M]. 2 版. 北京：机械工业出版社,2023.

[6] 李正军,李潇然. 现场总线与工业以太网[M]. 武汉：华中科技大学出版社,2021.

[7] 李正军,李潇然. Arm Cortex-M4 嵌入式系统：基于 STM32Cube 和 HAL 库的编程与开发[M]. 北京：清华大学出版社,2024.

[8] 李正军,李潇然. Arm Cortex-M3 嵌入式系统：基于 STM32Cube 和 HAL 库的编程与开发[M]. 北京：清华大学出版社,2024.

[9] 李正军. Arm 嵌入式系统原理及应用：STM32F103 微控制器架构、编程与开发[M]. 北京：清华大学出版社,2024.

[10] 李正军. Arm 嵌入式系统案例实战：手把手教你掌握 STM32F103 微控制器项目开发[M]. 北京：清华大学出版社,2024.

[11] 李正军. 计算机控制系统[M]. 4 版. 北京：机械工业出版社,2022.

[12] 李正军. 计算机控制技术[M]. 北京：机械工业出版社,2021.

[13] 李正军. 零基础学电子系统设计：从元器件、工具仪表、电路仿真到综合系统设计[M]. 北京：清华大学出版社,2024.

[14] 肖维荣,王谨秋,宋华振. 开源实时以太网 POWERLINK 详解[M]. 北京：机械工业出版社,2015.

[15] 梁庚. 工业测控系统实时以太网现场总线技术：EPA 原理及应用[M]. 北京：中国电力出版社,2013.

[16] Popp M. PROFINET 工业通信[M]. 刘丹,谢素芬,史宝库,等译. 北京：中国质检出版社,2016.

[17] 赵欣. 西门子工业网络交换机应用指南[M]. 北京：机械工业出版社,2008.

[18] 王振力. 工业控制网络[M]. 2 版. 北京：人民邮电出版社,2023.

[19] 陈曦. 大话 PROFINET 智能连接工业 4.0[M]. 北京：化学工业出版社,2017.

[20] 魏毅寅,柴旭东. 工业互联网技术与实践[M]. 北京：电子工业出版社,2019.

[21] 谭辉. 物联网及低功耗蓝牙 5.x 高级开发[M]. 北京：电子工业出版社,2022.

[22] 谭仕勇,倪慧,张万强,等. 5G 标准之网络架构：构建万物互联的智能世界[M]. 北京：电子工业出版社,2022.